カラー徹底図解

基本からわかる
電気回路
ELECTRIC CIRCUIT

東京都立産業技術高等専門学校
高崎 和之
【監修】

これから学習する初学者や、
知識の再確認が必要な技術者に
最適の一冊！

ナツメ社

はじめに

　本書は、これから独学で電気回路を学ぼうとする人、大学や専門学校、高専などで電気回路を学んでいる人を対象にした入門書です。電気回路を学ぶうえで必要不可欠な部分を順を追って説明しているので、過去に学んだ電気回路の知識を再確認しようとしている人の手引書にも使っていただけます。

　扱っている内容は、中学校で習うオームの法則から資格試験などで必要とされる三相交流まで多岐にわたりますが、教科書や専門書だけではわかりにくい内容も、なるべくかみ砕いた表現をしつつ専門用語を習得できるよう配慮しています。数学が苦手という人のために微分・積分は使っていません。三平方の定理、三角関数、複素数を知っていれば理解できるよう配慮し、三角関数と複素数については本書でも説明しています。

　また、電気回路では、抵抗、コイル、コンデンサという素子を扱いますが、本書ではそれらの素子の動作原理を物理的、電磁気学的に説明するページを設けています。電気回路を解析するには、これらの知識がなくても公式さえ覚えていれば答えを導けますが、それ以上のことはできません。原理を知ったうえで、公式や定理がどのような意味を持つのか、それを理解するように心がけて読み進めていただければ、理解はより深いものとなり、複雑な回路の解析にも十分応用ができる知識を身につけることができると思います。

　最初に述べたように、本書はこれから電気回路を学ぼうとしている人も対象にしていますので、既に電気回路を学んだ人や習得の早い人にとっては少し冗長でくどい構成ととれる部分があるかもしれません。しかし、電気回路の解法はひとつとは限りません。より多くの解法を理解し、回路解析の経験を積むことが電気回路をマスターする一番の近道です。本書では、回路の解析によく用いられる、記号法と呼ばれる方法の他に初心者が理解しやすいベクトル法による解法も紹介しています。既に知識のある方も、確認のつもりで読んでいただけると幸いです。最後に、本書が皆様の勉学の糧となることを願っております。

高崎和之

[CONTENTS] 目次

[電気と回路の基礎編]

Chapter 01 電気の基礎知識

- Section 01：電気の役割 14
- Section 02：電荷と自由電子 16
- Section 03：導体と絶縁体 18
- Section 04：電流 20
- Section 05：電圧 22
- Section 06：オームの法則 24
- Section 07：直流と交流 26
- Section 08：電力と電力量 28

Chapter 02 電気回路の基礎知識

- Section 01：電気回路と電子回路 32
- Section 02：回路図 34
- Section 03：電気回路の解析 36
- Section 04：電源と素子 38
- Section 05：電流と電圧の表示 40
- Section 06：定常状態と過渡状態 42

[直流回路編]

Chapter 03 直流回路の基本

- Section 01：直流の抵抗回路 ... 46
- Section 02：直列と並列 ... 50
- Section 03：合成抵抗 ... 52
- Section 04：直列抵抗回路 ... 54
- Section 05：並列抵抗回路 ... 58
- Section 06：直並列抵抗回路 ... 62
- Section 07：回路図の変形 ... 68
- Section 08：コンダクタンス ... 72
- Section 09：直流回路の電源 ... 74
- Section 10：直流回路の電力と電力量 ... 82

Chapter 04 複雑な直流回路の解析

- Section 01：キルヒホッフの法則 ... 88
- Section 02：キルヒホッフの法則の活用 ... 94
- Section 03：網目電流法 ... 102
- Section 04：節点電圧法 ... 108
- Section 05：重ねの定理 ... 114
- Section 06：テブナンの定理 ... 122
- Section 07：電圧源と電流源の変換 ... 128
- Section 08：抵抗のΔ－Y変換 ... 132
- Section 09：ブリッジ回路 ... 140

[回路素子編]

Chapter 05 ジュール熱と抵抗器

- Section 01：ジュールの法則 146
- Section 02：抵抗率と抵抗値 148
- Section 03：抵抗器 150

Chapter 06 電磁気とコイル

- Section 01：磁気の基礎知識 156
- Section 02：コイルと電磁石 158
- Section 03：電磁誘導作用 160
- Section 04：ファラデーの法則 162
- Section 05：自己誘導作用 164
- Section 06：相互誘導作用 166
- Section 07：コイルとトランス 170

Chapter 07 静電気とコンデンサ

- Section 01：静電誘導と誘電分極 174
- Section 02：コンデンサと静電容量 178
- Section 03：合成静電容量 182
- Section 04：コンデンサ 186

[交流回路編]

Chapter 08 交流を知るための数学
- Section 01：角度と角速度 ……………………………… 190
- Section 02：三角関数 …………………………………… 192
- Section 03：ベクトル …………………………………… 198
- Section 04：複素数 ……………………………………… 204

Chapter 09 交流の基礎知識
- Section 01：正弦波交流起電力 ………………………… 218
- Section 02：正弦波交流の大きさ ……………………… 220
- Section 03：正弦波交流の位相と位相差 ……………… 226
- Section 04：正弦波交流のベクトル表示 ……………… 228
- Section 05：正弦波交流の複素数表示 ………………… 230

Chapter 10 交流回路の基本
- Section 01：交流回路の素子と電源 …………………… 234
- Section 02：交流抵抗回路 ……………………………… 236
- Section 03：交流コイル回路 …………………………… 238
- Section 04：交流コンデンサ回路 ……………………… 244
- Section 05：交流回路素子 ……………………………… 250

Chapter 11 合成インピーダンス回路

- Section 01：RL 直列回路 252
- Section 02：インピーダンス 256
- Section 03：RC 直列回路 258
- Section 04：RLC 直列回路 262
- Section 05：RL 並列回路 268
- Section 06：アドミタンス 272
- Section 07：RC 並列回路 274
- Section 08：RLC 並列回路 278

Chapter 12 記号法による解析

- Section 01：記号法と複素インピーダンス 286
- Section 02：インピーダンスの合成 292
- Section 03：複素アドミタンス 294
- Section 04：R, L, C の直列回路 296
- Section 05：R, L, C の並列回路 302
- Section 06：記号法による計算 310

Chapter 13 交流回路の電力

- Section 01：瞬時電力と有効電力 316
- Section 02：皮相電力と無効電力 322

[交流回路編] 続き

Section 03：力率 324
Section 04：複素電力 326

Chapter 14 共振回路

Section 01：交流回路の周波数特性 328
Section 02：直列共振回路 332
Section 03：並列共振回路 338

Chapter 15 複雑な交流回路の解析

Section 01：記号法の活用 344
Section 02：交流回路の法則と定理 346
Section 03：キルヒホッフの法則 348
Section 04：重ねの定理 350
Section 05：テブナンの定理 352
Section 06：交流電圧源と交流電流源の変換 354
Section 07：インピーダンスのΔ-Y変換 356
Section 08：定電流回路と定電圧回路 358
Section 09：定抵抗回路 360
Section 10：交流ブリッジ回路 362

[三相交流回路編]

Chapter 16 三相交流の基礎知識

- Section 01：対称三相交流 366
- Section 02：三相交流の大きさ 368
- Section 03：三相交流回路の結線 370

Chapter 17 三相交流回路の解析

- Section 01：Y−Y結線回路 374
- Section 02：Δ−Δ結線回路 380
- Section 03：Y−Δ結線とΔ−Y結線 384
- Section 04：特殊な三相交流回路 392
- Section 05：三相交流電力 394

[基本事項]
Preparation 量記号と単位

▶物理量と量記号

　物体に長さや重さという量があるように、電気にも電圧や電流といった量がある。こうした物理学上の現象や状態を一定の**単位**で表わせる量のことを**物理量**という。単位で表わすとは、単位の倍数で示すということだ。

　物理量には相互に比例関係や反比例関係などさまざまな関係が成立する。たとえば、電気の基本法則であるオームの法則は、電気を通す物体にかかっている電圧と流れている電流、物体の抵抗値の関係を示すものだ。その関係は、「物体にかかっている電圧は流れる電流と抵抗値に比例する」というものだが、言葉による説明では多くの文字が必要になるうえ、関係が一目瞭然というわけにはいかない。そのため、通常は関係式で示される。

　オームの法則を関係式にすれば、(電圧)＝(電流)×(抵抗)となる。これで関係がわかりやすい。表意文字である漢字の大きなメリットだ。しかし、英語のような表音文字の場合だと(Voltage)＝(Current)×(Resistance)のように表記も長くなりやすい。この程度の簡単な関係式ならばまだしも、関係式には複雑なものもあるし、計算を進めていく際にいちいち多くの文字を書くのは面倒だ。内容が伝わりやすい漢字であっても画数が多いので、やはり手間がかかる。こうした手間を省くために、それぞれの物理量を略号で示すことが多い。その略号を**量記号**という。式ばかりでなく、文章内で使われることもある。

　量記号には単位のような絶対的な基準はないが、標準的に使われているものがある。本書で取り上げるおもな物理量について、その量記号と単位を表にまとめてある。たとえば、電圧 V、電流 I、抵抗値 R が標準的な量記号なので、前述のオームの法則を量記号で表わせば $V=IR$ となり、非常にシンプルだ。また、回路に複数の抵抗があるような場合でも、添字を使って R_1、R_2、R_3…といった具合に表現すれば、どの抵抗かを明確に特定できる。

　量記号には、通常は**イタリック体**が使われる。また、時間の変化に関係のない一定の量の場合は**大文字**を使用し、時間の経過によって変化する量は**小文字**を使用するのが一般的だ。たとえば、直流の電圧の量記号には V を使用するが、交流では時間の経過によって変化していくので、その瞬間的な電圧の量記号には v を使用する。

10

◆**本書で取り上げるおもな物理量の量記号と基本単位**

物理量	量記号	基本単位	単位の呼称
電流	I	[A]	アンペア
電圧、起電力、電位	V, E	[V]	ボルト
抵抗	R	[Ω]	オーム
リアクタンス	X	[Ω]	オーム
コンダクタンス	G	[S]	ジーメンス
インピーダンス	Z	[Ω]	オーム
アドミタンス	Y	[S]	ジーメンス
サセプタンス	B	[S]	ジーメンス
自己インダクタンス	L	[H]	ヘンリー
相互インダクタンス	M	[H]	ヘンリー
静電容量	C	[F]	ファラッド
電力(仕事率)	P	[W]	ワット
無効電力	Q	[var]	バール
皮相電力	S	[VA]	ボルト アンペア
電力量(仕事)	W	[Ws] / [J]	ワット セコンド／ジュール
熱量	Q	[J]	ジュール
周期	T	[s]	セコンド
時間	t	[s]	セコンド
角速度	ω (オメガ)	[rad/s]	ラジアン パー セコンド
周波数	f	[Hz]	ヘルツ
電荷	Q	[C]	クーロン
抵抗率	ρ (ロー)	[Ωm]	オーム メートル
導電率	σ (シグマ)	[S/m]	ジーメンス パー メートル
磁極の強さ(磁荷)	m	[Wb]	ウェーバー
磁束	Φ (ファイ)	[Wb]	ウェーバー
磁束密度	B	[T]	テスラ
磁界の強さ	H	[A/m]	アンペア パー メートル
透磁率	μ (ミュー)	[H/m]	ヘンリー パー メートル
誘電率	ε (イプシロン)	[F/m]	ファラッド パー メートル

▶単位と接頭辞

　物理量にはそれぞれに単位が定められている。これを基本単位という。しかし、非常に大きな量であったり、小さな量であったりすると、0がたくさん並ぶことになり、読み取るのも書くのも面倒だ。そのため、大きな値や小さな値でも扱いやすい数値で表わせるように、基本単位の倍量や分量を示す単位が作られている。これを倍量単位や分量単位といい、まとめて補助単位という。こうした補助単位では、基本単位に対する倍数を意味する接頭辞が基本単位の前に加えられる。接頭辞には、表のように一定の文字が定められていて、それぞれが10の乗数倍を示す。基本的には$10^{\pm 3}$、$10^{\pm 6}$、$10^{\pm 9}$…といった具合に3の倍数が乗数に採用されているが、[cm]や[dℓ]、[hPa]のような例外もある。

　単位の接頭辞は便利なものだが、乗算と除算で注意すべきだ。たとえば、3[kΩ]の抵抗に150[mV]の電圧がかかっている時の電流は、電圧を抵抗で割れば求められるが、そのまま150を3で割って50という答えを出してしまうと、単位がわかりにくくなる。慣れれば接頭辞がついた単位同士の計算も行えるようになるが、確実に計算したいのなら、単位を基本単位に戻し、接頭辞を10の乗数で示すようにするといい。$(150 \times 10^{-3}) \div (3 \times 10^{3}) = (50 \times 10^{-6})$とすれば、50[μA]であることがわかる。この計算の解は(5×10^{-5})とも表現できるが、10の乗数が3の倍数になるようにしておけば、即座に接頭辞に置き換えることができる。

◆おもな接頭辞

接頭辞	記号	倍数	倍数の十進法表記
テラ(tera)	T	10^{12}	1 000 000 000 000
ギガ(giga)	G	10^{9}	1 000 000 000
メガ(mega)	M	10^{6}	1 000 000
キロ(kilo)	k	10^{3}	1 000
ヘクト(hecto)	h	10^{2}	100
デカ(deca)	da	10^{1}	10
デシ(deci)	d	10^{-1}	0.1
センチ(centi)	c	10^{-2}	0.01
ミリ(milli)	m	10^{-3}	0.001
マイクロ(micro)	μ	10^{-6}	0.000 001
ナノ(nano)	n	10^{-9}	0.000 000 001
ピコ(pico)	p	10^{-12}	0.000 000 000 001

［電気と回路の基礎編］

Chapter 01

電気の基礎知識

Sec.01：電気の役割 ・・・・・・・14
Sec.02：電荷と自由電子 ・・・・・16
Sec.03：導体と絶縁体 ・・・・・・18
Sec.04：電流 ・・・・・・・・・・20
Sec.05：電圧 ・・・・・・・・・・22
Sec.06：オームの法則 ・・・・・・24
Sec.07：直流と交流 ・・・・・・・26
Sec.08：電力と電力量 ・・・・・・28

［電気の基礎知識］
電気の役割

電気はエネルギーのなかでは非常に扱いやすいものであり、現在ではもっとも身近なエネルギーだ。同時に通信手段や情報処理にも幅広く活用されている。

▶エネルギー

電気とは**エネルギー**の形態の1つだ。エネルギーにはほかにも、運動、熱、光、化学、磁気などさまざまな形態のものがある。**電気エネルギー**は、こうした他の形態のエネルギーに比較的簡単に変換することができる。電気エネルギーをモーターで**運動エネルギー**に変換して電車を走らせたり、照明器具で**光エネルギー**に変換して周囲を明るくしたり、暖房器具や調理器具では**熱エネルギー**に変換して熱源にしたりすることができる。人間にとって非常に使い勝手がよいエネルギーといえる。

また、他の形態のエネルギーを変換して電気エネルギーを作り出すことも比較的容易だ。しかも、送電線などを使えば継続的に大きなエネルギーを素早く送ることができる。発電機を使えば、運動エネルギーを電気エネルギーに変換できる。火力発電所であれば燃料の**化学エネルギー**を熱エネルギーに変換し、それをさらに運動エネルギーに変換して発電しているし、水力発電所であれば水の**位置エネルギー**を運動エネルギーに変換して発電している。光エネルギーを直接電気エネルギーに変換する太陽光発電も利用が増えている。

比較的容易に作り出すことができる電気のエネルギーだが、その大きな弱点は、保存が難しいことだ。充電によって繰り返し使用できる**二次電池**（**蓄電池**ともいい、世間一般では**充電池**ともいう）もあるが、現状では大きなエネルギーを蓄えることは難しい。なお、乾電池などの**一次電池**（使い切りタイプの電池）も含めて、電池の多くは電気エネルギーそのものを蓄えているわけではない。化学エネルギーの形態で蓄えられていて、使う際に電気エネルギーに変換している。**燃料電池**も電池の一種だが、どちらかといえば発電機に近い存在だ。燃料を備蓄しておけば、その化学エネルギーを電気エネルギーに変換することができるので、二次電池に比べれば継続的に大きな電気エネルギーを得ることができる。

エネルギーを考えるうえで重要なことは、エネルギーは決してなくならないということだ。あるエネルギーをほかの形態に変換しても、その総量は変化しない。これを**エネルギー保存の法則**という。LED電球に比べると、白熱電球は損失が大きく効率が低いというが、これは

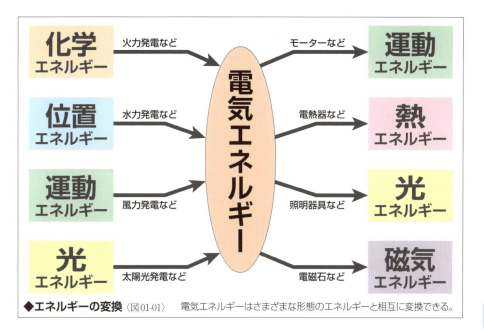

◆エネルギーの変換〈図01-01〉　電気エネルギーはさまざまな形態のエネルギーと相互に変換できる。

電気エネルギーを光エネルギーに変換できる割合が低いということだ。白熱電球の場合、その原理上、電気エネルギーを熱エネルギーに変換してしまう割合が大きいため、得られる光エネルギーがLED電球より少なくなる。そのため、同じ量の光エネルギーを得るために、白熱電球はLED電球より大きな電気エネルギーが必要になる。ここでいう損失とは、目的以外のエネルギーに変換された分を意味している。

▶通信手段と情報処理

　電気は遠くへも素早く送ることができるのがエネルギーとしての大きなメリットだが、この伝わるという性質は**通信手段**として利用することができる。電気の流れに情報を乗せて伝えているわけだ。こうした電気信号の利用は、有線の通信や放送はもちろん、空間を伝わるエネルギーである**電波**も電気エネルギーの一種なので、無線の通信や放送も電気を通信手段として利用していることになる。

　また、電気信号を一時的に蓄えるなどの技術によって、現在では**情報処理**にも電気が利用されている。情報処理はコンピュータやスマートフォンばかりでない。現在では多くの機器が**電子制御**されている。こうした電子制御もすべて電気を利用した情報処理だ。

　エネルギーとしてはもちろん、現代では電気は人間の生活には欠かせない存在になっているといえる。

[電気の基礎知識]
電荷と自由電子

Chapter 01 Section 02

そもそも電気とは何だろうか。その正体は原子のなかにある。原子を構成する素粒子がもっている電荷が、すべての電気現象のもとになっている。

▶電荷

原子とは元素の特性を保つことができる最小の単位であり、この原子が集まって物質としての性質を保つことができる最小単位である分子が構成される。原子の中心には陽子と中性子で構成される原子核があり、その周囲の軌道を電子が回っている。これらの陽子、中性子、電子を素粒子といい、原子の種類(元素)ごとに数が決まっていて、陽子の数が原子番号になる。陽子と電子の数は等しい(中性子の数には各種ある)。

この素粒子のもつ電気的な性質を電荷という。電荷にはプラス(正)またはマイナス(負)の極性があり、それぞれプラスの電荷(正電荷)とマイナスの電荷(負電荷)という。プラスの電荷の量とマイナスの電荷の量が同じであれば、打ち消し合って電気的に中性な状態になる。また、電荷には異なる極性同士は引き合い、同じ極性同士は反発し合うという性質がある。この吸引力や反発力を静電気力や静電力、電気力、またはクーロン力という。

電荷という用語は、陽子や電子のように電荷をもっているものを表現することもあれば、その量を表現することもある。電荷の量記号には「Q」、単位には[C]が使われる。陽子の電荷は約 1.602×10^{-19} [C]、電子の電荷は約 -1.602×10^{-19} [C]だ。プラス/マイナスの違いがあるが、大きさは同じである。通常は原子を構成する陽子と電子の数が等しいため、プラスとマイナスの電荷が打ち消し合って、電気的に中性な状態が保たれている。

◆電気的に安定している原子 〈図02-01〉

◆プラスに帯電した原子〈図02-02〉

▶自由電子と電流

　原子に外部から刺激が加わると、一部の電子が軌道を外れて飛び出すことがある。飛び出した電子を**自由電子**という。移動することができる**マイナスの電荷**だ。

　自由電子が飛び出した原子は、**プラスの電荷**が多い状態になり、電気的な性質をもつ。このように、物体が電気的な性質をもつことを**帯電**といい、マイナスの電荷である電子が飛び出した原子はプラスに帯電する。ただし、自由電子が原子の近くに存在していれば、全体では電気的なバランスが取れているため、帯電しているわけではない。物体が帯電するためには、自由電子が他の物体などに移動する必要がある。いっぽう、自由電子が移動していった先の物体はマイナスに帯電する。

　帯電とは電気的に不安定な状態といえるため、安定した状態、つまり**中性**の状態に戻ろうとしているが、そのままでは日常的に使っている電気のようには流れない。しかし、プラスに帯電した物体とマイナスに帯電した物体を**導体**（電気をよく通す物質）でつなぐと、**静電気力**によってマイナスの電荷である自由電子が、プラスに帯電した物体に引かれて移動する。この自由電子が連続的に移動する現象こそが**電流**だ。電荷が**電気の正体**だともいえる。

　こうした自由電子のような**電荷の運び手**を**電荷キャリア**や**電荷担体**といい、単に**キャリア**ということも多い。金属などでは自由電子がキャリアになるが、液体や気体、**半導体**では他の粒子がキャリアになることもある。

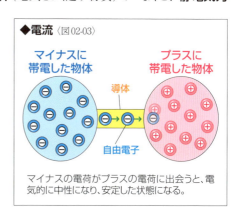

◆電流〈図02-03〉

マイナスの電荷がプラスの電荷に出会うと、電気的に中性になり、安定した状態になる。

Chapter 01
Section 03

[電気の基礎知識]
導体と絶縁体

物質のなかには、電気を通しやすいものと通さないものがある。その違いは電子の状態だ。自由電子がたくさんあれば、電流が流れることができる導体だ。

▶自由電子と束縛電子

　電気を通しやすい物質を**導体**、電気を通さない物質を**絶縁体**または**不導体**という。このほかに、両者の中間的な性質がある**半導体**もある。

　銅や鉄などの金属は代表的な導体だ。導体のなかには、**自由電子**になりやすい**電子**がたくさんあり、まるで**原子核**の隙間を自由電子が泳ぎ回っているような状態になっている。しかし、前ページで説明したように、自由電子はあくまでも原子核の近くに存在しているので、導体自体は電気的に**中性**の状態だ。

　いっぽう、ガラスや陶磁器は代表的な絶縁体だ。絶縁体ではほとんどの電子が原子核と強固に結びついていて、自由電子になりにくい。こうした電子を**束縛電子**という。絶縁体の場合、自由電子がほとんどないため、電流が流れない。

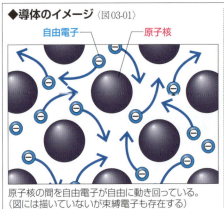

◆導体のイメージ〈図03-01〉
原子核の間を自由電子が自由に動き回っている。（図には描いていないが束縛電子も存在する）

◆絶縁体のイメージ〈図03-02〉
ほとんどの電子が原子核と強固に結びついた束縛電子になっているので、自由電子がほとんどない。

▶価電子

　電子は**原子核**の周囲の**軌道**を回っているが、電子の数によって軌道の数が異なる。電子には原則として、原子核に近い内側の軌道に収まろうとする性質があるが、1つの軌道に

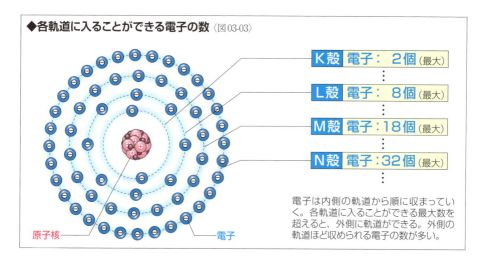

◆各軌道に入ることができる電子の数〈図03-03〉

K殻 電子： 2個（最大）
L殻 電子： 8個（最大）
M殻 電子：18個（最大）
N殻 電子：32個（最大）

電子は内側の軌道から順に収まっていく。各軌道に入ることができる最大数を超えると、外側に軌道ができる。外側の軌道ほど収められる電子の数が多い。

収容できる電子の最大数が決まっていて、電子の数が最大数を超えると、外側の軌道を使うようになる。こうした軌道を**電子殻**といい、内側から順にK殻、L殻、M殻、N殻……といい、内側からn番目の電子殻には最大$2n^2$個の電子が入ることができる。

もっとも外側の電子殻を**最外殻**といい、そこにある電子を**価電子**という。価電子は原子核からもっとも遠いため、原子核の束縛が弱く、**自由電子**になりやすい。ただ、最外殻でも最大数の電子が入ると状態が安定しやすく、さらにL殻より外側の電子殻では、8個の電子が入ると、一応は安定するという性質もある。

代表的な**導体**で**導線**にもよく使われる銅は、原子番号29番で電子の数は29個なので、N殻が最外殻になり、価電子は1個だ。価電子は原子核の束縛が弱いうえ、それが1個しかないと外部からの刺激が集中することになり、自由電子になりやすい。そのため、銅は自由電子の数が多く、良好な導体になる。

ただし、電子の数だけで、その原子が導体になるか絶縁体になるかは決まらない。原子や分子同士の結合方法でも違ってくる。たとえば、黒鉛とダイヤモンドはどちらも炭素原子で構成される物質だ。しかし、原子の結合の構造（結晶構造）が異なるため、黒鉛は良質な導体だが、ダイヤモンドは絶縁体になるといったこともある。

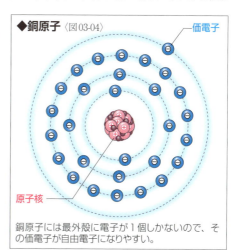

◆銅原子〈図03-04〉

銅原子には最外殻に電子が1個しかないので、その価電子が自由電子になりやすい。

[電気の基礎知識]
電流

電流はプラスからマイナスに流れると定義されていて、その大きさは断面を通過する電荷の量で定義されている。1秒間に1Cが通過する電流が1Aだ。

▶自由電子の移動方向と電流の方向

マイナスに**帯電**した物体とプラスに帯電した物体を**導体**でつなぐと、**自由電子**が連続的に移動する。この電気的な現象が**電流**だ。この時、自由電子はマイナス側からプラス側へと移動するが、「**電流はプラスからマイナスに流れる**」と定義されている。つまり、電流の流れる方向と、自由電子の移動する方向は逆になる。

これは、自由電子の移動が電流の正体であることが発見されるより前に、電流の方向を定義したという歴史的な事情によるものだ。発見された頃にはすでに電気に関連する学問が体系化されてしまっていたため、そのまま現在に至っている。しかし、**マイナスの電荷**である自由電子がマイナスからプラスに移動するということは、プラスの電荷がプラスからマイナスに移動したことと同じ意味をもつため、実用上問題はまったくない。

電流が流れる際には自由電子が移動するが、マイナスに帯電した物体にあった自由電子そのものが、プラスに帯電した物体に移動しているわけではない。マイナスに帯電した物体から1個の自由電子が導体に入ろうとすると、導体内の自由電子がいっせいに移動し、プラスに帯電した物体に一番近い位置にあった自由電子が導体から押し出されるようになる。このように電流が流れるため、導体には自由電子がたくさん存在している必要がある。

なお、電流が流れている時でも導体は帯電しているわけではない。1個の自由電子が入ると同時に、別の1個の自由電子が出ていくため、電気的には**中性**の状態が保たれている。

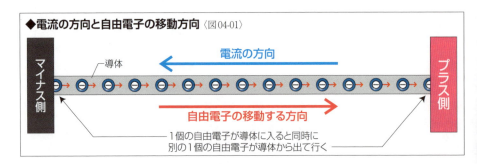

◆電流の方向と自由電子の移動方向 〈図04-01〉

▶電流の定義

電流という用語は、「電流が流れる」といったように、**自由電子**が連続して移動している電気現象を表現するが、同時にその**大きさ**を表現する用語としても使われる。物理量の量記号は「I」で、単位には[A(アンペア)]が使われる。

導線を流れる電流の大きさは、導線の断面を通過する**電荷**の量として定義されている。一定時間の間にどれだけの電荷が移動したかということだ。「1[A]の電流とは、ある断面を1[s(秒)]の間に1[C]の電荷が通過すること」を意味する。よって、電流I[A]、電荷Q[C]、時間t[s]の間には、〈式04-02〉の関係が成立する。

キャリアが自由電子の場合なら、1Aの電流は、導線の断面を1秒間に約6.24×10^{18}個の自由電子が、電流の方向とは逆方向に通過することを意味する。

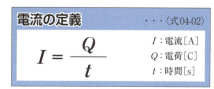

電流の定義 ・・・〈式04-02〉

$$I = \frac{Q}{t}$$

I：電流[A]
Q：電荷[C]
t：時間[s]

◆電流の定義〈図04-03〉

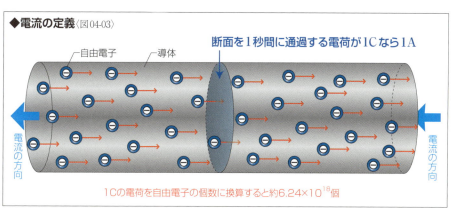

断面を1秒間に通過する電荷が1Cなら1A

1Cの電荷を自由電子の個数に換算すると約6.24×10^{18}個

………電流の速度と自由電子の速度………

電流の伝播する速度は非常に速い。基本的に真空中の光速に近い速度で伝播する。しかし、電流伝播のために自由電子が移動する速度は非常に遅い。導体内の自由電子は、電流が流れていない時でもいろいろな方向に自由に動き回っているが、この動きは電流伝播とは関係のないものである(この動きはかなり速いものだが、話が複雑になるのでここでは触れない)。さまざまな条件によって変化するが、断面が1[mm²]の銅線を1[A]の電流が流れる際に、自由電子が電流伝播のために移動する速度の平均は約**0.07**[mm/s]だ。よくある表現では、カタツムリより遅いといわれる。しかし、左ページで説明したような方法で電流が流れるため、個別の自由電子が移動すべき距離はほんのわずかなものだ。そのため、自由電子がこんなに遅くても、電流は非常に速く伝播することができる。

[電気の基礎知識]
電圧

Section 05

2点間に電流を流すためには、電流を押し流す圧力が必要になる。この圧力を電圧という。電圧は基準をどこに置くかによって変化するものだ。

▶電位差と電圧

自由電子の連続的な移動である**電流**は、水の流れにたとえて考えるとイメージしやすい。水位の高いタンクと水位の低いタンクをホースやパイプでつなぐと、水位の高いタンクから低いタンクへ水が流れるが、水位が同じになってしまうと水流が止まる。いっぽう、**マイナス**に**帯電**した物体と**プラス**に帯電した物体を**導体**でつなぐと電流が流れ、帯電状態でなくなると電流が止まる。両者はよく似ている。

水流の場合の水位とは、タンク内の水の深さではなく、同じ基準となる位置、たとえば地面から水面までの高さのことだ。双方のタンクの水位の差が、水を押す圧力になるため、水が流れるわけだ。電流の場合、水流の水位に相当するものを**電位**といい、その差が電流を流す圧力になる。そのため、2点間の電位の差のことを**電位差**または**電圧**という。

帯電した物体を導体でつないだ場合、電流が流れると電位差が小さくなっていき、最終的には電位差がなくなり電流が流れなくなる。しかし、電池や発電機のような電源は、連続して電位差を作り続けることができる。このように電池や発電機が作り続ける電位差は、**起電力**と表現することもある。

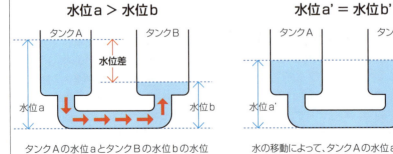

◆**水位差によって発生する水圧**〈図05-01〉

▶電圧の定義

物理量である電圧の量記号には「E」または「V」が使われる。厳密な規定はないが、電源の電圧を表わす場合は「E」が使われ、その他の電圧を表わす場合には「V」が使われることが多い。単位には[V]が使われる。

電圧は、**電荷**によって得られる**仕事の量（エネルギー）**によって定義されている。「1[C]の電荷を2点間を移動させるために1[J]の仕事が必要だった時、その2点間の電圧を1[V]という」のが定義だ。[J]はエネルギーや仕事の単位であり、量記号には「W」が使われる。1[N]の力で物体を1[m]移動させる仕事の量が1[J]だ。力の単位である[N]まで説明すると話がどんどん広がっていってしまうので、実例にしてみると、1[J]とは地球上で約102[g]の重さのものを1[m]持ち上げる仕事の量に相当する。電圧V[V]、仕事W[J]、電荷Q[C]の関係は〈式05-02〉で表わせる。

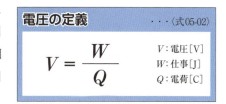

電圧の定義　　　・・・〈式05-02〉

$$V = \frac{W}{Q}$$

V：電圧[V]
W：仕事[J]
Q：電荷[C]

電圧は基準の0[V]をどこにするかで大きさがかわってくる。たとえば、〈図05-03〉のように1.5[V]の乾電池2本を重ねた時、a点を基準に考えれば、b点は1.5[V]、c点は1.5[V]の**電位差**を2つ積み重ねたものなので3.0[V]になる。ところが、b点を基準にすると、c点は1.5[V]になる。b点から見たa点はというと−1.5[V]だ。このように、基準の位置によっては**マイナスの電圧**も存在することになる。こうした**電圧の基準**を**基準電位**という。

実用上、電圧の基準は大地にしていて、これを**アース**または**接地**という。電池などが電源で大地との関連が薄い場合は、電源のマイナス側を基準にするのが一般的だ。

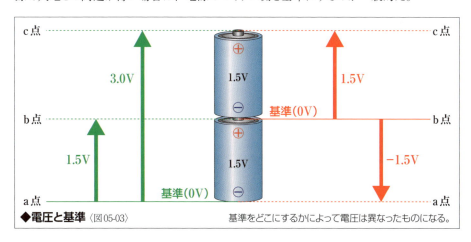

◆電圧と基準 〈図05-03〉　　　基準をどこにするかによって電圧は異なったものになる。

オームの法則

[電気の基礎知識]

Section 06

導体を流れる電流の大きさは電圧と抵抗によって決まる。電流は電圧に比例し、抵抗に反比例して流れる。この3者の関係を示しているのがオームの法則だ。

▶電気抵抗とジュール熱

　電気を通しやすい**導体**であっても、多少は電流の流れを妨げる性質がある。この流れにくさを**電気抵抗**といい、略して単に**抵抗**ということが多く、**レジスタンス**ともいう。電気抵抗の量記号は「R」で、単位には[Ω]が使われる。

　導体内に**自由電子**が多いほど電流が流れやすく、少ないほど抵抗が大きくなる傾向があるが、こうした自由電子の数以外にも抵抗の大きさを左右する要素がある。

　導体内を電流が流れている時、自由電子は一定の方向に移動する。その進行方向に原子があれば、自由電子がぶつかることになり、進行が妨げられる。これも電気抵抗になる。物質ごとに原子の並び方や密度が異なるため、電気の流れにくさ、つまり抵抗の大きさも異なったものになる。

　いっぽう、原子は常に細かく振動している。この振動を**熱振動**や**格子運動**といい、温度が高ければ高いほど振動が大きい。この振動こそが、**熱の正体**といえるものだ。導体に電流が流れて、自由電子が原子にぶつかると、その振動が激しくなる。つまり、温度が上昇する。こうして発生する熱を**ジュール熱**という。熱が発生するということは、**電気エネルギーが熱エネルギー**に変換されたことを意味する。

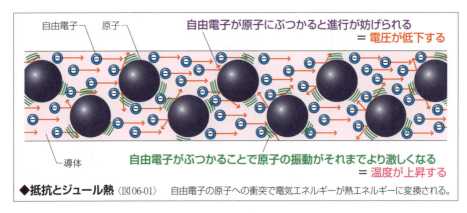

◆抵抗とジュール熱 〈図06-01〉　自由電子の原子への衝突で電気エネルギーが熱エネルギーに変換される。

> ### 超伝導
>
> 左ページでは導体にも抵抗があると説明しているが、ある種の物質を超低温状態にすると、抵抗がゼロになる現象が起こる。この現象を**超伝導**といい、この現象が起こる物質を**超伝導物質**という。量子力学的効果によって超伝導が起こると説明されているが、証明はされていない。
>
> 超伝導物質のうち窒素の沸点（−196℃）より高い温度で超伝導が起こる物質を**高温超伝導物質**という。当初発見された超伝導物質は、現象が起こる温度が窒素の沸点より低いため高価な液体ヘリウム（沸点−269℃）が必要だったが、高温超伝導物質であれば、工業用に大量に利用されている液体窒素で現象が起こるため、超伝導の活用の場が広まった。
>
> 超伝導では一度流れ始めた電流が、電圧を保ったまま流れ続ける。たとえば、超伝導物質で電磁石を作って大電流を与えれば、非常に強力な磁石になる。こうした超伝導電磁石は医療用のMRIやリニアモーターカーですでに活用されている。

▶オームの法則

導体の両端に**電圧**をかけると**電流**が流れる。その電流の大きさは、導体にかけた電圧と導体の**抵抗**によって決まる。この電圧、抵抗、電流の関係も、水の流れにたとえて考えるとイメージしやすい。

水道の蛇口にホースをつないで水を送る時のホースの太さが、抵抗だといえる。細いホースと太いホースを比較すると、ホース内の水圧が同じなら、細いホースのほうが送ることができる水の量が少なくなる。細いホースとは水が流れにくいホース、つまり電気でいえば抵抗が大きな導体といえるので、太いホース、つまり抵抗が小さな導体に比べて電流が小さくなる。ホースの太さは同じで水圧をかえた場合、水圧が高いほど大量の水を送ることができるように、抵抗が同じ導体であってもかける電圧を高くすれば、大きな電流が流れる。

こうした電圧、抵抗と電流の関係をまとめると、「**導体に流れる電流 I [A]は、電圧 V [V]に比例し、電気抵抗 R [Ω]に反比例する**」と表現できる。これを**オームの法則**といい、〈式06-02〉のように表わせる。オームの法則は電気現象の基本であり、もっとも重要な法則だ。〈式06-02〉を移項した〈式06-03〉や〈式06-04〉も頻繁に使うことになる。詳しくはChapter03の「直流の抵抗回路（P47参照）」で説明するので、ここでは数式だけを示しておく。

オームの法則

$$I = \frac{V}{R} \quad \cdots \text{〈式06-02〉}$$

$$V = IR \quad \cdots \text{〈式06-03〉}$$

$$R = \frac{V}{I} \quad \cdots \text{〈式06-04〉}$$

I：電流[A]
V：電圧[V]
R：抵抗[Ω]

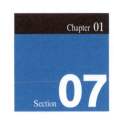

［電気の基礎知識］
直流と交流

Chapter 01 / Section 07

電気は電流・電圧の形態で直流と交流に大別される。流れる方向と電圧が一定の電流・電圧を直流、方向と電圧が周期的に変化するものを交流という。

▶直流

電流の流れる方向と**電圧**が一定の電流・電圧を**直流**という。代表的な直流電源が乾電池だ。直流はDirect Currentの頭文字からDCと略される。

電圧・電流が一定のものが**狭義の直流**だが、流れる方向が一定であれば電流・電圧が変化するものも**広義の直流**として扱われる。時間の経過によって電流・電圧が増加したり低下したりするような電流や、一定の電圧でON/OFFを繰り返すような電流も広義では直流だ。

広義の直流のうち、流れる方向は一定だが、周期的に電流・電圧の大きさが変化するものを**脈流**という。次に説明する交流を直流に変換（**整流**という）した際には脈流が得られる。

脈流のなかには、電流や電圧の基準の位置がわからないと、**波形**だけでは交流と区別がつかないものもある。こうしたものは、直流のうえに乗った交流（**交流が重畳した直流**）と考えることもできる。

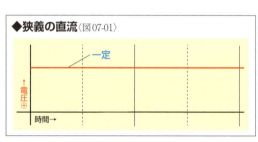

◆狭義の直流〈図07-01〉

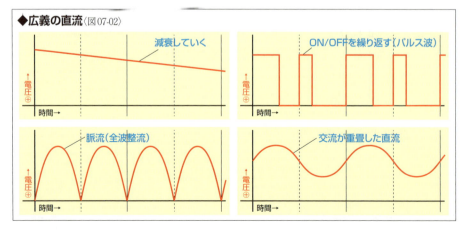

◆広義の直流〈図07-02〉

▶交流

　流れる方向と**電圧**が周期的に変化する**電流**を**交流**という。代表的な交流電源は電力会社から供給される**商用電源**だ。交流は Alternating Current の頭文字から **AC** と略される。

　狭義の交流は横軸を時間、縦軸を電圧にすると**正弦曲線**(**サインカーブ**)を描く。この**波形**を**正弦波**(**サイン波**)といい、狭義の交流を**正弦波交流**という。正弦波交流以外の交流を**非正弦波交流**といい、**広義の交流**に含まれる。非正弦波交流には、**矩形波**(**方形波**)や**三角波**、**のこぎり波**(**鋸歯状波**)のように波形の形状がわかりやすいものもあるが、簡単には表現できないような複雑な波形もある。

　交流の波形の山と谷のセットを**サイクル**といい、1サイクルに要する時間を**周期**、1秒間のサイクル回数を**周波数**という。また1サイクル内の位置を**位相**という。Chapter16(P366参照)で説明するが、交流には周波数は同じだが位相が互いに異なった複数の電流・電圧をまとめて扱う方式もあり、これを**多相交流**という。電力会社による発電や送電、大型の動力源では**三相交流**が使われている。多相交流に対して、相が1つしかない交流を**単相交流**という。

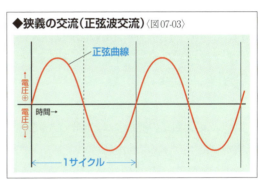

◆狭義の交流(正弦波交流) 〈図07-03〉

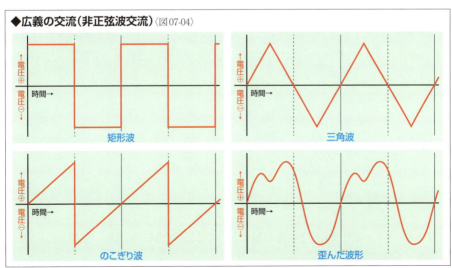

◆広義の交流(非正弦波交流) 〈図07-04〉

Chapter 01 [電気の基礎知識]
Section 08 電力と電力量

電力とは電気が一定時間の間に行える仕事の量のことで、電圧と電流の積で求めることができる。実際に行う仕事の量は電力に時間を掛ければ求められる。

▶電力

エネルギーである**電気**は**仕事**をすることができる。仕事をすると、**電気エネルギー**が他の形態のエネルギーに変換される。一定時間の間に行われる仕事の量を**仕事率**といい、電気の世界では**電力**という。電力の量記号は「P」で、単位には[W]が使われる。

「1[W]は1[s(秒)]あたり1[J]の仕事ができる電力」として定義されているので、電力 P [W]、仕事 W [J]、時間 t [s]の関係は、〈式08-01〉のように表わすことができる。

$$P = \frac{W}{t} \, [\text{W}] \quad \cdots\cdots\cdots\cdots\cdots\cdots\cdots\cdots\cdots\cdots \langle式08\text{-}01\rangle$$

しかし、電気回路の解析では、電荷の大きさから電力を捉えることは少ない。**電圧**、**電流**、**抵抗**から電力を求めることが多い。

電力を定義する〈式08-01〉のうち仕事 W は、電圧の定義の式(P23参照)を移項すると、〈式08-02〉のように電圧 V[V]と電荷 Q[C]で表わすことができる。さらに、電荷 Q は、電流の定義の式(P21参照)を移項すると、〈式08-03〉のように電流 I[A]と時間 t で表わせる。これらの式を順次、〈式08-01〉に代入すると、〈式08-05〉のように電力 P を電圧 V と電流 I で表わすことができる。

$$W = VQ \, [\text{J}] \quad \cdots\cdots\cdots\cdots\cdots\cdots\cdots\cdots\cdots\cdots \langle式08\text{-}02\rangle$$
$$Q = It \, [\text{C}] \quad \cdots\cdots\cdots\cdots\cdots\cdots\cdots\cdots\cdots\cdots \langle式08\text{-}03\rangle$$
$$P = \frac{VQ}{t} = \frac{VIt}{t} \quad \cdots\cdots\cdots\cdots\cdots\cdots\cdots\cdots \langle式08\text{-}04\rangle$$
$$ = VI \, [\text{W}] \quad \cdots\cdots\cdots\cdots\cdots\cdots\cdots\cdots\cdots\cdots \langle式08\text{-}05\rangle$$

以上のように、**電力は電圧と電流の積で表わすことができる**。つまり、電力は電圧と電流に比例するということだ。

さらに、**オームの法則**（P25参照）を使えば、〈式08-06〉のように電力Pを電圧Vと抵抗R[Ω]で表わしたり、〈式08-07〉のように電力Pを電流Iと抵抗Rで表わすことができる。つまり、電力は電圧、電流、抵抗のうち2つの要素の大きさがわかれば求めることができるわけだ。

$$P = V\frac{V}{R} = \frac{V^2}{R}\ [W] \quad \cdots\cdots\cdots\cdots\cdots\cdots\cdots\cdots\cdots\cdots\cdots\cdots\cdots\cdots \langle 式08\text{-}06\rangle$$

$$P = IR\cdot I = I^2R\ [W] \quad \cdots\cdots\cdots\cdots\cdots\cdots\cdots\cdots\cdots\cdots\cdots\cdots\cdots \langle 式08\text{-}07\rangle$$

これまでの式をまとめたものが〈式08-08〉だ。いずれの要素からでも電力を計算できるように覚えておくといい。

なお、電力は見方によって表現がかわってくる。たとえば、電圧Vの電源に抵抗Rがつながれ電流Iが流れている時、電源については$P=VI$の電力を**供給**していると表現され、抵抗については$P=VI$の電力を**消費**していると表現される。

電気機器では、可能な仕事率ではなく、使用する電力であることを明示するために**消費電力**として表示されることが多い。たとえば電気掃除機の場合、消費電力1000W、吸引仕事率600Wといった具合になる。消費する電力（＝仕事率）と、機器が実際に行う仕事率に差があるわけだ。その差である400Wは、本来の目的以外の熱などのエネルギーに変換されていることになる。つまり、損失になるわけだ。実際に行うことができる仕事率については、**出力**という用語で表現されることもある。

電力の大きさ　　　　　　　　　　　　　　　　　　　　　　　　　　・・・〈式08-08〉

$$P = VI = \frac{V^2}{R} = I^2R$$

P：電力[W]　V：電圧[V]
I：電流[A]　R：抵抗[Ω]

・・・・・・・・・・・・ 仕事率の単位 ・・・・・・・・・・・・

仕事率の単位には、さまざまなものが使われてきた。自動車など運動エネルギーを生み出す機械では、出力に[馬力(PS)]が使われていた。現在もクルマのカタログなどでは[W]とともに併記されている。換算は1PS＝735.49875Wだ。

また、ストーブの暖房出力、エアコンの冷暖房能力など熱に関連する機器では、[kcal/h]が使われていた。換算は1kcal/h＝1.163Wだ。ちなみに、現在の主流であるヒートポンプ式のエアコンは、熱エネルギーを移動させるために電力を使っている。そのため、消費電力500W、冷房能力2500Wといった具合に消費電力より冷房能力の仕事率の数値が大きくなることもある。

物理学の分野によっては[kgf・m/s]や仕事率の定義をそのまま単位記号にした[J/s]が使われることもある。換算は1kgf・m/s＝9.80665Wだ。

▶電力量

電気によって実際に行われた**仕事**の量は、**仕事率**である**電力**に**時間**を掛ければ求められる。この仕事の量を電気の世界では**電力量**といい、量記号は仕事と同じ「W」が使われる。電力量は**電気エネルギー**の量と考えることもできる。一般的な仕事やエネルギーの単位は[J]だが、電力量の場合は[Ws（W秒）]が使われる。つまり、[J]と[Ws]は等価である。

電力を定義する〈式08-01〉(P28参照)を移項すれば、〈式08-09〉のように電力量 W[Ws]が電力 P[W]と時間 t[s]の積であることがわかる。

$$W = Pt \ [\text{J}=\text{Ws}] \qquad \langle式08\text{-}09\rangle$$

また、前ページの〈式08-08〉にまとめたように電力は、**電圧** V[V]、**電流** I[A]、**抵抗** R[Ω]のうち2つの要素で表わすことができるので、それぞれの式に時間 t を掛けても電力量 W を求めることができる。これら電力量を求める式をまとめると、〈式08-10〉のようになる。

繰り返しのような内容になってしまうので、ここには式を掲載しないが、電力量 W が電圧 V、電流 I、時間 t の積であることは、電圧の定義の式を移項した〈式08-02〉(P28参照)に、電流の定義の式を移項した〈式08-03〉(P28参照)を代入することでも確認することができる。

なお、電力量の基本の単位は[Ws（W秒）]が基本だが、大きな量を表わすことが多いため[Wh（W時）]の使用も認められている。電力会社の電気使用量の明細などでは[kWh（kW時）]が使われている。1時間は3600秒なので、換算は1Wh＝3600Ws、1kWh＝3600kWsになる。

電力量の大きさ　　　　　　　　　　　　　　　　　　　　　　　　　　　　・・・〈式08-10〉

$$W = Pt = VIt = \frac{V^2}{R}t = I^2Rt$$

W：電力量[Ws] 　I：電流[A]
P：電力[W] 　V：電圧[V]
t：時間[s] 　R：抵抗[Ω]

……… 量記号の「W」と単位の[W] ………

電力の単位は[W]であり、電力量の量記号は「W」だ。どちらもアルファベットのWであるため、「W」を電力の量記号だと勘違いすることがあったり、電力量の単位を[W]だと思い込んでしまったりすることがある。両者を間違えると、式が理解できなくなったり、計算を間違えたりする。本書は量記号をイタリック体にしているので、ある程度は区別できるが、イタリック体を採用していない文献もあるし、手書きだと区別しにくいこともある。電力と電力量では単位と量記号を間違えないように注意したい。

[電気と回路の基礎編]

Chapter 02

電気回路の基礎知識

Sec.01：電気回路と電子回路 ・・・32
Sec.02：回路図 ・・・・・・・・・34
Sec.03：電気回路の解析 ・・・・・36
Sec.04：電源と素子 ・・・・・・・38
Sec.05：電流と電圧の表示 ・・・・40
Sec.06：定常状態と過渡状態 ・・・42

[電気回路の基礎知識]
電気回路と電子回路

Chapter 02
Section 01

電気回路は電源と回路素子で構成される。素子にはさまざまな種類があるが、本書では受動素子(=線形素子)だけで構成される回路を電気回路として扱う。

▶電気回路

電気をエネルギーとして利用するにしても、通信手段や情報処理に利用するにしても、電流が流れる経路が必要だ。この経路を**電気回路**や単に**回路**という。電気回路は**回路素子**で構成される。回路素子とは電気回路に使われる部品のことで、**回路要素**や単に**素子**ともいう。**電源**も回路素子といえるが、本書では区別して扱う。

たとえば、〈図01-01〉のような乾電池で豆電球を点灯させる回路の場合、乾電池が電源であり、豆電球が回路素子だ。豆電球と乾電池をつなぐ配線や断続を行うスイッチも回路には欠かせないもので素子といえるが、素子や要素という用語に厳密な規定はない。こうした回路本来の目的に影響を及ぼさない配線やスイッチは、回路を解析するうえではあまり重要ではないので、本書では素子として扱わない。また、電球やモーターのように最終的な出力を行う部品、またマイクなどの入力を行う部品についても、素子として扱わないという考え方もある。

回路とはその文字の通り「回っている路」なので、輪のように閉じたループになっている必要がある。回路素子には2つ以上の**端子**があり、回路を構成している状態では電流の流入する端子と電流の流出する端子が必ず存在する。また、回路素子のうち実際に仕事をする素子を**負荷**という。負荷は単独のこともあれば、複数の素子で構成されることもある。

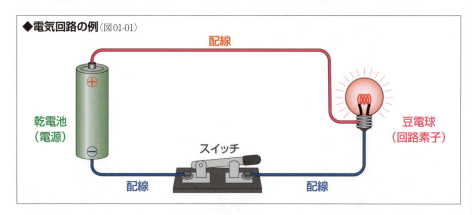

◆電気回路の例〈図01-01〉

▶回路素子の種類と電子回路

　回路素子は、その動作によって**受動素子**と**能動素子**に大別される。受動素子は**受動要素**ともいい、供給された電力を消費・蓄積・放出するといった受動的な動作を行う**素子**で、**抵抗器**、**コンデンサ**、**コイル**に代表される。能動素子は**能動要素**ともいい、増幅や整流など能動的な動作を行う素子で、**トランジスタ**や**ダイオード**などの**半導体素子**に代表される。受動素子だけで構成される回路を**受動回路**、能動素子も含まれる回路を**能動回路**ともいう。ただし、受動と能動の区分けには、さまざまな考え方がある。

　素子はその特性によって**線形素子**と**非線形素子**に分類されることもある。線形素子は**線形要素**ともいい、電圧をかけた際に素子に流れる電流が電圧に比例するなど電圧・電流の特性をグラフにした際に直線を描く素子だ。非線形素子は**非線形要素**ともいい、電圧・電流の特性が直線を描かない素子で、電圧・電流によって素子の値が変化する素子ともいえる。線形素子だけで構成される回路を**線形回路**、非線形素子も含まれる回路を**非線形回路**という。一部に例外はあるが、一般的には線形素子と受動素子、非線形素子と能動素子は同義として扱われる。

　電気回路に似た用語に**電子回路**というものがある。一般的に電子回路は能動素子（＝非線形素子）を含む回路のことで、能動回路（＝非線形回路）を意味している。集合で考えれば、電子回路は電気回路に含まれているわけだが、両者を対比して捉えることも多い。こうした場合、電気回路は受動回路（＝線形回路）を意味する。本書でもこのように扱う。

　ただし、電気回路と電子回路の区分けにもさまざまな考え方がある。電気をエネルギーとして扱う回路を電気回路、電気を伝達手段や情報処理のために利用する回路を電子回路とする考え方もあれば、**強電**を扱うのが電気回路、**弱電**を扱うのが電子回路という考え方もある。しかも、強電と弱電についての明確な基準もなく、業界などによっても違ってくる。

◆電気回路と電子回路の関係 〈図01-02〉

電気回路
使用素子：**受動素子**
　抵抗
　コンデンサ
　コイル
　など

電子回路
使用素子：**受動素子＆能動素子**
　抵抗　　　ダイオード
　コンデンサ　トランジスタ
　コイル　など　　　など

本来、電子回路は電気回路に内包されるものだが、対比して扱われることもある。対比する場合は電気回路は受動素子だけで構成される回路（緑色の部分）、電子回路は能動素子も含む回路（紫色の部分）をさす。

Chapter 02 ［電気回路の基礎知識］
回路図
Section 02

電気回路の内容を記録したり伝達したりするために使われるのが回路図だ。多くの人が情報を共有できるように、素子それぞれに図記号が定められている。

▶電気回路図

　電気回路の内容は、〈図02-01〉のように実際の状態を図に描けばわかりやすい。こうした図を**実体配線図**というが、複雑な回路になると描くのに手間がかかるし、かえって配線のつながり具合がわかりにくくなることもある。そのため、電気回路は**回路素子**などを簡略化した記号で描いた**電気回路図**で図示される。電気回路図は単に**回路図**ともいい、記号は**電気用図記号**や**回路図記号**、単に**図記号**という。

　回路図は、実際の回路の配線の状態を反映しているわけではなく、素子の位置を示しているわけでもない。たとえば、下の実体配線図を回路図にした場合、回路図Aのように描けば、かなり実際の回路に近いといえるが、それでも実体配線図では電池のプラス端子から2本の配線がつながっているが、回路図では1本の線が途中で枝分かれしている。回路図Bのように描いたとしても、回路図としては同じものだといえる。

　回路図の線は**接続線**というが、実際の配線と接続線は別のものだと考えたほうがいい。接続線は素子と素子のつながり方を説明しているだけのものだと考えるべきだ。

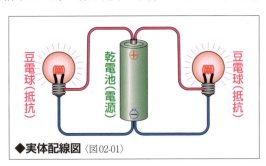

◆実体配線図　〈図02-01〉

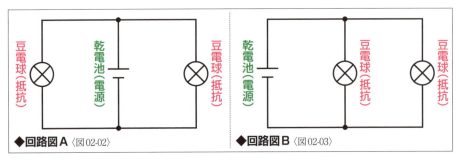

◆回路図A　〈図02-02〉　　　◆回路図B　〈図02-03〉

▶電気用図記号

電気用図記号は、日本では日本工業規格（JIS C 0301）に制定されたものが長く使われてきたが、国際的に使われているものとは異なっている部分があった。そのため、1990年代後半に国際電気標準会議のIEC 60617第2版と同一の規格としてJIS C 0617「電気用図記号」が制定された（以降も部分的な改正が行われている）。現在はこの新しい**図記号**を使うべきだが、実際にはまだまだ従来の図記号も使われている。本書では使用しないが、一応は従来記号も覚えておいたほうがいい。

◆おもな図記号〈図02-04〉

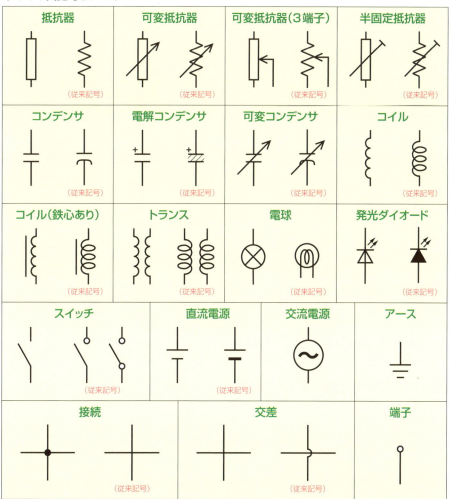

[電気回路の基礎知識]
電気回路の解析

本書は電気回路の物理量を解析によって求める方法とその背景になる知識を説明している。解析に際しては回路図を変形したり等価回路に変換したりする。

▶ 回路の解析

電気回路には**電圧**、**電流**、**抵抗**などさまざまな**物理量**が存在する。回路を解析するとは、既知の物理量から不明の物理量を求めるということだ。回路を解くともいう。解析には**オームの法則**などさまざまな法則や定理が利用される。本書は、こうした回路を解析する方法と、その基礎となる知識を解説するものだ。

回路の解析は**回路図**を利用して行うのが基本になる。回路図を見るうえで電圧について覚えておきたい重要なことは、途中に電源や素子がなく**接続線でつながっている部分はすべて基準からの電圧（基準との電位差）が同じ**だということだ。途中に分岐があったとしても電圧はかわらない。電流については、途中に電源や素子があっても**分岐がない1つのループになった回路では電流の大きさが変化しない**ということを覚えておきたい。たとえ、電源が複数あったとしても、1つのループであれば、電流の大きさはどこでも同じだ。接続線に分岐があると、そこで電流が分かれたり合流したりして大きさが変化する。

なお、電気回路には**電源**が必要であり、閉じたループになっていなければ回路として成立しない。しかし、実際には電源がない素子のつながりを回路と表現することも多い。こうした場合の「回路」は、「回路の一部」というべき表現を省略しているものだと考えればいい。

▶ 回路図の変形と等価回路

回路図をちょっと見ただけでは、**電流**の流れがわかりにくいこともある。現実の回路を見ながら描くと、わかりにくい回路図になったりする。試験問題では、わざとわかりにくくしてあったりもする。こうした回路でも、回路図を変形するだけで解析しやすくなることがある。回路図の変形の方法はChapter03の「回路図の変形（P68参照）」で説明するが、たとえば、〈図03-01〉の2つの回路図は同じ回路だ。相互に変形された回路図といえる。どちらの回路図も、慣れないうちはこのままでは解析しにくいが、変形することで解析しやすくなる。回路を変形する際に基本になる考え方は、接続線でつながった部分の電圧はすべて同じということだ。

◆**変形された回路図**〈図03-01〉

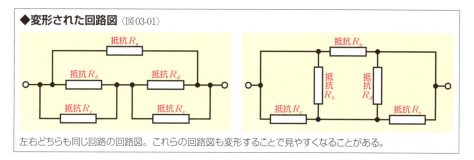

左右どちらも同じ回路の回路図。これらの回路図も変形することで見やすくなることがある。

　回路の解析では、**等価回路**もよく使われる。一般的には回路Aを簡略化した回路Bを、回路Aの等価回路というが、等価回路とは電気的に同じ意味をもつ回路、つまり電気的に**等価**な回路ということなので、回路Aは回路Bの等価回路であると表現することもある。もちろん、2つ以上の回路が等価回路のこともある。

　回路図の変形の場合、接続線の形状や素子の位置がかわるが、素子の内容や数は同じであり、素子同士の電気的なつながり方はまったく同じだ。いっぽう、等価回路の場合は、素子の内容や数がかわり、素子間の電気的なつながり方もかわることもある。しかし、全体としては電気的に同じ意味がある。

　等価回路は、解析しやすくするために素子の数を減らして回路をシンプルにすることもあれば、回路の内容を詳細にするために素子の数が増えることもある。本書では、等価回路への変換はさまざまな箇所で活用している。たとえば、〈図03-02〉のような複数の抵抗の**直列**/**並列**が混ざった回路では、部分部分で解析を行い、少しずつシンプルな等価回路にしていくことで全体の解析を行う。こうした等価回路へ置き換えることを**等価変換**という。

　また、特定の条件下で等価になる場合は**条件付等価回路**という。たとえば、交流と直流が回路を流れる回路を、直流だけが流れた時にはどのように作用するかを解析する場合には、**直流等価回路**という条件付等価回路に変換したほうが解析しやすくなる（P46参照）。

◆**等価回路**〈図03-02〉

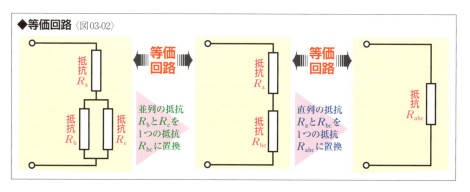

Chapter 02 ［電気回路の基礎知識］
電源と素子
Section 04

電源には電流源と電圧源があり、直流回路では抵抗だけを解析すればよいが、交流回路ではコンデンサやコイルなどが加わる。解析は理想の状態で行う。

▶理想の電源

電気回路の電源には**直流電源**と**交流電源**がある。それぞれを電源とする電気回路を**直流回路**、**交流回路**という。

また、電源には**電圧源**と**電流源**があり、それぞれに直流と交流がある。**現実の電源**には**内部抵抗**（P76参照）や**内部インピーダンス**（P354参照）というものがあり、**負荷**の大きさによって電流や電圧が変化する。しかし、電気回路を解析する際には、まずは**理想の電源**から考えるのが一般的だ。**理想電圧源**とは、**定電圧源**であり、負荷の大きさが変化しても、一定の**電源電圧**を保ち続ける。**理想電流源**とは、**定電流源**であり、負荷の大きさが変化しても一定の**電源電流**を流し続ける。

理想電圧源の**図記号**はJISに定められているが、**直流電圧源**の場合は通常の直流電源の図記号、**交流電圧源**の場合は通常の交流電源の図記号が使われることが多い。理想電流源についてもJISに図記号が定められているが、これ以外の図記号が使われることも多い。**直流電流源**と**交流電流源**ともにさまざまなものが使われている。

なお、本書で説明なく電源と記載した場合は、直流でも交流でも理想の電源である定電圧源を意味する。定電流源や現実の電源の場合は必ず説明を加える。

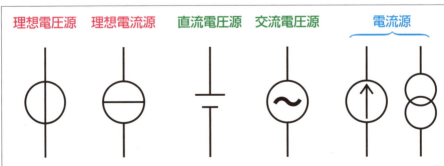

◆電圧源と電流源の図記号 〈図04-01〉

2個の電流源の図記号は左を直流、右を交流で使うことが多いが、どちらか一方で直流/交流を兼用させていることもある。

▶理想の素子

　本書で取り上げる回路素子は受動素子である抵抗、コンデンサ、コイルの3種類だ。それぞれの素子についてはChapter05〜07の「回路素子編（P145〜参照）」で説明する。

　電気抵抗を得るための素子には抵抗器があるが、回路にとっての抵抗は抵抗器だけではない。抵抗器は電気エネルギーを熱エネルギーに変換する素子だが、たとえば豆電球は電気エネルギーを光エネルギーと熱エネルギーに変換する。こうした豆電球のような負荷も電気回路を解析するうえでは抵抗といえる。抵抗は直流でも交流でも同じように作用する。

　いっぽう、コンデンサは電気エネルギーを蓄えたり放出したりする素子で、その能力の大きさを静電容量という物理量で表わす。コイルは電気エネルギーを磁気エネルギーに変換して蓄えたり、電気エネルギーに変換して放出したりする素子で、その能力の大きさを表わす物理量をインダクタンスという。どちらも交流が流れるが（コンデンサは実際には流れるように見えるだけ）、電流を妨げる作用がある。直流はコイルを流れるが、コンデンサは流れない。

　これらの素子についても電気回路の解析では、まずは理想の素子として扱う。現実のコンデンサには損失があるし、コイルには抵抗があるうえ静電容量も生じる。また、素子の能力は温度などの条件によって変化するし、実際の素子には定格電圧や定格電流など、それを超えると素子が壊れたり正常に動作しなくなる定格が定められているが、これらの要素もまずは考えないで回路の解析を行う。理想の抵抗は抵抗のみ、理想のコンデンサは静電容量のみ、理想のコイルはインダクタンスのみとして扱う。理想の素子の場合、直流に対してコンデンサは素子の部分で回路が切れている開放、コイルは抵抗0で電流が流れる短絡と考えることができる。

　なお、配線についても理想の配線と考える。現実の配線には抵抗があり、場合によってはコイルやコンデンサのようにふるまうこともあるが、回路を解析するうえでは、接続線の抵抗は0であり、回路にまったく影響を与えないものと考える。このように、理想の電源、理想の素子、理想の配線などで構成された回路を理想回路という。

Sec.04 電源と素子

……………… 短絡と開放 ………………

　開放とは、電気回路がその部分で接続されていないことを意味する。閉じたループになっていないので、回路として機能せず、電流が流れない。

　短絡はショートともいいい、回路内で電位差のある2点を抵抗の小さな導体で接続することをいう。理想の回路では抵抗0を意味する。現実の回路で想定外の短絡が起こると、接続した導体や回路の一部に大きな電流が流れてしまう。この大電流によって素子や配線が異常発熱したり壊れたりすることがあるので、非常に危険だ。

Chapter 02 ［電気回路の基礎知識］
電流と電圧の表示

Section 05

回路図に電流や電圧を矢印で表示すると状態がわかりやすい。電流は電位の高い側から低い側に、電圧は電圧の基準側から矢印を描くのが基本だ。

▶電流と電圧の表示

　回路図には、解析を補助するために電流や電圧を矢印で表示することがある。矢印の描き方や位置には特別な決まりはない。**電流**は電位の高い位置から低い位置へ流れる。**直流**の場合、**電源**のプラスからマイナスに向かって電流が流れるので簡単に矢印が描けそうに思うかもしれない。確かに1つのループになった回路なら、電流は一定なので簡単だが、途中に分岐があるような回路では、解析してみないと電流の方向がわからないこともある。

　なお、電源内部では電流がマイナスからプラスへ流れる。**起電力**とは**電荷**を電位の低い位置から高い位置へと押し上げるものであるため、電流の流れる方向が逆になる。

　電圧（電位差）も矢印で表示することがある。直流電圧源の場合は図記号でプラス/マイナスがわかるし、直流電流源の場合も矢印などで電源の電流の方向が表示されるので、わざわざ電圧を矢印表示する必要はないように思うかもしれないが、電源電圧を矢印表示すると、右ページで説明する**電圧降下**と対比しやすくなる。電圧を矢印で表示する場合は、**基準電位**の側から電位を示す点の側に矢印を向けて表示する。マイナス端子を基準とした直流電源の場合であれば、プラス端子に向かう矢印になる。

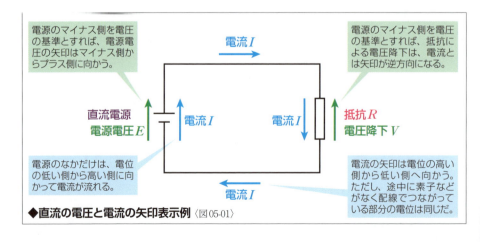

◆**直流の電圧と電流の矢印表示例** 〈図05-01〉

交流の場合、電流の方向と電圧が周期的に変化する。当然、交流電源の端子にプラス/マイナスの区別はない。しかし、瞬間瞬間で考えれば電流の流れている方向が捉えられる（実際には流れていない瞬間もある）。こうした瞬間瞬間の値を**瞬時値**（P220参照）という。解析によって瞬時値が得られれば、その瞬間の電流を矢印で表示できる。電圧についても、直流の場合と同じように、基準電位の側から電位を示す点の側に矢印を向けて表示できる。交流電源では通常、接地側を基準にするが回路図に接地が示されていない場合は、電源のいずれかの端子を基準に仮定することになる。

また、交流にはさまざまな表示方法があるが、**ベクトル**の考え方を応用して周期的な変化を含めて表わすことができる**フェーザ**という表示方法がある。詳しくはChapter09の「正弦波交流のベクトル表示（P228参照）」で説明するが、このフェーザ表示の場合も電流や電圧を矢印で表示することができる。

▶電圧降下

回路素子の両端子間の**電位**の差は**端子電圧**と表現する。**電源**の場合も同じように電源電圧を電源の端子電圧という。

また、電流が流れると、**抵抗**の電流の入口側の端子より出口側の端子のほうが電位が低くなる。つまり、電流が抵抗を流れると電圧が低下する。こうした電圧の低下を**電圧降下**という。この電圧降下も矢印で表示することがある。電圧降下を矢印で表示する場合も、回路図上で**基準電位**の側から電位を示す点の側に向けて矢印を表示するのが一般的だ。

交流でも、さまざまな**素子**で起こる電圧の低下を電圧降下と表現することができ、矢印で表示することもできる。

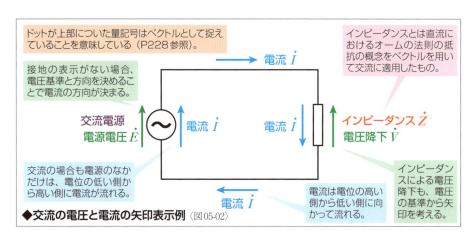

◆交流の電圧と電流の矢印表示例〈図05-02〉

［電気回路の基礎知識］
定常状態と過渡状態

Chapter 02 Section 06

回路が安定した状態を定常状態といい、回路に変化を与えた際に定常状態に至る過程で起こる現象を過渡現象という。本書では定常状態のみを扱う。

▶定常状態と過渡現象

　電源や**素子**を接続した**電気回路**の状態が、ある程度の時間にわたって変化がなければ、直流ならば**電圧**や**電流**が一定に保たれ、交流ならば電圧や電流が一定の周期で一定の変化を繰り返す。こうした状態を**定常状態**や**定常領域**といい、その時の値を**定常値**という。

　こうした定常状態から、スイッチのON/OFFのように回路の状態を急にかえた場合、変化前の電流・電圧の定常値がほとんど瞬時に変化後の定常値にかわる回路もあるが、瞬間的にかわることができず、途中に時間的経過が発生する回路もある。この変化前の定常状態から変化後の定常状態の間に起こる現象を**過渡現象**という。過渡現象が起こっている状態を**過渡状態**や**過渡領域**といい、その時の値を**過渡値**という。まだ、回路の解析をまったく説明していない状態で過渡現象を説明するのは難しいが、電気回路の基本的な現象なので、ここで説明しておく。こうした現象があるということだけを理解しておいてほしい。

　たとえば、〈図06-01〉のように電源と**抵抗**だけで構成される直流回路のスイッチをONにすると、瞬間的にオームの法則で計算される通りの電流が流れる。こうした回路では過渡現象はないと考えることができる。過渡現象は回路に**コンデンサ**や**コイル**のように**エネルギー**を蓄える素子があると起こる。Section04の「電源と素子（P39参照）」で、直流に対してコンデ

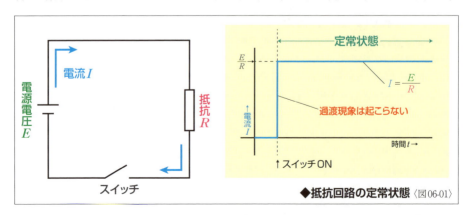

◆抵抗回路の定常状態　〈図06-01〉

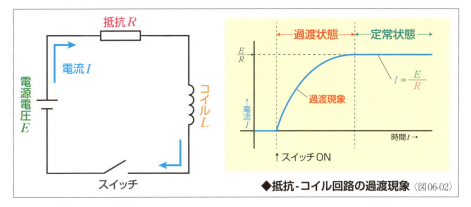

◆抵抗-コイル回路の過渡現象〈図06-02〉

ンサは**開放**、コイルは**短絡**になると説明したが、これはあくまでも定常状態を前提としたものだ。

〈図06-02〉のように抵抗とコイルで構成される直流回路の電源をONにすると、電流が一定の値になり定常状態になるまでにグラフのような経過をたどる。その理由はChapter06「電磁気とコイル（P155〜参照）」で説明するが、この電流の変化が過渡現象だ。定常状態になると、コイルは短絡になり、電源電圧と抵抗によって電流が決まる。

〈図06-03〉のように抵抗とコンデンサで構成される直流回路の場合、定常状態ではコンデンサは開放なので電流が流れないが、実際には電源をONにすると、最初は電流が流れ、それが減少していって0に至る。この理由はChapter07「静電気とコンデンサ（P173〜参照）」で説明するが、当初の電流の大きさは、電源電圧と抵抗によって決まるものだ。定常状態になると、コンデンサを直流電流が流れないため、回路全体に電流が流れない。

過渡現象は交流回路でも起こる。もちろん、過渡現象も解析できるが、過渡現象は一般的に短時間で終わるものであり、定常状態での動作が基本になるため、回路の解析は定常状態の解析から始めたほうがいい。本書で取り上げるのは、すべて定常状態だ。

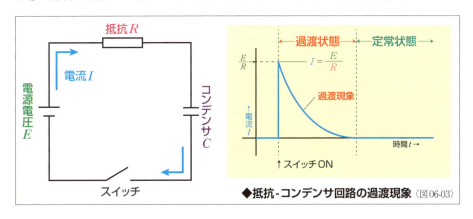

◆抵抗-コンデンサ回路の過渡現象〈図06-03〉

▶過渡現象と突入電流

　過渡現象は、素子単体ばかりでなく、複数の素子で構成される回路でも当然のごとく起こる。前ページで説明した**コンデンサ**の過渡現象では電源スイッチをONにした直後に電流が流れ、**定常状態**では電流が0になる。また、電源をONにした直後に定常状態より大きな電流が流れるという回路や部品もある。こうした電源スイッチをONにした時に流

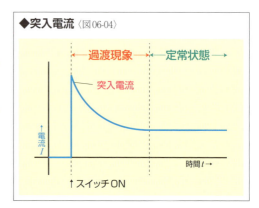

◆突入電流〈図06-04〉

れる定常状態より大きな電流を**突入電流**や**始動電流**という。突入電流はコンデンサを含む回路のほか**コイル**や**トランス**を含む回路で生じることもある。モーターでも突入電流が発生する。トランスやモーターも内部にコイルが含まれているため、こうした現象が起こるといえる。

　また、白熱電球でも突入電流が発生する。白熱電球は**抵抗**と考えられる**負荷**なので、本来ならば過渡現象は起こらないはずだ。白熱電球はフィラメントの抵抗で**電気エネルギー**を**熱エネルギー**に変換し、その高熱による発光によって**光エネルギー**を得ている。詳しくはChapter05「ジュール熱と抵抗器（P145〜参照）」で説明するが、一般的に金属などの**導体**は温度が低いほど抵抗が小さくなる。そのため、点灯前のフィラメントの温度が低い状態では、大きな電流、つまり突入電流が流れてしまうのだ。点灯してフィラメントの温度が上昇して、発熱量と放熱量のバランスが取れれば、抵抗の大きさが安定して定常状態になる。

〈写真06-05〉

〈写真06-06〉

豆電球を1.5[V]の乾電池につないで点灯させた時、流れている電流を測定すると0.3[A]だった。オームの法則で計算すれば、豆電球の抵抗は5[Ω]ということになる。しかし、実際に豆電球単体で抵抗を測定すると0.7[Ω]しかなかった。この点灯前と点灯中の抵抗値の違いが突入電流を生じさせる。

［直流回路編］

Chapter 03

直流回路の基本

Sec.01：直流の抵抗回路 ・・・・・ 46
Sec.02：直列と並列 ・・・・・・・ 50
Sec.03：合成抵抗 ・・・・・・・・ 52
Sec.04：直列抵抗回路 ・・・・・・ 54
Sec.05：並列抵抗回路 ・・・・・・ 58
Sec.06：直並列抵抗回路 ・・・・・ 62
Sec.07：回路図の変形 ・・・・・・ 68
Sec.08：コンダクタンス ・・・・・ 72
Sec.09：直流回路の電源 ・・・・・ 74
Sec.10：直流回路の電力と電力量 ・ 82

[直流回路の基本]
直流の抵抗回路

Chapter 03 Section 01

1つの直流電源に1つの抵抗をつないだ回路はもっともシンプルな直流回路であり、電圧、電流、抵抗の関係であるオームの法則そのものを示している。

▶直流回路

　直流を電源とする電気回路が直流回路だ。詳しくはChapter05〜07の「回路素子編（P145〜参照）」で説明するが、直流に対してコンデンサは素子の部分で回路が切れている開放（P39参照）と考えられ、コイルは抵抗値0で電流が流れる短絡（P39参照）と考えられる。つまり、受動素子のなかで直流回路で解析が必要な素子は抵抗だけだ。

　こうした直流電源と抵抗で構成された回路を直流抵抗回路という。抵抗回路の解析の基本になるのはオームの法則だ。抵抗回路では、1つの直流電源に1つの抵抗がつながれた回路が、もっともシンプルな構成になる。

　直流回路で解析すべき素子は抵抗だけだが、実際にはコンデンサやコイルを含む回路の直流に対する動作の解析が必要なこともある。たとえば、オーディオ信号を扱う回路の場合、信号が入力されると交流が重畳した直流が回路を流れるため、コンデンサやコイルの動作の解析が必要だが、信号が入力されていない状態では狭義の直流が流れるので抵抗だけが解析の対象だ。こうした場合はコンデンサを開放、コイルを短絡と考えて解析すればいいのだが、複雑な回路になってくるとそのままの状態では回路を把握しにくい。しかし、こうした場合でも直流等価回路に変換すれば回路図がシンプルになり解析しやすくなる。

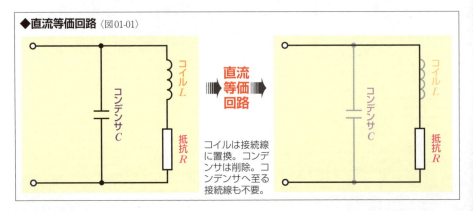

◆直流等価回路 〈図01-01〉

コイルは接続線に置換。コンデンサは削除。コンデンサへ至る接続線も不要。

▶オームの法則

　Chapter01の「オームの法則（P25参照）」では数式だけで説明したが、ここでは実際の回路に法則を当てはめてみよう。1つの直流電源と1つの抵抗がつながった**直流抵抗回路**は、オームの法則そのものを表わしているといえる。回路を解析するのであれば、もう少し詳しく調べるべきだが、まずは少し安易に回路を見て**オームの法則**を理解しよう（詳しい解析は次のページで行う）。

　オームの法則は「**導体に流れる電流は、電圧に比例し、抵抗に反比例する**」と説明される。図の回路にも、**電流I**[A]、**電圧V**[V]、**抵抗R**[Ω]の3つの物理量がある。この関係を式で表わすと以下のようになる。3つの式は同じ式を変形したものだ。

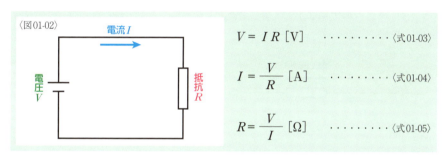

〈図01-02〉

$V = IR$ [V] ・・・・・・・・・〈式01-03〉

$I = \dfrac{V}{R}$ [A] ・・・・・・・・・〈式01-04〉

$R = \dfrac{V}{I}$ [Ω] ・・・・・・・・・〈式01-05〉

　つまり、電流と抵抗がわかれば〈式01-03〉によって電圧を求めることができ、電圧と抵抗がわかれば〈式01-04〉によって電流を求めることができ、電圧と電流がわかれば〈式01-05〉によって抵抗を求めることができるわけだ。このように既知の物理量から、未知の物理量を求めることが、回路の解析だ。

　量記号による式ではイメージしにくい人のために実際の数値で計算してみよう。〈図01-06〉は豆電球を乾電池で点灯させる回路だ。豆電球はこの回路にとって、実際に仕事をする**負荷**であり抵抗である。乾電池の電圧が1.5[V]で流れている電流が0.3[A]なら、〈式01-05〉にこれらの値を代入すれば豆電球の抵抗は5[Ω]と計算される。もちろん、電圧と抵抗から電流を求めることも、電流と抵抗から電圧を求めることも可能だ。

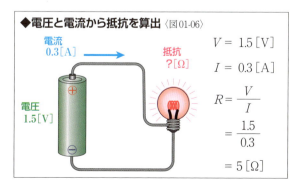

◆電圧と電流から抵抗を算出　〈図01-06〉

$V = 1.5$ [V]

$I = 0.3$ [A]

$R = \dfrac{V}{I}$

$= \dfrac{1.5}{0.3}$

$= 5$ [Ω]

▶2点間のオームの法則

前ページの**オームの法則**の説明に間違いはないが、解析するうえでは回路の2点間に注目してオームの法則を考えたほうがいい。言い回しはさまざまに考えられるが、〈式01-08〉であれば、「導体の2点間の電圧 V[V] は、2点間を流れる電流 I[A] と2点間の抵抗 R[Ω] に比例する」となり、〈式01-09〉であれば、「導体の2点間を流れる電流 I[A] は、2点間の電圧 V[V] に比例し、2点間の抵抗 R[Ω] に反比例する」となり、〈式01-10〉であれば、「導体の2点間の抵抗 R[Ω] は、2点間の電圧 V[V] に比例し、2点間を流れる電流 I[A] に反比例する」となる。また、抵抗では電流の入口側の電位と電流の出口側の電位の差を**電圧降下**(P41参照)というので、2点間の電圧 V[V] は、電圧降下 V[V] と考えることができる。もちろん、抵抗の**端子電圧** V[V] ともいえる。

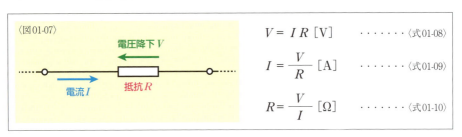

$$V = IR \;[\text{V}] \quad \cdots \cdots \langle\text{式01-08}\rangle$$

$$I = \frac{V}{R} \;[\text{A}] \quad \cdots \cdots \langle\text{式01-09}\rangle$$

$$R = \frac{V}{I} \;[\Omega] \quad \cdots \cdots \langle\text{式01-10}\rangle$$

▶抵抗回路の解析

前ページでは**電流**、**電圧**、**抵抗**という3つの物理量を調べたが、回路を解析する場合は、もう少し詳しく捉えるようにしたい。電圧については、電源や抵抗が複数ある回路を解析する場合に備えて、**電源電圧** E[V] と、抵抗における**電圧降下** V[V] を分けて考えるべきだ。また、回路各部の**基準からの電圧**も解析の際には重要だ。なお、この回路は1つのループなので、解析すべき電流は1つだが、分岐がある場合には、部分部分での電流の解析が必要になる。

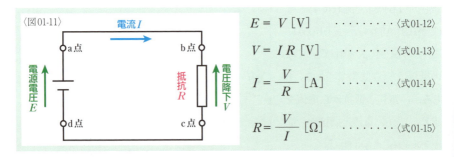

$$E = V \;[\text{V}] \quad \cdots \cdots \langle\text{式01-12}\rangle$$

$$V = IR \;[\text{V}] \quad \cdots \cdots \langle\text{式01-13}\rangle$$

$$I = \frac{V}{R} \;[\text{A}] \quad \cdots \cdots \langle\text{式01-14}\rangle$$

$$R = \frac{V}{I} \;[\Omega] \quad \cdots \cdots \langle\text{式01-15}\rangle$$

まず、左ページの〈図01-11〉のa点とb点を考えてみよう。ここまで、「接続線でつながっている部分はすべて基準からの電圧が同じ」と説明してきたが、これもオームの法則で説明できる。理想の回路なのでa-b間は抵抗$0[\Omega]$であり、電流$I[A]$が流れている。これを〈式01-08〉に代入すれば、a-b間の電圧が$I \times 0 = 0[V]$であることがわかる。a点とb点に**電位差**がないということは、基準からの電圧が同じということだ。c点とd点についても同じようにして基準からの電圧が同じであることが確認できる。

この回路の**電圧の基準**を電源のマイナス側に設定すれば、a点の電圧は電源電圧と同じ$E[V]$であり、d点は$0[V]$だ。つまり、これは、抵抗Rの電流の入口側の端子であるb点が$E[V]$であり、電流の出口側の端子であるc点が$0[V]$であることを示している。つまり、抵抗Rでの電圧降下$V[V]$は、$E - 0 = E[V]$である。これにより、抵抗Rでの電圧降下Vと電源電圧Eが等しいことが確認でき、〈式01-12〉のように表わすことができる。

b点とc点の2点間に**オームの法則**を当てはめてみると、〈式01-13～15〉のような関係が成立する。これらの電圧降下V、電流I、抵抗Rのうち、いずれか2つの大きさがわかれば、残る1つを算出することができる。もちろん、〈式01-12〉の関係があるので、電圧降下Vのかわりに電源電圧Eを使っても同じだ。

手間をかけて説明したので、かえって難しく感じたかもしれないが、回路の解析では各部を詳細に見る必要がある。最後に少し初心者向けにここまでの説明を〈図01-16〉にまとめてみた。実際には電流は回路全体で同時に流れるが、電源のプラス側を出発点と考えると、電圧$E[V]$で出発した電流$I[A]$は抵抗を通過することで$0[V]$になり、電源のマイナス側に至るといえる。そして電源の**起電力**で電圧$E[V]$にされてプラス側に戻る。ここで注意したいのは電流の大きさだ。抵抗を通過すると電圧が$0[V]$になるので電流も$0[A]$になると勘違いする人がいるが、電流は変化しない。1つのループになった回路の電流はどこでも同じだ。

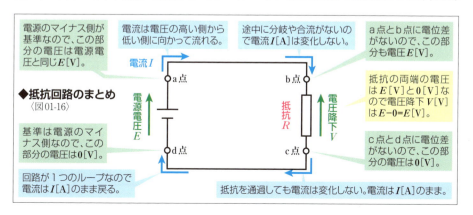

◆**抵抗回路のまとめ**
〈図01-16〉

電源のマイナス側が基準なので、この部分の電圧は電源電圧と同じ$E[V]$。

電流は電圧の高い側から低い側に向かって流れる。

途中に分岐や合流がないので電流$I[A]$は変化しない。

a点とb点に電位差がないので、この部分も電圧$E[V]$。

抵抗の両端の電圧は$E[V]$と$0[V]$なので電圧降下$V[V]$は$E - 0 = E[V]$。

基準は電源のマイナス側なので、この部分の電圧は$0[V]$。

c点とd点に電位差がないので、この部分の電圧は$0[V]$。

回路が1つのループなので電流は$I[A]$のまま戻る。

抵抗を通過しても電流は変化しない。電流は$I[A]$のまま。

[直流回路の基本]
直列と並列

Section 02

素子や電源のつなぎ方の基本形が直列と並列だ。直列接続では流れる電流が一定になり、並列接続では電圧が一定になることをしっかり覚えておきたい。

▶素子や電源の接続方法

　抵抗のように端子が2つある**素子**や**電源**のつなぎ方の基本になるのは**直列接続**と**並列接続**だ。2種類の接続が混在していれば、**直並列接続**という。また、直列接続だけで構成された回路を**直列回路**、並列接続だけで構成された回路を**並列回路**といい、双方が混在した回路を**直並列回路**という。抵抗回路であれば、それぞれ**直列抵抗回路**、**並列抵抗回路**、**直並列抵抗回路**という。こうした回路では複数の抵抗を1つの抵抗に見なして解析を行う。複数の抵抗を1つに見なしたものを**合成抵抗**といい、こうした回路を**合成抵抗回路**という。

▶直列接続

　直列接続は数珠つなぎに**素子**を接続していくつなぎ方で、**電流**は1本の流れになる。ある素子の電流の出口側の端子は、次の素子の電流の入口側の端子と接続されることになる。

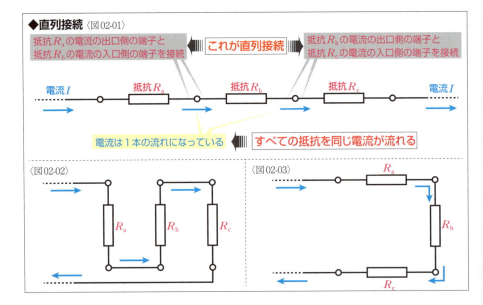

抵抗を例にしてみると、〈図02-01〉のようになる。直列接続でもっとも重要なことは、「**直列接続では流れる電流が一定である**」ということだ。電流が1本の流れになるからといって、回路図が一直線になるとは限らない。〈図02-02〉や〈図02-03〉のような回路も3つの抵抗は直列に接続されている。これらの回路図は、〈図02-01〉の回路図を変形したものだといえる。

▶並列接続

　並列接続は**素子**を並べて接続するつなぎ方で、回路に**分岐**と**合流**ができる。並列接続された複数の素子は、電流の入口側の端子同士、出口側の端子同士が接続される。抵抗を例にしてみると、〈図02-04〉のようになる。並列接続でもっとも重要なことは、「**並列接続では電圧が一定である**」ということだ。「**接続線でつながっている部分はすべて基準からの電圧が同じ**」なので、それぞれの素子の**端子電圧**が等しくなる。抵抗の場合であれば、各抵抗の**電圧降下**が等しくなる。素子の両端近くに接続線の分岐がある〈図02-04〉のような回路図だと並列がわかりやすいが、〈図02-05〉や〈図02-06〉のような回路図でも3つの抵抗は並列だ。電流の分岐が2カ所にあるように見えるが、電気的には1カ所で分岐している。

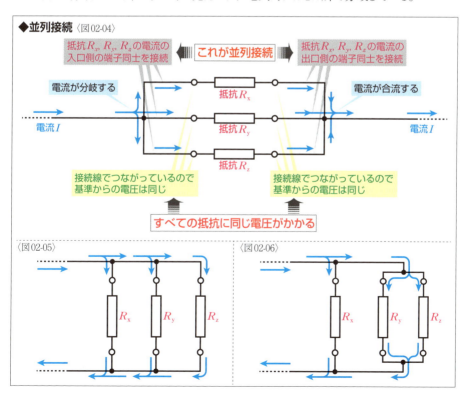

[直流回路の基本]
合成抵抗

直列接続の合成抵抗は各抵抗を足すだけでいい。並列接続では各抵抗の逆数の和が合成抵抗の逆数の和になるが、和分の積を覚えると計算が楽になる。

▶直列接続の合成抵抗

直列接続された**抵抗**の**合成抵抗**の大きさは、それぞれの抵抗の大きさを足すだけでよい。抵抗$R_1[\Omega]$と抵抗$R_2[\Omega]$の合成抵抗を抵抗$R_{12}[\Omega]$だとすれば、以下のような式で示せる。

$$R_{12} = R_1 + R_2$$
〈式03-01〉

直列接続の合成抵抗は非常に簡単なものだ。たとえば、$2[\Omega]$と$3[\Omega]$の直列の合成抵抗なら$5[\Omega]$だ。数式を示すまでもない。暗算でできる。直列接続の合成抵抗の公式は、以下のようになる。この公式はSection04「直列抵抗回路（P54参照）」で検証する。

> **抵抗の直列接続の公式**　　　　　　　　　　　　　　　　　〈式03-02〉
> 直列接続されたR_1、R_2、R_3…R_nのn個の抵抗の合成抵抗をR_0とすると
> $$R_0 = R_1 + R_2 + R_3 + \cdots + R_n$$

▶並列接続の合成抵抗

並列接続の**合成抵抗**は少し難しい。言葉では「並列接続されたそれぞれの抵抗の**逆数**の**和**が、合成抵抗の逆数になる」と説明される。**逆数**とは、元の数との**積**が1になる数のことだ。元の数がaなら、逆数は$\frac{1}{a}$になる。並列接続された抵抗$R_1[\Omega]$と抵抗$R_2[\Omega]$の合成抵抗を抵抗$R_{12}[\Omega]$だとすれば、以下のような式で表わされる。なお、計算式は〈式03-03〉だが、並列の合成抵抗は「//」を使って、$R_{12}=R_1//R_2$のように表わされることもある。

$$\frac{1}{R_{12}} = \frac{1}{R_1} + \frac{1}{R_2}$$
〈式03-03〉

並列接続の合成抵抗の公式は、以下のようになる。この公式はSection05「並列抵抗回路(P58参照)」で検証する。

抵抗の並列接続の公式　　　　　　　　　　　　　　　　　　　　　・・・〈式03-04〉

並列接続されたR_1、R_2、R_3…R_nのn個の抵抗の合成抵抗をR_0とすると

$$\frac{1}{R_0} = \frac{1}{R_1} + \frac{1}{R_2} + \frac{1}{R_3} + \cdots + \frac{1}{R_n}$$

たとえば、2[Ω]と3[Ω]が並列接続された合成抵抗R_X[Ω]を求める場合、以下のように計算することになる。

$$\frac{1}{R_x} = \frac{1}{2} + \frac{1}{3} = \frac{1 \times 3}{2 \times 3} + \frac{1 \times 2}{3 \times 2} = \frac{3}{6} + \frac{2}{6} = \frac{5}{6} \quad\quad R_x = \frac{6}{5}$$

　　　　　　　　　　　　　　　　　　　　　　・・〈式03-05〉　　　　・・〈式03-06〉

まずは、それぞれの抵抗の逆数を通分したうえで合計する。この式の結果は、合成抵抗の逆数なので、式を変形してR_xを求めることになる。この公式を利用した計算でよく起こる間違いが、各抵抗の逆数の和を合計して、それを答えとしてしまうことだ。逆数にして、通分して合計し、約分したりしているうちに、最後に逆数にするという処理を忘れてしまうのだ。

同じようにして、〈式03-03〉から合成抵抗を求めてみると、以下のようになる。

$$\frac{1}{R_{12}} = \frac{1}{R_1} + \frac{1}{R_2} = \frac{1 \times R_2}{R_1 \times R_2} + \frac{1 \times R_1}{R_2 \times R_1} = \frac{R_2}{R_1 R_2} + \frac{R_1}{R_1 R_2} = \frac{R_1 + R_2}{R_1 R_2} \quad \text{〈式03-07〉}$$

$$R_{12} = \frac{R_1 R_2}{R_1 + R_2} \quad \cdots\cdots\cdots\cdots\cdots\cdots\cdots\cdots\cdots\cdots\cdots \text{〈式03-08〉}$$

〈式03-08〉は**和分の積の式**といい、並列接続された2つの抵抗の合成抵抗を求めることができる。和分の積とは、2つの抵抗の積を、2つの抵抗の和で割っているということだ。この式を覚えておけば、わざわざ逆数を考える必要がない。ただし、和分の積はあくまでも2つの抵抗の並列接続の計算式だ。3つの抵抗が並列の時に〈式03-09〉のように計算しても、正解は得られない。どうしても和分の積で計算したいのなら、まずは3つのうち2つの合成抵抗を和分の積で計算し、その結果と残る1つの抵抗の合成抵抗を和分の積で求めればいいが、かえって計算が面倒になることもある。

$$R_{123} = \frac{R_1 R_2 R_3}{R_1 + R_2 + R_3} \quad \cdots\cdots\cdots\cdots\cdots\cdots\cdots\cdots\cdots\cdots\cdots \text{〈式03-09〉}$$

(式全体に×印)

[直流回路の基本]
直列抵抗回路

Section 04

直列抵抗回路では回路全体を流れる電流が一定であり、どの抵抗にも同じ大きさの電流が流れる。電源の電圧を各抵抗の電圧降下が分け合う。

▶直列抵抗回路の解析

直列接続された抵抗が直流電源につながれた**直列抵抗回路**を解析しながら、直列接続の**合成抵抗**の公式を検証してみよう。抵抗の数がもっとも少数である抵抗2つの直列回路を解析してみる。〈図04-01〉のように直列接続された抵抗R_1[Ω]とR_2[Ω]を直流電源E[V]につないだ回路を電流I[A]が流れるとする。

すでに説明したように、回路全体の電流はどこでも同じだ。ここから、抵抗R_1の**電圧降下**V_1[V]は**オームの法則**によって〈式04-02〉のように表わすことができ、抵抗R_2の電圧降下V_2[V]は〈式04-03〉のように表わせる。

また、接続線でつながっている部分の**基準からの電圧**は同じなので、2つの抵抗で生じる電圧降下の合計は、電源電源E[V]に等しいことになり、〈式04-04〉のように表わせる。また、電圧降下の合計は、〈式04-02〉と〈式04-03〉から〈式04-05〉のように表わすことができ、電流Iでまとめると〈式04-06〉のようになる。

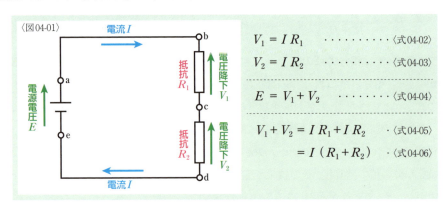

〈図04-01〉

$$V_1 = I R_1 \quad \cdots \cdots \langle 式04\text{-}02\rangle$$
$$V_2 = I R_2 \quad \cdots \cdots \langle 式04\text{-}03\rangle$$
$$E = V_1 + V_2 \quad \cdots \cdots \langle 式04\text{-}04\rangle$$
$$V_1 + V_2 = I R_1 + I R_2 \quad \cdot \langle 式04\text{-}05\rangle$$
$$= I(R_1 + R_2) \quad \cdot \langle 式04\text{-}06\rangle$$

直列接続の合成抵抗の公式を検証するためには不要だが、回路の各点の基準からの電圧も見ておこう。電源のマイナス側を基準(0[V])とし、a点、b点…の電圧をそれぞれV_a、V_b…[V]とする。a、b、d、eの4つの点は説明の必要もない。c点については、電源の

プラス側から考えると〈式04-07〉のように表わせ、電源のマイナス側から考えると〈式04-08〉のようになる。この2つの式をまとめた〈式04-09〉を変形すれば、〈式04-04〉になる。

$$V_c = E - V_1 \quad \cdots \quad \text{〈式04-07〉}$$
$$V_c = 0 + V_2 \quad \cdots \quad \text{〈式04-08〉}$$
$$E - V_1 = 0 + V_2 \quad \cdots \quad \text{〈式04-09〉}$$

いっぽう、抵抗R_1とR_2の直列接続を合成抵抗R_{12}[Ω]とした**等価回路**は〈図04-10〉のようになる。

この回路も電源電圧と電流は直列抵抗回路と同じなので、合成抵抗R_{12}の電圧降下をV_{12}[V]とすれば、オームの法則によって〈式04-12〉のように表わすことができる。

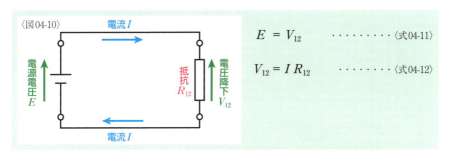

〈図04-10〉

$$E = V_{12} \quad \cdots \quad \text{〈式04-11〉}$$
$$V_{12} = I R_{12} \quad \cdots \quad \text{〈式04-12〉}$$

双方の回路は等価回路なので、抵抗R_1の電圧降下V_1と抵抗R_2の電圧降下V_2の合計と、抵抗R_{12}の電圧降下V_{12}はともに電源電源Eに等しいので、〈式04-13〉のように表わすことができる。この式の両辺に〈式04-12〉と〈式04-06〉を代入すると、〈式04-14〉になる。さらに両辺を電流Iで割ると、〈式04-15〉のようになる。

$$V_{12} = V_1 + V_2 \quad \cdots \quad \text{〈式04-13〉}$$
$$I R_{12} = I (R_1 + R_2) \quad \cdots \quad \text{〈式04-14〉}$$
$$R_{12} = R_1 + R_2 \quad \cdots \quad \text{〈式04-15〉}$$

〈式04-15〉は、52ページの〈式03-01〉とまったく同じだ。抵抗が3つ以上の直列接続の場合も、まったく同じようにして加算によって合成抵抗を求めることができる。抵抗n個で計算すれば、直列接続の合成抵抗の公式(P52参照)を導くことができる。

ここで覚えておきたいのは「**直列抵抗回路では、流れる電流が一定であり、各抵抗の電圧降下の合計が電源電圧に等しくなる**」ということだ。電圧については、各抵抗が電源電圧を分け合うともいえる。これを**分圧**という。

▶分圧

前ページで説明したように、**直列抵抗回路**では、それぞれの抵抗の**電圧降下**が**電源電圧**を分け合う**分圧**が起こる。全体としての電圧降下をそれぞれの抵抗の電圧降下が分け合うと考えてもいい。その際には、どんな比率で電圧が分配されるのだろうか。

〈図04-16〉のように直列接続された抵抗 $R_1[\Omega]$ と $R_2[\Omega]$ を直流電源 $E[V]$ につないだ回路を電流 $I[A]$ が流れるとする。抵抗 R_1 の電圧降下 $V_1[V]$ は〈式04-17〉のように表わせ、R_2 の電圧降下 $V_2[V]$ は〈式04-18〉のように表わせるので、V_1 と V_2 の比は以下のようになる。

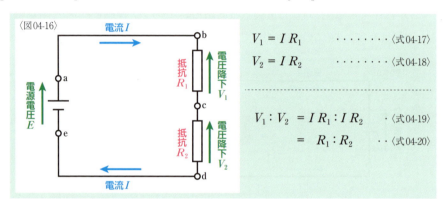

$$V_1 = I R_1 \quad \cdots\cdots\cdot \langle 式04\text{-}17\rangle$$
$$V_2 = I R_2 \quad \cdots\cdots\cdot \langle 式04\text{-}18\rangle$$

$$V_1 : V_2 = I R_1 : I R_2 \quad \cdot \langle 式04\text{-}19\rangle$$
$$\qquad\quad = R_1 : R_2 \quad \cdot\cdot \langle 式04\text{-}20\rangle$$

〈式04-20〉から、各抵抗の電圧降下の比は、各抵抗の大きさの比に等しいことがわかる。抵抗が3つ以上の場合も、同じように各抵抗の大きさの比で分圧される。

次に、直列接続された抵抗全体での電圧降下をどのような比率で分けたかを考えてみよう。合成抵抗の電圧降下を $V_{12}[V]$ とすれば、これは電源電圧 E と等しいので、オームの法則によって〈式04-21〉のように電流 I を表わすことができる。この式を電圧降下 V_1 を求める〈式04-18〉に代入すると、〈式04-23〉のようになる。同じく電圧降下 V_2 も〈式04-24〉のように表わすことができる。

$$I = \frac{V_{12}}{R_1 + R_2} \quad \cdots\cdots\cdots\cdots\cdot \langle 式04\text{-}21\rangle$$

$$V_1 = \frac{V_{12}}{R_1 + R_2} R_1 \quad \cdots\cdots\cdots\cdot \langle 式04\text{-}22\rangle$$

$$\quad = \frac{R_1}{R_1 + R_2} V_{12} \quad \cdots\cdots\cdots\cdot \langle 式04\text{-}23\rangle$$

$$V_2 = \frac{R_2}{R_1 + R_2} V_{12} \quad \cdots\cdots\cdots\cdot \langle 式04\text{-}24\rangle$$

〈式04-23〉や〈式04-24〉を、**分圧式**または**電圧分配式**という。分数部分の分母は抵抗R_1とR_2の合成抵抗を求める式だ。つまり、抵抗の直列接続では、全体としての合成抵抗の大きさに対するその抵抗の大きさの比率で、電圧が分配されることを意味している。電源に接続された回路であれば、電源電圧が分配されることになる。分圧式を覚えておけば、いちいち電流を計算することなく、各抵抗の電圧降下を求めることができる。

検証のための計算式は省略するが、抵抗R_1、R_2、R_3[Ω]の3つの抵抗の直列接続で、それぞれの電圧降下をV_1、V_2、V_3[V]、電源電圧をE[V]とした場合の分圧式は以下の通りになる。やはり合成抵抗の大きさに対するその抵抗の大きさの比率になる。

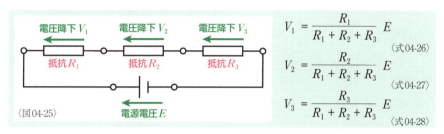

〈図04-25〉

$$V_1 = \frac{R_1}{R_1 + R_2 + R_3} E \quad \text{〈式04-26〉}$$

$$V_2 = \frac{R_2}{R_1 + R_2 + R_3} E \quad \text{〈式04-27〉}$$

$$V_3 = \frac{R_3}{R_1 + R_2 + R_3} E \quad \text{〈式04-28〉}$$

本書では、回路図に添える電圧の矢印の大きさや長さに意味をもたせていない。イメージは伝わりやすいが、回路図の形状などによっては無理が生じることがあるためだ。しかし、ここではあえて矢印の線の長さの比率を分圧の比率にして図示してみると、以下のようになる。電流と合成抵抗は示していないので、自分で計算してみてほしい。

◆分圧の実例 〈図04-29〉

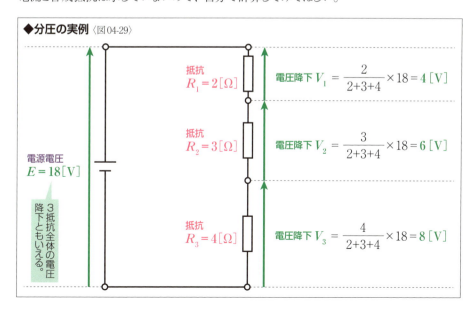

電圧降下 $V_1 = \dfrac{2}{2+3+4} \times 18 = 4\,[\text{V}]$

電圧降下 $V_2 = \dfrac{3}{2+3+4} \times 18 = 6\,[\text{V}]$

電圧降下 $V_3 = \dfrac{4}{2+3+4} \times 18 = 8\,[\text{V}]$

［直流回路の基本］
並列抵抗回路

Chapter 03 Section 05

並列抵抗回路では、いずれの抵抗の電圧降下も電源電圧に等しくなる。電源の電流を各抵抗を流れる電流が分け合う。

▶ 並列抵抗回路の解析

並列接続された**抵抗**が直流電源につながれた**並列抵抗回路**を**解析**しながら、並列接続の**合成抵抗**の公式を**検証**してみよう。抵抗の数がもっとも少数である抵抗2つの回路を解析してみる。〈図05-01〉は並列接続された抵抗R_1、$R_2[\Omega]$を直流電源$E[V]$につないだ回路だ。抵抗R_1を電流$I_1[A]$が流れ、抵抗R_2を電流$I_2[A]$が流れ、並列以外の部分は電流$I[A]$が流れるとする。

先に説明したように並列接続では各素子に同じ電圧がかかるので、抵抗R_1の**電圧降下**$V_1[V]$と抵抗R_2の電圧降下$V_2[V]$は直流電源Eに等しく、〈式05-02〉のように表わせる。

電流I_1は、抵抗R_1とその電圧降下V_1から**オームの法則**によって〈式05-03〉のように表わすことができ、さらにV_1とEが等しいことから、〈式05-04〉のように表わせる。同じように電流I_2についても、〈式05-06〉のように表わせる。

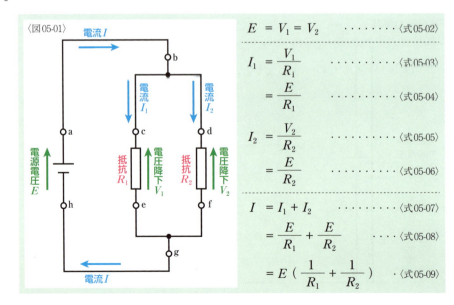

並列接続の部分は電流が分かれて流れるが、並列接続以外の部分はまとまって流れるので、電流I_1と電流I_2の合計は電流Iに等しく、〈式05-07〉のように表わせる。この式に〈式05-04〉と〈式05-06〉を代入し、Eでまとめると〈式05-09〉のようになる。

　回路の各点の**基準からの電圧**は解析するまでもない。電源のマイナス側を基準（0V）とすると、a～dの4点は電源電圧Eであり、e～hの4点は0Vだ。

　いっぽう、抵抗R_1とR_2の並列接続を合成抵抗R_{12}[Ω]とした**等価回路**は〈図05-10〉のようになる。この回路も電源電圧Eと合成抵抗R_{12}の電圧降下V_{12}[V]は等しく、〈式05-11〉のように表わせる。この回路の電流をI_{12}[A]とすれば、オームの法則によって〈式05-12〉のように表わせ、さらに電源電圧と電圧降下が等しいことから〈式05-14〉のようにも表わせる。

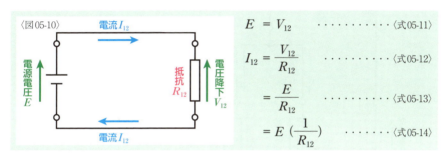

$$E = V_{12} \quad \cdots \cdots \text{〈式05-11〉}$$
$$I_{12} = \frac{V_{12}}{R_{12}} \quad \cdots \cdots \text{〈式05-12〉}$$
$$= \frac{E}{R_{12}} \quad \cdots \cdots \text{〈式05-13〉}$$
$$= E\left(\frac{1}{R_{12}}\right) \quad \cdots \cdots \text{〈式05-14〉}$$

　並列接続の回路と、合成抵抗の回路は等価回路なので、それぞれの回路の電流Iと電流I_{12}は等しく、〈式05-15〉のように表わすことができる。この式の両辺に〈式05-09〉と〈式05-14〉を代入すると、〈式05-16〉になる。さらに両辺を電源電圧Eで割ると、〈式05-17〉のようになる。

$$I_{12} = I_0 \quad \cdots \cdots \text{〈式05-15〉}$$
$$E\left(\frac{1}{R_{12}}\right) = E\left(\frac{1}{R_1} + \frac{1}{R_2}\right) \quad \cdots \cdots \text{〈式05-16〉}$$
$$\frac{1}{R_{12}} = \frac{1}{R_1} + \frac{1}{R_2} \quad \cdots \cdots \text{〈式05-17〉}$$

　〈式05-17〉は、52ページの〈式03-03〉とまったく同じだ。抵抗が3つ以上の並列接続の場合も、まったく同じようにして合成抵抗を求めることができる。抵抗n個で計算すれば、並列接続の合成抵抗の公式（P53参照）を導くことができる。

　ここで覚えておきたいのは「**並列抵抗回路では、各抵抗の電圧降下が電源電圧に等しく、各抵抗を流れる電流の合計が電源の電流に等しくなる**」ということだ。電流については、各抵抗が電源の電流を分け合うといえるため、これを**分流**という。

▶分流

並列抵抗回路ではそれぞれの**抵抗**が**電流**を分け合う**分流**が起こる。電源の電流をそれぞれの抵抗が分け合うと考えてもいい。その際、どんな比率で電流が分配されるのだろうか。

まず、〈図05-18〉のように並列接続された抵抗R_1、R_2[Ω]を直流電源E[V]につないだ並行抵抗回路を電流I[A]が流れるとする。それぞれの抵抗の**電圧降下**V_1、V_2[V]は直流電源Eに等しく、流れる電流I_1、I_2[A]は〈式05-20〉と〈式05-21〉のように表わせるので、I_1とI_2の比は以下のようになる。

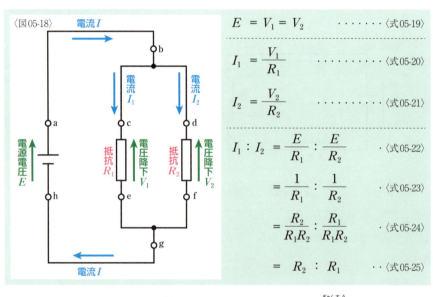

$$E = V_1 = V_2 \quad \cdots \langle 式05\text{-}19 \rangle$$

$$I_1 = \frac{V_1}{R_1} \quad \cdots \langle 式05\text{-}20 \rangle$$

$$I_2 = \frac{V_2}{R_2} \quad \cdots \langle 式05\text{-}21 \rangle$$

$$I_1 : I_2 = \frac{E}{R_1} : \frac{E}{R_2} \quad \cdot \langle 式05\text{-}22 \rangle$$

$$= \frac{1}{R_1} : \frac{1}{R_2} \quad \cdot \langle 式05\text{-}23 \rangle$$

$$= \frac{R_2}{R_1 R_2} : \frac{R_1}{R_1 R_2} \quad \langle 式05\text{-}24 \rangle$$

$$= R_2 : R_1 \quad \cdot \cdot \langle 式05\text{-}25 \rangle$$

〈式05-23〉から、各抵抗を流れる電流の比は、各抵抗の大きさの**逆数**の比に等しいことがわかる。また、〈式05-25〉のように変形すると、抵抗2つの並列接続であれば、各抵抗を流れる電流は、それぞれの抵抗の大きさに反比例するともいえる。

次に、回路全体の電流を、それぞれの抵抗がどのような比率で分けているかを考えてみよう。全体の電流Iと、**和分の積の式**で求められるR_1とR_2の合成抵抗によって、〈式05-26〉のように電源電圧Eを表わすことができる。この式を電流I_1を求める〈式05-20〉に代入すると、〈式05-28〉のようになる。同じく電流I_2も〈式05-29〉のように表わすことができる。

$$E = I \frac{R_1 R_2}{R_1 + R_2} \quad \cdots \langle 式05\text{-}26 \rangle$$

$$I_1 = \frac{I \dfrac{R_1 R_2}{R_1 + R_2}}{R_1} = I \frac{R_1 R_2}{R_1 + R_2} \times \frac{1}{R_1} \quad \cdots\cdots\cdots\cdots\cdots \langle式05\text{-}27\rangle$$

$$= I \frac{R_2}{R_1 + R_2} \quad \cdots\cdots\cdots\cdots\cdots\cdots\cdots\cdots\cdots\cdots\cdots \langle式05\text{-}28\rangle$$

$$I_2 = I \frac{R_1}{R_1 + R_2} \quad \cdots\cdots\cdots\cdots\cdots\cdots\cdots\cdots\cdots\cdots\cdots \langle式05\text{-}29\rangle$$

〈式05-28〉と〈式05-29〉を、**分流式**または**電流分配式**という。分流式を覚えておけば、いちいち電圧を計算することなく、各抵抗の電流を求めることができる。注意したいのは、電流I_1を求める式の分子がR_2であり、I_2を求める時は分子がR_1になることだ。

なお、抵抗の直列接続に使われる分圧式は、抵抗が3つ以上の場合にも対応させることができるが、並列接続の分流式は、抵抗の数が増えるとどんどん複雑になっていくので、暗記の対象にはしにくい。ちなみに、抵抗R_1、R_2、R_3[Ω]の3つの抵抗の並列回路で、全体の電流をI[A]、抵抗R_1を流れる電流をI_1[A]とした場合の計算式は以下のようになる。

$$I_1 = I \frac{R_2 R_3}{R_1 R_2 + R_1 R_3 + R_2 R_3} \quad \cdots\cdots\cdots\cdots\cdots\cdots\cdots \langle式05\text{-}30\rangle$$

本書では、回路図に添える電流の矢印の大きさなどに意味をもたせていないが、分流をイメージしやすくするために、ここではあえて矢印の線の太さの比率を分流の比率にして図示してみた。分流では小さいほうの抵抗に大きな電流が流れることがわかるはずだ。電源電圧と合成抵抗は示していないので、自分で計算してみてほしい。

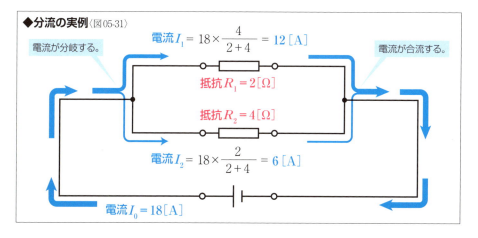

◆分流の実例〈図05-31〉

[直流回路の基本] 直並列抵抗回路

Chapter 03 / Section 06

直並列抵抗回路では直列接続だけの部分、並列接続だけの部分を、順番に合成抵抗に置き換えることで、全体としての合成抵抗を求めたうえで解析を行う。

▶ 直並列接続の合成抵抗

抵抗の**直列接続**と**並列接続**が混在した**直並列接続**の**合成抵抗**の場合、直列だけで構成された部分、もしくは並列だけで構成された部分を見つけて合成抵抗を計算して**等価回路**に置き換えることを繰り返していき、全体としての合成抵抗を求めることになる。直列から計算するとか、並列から計算するといった法則があればいいのだが、そんな便利なものはない。たとえば、〈図06-01〉の回路であれば直列接続の計算を先に行う必要があるし、〈図06-02〉の回路であれば並列接続の計算を先に行う必要がある。

◆ 合成抵抗の計算例1（直列→並列）

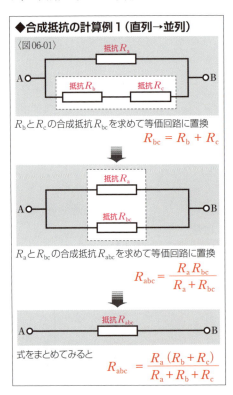

〈図06-01〉

R_bとR_cの合成抵抗R_{bc}を求めて等価回路に置換

$$R_{bc} = R_b + R_c$$

R_aとR_{bc}の合成抵抗R_{abc}を求めて等価回路に置換

$$R_{abc} = \frac{R_a R_{bc}}{R_a + R_{bc}}$$

式をまとめてみると

$$R_{abc} = \frac{R_a(R_b + R_c)}{R_a + R_b + R_c}$$

◆ 合成抵抗の計算例2（並列→直列）

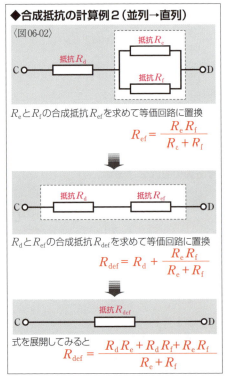

〈図06-02〉

R_eとR_fの合成抵抗R_{ef}を求めて等価回路に置換

$$R_{ef} = \frac{R_e R_f}{R_e + R_f}$$

R_dとR_{ef}の合成抵抗R_{def}を求めて等価回路に置換

$$R_{def} = R_d + \frac{R_e R_f}{R_e + R_f}$$

式を展開してみると

$$R_{def} = \frac{R_d R_e + R_d R_f + R_e R_f}{R_e + R_f}$$

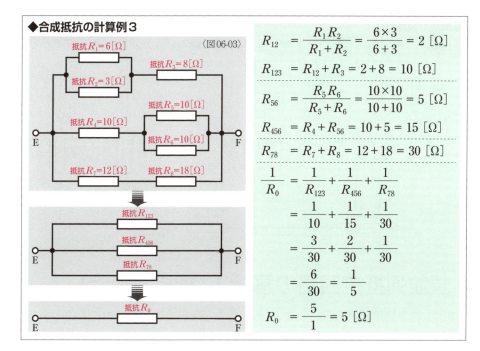

◆合成抵抗の計算例3 〈図06-03〉

　左ページの例では、最終的に式を1つにまとめているが、抵抗の数が多くなると非常に複雑な数式になる。抵抗の大きさがわかっている場合は、部分部分で合成抵抗を算出したうえで、次の段階へと進んだほうがいい。〈図06-03〉のような直並列接続の合成抵抗R_0を求める場合、最後にR_{123}、R_{456}、R_{78}の並列接続を計算すればいいので、まずはそれぞれの列の合成抵抗を計算する。合成抵抗R_{123}は並列接続のR_1とR_2の合成抵抗R_{12}を**和分の積の式**で求めてから、直列接続のR_{12}とR_3を計算する。合成抵抗R_{456}とR_{78}も同じように計算してから、合成抵抗R_0を並列接続の公式にそって求めることになる。なお、この計算例はすべて割り切れる数値なので問題ないが、部分部分の計算で割り切れない分数が現れた場合は、誤差が大きくなる可能性があるので分数のままで計算を進めていくべきだ。

　このように部分部分で合成抵抗を求めることで全体の抵抗が算出できる。しかし、すべての回路が直列接続と並列接続の計算で解析できるわけではない。たとえば、〈図06-04〉のような回路は直列接続と並列接続の計算では解析できない。こうした回路の場合は、Chapter04で解説するさまざまな解析の手法を使う必要がある。

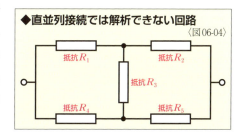

◆直並列接続では解析できない回路 〈図06-04〉

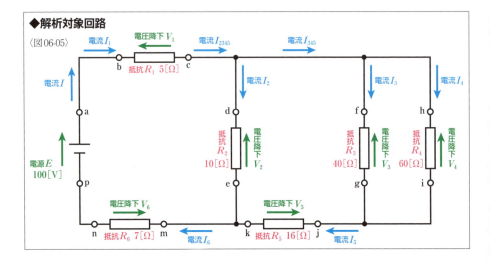

◆解析対象回路

〈図06-05〉

▶直並列抵抗回路の解析1（抵抗と電流）

実際に**直並列抵抗回路**を解析してみよう。回路の解析にはさまざまな状況があるが、ここでは〈図06-05〉のような回路の電源電圧と各抵抗の大きさがわかっている状態で、各部の電流や各抵抗の**電圧降下**、各点の**基準からの電圧**を調べてみた。各抵抗の関係がさほど複雑ではないので、この程度の回路はそのままの状態で解析できるようにしたいが、〈図06-06〉のように変形して、各抵抗の関係をわかりやすくしたうえで解析を行ってもいい。

回路の電流を求めるためには、最初に全体の合成抵抗Rを知る必要がある。R_3とR_4は抵抗2つの**並列接続**なので、**和分の積の式**を使えば簡単だ。この合成抵抗R_{34}が計算できれば、R_5が直列接続された合成抵抗R_{345}は足し算をするだけでいい。この合成抵抗とR_2は並列接続なので、ここでも和分の積で合成抵抗R_{2345}が求められる。最後に直列接続されたR_1、R_{2345}、R_6の合成抵抗Rを足し算で求めればいい。この手順で実際に計算してみると以下の通りだ。

$$R_{34} = \frac{R_3 R_4}{R_3 + R_4} = \frac{40 \times 60}{40 + 60} = 24\ [\Omega] \quad \cdots \langle 式06\text{-}07\rangle$$

$$R_{345} = R_{34} + R_5 = 24 + 16 = 40\ [\Omega] \quad \cdots \langle 式06\text{-}08\rangle$$

$$R_{2345} = \frac{R_2 R_{345}}{R_2 + R_{345}} = \frac{10 \times 40}{10 + 40} = 8\ [\Omega] \quad \cdots \langle 式06\text{-}09\rangle$$

$$R = R_1 + R_{2345} + R_6 = 5 + 8 + 7 = 20\ [\Omega] \quad \cdots \langle 式06\text{-}10\rangle$$

全体の合成抵抗Rが求められれば、その値と電源電圧Eから全体の電流Iが〈式06-10〉のように計算できる。この回路は、R_1、R_{2345}、R_6という3つの抵抗の直列抵抗回路なので、電流I_1、I_{2345}、I_6はIに等しい。

$$I = \frac{E}{R} = \frac{100}{20} = 5 \,[\mathrm{A}] \qquad \cdots \cdots \cdots \cdots \langle 式06\text{-}10\rangle$$

$$I_1 = I_{2345} = I_6 = I = 5 \,[\mathrm{A}] \qquad \cdots \cdots \cdots \cdots \langle 式06\text{-}11\rangle$$

電流I_{2345}は、R_2とR_{345}の2つの抵抗に**分流**しているといえるので、〈式06-12〉のように**分流式**でIからI_2を求められる。同じように分流式でI_{345}が求められるが、R_{34}とR_5は直列接続なので、I_5はI_{345}に等しい。また、I_{345}はR_3とR_4の2つの抵抗に分流しているので、〈式06-15〉と〈式06-16〉のように分流式でI_3とI_4を計算することができる。これで各部の電流がすべて解析できたことになる（電圧の解析は次ページで行う）。

$$I_2 = I\frac{R_{345}}{R_2 + R_{345}} = 5 \times \frac{40}{10+40} = 4 \,[\mathrm{A}] \qquad \cdots \cdots \cdots \cdots \langle 式06\text{-}12\rangle$$

$$I_{345} = I\frac{R_2}{R_2 + R_{345}} = 5 \times \frac{10}{10+40} = 1 \,[\mathrm{A}] \qquad \cdots \cdots \cdots \cdots \langle 式06\text{-}13\rangle$$

$$I_5 = I_{345} = 1 \,[\mathrm{A}] \qquad \cdots \cdots \cdots \cdots \langle 式06\text{-}14\rangle$$

$$I_3 = I_{345}\frac{R_4}{R_3 + R_4} = 1 \times \frac{60}{40+60} = 0.6 \,[\mathrm{A}] \qquad \cdots \cdots \cdots \cdots \langle 式06\text{-}15\rangle$$

$$I_4 = I_{345}\frac{R_3}{R_3 + R_4} = 1 \times \frac{40}{40+60} = 0.4 \,[\mathrm{A}] \qquad \cdots \cdots \cdots \cdots \langle 式06\text{-}16\rangle$$

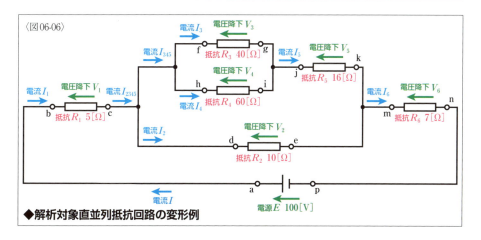

〈図06-06〉
◆解析対象直並列抵抗回路の変形例

▶直並列抵抗回路の解析２（電圧）

回路各部の電流と抵抗が判明すれば、電圧の解析は容易だ。それぞれの抵抗を流れる電流と抵抗を掛け合わせれば以下のように**電圧降下**を算出できる。

$$V_1 = I_1 R_1 = 5 \times 5 = 25 \ [V] \quad \langle 式06\text{-}17 \rangle$$

$$V_2 = I_2 R_2 = 4 \times 10 = 40 \ [V] \quad \langle 式06\text{-}18 \rangle$$

$$V_3 = I_3 R_3 = 0.6 \times 40 = 24 \ [V] \quad \langle 式06\text{-}19 \rangle$$

$$V_4 = I_4 R_4 = 0.4 \times 60 = 24 \ [V] \quad \langle 式06\text{-}20 \rangle$$

$$V_5 = I_5 R_5 = 1 \times 16 = 16 \ [V] \quad \langle 式06\text{-}21 \rangle$$

$$V_6 = I_6 R_6 = 5 \times 7 = 35 \ [V] \quad \langle 式06\text{-}22 \rangle$$

上記の式では、各抵抗を流れる電流を求めたうえで、各抵抗の電圧降下を計算しているが、電流を求めずに、**分圧式**を利用して各抵抗の電圧降下を算出することも可能だ。

この回路は3つの抵抗、R_1、R_{2345}、R_6の直列抵抗回路だといえるので、合成抵抗R_{2345}の電圧降下をV_{2345}とすれば、V_1、V_{2345}、V_6は電源電圧Eを分圧している。そのため、〈式06-23〜25〉のように分圧式でそれぞれの電圧降下を求められる。また、R_{2345}はR_2とR_{345}の並列接続なので、R_{345}の電圧降下をV_{345}とすれば、V_2とV_{345}はV_{2345}に等しい。さらに、R_{34}の電圧降下をV_{34}とすれば、V_{34}とV_5はV_{345}を分圧しているので、〈式06-27〜28〉のように分圧式で算出できる。最後に、R_3とR_4は並列接続なのでV_3とV_4はV_{34}と等しい。

$$V_1 = E \frac{R_1}{R_1 + R_{2345} + R_6} = 100 \times \frac{5}{5+8+7} = 25 \ [V] \quad \langle 式06\text{-}23 \rangle$$

$$V_{2345} = E \frac{R_{2345}}{R_1 + R_{2345} + R_6} = 100 \times \frac{8}{5+8+7} = 40 \ [V] \quad \langle 式06\text{-}24 \rangle$$

$$V_6 = E \frac{R_6}{R_1 + R_{2345} + R_6} = 100 \times \frac{7}{5+8+7} = 35 \ [V] \quad \langle 式06\text{-}25 \rangle$$

$$V_2 = V_{345} = V_{2345} = 40 \ [V] \quad \langle 式06\text{-}26 \rangle$$

$$V_{34} = V_{345} \frac{R_{34}}{R_{34} + R_5} = 40 \times \frac{24}{24+16} = 24 \ [V] \quad \langle 式06\text{-}27 \rangle$$

$$V_5 = V_{345} \frac{R_5}{R_{34} + R_5} = 40 \times \frac{16}{24+16} = 16 \ [V] \quad \langle 式06\text{-}28 \rangle$$

$$V_3 = V_4 = V_{34} = 24 \ [V] \quad \langle 式06\text{-}29 \rangle$$

当然のごとく、電流と抵抗から算出した電圧降下と同じ結果になっている。この回路では電流を算出しなくても、すべての抵抗の電圧降下を算出することができるわけだ。どちらの方法で電圧降下を計算しても間違いではない。しかし、それぞれの抵抗を流れる電流が求められていないのなら、電流を算出せずに分圧式で電圧降下を求めたほうが計算が簡単だ。以上のように、最終的にどんな情報が求められているかによって、計算の手順が異なってくる。回路を解析する際には、計算の手間を最小限にする手順を選ぶようにしたい。

　最後に、回路各部の**基準からの電圧**を考えてみよう。電圧の基準は電源のマイナス側とし、a点、b点、c点…の電圧はV_a、V_b、V_c…とする。V_aとV_bが電源電圧Eに等しく、V_nとV_pが基準の電圧（0V）に等しいことは一目瞭然だ。式に表わせば〈式06-30〜31〉になる。V_c、V_d、V_f、V_hの4点は、電源電圧EからV_1だけ電圧が降下したものといえるので〈式06-32〉のように計算できる。V_g、V_i、V_jの3点は、V_fからV_3（もしくはV_hからV_4）だけ降下しているので〈式06-33〉のように計算できる。V_e、V_k、V_mの3点は、電源電圧EからV_1とV_2の電圧降下を差し引いたものだといえるが、基準の電圧にV_6を加えたものと考えたほうが〈式06-34〉のように計算が簡単になる。

$$V_a = V_b = 0 + E = 100 \ [\text{V}] \quad \langle\text{式06-30}\rangle$$
$$V_n = V_p = 0 \ [\text{V}] \quad \langle\text{式06-31}\rangle$$
$$V_c = V_d = V_f = V_h = E - V_1 = 100 - 25 = 75 \ [\text{V}] \quad \langle\text{式06-32}\rangle$$
$$V_g = V_i = V_j = V_f - V_3 = 75 - 24 = 51 \ [\text{V}] \quad \langle\text{式06-33}\rangle$$
$$V_e = V_k = V_m = 0 + V_6 = 0 + 35 = 35 \ [\text{V}] \quad \langle\text{式06-34}\rangle$$

　以上で、それぞれの抵抗の電圧降下、回路各部の電流と基準からの電圧が求められたことになる。これで、この回路の解析は終了だ。

・・・・・・・・・・ 合成抵抗の計算ミスの発見方法 ・・・・・・・・・・

　並列接続の合成抵抗は計算が面倒なので、間違いを犯しやすい。しかし、「**並列接続の合成抵抗は、合成前の各抵抗の抵抗値より小さくなる**」という一般的な性質を覚えておくと、計算ミスに気づきやすくなる。たとえば、100Ω、50Ω、1Ωの並列接続なら、これらのどの値よりも合成抵抗の値が小さくなる。3個の抵抗のうち、もっとも小さな値のものは1Ωなので、合成抵抗は1Ωより小さくなるはずだ。もし、計算結果が1Ωより大きくなっていたら、どこかで計算を間違えていることになる。

　直列接続の合成抵抗は加算で求められるので間違えることは少ないが、こちらも一般的な性質で考えると、「**直列接続の合成抵抗は、合成前の各抵抗の抵抗値より大きくなる**」といえる。たとえば、100Ω、50Ω、1Ωの直列接続なら、合成抵抗はもっとも抵抗値が大きな100Ωより大きくなる。

[直流回路の基本]
回路図の変形

Chapter 03 Section 07

回路図の接続線はゴムひものように伸ばしたり縮めたりすることができ、つながった範囲内であれば接続点の移動も可能だ。

▶回路図変形の基本

多数の**抵抗**が使われた**合成抵抗回路**だと、慣れないうちは抵抗同士の関係が**直列**なのか**並列**なのかがわかりにくいこともある。そうした際には、**回路図**を変形してみればよい。変形の際の基本になる考え方は「**接続線でつながっている部分はすべて基準からの電圧が同じ**」ということだ。**接続線**はゴムひものように伸ばしたり縮めたりすることができるし、分岐のある接続線では接続点の位置を移動してもよい。もちろん素子の位置を移動させても大丈夫だ。その際には、素子の両端につながった接続線を伸ばしたり縮めたりすればいい。

〈図07-01〉は、慣れた人ならひと目で3つの抵抗が並列接続された回路だとわかるはずだが、分岐や合流の箇所が多いので、並列ではないと感じる人がいるかもしれない。ならば、

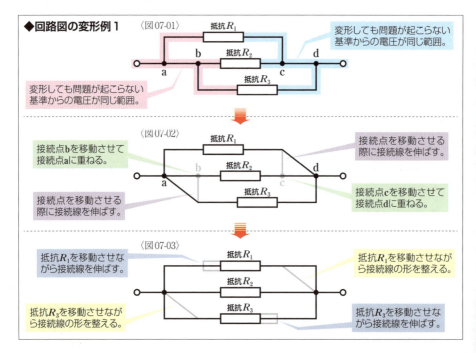

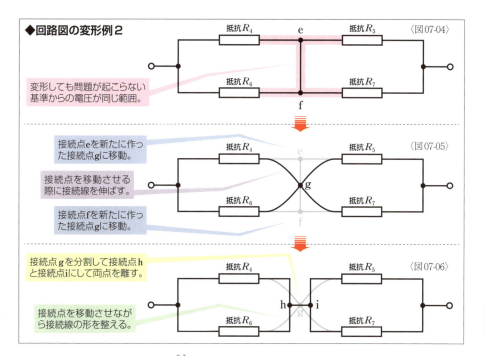

　接続点bを接続点aに移動して重ね、接続点cは接続点dに移動して重ねて、〈図07-02〉のようにしてみよう。接続点を移動する際には、接続線をゴムひものように伸ばせばいい。これで並列接続であることがわかるはずだ。さらに並列らしく見えるようにしたいのなら、〈図07-03〉のように抵抗の位置を動かしながら、接続線の形を整えてみよう。これで、見慣れた並列接続の回路図になる。

　いっぽう、〈図07-04〉の回路はどうだろうか。ちょっと見ただけでは、e点とf点の間をどちら向きに電流が流れるかがわからないと思うかもしれないが、それは大きな間違いだ。e点とf点は同じ接続線上にあるので、基準からの電圧が等しい。つまり、電流が流れる方向を考える必要はないということ。接続点eと接続点fを移動させて中間付近で重ねて、新たに接続点gを作れば、〈図07-05〉のようになる。これなら、R_4とR_6が並列接続、R_5とR_7が並列接続であり、この並列接続同士が直列接続されていることがわかるだろう。それでもまだ回路の構成がイメージしにくいようなら、今度は接続点gを2つの接続点にして左右に引き離して〈図07-06〉のようにすればいい。

　次ページには、さらに複雑な回路の変形の例をいくつか説明してある。回路の変形をマスターするためには、多くの実例を見たり、自分で試してみたりすることが必要だ。回路の変形が身につけば、わざわざ回路図を変形しなくても、回路の構成がわかるようになる。

◆回路図の変形例3

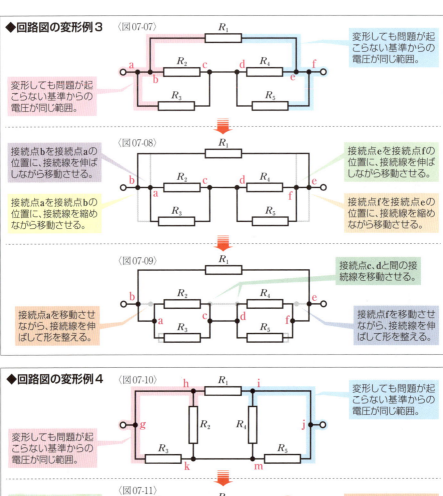

◆回路図の変形例4

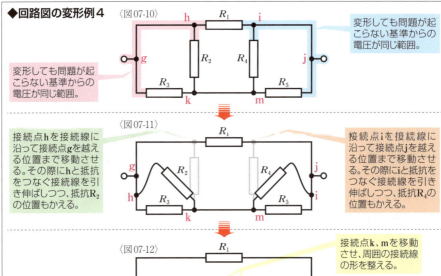

◆回路図の変形例5

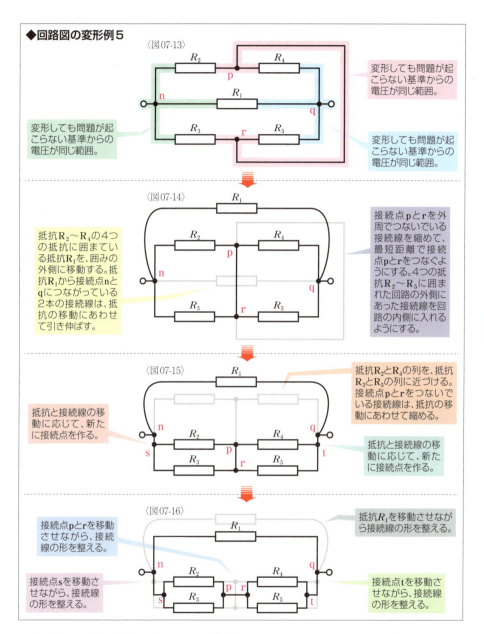

　変形後の回路図を見ればわかるが、変形例3～5は同じ回路だ。最初のうちは戸惑うかもしれないが、例4のような接続点の大きな移動や、例5のように素子と接続線を引き伸ばしたり縮めたりしながらの大きな移動ができるようになると、わかりやすい回路図に変形できるようになる。

[直流回路の基本]
コンダクタンス

Chapter 03 / Section 08

抵抗の逆数をコンダクタンスという。抵抗をコンダクタンスに置き換えるとオームの法則は「電流は電圧とコンダクタンスに比例して流れる」となる。

▶抵抗とコンダクタンス

電気抵抗 R [Ω] は、簡単にいってしまえば**電流の流れにくさ**の度合いを示す**物理量**だ。これとは逆に**電流の流れやすさ**の度合いを示す物理量を**コンダクタンス**という。コンダクタンスの量記号には「G」、単位には「[S]」が使われる。**オームの法則**がマスターできていない状態でコンダクタンスを覚えると、混乱してかえって間違いやすくなることもあるが、電気回路を学ぶうえでは、ぜひとも覚えておきたいものだ。

「**コンダクタンス G [S] は抵抗 R [Ω] の逆数**」と定義されているので、両者の間には以下のような関係が成立する。もちろん、コンダクタンス G の**逆数**が抵抗 R だともいえる。たとえば、2 [Ω] の抵抗は $\frac{1}{2}$ [S] のコンダクタンスと表現することもできる。

コンダクタンスと抵抗の関係 〈式08-01〉

$$G = \frac{1}{R}$$

G：コンダクタンス [S]
R：抵抗 [Ω]

当然のごとく、抵抗回路をコンダクタンスで表現することが可能だ。オームの法則における**電圧、電流、抵抗の関係**を、**電圧、電流、コンダクタンスの関係**に置き換えてみると、以下のようになる。48ページの〈図01-07〉及び〈式01-08〜10〉と見比べてみるといい。

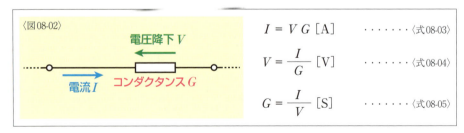

〈図08-02〉 電圧降下 V / 電流 I / コンダクタンス G

$I = VG$ [A] ……〈式08-03〉

$V = \dfrac{I}{G}$ [V] ……〈式08-04〉

$G = \dfrac{I}{V}$ [S] ……〈式08-05〉

ちなみに、オームの法則を少し数学的に表現してみると「**導体の2点間の電圧 V [V] は、2点間を流れる電流 I [A] に比例する。その比例定数が2点間の抵抗 R [Ω] である**」となる。**比例定数**とは比例関係を示す数式における一定の数値のことで、**比例係数**ともいう。これを数式にすれば、$V = IR$ だ。

同じように、「導体の2点間を流れる電流 I[A]は、2点間の電圧 V[V]に比例する。その比例定数が2点間のコンダクタンス G[S]である」ということもできる。これを数式にしたものが〈式08-03〉だ。この式もオームの法則を表わしているといえる。

▶合成コンダクタンス

　複数の**抵抗**を1つの抵抗に見なしたものを**合成抵抗**というように、複数の**コンダクタンス**を1つのコンダクタンスに見なしたものを**合成コンダクタンス**という。最初に説明してしまうと、直列接続の計算式と並列接続の計算式が、合成抵抗と合成コンダクタンスで逆の構造になる。つまり、コンダクタンスでは、並列接続のほうが計算が簡単で、直列接続のほうが面倒だ。

　まず、並列接続の合成コンダクタンスは、それぞれのコンダクタンスの大きさを足すだけでよい。並列接続の合成コンダクタンスの公式は、以下のようになる。並列接続の合成抵抗と同じように計算すれば、公式を検証することができる。

> **コンダクタンスの並列接続の公式**　　　　　　　　　　　　　・・・〈式08-06〉
>
> 並列接続された G_1、G_2、G_3 … G_n の n 個のコンダクタンスの合成コンダクタンスを G_0 とすると
>
> $$G_0 = G_1 + G_2 + G_3 + \cdots + G_n$$

　いっぽう、コンダクタンスを直列接続した場合は、それぞれのコンダクタンスの**逆数**の和が合成コンダクタンスの逆数になる。直列接続の合成コンダクタンスの公式は、以下のようになる。並列接続の合成抵抗の公式と、式の構造はまったく同じだ。この式も直列接続の合成抵抗と同じように計算すれば、検証することができる。

> **コンダクタンスの直列接続の公式**　　　　　　　　　　　　　・・・〈式08-07〉
>
> 直列接続された G_1、G_2、G_3 … G_n の n 個のコンダクタンスの合成コンダクタンスを G_0 とすると
>
> $$\frac{1}{G_0} = \frac{1}{G_1} + \frac{1}{G_2} + \frac{1}{G_3} + \cdots + \frac{1}{G_n}$$

　たとえば、並列接続された抵抗器の情報が抵抗で与えられたとしても、最初にコンダクタンスに置き換えてしまえば、足し算で計算ができる。結果として求められているのが合成抵抗であれば、計算結果の合成コンダクタンスを再度、抵抗に置き換えればいい。もっとも、実際の数値で計算すると、抵抗のまま計算しても、コンダクタンスに置換して計算しても、過程はほとんど同じだ。しかし、量記号による数式を展開していくような場合には、コンダクタンスに置き換えたほうが、数式がシンプルになり、計算しやすくなることもある。

[直流回路の基本]
直流回路の電源

Section 09

電源も直列や並列に接続できるが、さまざまな制限がある。また、現実の電源には内部抵抗というものがあるため、得られる電圧や電流に制限がある。

▶理想の電源の直列接続と並列接続

　直流回路の電源には**直流電圧源**と**直流電流源**がある。これらの**直流電源**にも**直列接続**と**並列接続**がある。直列と並列の考え方は素子の場合と同じだ。

　直列接続は数珠つなぎに素子を接続していくつなぎ方で、電流の出口側の端子は、次の素子の電流の入口側の端子と接続される。電源の場合であれば、ある電源のプラス端子と、次の電源のマイナス端子が順次つながれていくことになり、同じ電流が流れる。

　並列接続は並べて接続するつなぎ方で、電流の入口側の端子同士、出口側の端子同士が接続される。電源の場合であれば、各電源のプラス端子同士、マイナス端子同士が接続され、電流は合流する。

　現実の電源の場合、**内部抵抗**（P76参照）という問題があるため、得られる電圧を高くするために直列接続したり、得られる電流を大きくするために並列接続したりする。**理想の電源**の場合も、**理想電圧源**である**定電圧源**を直列接続すれば、それぞれの電源電圧が積み重ねられるため、個々の電源電圧の和が、全体としての電圧になる。2つ以上の電圧源の直列の場合も加算で求められる。**理想電流源**である**定電流源**を並列接続すれば、それぞれの電流が合流するため、個々の電源電流の和が、全体としての電流になる。2つ以上の電流源の並列の場合も加算で求められる。

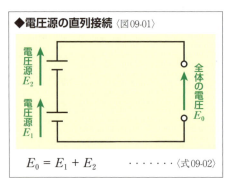

◆電圧源の直列接続 〈図09-01〉

$E_0 = E_1 + E_2$ ・・・・・・〈式09-02〉

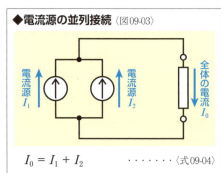

◆電流源の並列接続 〈図09-03〉

$I_0 = I_1 + I_2$ ・・・・・・〈式09-04〉

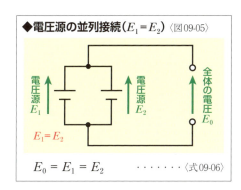

$E_0 = E_1 = E_2$ ……〈式09-06〉

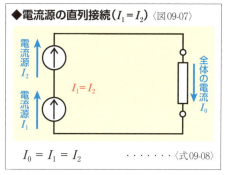

$I_0 = I_1 = I_2$ ……〈式09-08〉

しかし、そもそも理想の電源とは仮定によって成り立っているものだ。つまり、電圧源の電源電圧を大きくしたり、電流源の電源電流を大きくしたりする場合は、複数の電源を接続するのではなく、その数値を大きく設定すればいいことになる。

また、異なる電源電圧の理想電圧源を並列接続すると、電圧の低い電圧源を逆方向に電流が流れるという矛盾が起こる。これは現実の電源でも起こることで、**循環電流**（P81参照）がトラブルの原因になる。そのため、理想の電源でも現実の電源でも、並列の場合には電源電圧を揃えることが必須条件だ。現実の電圧源の場合は、並列接続することで得られる電流を大きくするのだが、そもそも理想電圧源には電流の制限がないので、意味のないことだといえる。また、そもそも仮定で成り立っている理想電圧源を矛盾が起こる設定で使う必要はない。

同じように、異なる電源電流の理想電流源を直列接続すると、矛盾が起こる。そのため、電源の直列接続では電源電流を揃えることが必須条件になるが、理想電流源では意味のないことである。もちろん、矛盾が起こる設定で使う必要はない。

以上のことから、理想の電源では直列接続や並列接続が行われることは基本的にない。

ただし、たとえば〈図09-09〉のような回路では、各電源電圧と各抵抗の大きさによっては、いっぽうの電圧源を通常とは逆方向に電流が流れることもある。このように電源同士の間に抵抗などが存在していれば、理想電圧源を電流が逆流しても問題が生じないものとして解析を行う（繰り返しになるが現実の電源の場合には問題が生じる）。理想電流源の場合も同様だ。

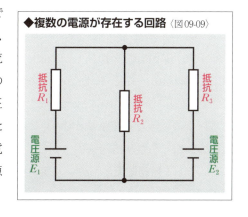

▶電源の内部抵抗

　理想の電源であれば、電圧源の電圧は一定であり、電流源の電流は一定だ。しかし、現実の電源は、負荷の抵抗の大きさによって電圧が変化したり、電流が変化したりする。こうした変化は、電源に内部抵抗というものがあり、その影響によって生じると説明される。

　電圧源では起電力と内部抵抗は直列の関係にあると考えることができる。〈図09-10〉は現実の電圧源を起電力$E[V]$と内部抵抗$r[Ω]$に置き換えた等価回路による直流抵抗回路だ。負荷抵抗を$R[Ω]$、その電圧降下を$V_R[V]$、内部抵抗の電圧降下を$V_r[V]$、電圧源の端子電圧を$V[V]$、回路の電流を$I[A]$としている。

　内部抵抗rと負荷抵抗Rは直列接続になるので、〈式09-11〉と〈式09-12〉のように起電力Eは電圧降下V_RとV_rに分圧される。結果、内部抵抗が存在する限り、負荷抵抗の電圧降下V_R、つまり電圧源の端子電圧Vは、起電力Eより必ず小さくなる。

　電源の部分だけで考えた場合、電圧源の端子電圧Vは〈式09-13〉のように、起電力Eから内部抵抗rの電圧降下V_rを差し引いたものになる。電圧降下V_rを電流Iと内部抵抗rで表わせば、〈式09-14〉のようになる。

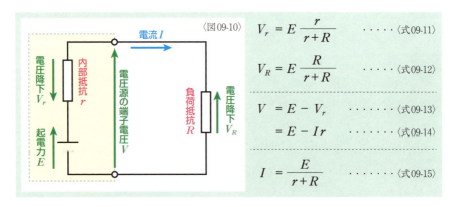

〈図09-10〉

$$V_r = E \frac{r}{r+R} \quad \cdots \cdots \langle 式09\text{-}11 \rangle$$

$$V_R = E \frac{R}{r+R} \quad \cdots \cdots \langle 式09\text{-}12 \rangle$$

$$V = E - V_r \quad \cdots \cdots \langle 式09\text{-}13 \rangle$$

$$ = E - Ir \quad \cdots \cdots \langle 式09\text{-}14 \rangle$$

$$I = \frac{E}{r+R} \quad \cdots \cdots \langle 式09\text{-}15 \rangle$$

　端子電圧Vと電流Iの関係をグラフにしたものが〈図09-16〉であり、電流Iが大きくなるほど端子電圧Vが低下することがわかる。

　電圧源の電流は負荷抵抗が0の時に最大になるので、〈式09-15〉から$\frac{E}{r}[A]$と求められる。これを短絡電流というが、現実の電圧源では負担が大きく危険だ。そのため、

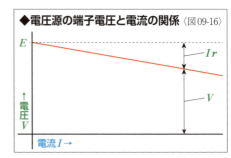

◆電圧源の端子電圧と電流の関係 〈図09-16〉

安全に取り出せる電流の上限として短絡電流の一定の範囲で**許容電流**が定められている。

いっぽう、電流源にも内部抵抗が存在する。**電流源では内部抵抗は電流の発生源と並列の関係にある**と考えられる。〈図09-17〉は現実の電流源の内部抵抗$r[\Omega]$を示した等価回路による直流抵抗回路だ。電流源本来の電流を$I[A]$、負荷抵抗を$R[\Omega]$、その電流を$I_R[A]$、内部抵抗の電流を$I_r[A]$、電流源が供給する電流を$I'[A]$としている。電流源の端子電圧、内部抵抗rの電圧降下、負荷抵抗Rの電圧降下は、いずれも等しく$V[V]$だ。

内部抵抗rと負荷抵抗Rは並列接続になるので、〈式09-18〉と〈式09-19〉のように電流源本来の電流Iは、電流をI_RとI_rに**分流**される。結果、負荷抵抗の電流I_R、つまり電流源が実際に負荷に供給する電流I'は、電流源本来の電流Iより必ず小さくなる。電流源の場合、電圧源とは逆に内部抵抗が大きいほど、電流源が負荷に供給できる電流が大きくなり、電流源本来の電流に近づく。

電源の部分だけで考えた場合、電流源が負荷に供給できる電流I'は、〈式09-20〉のように、電流源本来の電流Iから内部抵抗rに分流する電流I_rを差し引いたものになる。電流I_rを電流源の端子電圧Vと内部抵抗rで表わせば、〈式09-21〉のようになる。ここから、電流源の端子電圧Vが高くなるほど、電流源が供給できる電流I'が減少することがわかる。

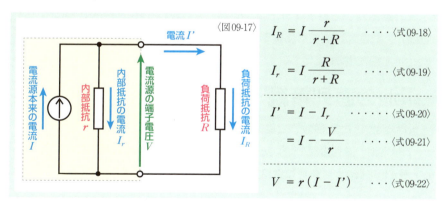

〈図09-17〉

$$I_R = I \frac{r}{r+R} \quad \text{〈式09-18〉}$$

$$I_r = I \frac{R}{r+R} \quad \text{〈式09-19〉}$$

$$I' = I - I_r \quad \text{〈式09-20〉}$$

$$= I - \frac{V}{r} \quad \text{〈式09-21〉}$$

$$V = r(I - I') \quad \text{〈式09-22〉}$$

以上から、**理想電圧源**とは内部抵抗がないと仮定した電圧源といえる。そのため、得られる電流に上限がなく、負荷抵抗の大きさによっても電圧が変化しない。また、**理想電流源**とは内部抵抗が無限大であると仮定した電源といえる。そのため、端子電圧に上限がなく、負荷抵抗の大きさによって電流が変化しない。

現実の電源のうち、アルカリ乾電池などの**一次電池**やリチウムイオン電池などの**二次電池**は直列の内部抵抗が小さいため電圧源と考えることができる。**太陽電池**や**燃料電池**は並列の内部抵抗が大きいため電流源と考えることができる。

▶現実の電源

乾電池などの**一次電池**や充電が可能な**二次電池**は、**端子電圧**や電流が**内部抵抗**の影響で変化する。また、内部抵抗は消耗による電圧の変化にも影響を与える。

これらの電池の一般的に想定される条件で使用した際の電圧を**公称電圧**という。新品の一次電池や完全に充電された二次電池は、使い始めの段階で公称電圧より高い電圧を示すこともあり、その電圧を**初期電圧**という。電池を使用すると、電圧は少しずつ低下していく。初期電圧の期間は短く、公称電圧に近い状態がある程度は保たれるが、ある電圧を下回ると急激に電圧が低下し寿命に至る。二次電池では**完全放電**になる。その時の電圧を**終止電圧**という。こうした電圧の変化は、消耗によって内部抵抗が大きくなっていくことで生じる。最終的には**起電力**そのものも低下する。

また、初期電圧から終止電圧に至る間に放電される電気の量を電池の**放電容量**という。単に**容量**ということも多い。電流と時間の積で表わされ、単位には[Ah]が使われる。ただし、電池の放電容量は一定ではない。放電時の電流の大きさで変化するし、連続使用と不連続使用でも変化する。

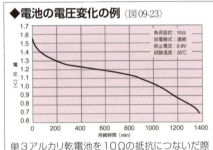

◆電池の電圧変化の例 〈図09-23〉

負荷抵抗：10Ω
放電様式：連続
終止電圧：0.9V
試験温度：20℃

単3アルカリ乾電池を10Ωの抵抗につないだ際の時間経過による電圧変化の例。

▶電池の直列接続

一次電池や二次電池といった現実の電池では、電池の**端子電圧**より高い電圧が必要な場合には電池の**直列接続**を行う。一般的には「n個の電池を直列接続にすると、得られる電圧がn倍になるが、負荷に供給できる電流は電池1個の場合と同じだ」といわれるが、実際にはどうだろうか。

〈図09-24〉はn個の電池を直列接続にして**負荷抵抗**R[Ω]につないだ回路だ。それぞれの電池は**起電力**E[V]と**内部抵抗**r[Ω]で表示している。理由は後で説明するが（P92参照）、この回路は〈図09-25〉のように起電力と内部抵抗をそれぞれまとめた**等価回路**に置き換えることが可能だ。さらに〈図09-26〉のように起電力と内部抵抗を合成した等価回路に置き換えられ、1つの電池の場合と同じように表現できる。直列接続された電池全体で考えると、起電力についても内部抵抗についても、同じ大きさのものの直列接続なので、n個の加算、つまりn倍になる。

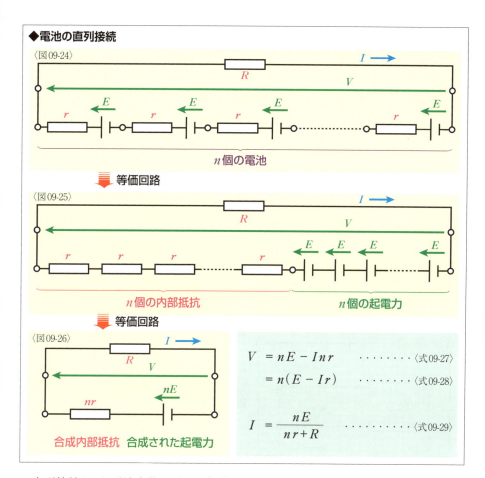

　直列接続された電池全体の電圧 V [V]は、起電力がn倍になっているが、同時に内部抵抗もn倍なので、〈式09-27〉のように表わすことができ、〈式09-28〉のように変形できる。負荷抵抗を流れる電流I [A]は〈式09-29〉のように表わすことができる。

　負荷抵抗Rが0の時に流れる**短絡電流**は、〈式09-29〉から$\frac{E}{r}$ [A]と求められ、電池1個の短絡電流と等しくなる。ここから**許容電流**も電池1個と等しいと考えられる。直列接続なのですべての電池を同じ電流が共通して流れるのだから、許容電流が電池1個と等しいのは当然といえば当然だ。

　現実の電源とはいっても電池は電圧源であり、内部抵抗が小さい。そのため、電池全体の電圧は、〈式09-28〉から電池1個の端子電圧のほぼn倍になることがわかる。また、〈式09-29〉から、負荷抵抗を電池1個の時のn倍にすれば、負荷に供給する電流Iが電池1個の時と同じになる。この時、電池全体の電圧Vは電池1個の端子電圧の正確にn倍になる。

▶電池の並列接続

一次電池や二次電池では、電池の**許容電流**より大きな電流を負荷に供給するために**並列接続**を行う。もしくは、全体としての**放電容量**を大きくして使用可能な時間を伸ばすために並列接続を行う。一般的には「n個の電池を並列接続にすると、得られる電圧はかわらないが、負荷に供給できる電流は電池1個の場合のn倍になる」といわれるが、実際にはどうだろうか。

〈図09-30〉はn個の電池を並列接続にして**負荷抵抗**$R[\Omega]$につないだ回路だ。それぞれの電池は、**起電力**$E[V]$と**内部抵抗**$r[\Omega]$で表示し、電池全体の電圧を$V[V]$、負荷を流れる電流を$I[A]$としている。この回路では、どの電池も起電力と内部抵抗の間の接続線

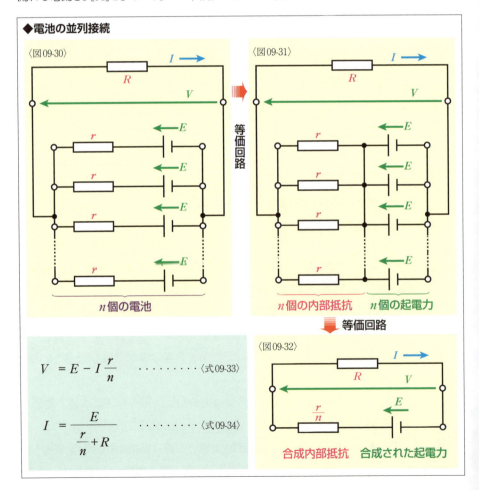

は、**基準からの電圧**が同じなので、〈図09-31〉のように接続線でつなぐことができる。すると、すべての起電力が並列接続になり、同じくすべての内部抵抗も並列接続なので、〈図09-32〉のように起電力と内部抵抗をそれぞれまとめた**等価回路**に置き換えることができ、1つの電池の場合と同じように表現できる。並列接続された電池全体で考えると、合成された起電力は、並列接続なので電圧に変化はなく、起電力 E のままだ。いっぽう、内部抵抗は n 個の並列接続なので、$\frac{1}{n}$ 倍つまり $\frac{r}{n}$ [Ω] になる。

　並列接続された電池全体の電圧 V は〈式09-33〉のように表わすことができる。起電力は電池1個と同じだが、内部抵抗が $\frac{1}{n}$ 倍になる。負荷抵抗を流れる電流 I は〈式09-34〉のように表わすことができる。

　つまり、並列接続にすると電池全体の内部抵抗が、電池1個の時の内部抵抗より小さくなる。そのため、負荷抵抗を小さくすることができ、大きな電流を流すことができるわけだ。負荷抵抗を $\frac{R}{n}$ 倍まで小さくして、流れる電流を大きくしても、電池1個の時と同じ電圧を得ることができることになる。

　また、負荷抵抗 R が0の時に流れる**短絡電流**は、〈式09-34〉から $n\frac{E}{r}$ [A] と求められる。これは、電池1個の短絡電流の n 倍になっている。ここから並列接続された電池全体の**許容電流**も n 倍になっていると考えられる。

　さらに、現実の電源である一次電池や二次電池は電圧源であり、内部抵抗は小さい。電池1個の時と負荷抵抗の大きさが同じなら、並列接続された個々の電池の電流は約 $\frac{1}{n}$ 倍になる。そのため、電池の放電容量を使い切るまでの時間が単純計算でも n 倍になる。現実の電池では、負荷の電流が大きいほど放電容量は小さくなる傾向があるため、実際には寿命が n 倍以上になることも多い。

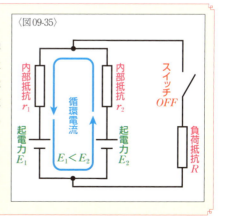

〈図09-35〉

……　新旧乾電池の混在　……

　複数の一次電池を使用する電気機器では新旧の電池を混ぜて使わないように警告されている。特に電池が並列にされた機器では注意が必要だ。起電力が異なる電池を並列にすると、電源スイッチがOFFの状態でも電流が流れてしまう。この電流を**循環電流**という。起電力の小さい電池は本来とは逆方向に循環電流が流れる。この異常電流がガスを発生させたり液漏れを生じさせるので危険だ。起電力の大きい側の電池も無駄に消耗させることになる。

[直流回路の基本]
直流回路の電力と電力量

Section 10

直流抵抗回路の電力は電圧と電流の積で求められ、電力に時間を掛ければ電力量になる。電池は内部抵抗と負荷抵抗が等しいと最大の電力を得られる。

▶直流回路の電力

Chapter01の「電力と電力量(P28参照)」で説明したように、**電力 P [W]** とは一定時間の間に電気が行うことができる**仕事**の量のことで、**電圧**と**電流**の積で求められる。電源側で考えれば電力を**供給**することになり、負荷側で考えれば電力を**消費**する。**直流抵抗回路**において、実際に仕事をする負荷は**抵抗**だ。

〈図10-01〉のような直流抵抗回路で、抵抗 R [Ω]に消費される電力 P [W]は、〈式10-02〉のように電圧 V [V]と電流 I [A]の積で求めることができる。もちろん、電源が供給する電力 P ともいえる。また、オームの法則から、〈式10-03〉のように電圧 V と抵抗 R で表わすことも、〈式10-04〉のように電流 I と抵抗 R で表わすことも可能だ。

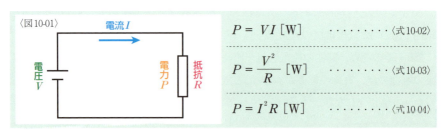

〈図10-01〉

$$P = VI \text{ [W]} \quad \text{〈式10-02〉}$$

$$P = \frac{V^2}{R} \text{ [W]} \quad \text{〈式10-03〉}$$

$$P = I^2 R \text{ [W]} \quad \text{〈式10-04〉}$$

また、これらの式を変形すると、電力からさまざまな情報を算出することができる。たとえば、電気機器は**消費電力**が表示されていることが多い。電源の電圧がわかれば、その消費電力から機器の電流を求めたり、負荷の抵抗を求めたりすることが可能になる。また、抵抗器は消費することができる最大の電力が**定格電力**として表示されていることが多い。この定格電力と抵抗値から、抵抗器に流すことができる最大の電流、つまり**許容電流**を求めることができる。

注意したいのは、電力を電圧と電流の積だという〈式10-02〉だけで覚えてしまうことだ。たとえば、10 [V]の電源につながれた抵抗に3 [A]の電流が流れていれば、10×3＝30 [W]の電力が抵抗で消費される。この電圧を2倍の20 [V]にしたら電力はどうなるだろうかという

問題で、よくある間違いが、電圧が2倍なので電力は20×3＝60［W］というものだ。実際には、電圧が2倍になると、電流も2倍の6［A］になる。正解の電力は20×6＝120［W］だ。つまり、電圧を2倍にすると電力は4倍になる。誤解のないように表現すると、電圧を2倍にすると電力は2^2倍になる。抵抗が一定でも、電圧が変化すれば電流も変化するし、電流が変化すれば電圧も変化することを忘れてはいけない。

　実際に電圧、電流、抵抗それぞれの要素がn倍になると、電力が何倍になるかは以下の通りだ。電力P［W］はn倍にする前を示し、電力P_n［W］はn倍にした時を示している。電力、抵抗はそのままに電圧もしくは電流をn倍にすると、電力はn^2倍になる。抵抗をn倍にした場合は、電流源か電圧源かによって結果が異なる。電流源の場合は、電圧がn倍になるので電力もn倍になる。電圧源の場合は、電流が$\frac{1}{n}$倍になるので電力も$\frac{1}{n}$倍になる。

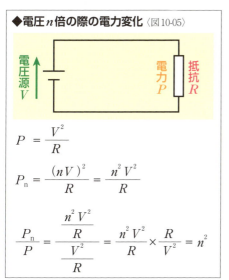

◆電圧n倍の際の電力変化〈図10-05〉

$P = \dfrac{V^2}{R}$

$P_n = \dfrac{(nV)^2}{R} = \dfrac{n^2 V^2}{R}$

$\dfrac{P_n}{P} = \dfrac{\frac{n^2 V^2}{R}}{\frac{V^2}{R}} = \dfrac{n^2 V^2}{R} \times \dfrac{R}{V^2} = n^2$

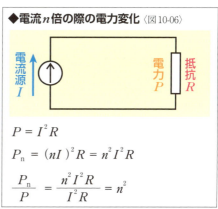

◆電流n倍の際の電力変化〈図10-06〉

$P = I^2 R$

$P_n = (nI)^2 R = n^2 I^2 R$

$\dfrac{P_n}{P} = \dfrac{n^2 I^2 R}{I^2 R} = n^2$

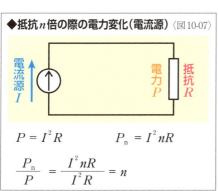

◆抵抗n倍の際の電力変化（電流源）〈図10-07〉

$P = I^2 R \qquad P_n = I^2 nR$

$\dfrac{P_n}{P} = \dfrac{I^2 nR}{I^2 R} = n$

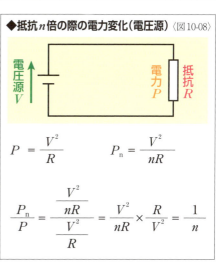

◆抵抗n倍の際の電力変化（電圧源）〈図10-08〉

$P = \dfrac{V^2}{R} \qquad P_n = \dfrac{V^2}{nR}$

$\dfrac{P_n}{P} = \dfrac{\frac{V^2}{nR}}{\frac{V^2}{R}} = \dfrac{V^2}{nR} \times \dfrac{R}{V^2} = \dfrac{1}{n}$

▶ 電池の最大電力

現実の**電圧源**である**一次電池**や**二次電池**は**内部抵抗**があるため、接続される**負荷抵抗**の大きさによって電圧や電流が変化する。では、どのような条件の時に、最大の**電力**が得られるのだろうか。実は、「**負荷抵抗の電力は電池の内部抵抗と負荷抵抗の大きさが等しい時に最大になる**」。これを証明する方法はいろいろあるが、ここでは**最小の定理**を利用する。

〈図10-09〉は、**起電力**E[V]で内部抵抗r[Ω]の電池を負荷抵抗R[Ω]につないだ回路だ。最大の条件を求める電力はP[W]とする。起電力Eと内部抵抗rは一定のものと考えることができるので、最大の条件とは負荷抵抗Rの大きさだ。流れる電流I[A]は〈式10-10〉のように表わすことができ、電力Pは〈式10-12〉のように計算できるが、さらに分数部分の分母と分子をRで割ると〈式10-13〉のようになる。

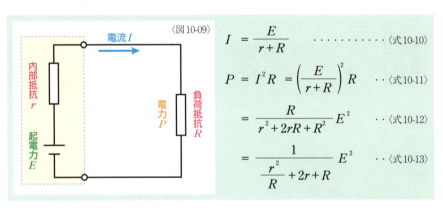

〈図10-09〉

$$I = \frac{E}{r+R} \quad \text{〈式10-10〉}$$

$$P = I^2 R = \left(\frac{E}{r+R}\right)^2 R \quad \text{〈式10-11〉}$$

$$= \frac{R}{r^2 + 2rR + R^2} E^2 \quad \text{〈式10-12〉}$$

$$= \frac{1}{\frac{r^2}{R} + 2r + R} E^2 \quad \text{〈式10-13〉}$$

〈式10-13〉のうちE^2は一定といえる部分なので、分数部分の分母を最小にすれば、電力が最大になる。さらに、分母のうち$2r$の部分も一定といえるので、$\frac{r^2}{R}+R$の部分を最小にすれば電力が最大になる。

・・・・・・・・・・ 最小の定理 ・・・・・・・・・・

2つの正の数をa、bとし、その2つの数の和の2乗と差の2乗の差を求めると、〈式①〉のように4abが求められる。さらに〈式①〉は、〈式②〉、〈式③〉と変形することができる。〈式③〉においてabが一定とすると、$(a-b)^2$が最小の時に右辺が最小になり、左辺のa+bも最小になる。それは$(a-b)^2$が**0**になる、a=bの時である。これを**最小の定理**という。

$$(a+b)^2 - (a-b)^2$$
$$= (a^2 + 2ab + b^2) - (a^2 - 2ab + b^2)$$
$$= 4ab \quad \text{〈式①〉}$$

$$(a+b)^2 = 4ab + (a-b)^2 \quad \text{〈式②〉}$$

$$a+b = \sqrt{4ab + (a-b)^2} \quad \text{〈式③〉}$$

「$\frac{r^2}{R}$」と「R」の2項の積を求めてみると、〈式10-14〉のように「r^2」になるので一定といえる。そこで、「2つの数の積が一定であるならば、2つの数が等しい時、その数の和は最小になる」という**最小の定理**を使うことができる。すると、最小の条件は2つの項が等しい時になり、〈式10-15〉のように表わせる。この式を変形していくと、〈式10-17〉が導かれ、負荷抵抗Rが内部抵抗rに等しい時に電力が最大になることがわかる。

$$\frac{r^2}{R} \times R = r^2 \quad \cdots\cdots\cdots\cdots\cdots\cdots\cdots\cdots\cdots\cdots\cdots\cdots \langle 式10\text{-}14\rangle$$

$$\frac{r^2}{R} = R \quad \cdots \langle 式10\text{-}15\rangle \qquad r^2 = R^2 \quad \cdots \langle 式10\text{-}16\rangle \qquad r = R \quad \cdots \langle 式10\text{-}17\rangle$$

電力の最大値P_{max}[W]は、〈式10-12〉のRにrを代入すると、〈式10-19〉のように求められる。当然のごとく、〈式10-20〉のようにも表現できる。こうした「**電源の内部抵抗と負荷抵抗が等しい時に回路に最大の電力が供給される**」ことを**最大電力の法則**や**最大電力供給の定理**といい、その時に得られる電力を**最大利用電力**や**有能電力**、**固有電力**という。

$$P_{max} = \frac{r}{r^2 + 2r \cdot r + r^2} E^2 = \frac{r}{4r^2} E^2 \quad \cdots\cdots\cdots\cdots\cdots\cdots \langle 式10\text{-}18\rangle$$

$$= \frac{E^2}{4r} \text{[W]} \quad \cdots\cdots\cdots\cdots\cdots\cdots\cdots\cdots\cdots\cdots\cdots\cdots \langle 式10\text{-}19\rangle$$

$$P_{max} = \frac{E^2}{4R} \text{[W]} \quad \cdots\cdots\cdots\cdots\cdots\cdots\cdots\cdots\cdots\cdots\cdots\cdots \langle 式10\text{-}20\rangle$$

················ 微分で証明 ················

　本書は基本的に微積分を使わずに電気回路を説明しているが、微積分ができる人なら**微分**でも最大電力を求めることができる。

　左ページの〈図10-09〉の電力Pは〈式④〉のように表わすことができる。電力Pの増減を調べるために、電力Pを負荷抵抗Rで微分すると〈式⑤〉のような結果が得られる。

　負荷抵抗Rも内部抵抗rも正の数であるため、負荷抵抗Rが内部抵抗rより小さい範囲($r > R$)では分数部分の分子($r - R$)がプラスの値になるため、負荷抵抗Rが大きくなるほど電力Pが大きくなり、逆に負荷抵抗Rが内部抵抗rより大きい範囲($r < R$)では分数部分の分子($r - R$)がマイナスの値になるため、負荷抵抗Rが大きくなるほど電力Pが大きくなり、グラフが凸形になることがわかる。負荷抵抗Rと内部抵抗rが等しい時($r = R$)と、分数部分の分子($r - R$)が0になり、電力Pが最大になることがわかる。

$$P = \frac{R}{(r+R)^2} E^2 \quad \cdots\cdots\cdots \langle 式④\rangle \qquad \frac{dP}{dR} = \frac{(r-R)}{(r+R)^3} E^2 \quad \cdots\cdots\cdots \langle 式⑤\rangle$$

▶直流回路の電力量

Chapter01の「電力と電力量(P28参照)」で説明したように、**電力量**W[Ws(W秒)]は**電力**P[W]と**時間**t[s]の積で求めることができる。直流抵抗回路において、実際に仕事をする負荷は抵抗だ。〈図10-21〉のような直流抵抗回路で、すでに電力Pがわかっているのなら、時間tを掛ければ〈式10-22〉のように電力量Wが求められる。

もちろん、先に説明したように、電力Pはオームの法則を構成する3つの要素のうち、2つの要素からでも算出できる。この電力を求める式に時間tを掛ければ、〈式10-23〜25〉のように回路の電圧V[V]と電流I[A]、または電圧Vと抵抗R[Ω]、もしくは電流Iと抵抗Rによって電力量を表現することも可能だ。

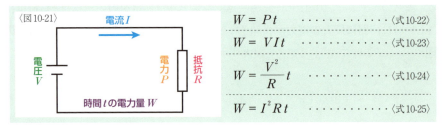

〈図10-21〉

$$W = Pt \qquad \text{〈式10-22〉}$$
$$W = VIt \qquad \text{〈式10-23〉}$$
$$W = \frac{V^2}{R}t \qquad \text{〈式10-24〉}$$
$$W = I^2Rt \qquad \text{〈式10-25〉}$$

電力量の計算では時間の単位を間違えないようにしたい。電力量では、単位に[Wh(W時)]の使用も認められている。[kWh(kW時)]が使われることも多い。[Ws]との換算の際には注意が必要だ。特に、時間の情報が[分]の単位で与えられているような場合や、何時間何分といった[時]と[分]の単位が混在しているような場合は、単位の時間部分を間違えないように慎重に計算する必要がある。換算は以下の通りだ。

$$1\,[\text{Wh}] = 60 \times 60 = 3600\,[\text{Ws}] \qquad \text{〈式10-26〉}$$
$$1\,[\text{kWh}] = 1000\,[\text{Wh}] \qquad \text{〈式10-27〉}$$
$$= 1000 \times 3600 = 3.6 \times 10^6\,[\text{Ws}] \qquad \text{〈式10-28〉}$$

電費

電気自動車の性能のなかには、[km/kWh]の単位で表示される項目がある。これは1[kWh]の電力量で走行できる距離(km)を示したものだ。この数値が大きいほど、電気エネルギーを効率よく運動エネルギーに変換していることになる。エンジン自動車の燃費に相当する考え方なので、電費といわれることが多い。燃費の単位は[km/ℓ]で、1[ℓ]の燃料で走行できる距離(km)を示している。

[直流回路編]

Chapter 04
複雑な直流回路の解析

Sec.01：キルヒホッフの法則・・・・88
Sec.02：キルヒホッフの法則の活用・94
Sec.03：網目電流法 ・・・・・・102
Sec.04：節点電圧法 ・・・・・・108
Sec.05：重ねの定理 ・・・・・・114
Sec.06：テブナンの定理 ・・・・122
Sec.07：電圧源と電流源の変換 ・128
Sec.08：抵抗のΔ－Y変換 ・・・132
Sec.09：ブリッジ回路・・・・・・140

キルヒホッフの法則

[複雑な直流回路の解析]

Chapter 04 / Section 01

オームの法則の次に覚えるべき法則がキルヒホッフの法則だ。電流に関する法則と電圧に関する法則をマスターすれば複雑な回路が解析できるようになる。

▶節点、枝と閉回路

　複雑な回路の解析では、電圧、電流、抵抗について関係式を作り、その方程式を解くことで回路の解析を行うことになる。こうした回路について成り立ついくつかの関係式を**回路方程式**という。回路方程式による解析にはさまざまな方法があるが、**キルヒホッフの法則**を利用する方法は代表的なものだ。キルヒホッフの法則には電流に関する第1法則と電圧に関する第2法則がある。こうした複雑な回路の解析では、**節点**、**枝**、**閉回路**といった捉え方で回路の状態を詳細に把握する必要がある。

▶節点

　節点とは、電流の分岐や合流が起こる可能性がある点のことで、それぞれ**基準からの電圧**が独立している。ただし、回路図で3本以上の接続線が結合している点がすべて節点というわけではない。たとえば、〈図01-01〉の回路図でa点とb点は節点だ。c点とd点も節点のように見えるが、Chapter03の「回路図の変形（P68参照）」で説明したように、c点とd点は基準からの電圧が同じなので、1つの点に重ねることができる。実際の電流の分岐や合流はその1点で起こると考える必要があり、その点が節点になる。〈図01-02〉のように回路図を変形してみればわかりやすい。つまり、この回路の節点はa点、b点、e点の3点だ。

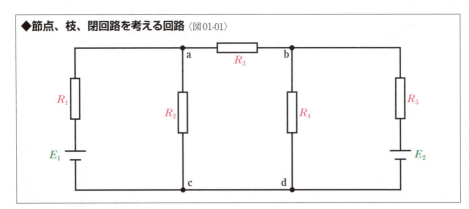

◆節点、枝、閉回路を考える回路 〈図01-01〉

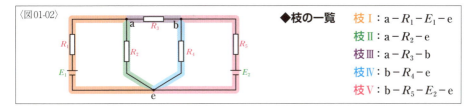

▶枝

枝とは節点と節点に連結される分岐のない経路のことで**枝路**ともいう。途中に電源や素子があってもかまわない。電流の分岐や合流がないので、枝は全体を同じ大きさの電流が流れる。たとえば、〈図01-02〉の回路には5本の枝がある。できることなら、〈図01-01〉の回路図のままでも枝をイメージできるようにしたい。〈図01-03〉のように電流を示す矢印（方向は仮定）を記入する位置に注意すれば、回路図を変形することなく、5本の枝の電流を表示できる。

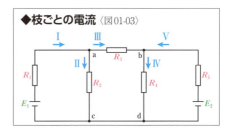

▶閉回路

閉回路とは、回路中のある点から出発していくつかの枝と節点を経由して出発点に戻った時、そのたどった経路のことだ。**ループ**ともいう。途中、同じ枝や節点を2度通ってはいけない。〈図01-01〉の回路の場合、〈図01-04〉のように6つの閉回路がある。詳しくは後で説明するが、閉回路④は①と②を合わせたもの、閉回路⑤は②と③を合わせたもの、閉回路⑥は①と②と③を合わせたものと考えられる。そのため、閉回路①と②と③だけで回路が解析できる。こうした他の閉回路と重なりのない閉回路を**独立の閉回路**や**独立した閉回路**という。独立した閉回路の数は、その回路の｜**(枝の数) − (節点の数) + 1**｜で求められる。

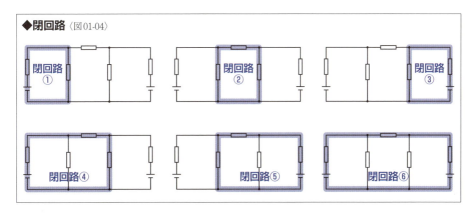

▶キルヒホッフの第1法則（電流則）

キルヒホッフの第1法則は、電流に関する法則なので**キルヒホッフの電流則**ともいい、「回路中の任意の節点に流入する電流の総和は0である」と説明される。電流が流入するばかりでは0にならないと思うかもしれないが、**マイナスの電流**の流入もあるので0になる。マイナスの電流の流入は、電流の流出ということだ。そこで、もう少しわかりやすく表現すると「回路中の任意の節点に流入する電流の総和と流出する電流の総和は等しい」となる。

たとえば、〈図01-05〉のように節点aに電流が流れている場合、先の説明を式にすれば〈式01-06〉になる。流入の総和として捉えているため、すべて加算で表現し、流出している電流I_2とI_4はマイナスで表現しているわけだ。もちろん、〈式01-07〉のように表現しても問題ない。いっぽう、流入する電流の総和と流出する電流の総和で捉える後の説明であれば〈式01-08〉のようになる。この場合、右辺は最初から流出する電流と規定しているので、マイナスをつける必要はないわけだ。これらの3式は移項しただけで、同じ式といえる。

〈図01-05〉

$$I_1 + (-I_2) + I_3 + (-I_4) = 0 \quad \cdots \text{〈式01-06〉}$$
$$I_1 - I_2 + I_3 - I_4 = 0 \quad \cdots \text{〈式01-07〉}$$
$$I_1 + I_3 = I_2 + I_4 \quad \cdots \text{〈式01-08〉}$$

こうした式をキルヒホッフの電流則に基づいた**電流方程式**または**節点方程式**という。実際の回路の解析では電流の大きさや方向が不明のこともあり、こうした場合には電流の方向を仮定した状態で解析を始めることになる。しかし、仮定の段階で悩む必要はない。仮定が間違っていたとしても、解析した電流の値がマイナスになるだけだ。たとえば、〈図01-09〉のような回路で電流I_Zを流入する電流と仮定すると、以下のように計算することになり、I_Zが-5〔A〕と求められる。つまり、仮定とは逆方向に5〔A〕の電流が流れていることがわかるわけだ。

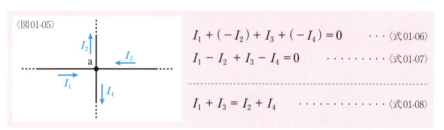

〈図01-09〉

$$I_X + I_Y + I_Z = 0 \quad \cdots \text{〈式01-10〉}$$
$$2 + 3 + I_Z = 0 \quad \cdots \text{〈式01-11〉}$$
$$I_Z = -2 - 3 \quad \cdots \text{〈式01-12〉}$$
$$= -5 \text{〔A〕} \quad \cdots \text{〈式01-13〉}$$

なお、回路の解析を目的としているため、電流則は節点について説明されることが多いが、電流則は回路中のすべての点に当てはまる法則であり、本来は「回路中の任意の点に流入する電流の総和は0である」と説明される。分岐がない1本の接続線上の点でも成立する。こうした点は2本の線が1点で結合していると考えられる。一方の線からこの点に流入した電流は、そのままの大きさでもう一方の線に流出していく。当たり前といえば当たり前のことだ。

▶キルヒホッフの第2法則（電圧則）

キルヒホッフの第2法則は、電圧に関する法則なので**キルヒホッフの電圧則**ともいい、「回路中の任意の閉回路を一定の方向にたどった時、その電圧の総和は0である」と説明される。たどる途中には、電圧を上昇させる起電力があったり、電圧を低下させる抵抗による**電圧降下**があったりするが、一周すると0になるということだ。電圧則ももう少しわかりやすく表現すると「回路中の任意の閉回路を一定の方向にたどった時、その起電力の総和と電圧降下の総和は等しい」となる。

〈図01-14〉のような回路をb点から右回りにたどって、各部の電圧を見てみよう。電圧の総和で捉える先の説明を式にすると〈式01-15〉のようになる。総和なのですべて加算の式にし、電圧を低下させる要素である電圧降下はマイナスで表現している。もちろん、〈式01-16〉のように表現しても問題ない。いっぽう、起電力の総和と電圧降下の総和で捉える説明であれば〈式01-17〉のようになる。この場合、最初から電圧降下と規定しているので、電圧降下にマイナスをつける必要はない。〈式01-16〉と〈式01-17〉は移項しただけで同じ式だ。また、〈式01-16〉と〈式01-17〉の電圧降下を電流と抵抗で表わせば、〈式01-18〉と〈式01-19〉になる。

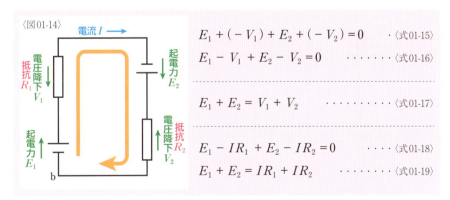

〈図01-14〉

$E_1 + (-V_1) + E_2 + (-V_2) = 0$ ・〈式01-15〉

$E_1 - V_1 + E_2 - V_2 = 0$ ・・・・・・〈式01-16〉

$E_1 + E_2 = V_1 + V_2$ ・・・・・・〈式01-17〉

$E_1 - IR_1 + E_2 - IR_2 = 0$ ・・・・・・〈式01-18〉

$E_1 + E_2 = IR_1 + IR_2$ ・・・・・・〈式01-19〉

これらの式を、キルヒホッフの電圧則に基づいた**電圧方程式**または**閉路方程式**という。ここでいう「閉路」は、「閉回路」と同じ意味だと考えてよい。

▶電圧方程式を立てる際のルール

　キルヒホッフの**電圧則**に従って**電圧方程式**を立てるには一定のルールがある。最初からルールを示すと難しく感じるため、前ページの例はルールを考える必要がなく、直感的に理解できるような設定にしたものだった。実際のルールは、起電力と電圧降下についてのプラス/マイナスを判断するためのものだ。**起電力については、たどっていく方向に電圧が上がる場合はプラスの電圧、たどっていく方向に電圧が下がる場合はマイナスの電圧になる。電圧降下については、たどっていく方向と電流が同じ場合はプラスの電圧降下、たどっていく方向と電流が逆の場合はマイナスの電圧降下になる。**起電力のプラス/マイナスを判断する際には、電流の方向は考える必要はない。また、電流方程式（P90参照）で説明したように、電流の方向は仮定のものでかまわない。

　では、前ページと同じ回路を〈図01-20〉のように逆方向にたどってみるとどうだろうか。わかりやすいように起電力の図記号に+/−の記号を添えてみた。どちらの起電力もたどっていく方向に電圧が低下するのでマイナスの電圧だ。また、たどっていく方向と電流の方向が逆なので、電圧降下もすべてマイナスになる。これを起電力の総和と電圧降下の総和で捉える式にしてみると〈式01-21〉もしくは〈式02-22〉のようになる。これは加算の式にしてあるが、もちろん〈式02-23〉もしくは〈式02-24〉のような式にしてもかまわない。この式を移項すると、〈式01-25〉もしくは〈式01-26〉になる。これらの式は、前ページの〈式01-17〉及び〈式01-19〉とまったく同じだ。つまり、どちらの方向にたどってみても、同じ電圧方程式が立てられるわけだ。

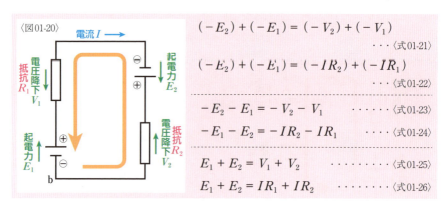

　次に、〈図01-27〉の回路の電圧方程式を立ててみよう。この回路は〈図10-14〉の回路の起電力と抵抗の並び順をかえたものだ。前ページの式と対比できるように電圧方程式を立ててみると〈式01-28〜32〉のようになる。これらの式は、項目の並び順が異なるものもあるが、〈式

01-15〜19〉とまったく同じ内容だ。ここから、〈図01-14〉の回路と〈図01-27〉の回路は**等価回路**であるということができる。電池の直列接続（P78参照）の説明で行った等価回路への置き換えは、これとまったく同じ考え方だ。

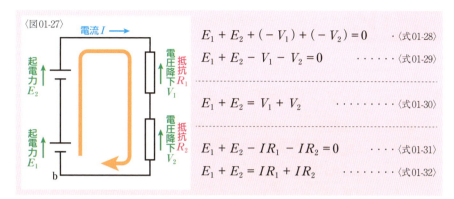

さて、ここまでの例では、回路全体が1つのループなので、どこも同じ電流が流れている。しかし、**キルヒホッフの法則**を利用して解析するような複雑な回路の場合、**独立の閉回路**に対して電圧方程式を立てることになる。こうした閉回路は複数の枝で構成されているので、閉回路の部分部分で電流の方向や大きさが異なったものになる。

たとえば、〈図01-33〉のような閉回路を右回りにたどり、左辺に起電力、右辺に電圧降下をまとめた電圧方程式が〈式01-34〉だ。電圧降下を電流と抵抗で表わせば〈式01-35〉になる。起電力 E_3 は、たどっていく方向に電圧が上がるのでプラスであり、起電力 E_4 は、たどっていく方向に電圧が下がるのでマイナスの起電力になる。電圧降下 V_3 と V_4 は、たどっていく方向と電流が同方向なのでプラスの電圧降下になり、電圧降下 V_5 は、たどっていく方向と電流 I_5 が逆方向なのでマイナスの電圧降下になる。

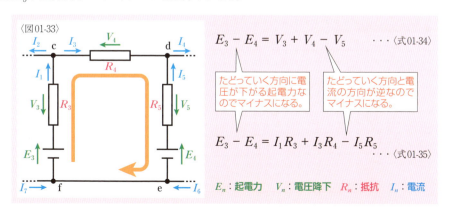

キルヒホッフの法則の活用

Chapter 04 ［複雑な直流回路の解析］
Section 02

キルヒホッフの法則を使って回路を解析する際には、各枝に枝電流を割り振って立てた節点の電流方程式と、独立の閉回路の電圧方程式の連立方程式を解く。

▶ キルヒホッフの法則による解法の手順

キルヒホッフの法則を活用した複雑な回路の解析にはいくつかの解法があるが、もっとも基本といえるのは**電流方程式**と**電圧方程式**を立てる解法だ。なお、こうした電圧と電流双方の方程式を立る解法は**枝電流法**ということもある。キルヒホッフの法則を活用した解法には、ほかにも電圧方程式で解く**網目電流法**や、電流方程式で解く**節点電圧法**がある。これらの解法については以降のSectionで説明する。

電圧方程式と電流方程式を立てる解法の手順は表の通りだ。〈図02-01〉の回路を例にして、実際に解析してみよう。この回路では、起電力と抵抗が既知の情報だ。

◆キルヒホッフの法則を利用した解析の手順

手順①：すべての枝に枝電流を割り当てる
手順②：節点それぞれに電流方程式を立てる
手順③：独立の閉回路それぞれに電圧方程式を立てる
手順④：電流方程式と電圧方程式の連立方程式を解く

◆解析対象回路 〈図02-01〉

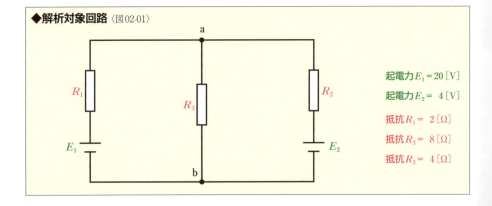

起電力 $E_1 = 20$ [V]
起電力 $E_2 = 4$ [V]
抵抗 $R_1 = 2$ [Ω]
抵抗 $R_2 = 8$ [Ω]
抵抗 $R_3 = 4$ [Ω]

▶ 手順①：すべての枝に枝電流を割り当てる

　最初に回路のすべての枝に電流を割り当てる。この電流を**枝電流**や**枝路電流**という。前のSectionで説明したように、電流の方向は仮定でかまわない。実際には仮定とは逆方向に流れていれば、方程式の解がマイナスの値になるので大丈夫だ。割り当てた枝電流は、矢印表示と名称を回路図に書き加えておけばいい。

　解析対象の回路は、〈図02-02〉のように枝1、2、3の3本の枝で構成されていると考えられるので、それぞれに枝電流I_1、I_2、I_3を割り当てればいい。

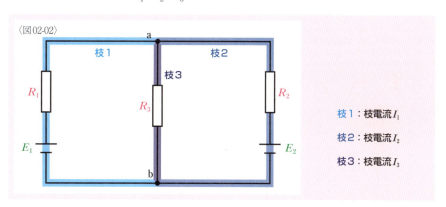

〈図02-02〉

枝1：枝電流I_1
枝2：枝電流I_2
枝3：枝電流I_3

　枝電流の名称を決めたら矢印とともに回路図に〈図02-03〉のように書き加える。矢印の方向はどちら向きでもよい。矢印を書き加える位置は、枝のどの部分であってもよいが、節点付近に記入するとわかりやすい。この回路は枝の数も**節点**の数も少ないうえ、次ページで説明するように**電流方程式**を立てるのは節点aだけなので、節点a付近に枝電流の矢印を示しておくといい。

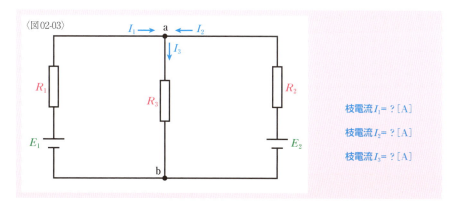

〈図02-03〉

枝電流I_1＝？[A]
枝電流I_2＝？[A]
枝電流I_3＝？[A]

▶手順②：節点に電流方程式を立てる

続いて**電圧の基準になる節点**を定め、それ以外の**節点**に対して**枝電流**の**電流方程式**を立てる。そもそも節点とは**基準からの電圧**に着目した点だといえる。電流についての方程式を立てるのだが、着目しているのは電圧なのだ。電圧の基準になる節点は、すでに電圧については明白なので、電流方程式を立てる必要がないことになる。そのため、立てるべき電流方程式の数は｜**(節点の数) − 1**｜になる。

解析対象の回路は節点が2つあるので、立てるべき電流方程式は1本だ。ここでは電圧の基準を節点bとし、節点aについて電流方程式を立てる。枝電流 I_1, I_2, I_3 の方向から〈式02-05〉が立つ。左辺が流入する電流の総和で、右辺が流出する電流の総和だ。

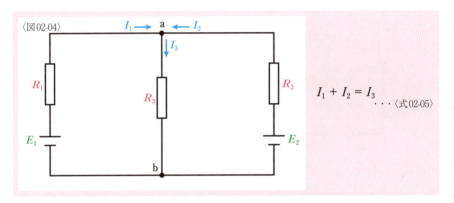

〈図02-04〉

$$I_1 + I_2 = I_3 \quad \cdots \langle 式02\text{-}05 \rangle$$

ちなみに、節点bについても左辺を流入、右辺を流出として電流方程式を立ててみると〈式02-07〉のようになる。この式は左右の辺を入れ替えれば、〈式02-05〉とまったく同じである。つまり、立てる意味がない方程式であることがわかる。

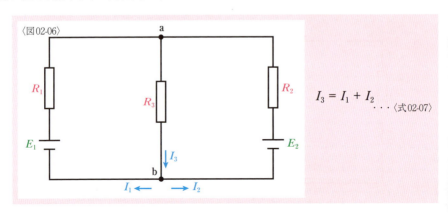

〈図02-06〉

$$I_3 = I_1 + I_2 \quad \cdots \langle 式02\text{-}07 \rangle$$

▶ 手順③：独立の閉回路に電圧方程式を立てる

次に、すべての**独立の閉回路**について、たどる方向を決めたうえで**電圧方程式**を立てる。前のSectionで説明したように、たどる方向は閉回路ごとに自由に決めてかまわない。独立の閉回路の数は｜(枝の数) − (節点の数) + 1｜で確認することができる。

解析対象の回路はそれほど複雑な構造ではないので、独立の閉回路の数が2つであることは誰にでもわかるだろう。念のために枝と節点の数から計算すると、枝が3本、節点が2つなので、3 − 2 + 1 = 2から独立の閉回路が2つであることが確認できる。

ここでは回路左側の閉回路Ⅰを右回りに、回路右側の閉回路Ⅱを左回りにたどって、左辺が**起電力**の総和、右辺が**電圧降下**の総和にして電圧方程式を立てる。閉回路Ⅰを右回りにたどった電圧方程式が〈式02-09〉だ。

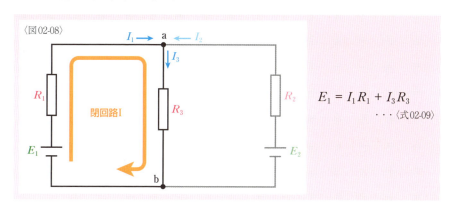

同じように、閉回路Ⅱを左回りにたどると〈式02-11〉のように電圧方程式を立てることができる。どちらの電圧方程式にも枝3の要素が含まれていることがわかる。

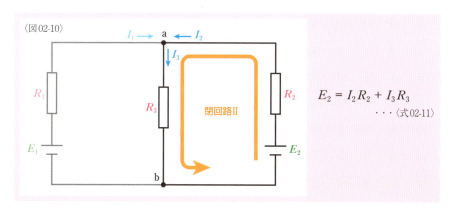

▶手順④：電流と電圧の連立方程式を解く

最後に、ここまでで得られた**電流方程式**と**電圧方程式**の連立方程式を解けば、回路を解析することができる。解析対象の回路から得られた方程式は以下の通りだ。

$$I_1 + I_2 = I_3 \quad \cdots\cdots\cdots\cdots\cdots\cdots\cdots\cdots\cdots\cdots\cdots\cdots\cdots\cdots\cdots\cdots \langle 式02\text{-}05 \rangle$$

$$E_1 = I_1 R_1 + I_3 R_3 \quad \cdots\cdots\cdots\cdots\cdots\cdots\cdots\cdots\cdots\cdots\cdots\cdots \langle 式02\text{-}09 \rangle$$

$$E_2 = I_2 R_2 + I_3 R_3 \quad \cdots\cdots\cdots\cdots\cdots\cdots\cdots\cdots\cdots\cdots\cdots\cdots \langle 式02\text{-}11 \rangle$$

このまま文字式でも連立方程式を解くことはできるが、物理量の記号ばかりが続いて複雑な計算になってしまうので、ここでは既知の情報である起電力と抵抗を代入したうえで計算を進めていこう。〈式02-09〉と〈式02-11〉に電圧と抵抗を代入すると、それぞれ〈式02-13〉と〈式02-14〉になる。なお、〈式02-12〉は、以降の計算で扱いやすいように〈式02-05〉を移項したものだ。この3式の連立方程式を解くことで、3つの未知数、枝電流I_1、I_2、I_3を得ることができる。

$$I_3 = I_1 + I_2 \quad \cdots\cdots\cdots\cdots\cdots\cdots\cdots\cdots\cdots\cdots\cdots\cdots\cdots\cdots\cdots \langle 式02\text{-}12 \rangle$$

$$20 = 2I_1 + 4I_3 \quad \cdots\cdots\cdots\cdots\cdots\cdots\cdots\cdots\cdots\cdots\cdots\cdots\cdots\cdots \langle 式02\text{-}13 \rangle$$

$$4 = 8I_2 + 4I_3 \quad \cdots\cdots\cdots\cdots\cdots\cdots\cdots\cdots\cdots\cdots\cdots\cdots\cdots\cdots\cdots \langle 式02\text{-}14 \rangle$$

連立方程式を解く方法にはさまざまなものがあるが、ここでは**代入法**で解いてみよう。まず、〈式02-13〉を整理すると〈式02-15〉になる。この式のI_3に〈式02-12〉を代入すると〈式02-17〉が求められる。この式を整理すると〈式02-18〉のようにI_2をI_1で表わせる。

$$10 = I_1 + 2I_3 \quad \cdots\cdots\cdots\cdots\cdots\cdots\cdots\cdots\cdots\cdots\cdots\cdots\cdots\cdots \langle 式02\text{-}15 \rangle$$

$$= I_1 + 2(I_1 + I_2) \quad \cdots\cdots\cdots\cdots\cdots\cdots\cdots\cdots\cdots\cdots\cdots \langle 式02\text{-}16 \rangle$$

$$= 3I_1 + 2I_2 \quad \cdots\cdots\cdots\cdots\cdots\cdots\cdots\cdots\cdots\cdots\cdots\cdots\cdots \langle 式02\text{-}17 \rangle$$

$$I_2 = \frac{10 - 3I_1}{2} \quad \cdots\cdots\cdots\cdots\cdots\cdots\cdots\cdots\cdots\cdots\cdots\cdots\cdots\cdots \langle 式02\text{-}18 \rangle$$

いっぽう、〈式02-14〉を整理すると〈式02-19〉になる。この式のI_3に〈式02-12〉を代入すると〈式02-21〉が導ける。さらに、この式のI_2に〈式02-18〉を代入すると、〈式02-22〉のように未知数がI_1だけの式になる。この式を整理していくと〈式02-25〉になり、I_1が4［A］であることが求められる。

$$1 = 2I_2 + I_3 \quad \langle 式02\text{-}19 \rangle$$
$$= 2I_2 + (I_1 + I_2) \quad \langle 式02\text{-}20 \rangle$$
$$= I_1 + 3I_2 \quad \langle 式02\text{-}21 \rangle$$
$$= I_1 + 3\left(\frac{10 - 3I_1}{2}\right) \quad \langle 式02\text{-}22 \rangle$$
$$= \frac{2I_1 + 30 - 9I_1}{2} \quad \langle 式02\text{-}23 \rangle$$
$$= \frac{30 - 7I_1}{2} \quad \langle 式02\text{-}24 \rangle$$
$$7I_1 = 30 - 2 = 28 \quad \langle 式02\text{-}25 \rangle$$
$$I_1 = 4\,[\text{A}] \quad \langle 式02\text{-}26 \rangle$$

I_1が判明したら、これを〈式02-18〉に代入することで、〈式02-27〉のようにI_2が-1[A]であることが求められる。さらに〈式02-12〉にI_1とI_2の数値を代入することで、〈式02-29〉のようにI_3が3[A]であることが求められる。

$$I_2 = \frac{10 - 3I_1}{2} = \frac{10 - 3 \times 4}{2} \quad \langle 式02\text{-}26 \rangle$$
$$= -1\,[\text{A}] \quad \langle 式02\text{-}27 \rangle$$
$$I_3 = I_1 + I_2 = 4 + (-1) \quad \langle 式02\text{-}28 \rangle$$
$$= 3\,[\text{A}] \quad \langle 式02\text{-}29 \rangle$$

枝電流I_2の計算結果がマイナスになったということは、仮定した方向とは逆方向に電流が流れているということだ。そこで、この枝電流をI_2'とし、矢印の方向を逆にすると、回路図は〈図02-30〉のようになる。

◆解析対象回路

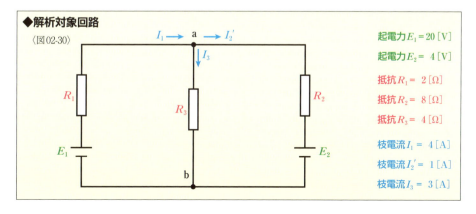

〈図02-30〉

起電力$E_1 = 20$[V]
起電力$E_2 = 4$[V]
抵抗$R_1 = 2$[Ω]
抵抗$R_2 = 8$[Ω]
抵抗$R_3 = 4$[Ω]
枝電流$I_1 = 4$[A]
枝電流$I_2' = 1$[A]
枝電流$I_3 = 3$[A]

▶手順⑤：その他の要素を算出する

94ページの手順の表では手順を④で終わらせているが、**回路方程式**を解いただけでは判明しない要素もある。たとえば解析対象の回路で求められたのは**枝電流**だ。必要な情報が回路各部の電圧や抵抗の電圧降下の場合は、さらに計算が必要になる。

節点の電圧のうち、節点bは基準の0［V］だ。節点aについては、どの枝からも求められるが、枝1で考察すると、節点aの電圧 V_a は基準から起電力 E_1 の分だけ電圧が上昇し、抵抗 R_1 の電圧降下 V_1 の分だけ低下するので、〈式02-31〉のように表わせ、12［V］と計算される。計算の途中から、抵抗 R_1 の電圧降下 V_1 が8［V］であることもわかる。

$$V_a = 0 + E_1 - I_1 R_1 \qquad \langle 式02\text{-}31 \rangle$$
$$ = 0 + 20 - (4 \times 2) = 12\,[\text{V}] \qquad \langle 式02\text{-}32 \rangle$$

枝2で V_a を考察する場合は注意が必要だ。枝電流 I_2' は節点aから節点bに向かって流れているので、マイナスの電圧降下が起こると考える必要がある。抵抗 R_2 の電圧降下 V_2 をマイナスにすると〈式02-33〉ようになり、12［V］が求められる。枝3の場合も枝電流 I_3 は節点aから節点bに向かって流れているので、マイナスの電圧降下が生じる。〈式02-35〉ようになり、結果はもちろん12［V］だ。ここまでの解析結果をまとめた回路図が〈図02-37〉になる。

$$V_a = 0 + E_2 - (-I_2' R_2) \qquad \langle 式02\text{-}33 \rangle$$
$$ = 0 + 4 + (1 \times 8) = 12\,[\text{V}] \qquad \langle 式02\text{-}34 \rangle$$
$$V_a = 0 - (-I_3 R_3) \qquad \langle 式02\text{-}35 \rangle$$
$$ = 0 + (3 \times 4) = 12\,[\text{V}] \qquad \langle 式02\text{-}36 \rangle$$

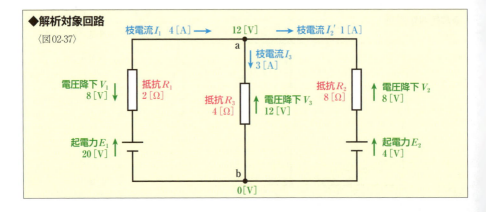

◆解析対象回路 〈図02-37〉

▶選択する閉回路

手順③ではすべての**独立の閉回路**について**電圧方程式**を立てると説明したが、実は独立していない閉回路を利用しても解析に必要な電圧方程式を得ることは可能だ。〈図02-38〉のようにたどった閉回路Ⅲの電圧方程式は〈式02-39〉だ。この式と閉回路Ⅰの電圧方程式〈式02-09〉及び電流方程式〈式02-05〉の3式からでも、**枝電流**I_1、I_2、I_3が得られる。

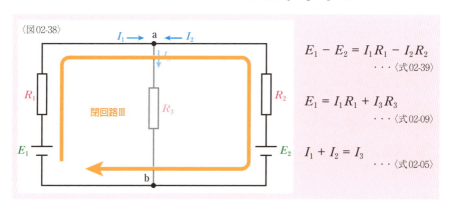

$$E_1 - E_2 = I_1 R_1 - I_2 R_2 \quad \cdots 〈式02\text{-}39〉$$

$$E_1 = I_1 R_1 + I_3 R_3 \quad \cdots 〈式02\text{-}09〉$$

$$I_1 + I_2 = I_3 \quad \cdots 〈式02\text{-}05〉$$

計算式は掲載しないが、得られる結果は閉回路Ⅰと閉回路Ⅱの電圧方程式を用いた場合とまったく同じになる。では、なぜこのようなことが可能なのだろうか。試しに、閉回路Ⅲの電圧方程式〈式02-39〉の両辺から閉回路Ⅰの電圧方程式〈式02-09〉を引くと、〈式02-40〉のようになる。この式は97ページの閉回路Ⅱの電圧方程式〈式02-11〉と同じ式だといえる。

$$\begin{array}{rl}
E_1 - E_2 = I_1 R_1 - I_2 R_2 & \cdots 〈式02\text{-}39〉 \\
-)\quad E_1 = I_1 R_1 + I_3 R_3 & \cdots 〈式02\text{-}09〉 \\ \hline
-E_2 = - I_2 R_2 - I_3 R_3 & \cdots 〈式02\text{-}40〉
\end{array}$$

つまり、閉回路Ⅲは閉回路Ⅰと閉回路Ⅱを合わせたものと考えることができる。閉回路Ⅲの電圧方程式には閉回路Ⅱの電圧方程式が含まれていることになるので、閉回路Ⅱの電圧方程式のかわりに閉回路Ⅲの電圧方程式を使っても解析できるわけだ。

解析対象の回路は閉回路が3つしかないが、さらに多数の閉回路を見いだすことができる回路の場合も、解析に必要な電圧方程式の数を満たし、なおかつ、すべての枝電流が最低限1度はいずれかの電圧方程式に含まれるように閉回路を選択すれば、解析は可能になる。しかし、閉回路の選択を間違えれば、当然のごとく解析不能になる。自信をもって閉回路を選択できないのであれば、独立の閉回路を使って解析したほうが無難だ。

網目電流法

[複雑な直流回路の解析]

キルヒホッフの法則を活用し、閉回路に仮定した網目電流による電圧方程式だけで解析するのが網目電流法だ。電流方程式は立てる必要がない。

▶網目電流法による解法の手順

キルヒホッフの法則を応用した回路の解析手法のうち、**閉回路**に着目して**電圧則**で解くものを**網目電流法**という。**ループ電流法**や**閉路電流法**ともいう。解法の名称には「電流」が含まれているが、適用するのは電圧則であり、仮定した**網目電流**を基にして**電圧方程式**を立てて解析を行う。

網目電流法による解析の手順は表の通りだ。前のSectionで説明した電流方程式と電圧方程式の双方を使う解法では、枝の数に等しい数の**回路方程式**が必要だが、網目電流法は独立の閉回路の数｛(**枝の数**)−(**節点の数**)＋1｝に等しい数の電圧方程式で済むため、それだけ解きやすくなる。比較しやすいように前のSectionと同じ回路を例にして解析してみよう。

◆網目電流法による解析の手順

手順①：独立の閉回路に網目電流を割り当てる
手順②：網目電流それぞれに電圧方程式を立てる
手順③：電圧方程式の連立方程式を解く

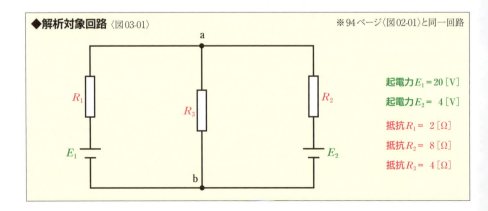

◆解析対象回路 〈図03-01〉　※94ページ〈図02-01〉と同一回路

起電力 $E_1 = 20$ [V]
起電力 $E_2 = 4$ [V]
抵抗 $R_1 = 2$ [Ω]
抵抗 $R_2 = 8$ [Ω]
抵抗 $R_3 = 4$ [Ω]

▶手順①：独立の閉回路に網目電流を割り当てる

　最初に回路のすべての**独立の閉回路**に電流を割り当てる。この電流を**網目電流**や**ループ電流**という。電流方程式と電圧方程式の双方を使う解法で、閉回路をたどる方向を決めた場合と同じように、電流の方向は仮定でかまわない。実際には仮定とは逆方向に流れていれば、解析結果がマイナスの値になるので大丈夫だ。割り当てた網目電流は、流れる経路と方向、及び名称を回路図に書き加えておけばいい。

　解析対象の回路には独立の閉回路が2つある。ここでは回路左側の閉回路Ⅰは右回りに網目電流$I_Ⅰ$が流れ、回路右側の閉回路Ⅱは左回りに網目電流$I_Ⅱ$が流れるものとする。

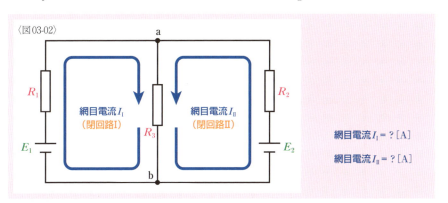

　実は、網目電流法はこの段階で電流方程式を電圧方程式に組み込んでいる。網目電流法では**枝電流**を使用しないが、〈図03-03〉のように枝電流I_1、I_2、I_3を考えると、それぞれの枝電流は〈式03-04～06〉のように網目電流で表わせる。これらの電流に関する方程式が組み込まれることになるため、網目電流法は電流方程式を立てなくても回路が解析できるのだ。

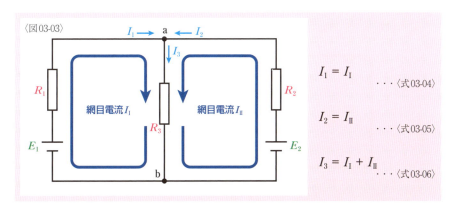

▶手順②:網目電流に対して電圧方程式を立てる

続いて、すべての**独立の閉回路**について**網目電流**によって**電圧方程式**を立てる。電流方程式と電圧方程式の双方を使う解法の場合は、電圧方程式を立てる際に枝電流を使用するが、網目電流法の場合は、網目電流を使用して電圧方程式を立てる。電圧方程式の立て方は、これまでに説明した方法とまったく同じだが、注意したいのは複数の網目電流が流れている部分だ。電圧方程式を立てている閉回路の網目電流と、もう1つの網目電流が同方向なら電流を加算する。逆方向なら、もう1つの網目電流を減算する。

解析対象の回路では、抵抗R_3を含む枝を網目電流I_IとI_IIが流れている。この枝では、双方の網目電流が同じ方向に流れているので、抵抗R_3の電圧降下を計算する際に網目電流を加算することになる。網目電流I_Iの電圧方程式〈式03-08〉は以下のようになる。

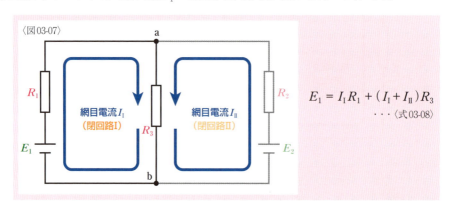

いっぽう、網目電流I_IIの電圧方程式の場合も2本の網目電流は同じ方向に流れているので〈式03-10〉のようになる。なお、網目電流が逆方向になる例は106ページで取り上げる。

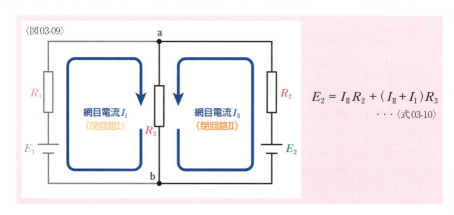

▶手順③:電圧方程式の連立方程式を解く

最後に、ここまでで得られた**電圧方程式**の連立方程式を解く。解析対象から得られたのは左ページの〈式03-08〉と〈式03-10〉の2本だ。これらの式を整理すると、以下のようになる。

$$E_1 = I_\mathrm{I}(R_1+R_3) + I_\mathrm{II} R_3 \quad \langle 式03\text{-}11\rangle$$
$$E_2 = I_\mathrm{I} R_3 + I_\mathrm{II}(R_2+R_3) \quad \langle 式03\text{-}12\rangle$$

ここからは既知の情報である起電力と抵抗を代入したうえで計算を進めていこう。〈式03-11〉と〈式03-12〉に電圧と抵抗を代入すると、それぞれ〈式03-13〉と〈式03-14〉になる。

$$20 = 6I_\mathrm{I} + 4I_\mathrm{II} \quad \langle 式03\text{-}13\rangle$$
$$4 = 4I_\mathrm{I} + 12I_\mathrm{II} \quad \langle 式03\text{-}14\rangle$$

この2式の連立方程式を**代入法**で解いてみよう。まず、〈式03-14〉を整理すると〈式03-15〉になり、さらに移項すると〈式03-16〉のようにI_IをI_IIで表わせる。

$$1 = I_\mathrm{I} + 3I_\mathrm{II} \quad \langle 式03\text{-}15\rangle$$
$$I_\mathrm{I} = 1 - 3I_\mathrm{II} \quad \langle 式03\text{-}16\rangle$$

いっぽう、〈式03-13〉を整理すると〈式03-17〉になる。この式のI_Iに〈式03-16〉を代入すると、未知数がI_IIだけの〈式03-19〉になる。この式を整理していくと〈式03-21〉になり、I_IIが$-1\,[\mathrm{A}]$と算出される。マイナスになったということは仮定の方向が逆だったということだ。

$$10 = 3I_\mathrm{I} + 2I_\mathrm{II} \quad \langle 式03\text{-}17\rangle$$
$$= 3(1 - 3I_\mathrm{II}) + 2I_\mathrm{II} \quad \langle 式03\text{-}18\rangle$$
$$= 3 - 7I_\mathrm{II} \quad \langle 式03\text{-}19\rangle$$
$$7I_\mathrm{II} = -7 \quad \langle 式03\text{-}20\rangle$$
$$I_\mathrm{II} = -1\,[\mathrm{A}] \quad \langle 式03\text{-}21\rangle$$

I_IIが判明したら、その数値を〈式03-16〉に代入することで、〈式03-23〉のようにI_Iが$4\,[\mathrm{A}]$と算出される。これで未知数であった網目電流がすべて求められたわけだ。

$$I_\mathrm{I} = 1 - 3\times(-1) \quad \langle 式03\text{-}22\rangle$$
$$= 4\,[\mathrm{A}] \quad \langle 式03\text{-}23\rangle$$

◆解析対象回路〈図03-24〉

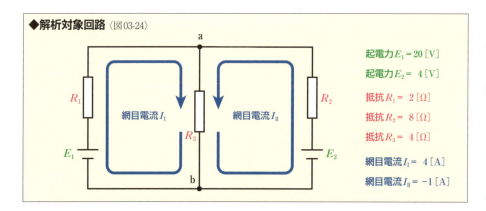

▶手順④：その他の要素を算出する

網目電流法の場合、回路方程式を解いたことで得られるのは網目電流だ。枝電流については求められていない部分もある。もちろん、各部の電圧も求められていない。

解析対象の回路で判明した網目電流を記入すると回路図は〈図03-24〉のようになる。たとえば、抵抗R_3を含む枝の枝電流をI_3とすると、これはまだ判明していないので計算で求める必要がある。その際には網目電流の方向に注意する必要がある。網目電流I_{II}を仮定のまま計算するのであれば、網目電流I_IとI_{II}は同方向なので枝電流I_3は〈式03-25〉のように加算する必要がある。

$$I_3 = I_I + I_{II} = 4 + (-1) = 3 \,[\mathrm{A}] \qquad \langle式03\text{-}25\rangle$$

その他の枝電流については、網目電流の重複がないので、計算する必要はない。回路各部の電流が判明すれば、**基準からの電圧**や、**抵抗の電圧降下**を求められる。これらの計算方法は、電流方程式と電圧方程式の双方を使う解法の場合と同じだ（P100参照）。

▶網目電流の方向と設定する閉回路

ここまでの解析は、中央の枝を流れる2本の**網目電流**が同じ方向に流れるように仮定して行ったが、2本の網目電流が逆方向に流れる場合はどうだろうか。たとえば、〈図03-26〉のように**閉回路**IIに右回りの網目電流I_{III}を仮定した場合の電圧方程式は〈式03-27〉になる。抵抗R_3は網目電流I_{III}に対して逆方向の網目電流I_Iが流れているので、電圧降下を求める電流は$(I_{III} - I_I)$になる。起電力E_2は電流の流れる方向で電圧が低下するので、マイナスにする必要がある。

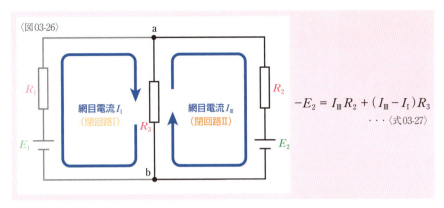

また、電流方程式と電圧方程式の双方を使う解法の場合、閉回路をたどる方向をかえた場合に影響が及ぶのはその閉回路の電圧方程式だけだが、網目電流法の場合、ある閉回路の網目電流の方向をかえると隣接する閉回路の電圧方程式も影響を受ける。この例では、網目電流I_Iの電圧方程式は〈式03-29〉になる。抵抗R_3の電圧降下を求める電流は($I_I - I_Ⅲ$)になる。網目電流I_Iの電圧方程式であるため、I_Iがプラスになり、$I_Ⅲ$がマイナスになる。

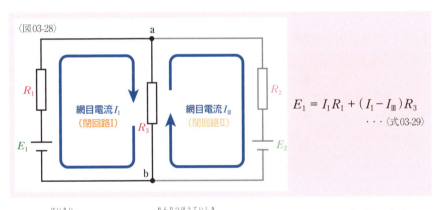

計算式は掲載しないが、2式の連立方程式を解くと、$I_I = 4$ [A]、$I_Ⅲ = 1$ [A]という結果が得られる。当然のごとく閉回路Ⅱを左回りの網目電流に仮定した場合と同じ結果だ。

要するに、閉回路Ⅱの網目電流には、$I_Ⅱ = -I_Ⅲ$の関係が成立していることになる。この式を104ページの〈式03-08〉と〈式03-10〉に代入すれば、〈式03-29〉と〈式03-27〉になるわけだ。

なお、電流方程式と電圧方程式の双方を使う解法の場合と同様に、独立していない閉回路の網目電流を設定しても解析は可能だ。しかし、独立していない閉回路のほうが電圧方程式が長くなるし、1本の枝を通る電流の数が増えるので計算が面倒になりやすい。もちろん、閉回路の選択を間違えると解析不能になるので、独立の閉回路を使ったほうが無難だ。

[複雑な直流回路の解析]
節点電圧法

キルヒホッフの法則を活用し、節点に仮定した節点電圧による電流方程式だけで解析するのが節点電圧法だ。電圧方程式は立てる必要がない。

▶節点電圧法による解法の手順

キルヒホッフの法則を応用した回路の解析手法のうち、節点に着目して電流則で解くものを節点電圧法という。解法の名称には「電圧」が含まれているが、適用するのは電流則だ。仮定した節点電圧を基にして電流方程式を立てて解析を行う。

節点電圧法による解析の手順は表の通りだ。節点電圧法で立てる必要がある電流方程式の数は{(節点の数)−1}になる。比較しやすいように、ここでも前のSectionと同じ回路を例にして、実際に解析してみる。この回路の場合は、網目電流法より少ない数の回路方程式で解析することができる。

◆キルヒホッフの法則を利用した解析の手順

| 手順①：すべての節点に節点電圧を割り当てる |
| 手順②：すべての枝に枝電流を割り当てる |
| 手順③：節点それぞれに電流方程式を立てる |
| 手順④：電流方程式の連立方程式を解く |

◆解析対象回路〈図04-01〉　※94ページ〈図02-01〉及び102ページ〈図03-01〉と同一回路

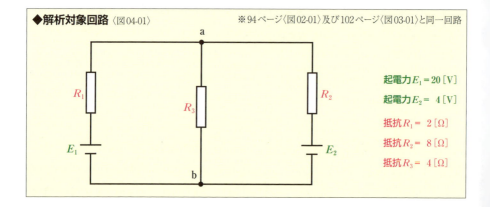

起電力 $E_1 = 20$ [V]
起電力 $E_2 = 4$ [V]
抵抗 $R_1 = 2$ [Ω]
抵抗 $R_2 = 8$ [Ω]
抵抗 $R_3 = 4$ [Ω]

▶手順①:すべての節点に節点電圧を割り当てる

最初にすべての**節点**に**節点電圧**を割り当てる。節点電圧とは、基準からの節点の電圧のことだ。ただし、回路の全節点のうち1つの節点を基準の0[V]にする必要があるので、実際に電圧を仮定する節点の数は{**(節点の数)－1**}になる。ここで仮定した節点の電圧が、最終的に**回路方程式**を解く際の未知数になる。解析対象の回路は節点が2つだ。ここでは〈図04-02〉のように節点bの節点電圧V_bを基準として、節点aに節点電圧V_aを割り当てる。

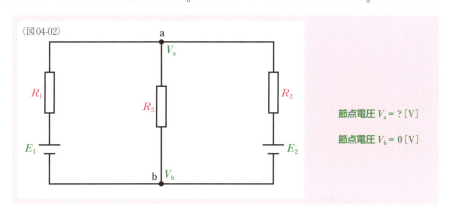

節点電圧 V_a = ?[V]

節点電圧 V_b = 0[V]

▶手順②:すべての枝に枝電流を割り当てる

続いて、すべての**枝**に**枝電流**を割り当てる。電流の方向は仮定でかまわない。この手順は、P95で説明した手順とまったく同じだ。なお、実際には枝電流の方向さえ仮定すれば、**節点電圧法**で解析が行えるが、ここでは説明しやすくするために枝電流に名称も与えている。解析対象の回路は枝が3本なので、〈図04-03〉のように枝電流I_1、I_2、I_3を割り当てている。

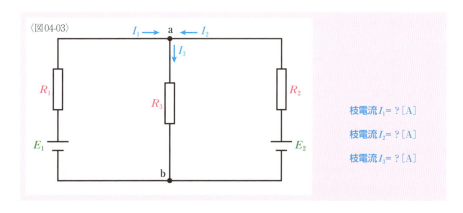

枝電流 I_1 = ?[A]

枝電流 I_2 = ?[A]

枝電流 I_3 = ?[A]

▶手順③:節点それぞれに電流方程式を立てる

次に、**節点電圧**を仮定した**節点**それぞれに**電流方程式**を立てる。電流方程式と電圧方程式の双方を使う解法の場合は**枝電流**によって電流方程式を表わすが、**節点電圧法**の場合は**電圧**と**抵抗**によって電流方程式を表わすことになる。**オームの法則**の($I = \dfrac{E}{R}$)の式を活用すれば、電流を電圧と抵抗で表わせるわけだ。

しかし、まずは理解しやすくするために枝電流で電流方程式を立ててみよう。解析対象の回路で節点電圧が仮定されている節点は1点なので、必要な電流方程式は1本だ。式にすると以下のようになる。

$$I_1 + I_2 = I_3 \quad \cdots\cdots\cdots\cdots\cdots\cdots\cdots\cdots \langle式04\text{-}04\rangle$$

さて、この枝電流I_1を電圧と抵抗で表わしてみよう。〈図04-05〉のように抵抗R_1の電圧降下をV_1とすれば、枝電流I_1は〈式04-06〉で表わせる。いっぽう、流れる方向に従って節点bから節点aに向かって枝電流I_1を考えてみると、節点電圧V_bでスタートし、起電力E_1で電圧が上昇し、抵抗R_1の電圧降下V_1で電圧が低下した結果が節点電圧V_aだといえる。この変化を式にすれば〈式04-07〉だ。この式を移項すると、〈式04-08〉のように電圧降下V_1を起電力と節点電圧で表わせるが、節点電圧V_bは基準の0[V]なので、〈式04-09〉となる。この式を〈式04-06〉に代入すれば、〈式04-10〉のように枝電流I_1を表わすことができる。

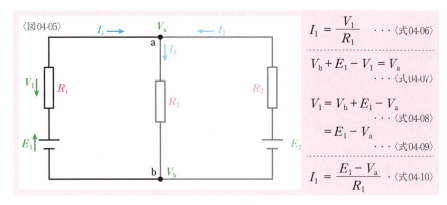

抵抗R_3の電圧降下をV_3とすれば、枝電流I_3は〈式04-12〉のように表わすことができる。枝電流I_3は節点aから流出する電流と仮定されているので、節点電圧V_aでスタートし、抵抗R_3の電圧降下V_3で電圧が低下した結果が節点電圧V_bだといえる。この変化を式にすれば〈式04-13〉だ。この式を移項すると、〈式04-14〉のように電圧降下V_3を節点電圧で表わ

せるが、節点電圧 V_b は基準の $0\,[\mathrm{V}]$ なので、〈式04-15〉となる。この式を〈式04-12〉に代入すれば、〈式04-16〉のように枝電流 I_3 を表わすことができる。

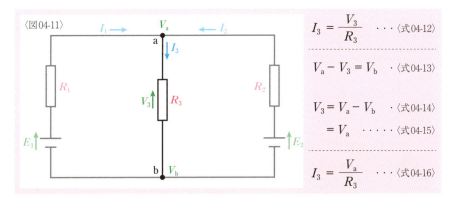

枝電流 I_2 の場合も考え方は枝電流 I_1 とまったく同じだ。抵抗 R_2 の電圧降下を V_2 とすれば、以下のように計算されて、〈式04-22〉のように枝電流 I_2 を表わすことができる。

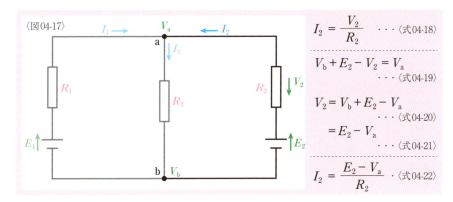

それぞれの枝電流を節点電圧と抵抗で表わした〈式04-10〉、〈式04-16〉、〈式04-22〉を〈式04-04〉に代入すれば、〈式04-23〉になる。これが節点電圧法の電流方程式だ。

$$\frac{E_1 - V_a}{R_1} + \frac{E_2 - V_a}{R_2} = \frac{V_a}{R_3} \quad \cdots \cdots \cdots \cdots \cdots \cdots \langle 式04\text{-}23\rangle$$

ここでは、考え方を説明するために、それぞれの抵抗の電圧降下を仮定して式を立てたが、慣れてくれば、回路図を見ながら直接、枝電流を抵抗と節点電圧で表わす式が立てられるようになる。さらに上達すれば、〈式04-04〉のような枝電流による電流方程式を立てず、枝電流の方向を決めておくだけで、直接〈式04-23〉が立てられるようになる。

▶手順③：電流方程式の連立方程式を解く

最後に、ここまでで得られた**電流方程式**の連立方程式を解けば、最初に仮定した**節点電圧**を求めることができる。ただし、今回の解析対象から得られたのは〈式04-23〉の1本の電流方程式なので、連立方程式ではなく、この式を解けばよい。

$$\frac{E_1 - V_a}{R_1} + \frac{E_2 - V_a}{R_2} = \frac{V_a}{R_3} \qquad \text{〈式04-23〉}$$

ここからは既知の情報である起電力と抵抗を代入したうえで計算を進めていこう。〈式04-23〉に電圧と抵抗を代入すると〈式04-24〉になる。この式を通分し、さらに整理していくと、節点電圧 V_a が12[V]と算出される。これで未知数であった節点電圧が求められたわけだ。

$$\frac{20 - V_a}{2} + \frac{4 - V_a}{8} = \frac{V_a}{4} \qquad \text{〈式04-24〉}$$

$$\frac{4 \times (20 - V_a) + (4 - V_a)}{8} = \frac{2V_a}{8} \qquad \text{〈式04-25〉}$$

$$7V_a = 84 \qquad \text{〈式04-26〉}$$

$$V_a = 12\,[\text{V}] \qquad \text{〈式04-27〉}$$

▶手順④：その他の要素を算出する

節点電圧法の場合、**回路方程式**を解いたことで得られるのは**節点電圧**だ。**電流**については求められていない。抵抗の**電圧降下**も求められていない。

電圧降下については、**枝電流**を算出したうえで抵抗を掛けて求めてもよいのだが、今回の解析では節点の電流方程式を導く過程で、電圧降下を節点電圧と起電力で表わした式を立てているので、この式に節点電圧などを代入すればいい。こうした式を立てずに節点の電流方程式を立てたとしても、〈式04-23〉のような電流方程式のそれぞれの分数の分子部分は、分母の抵抗の電圧降下を表わしているといえるので、ここから算出できる。ちなみに、抵抗 R_3 の電圧降下 V_3 は計算するまでもない。節点電圧の12[V]が電圧降下だ。抵抗 R_1 の電圧降下 V_1 は〈式04-09〉から8[V]と計算される。抵抗 R_2 の電圧降下 V_2 は〈式04-21〉から−8[V]になる。マイナスの電圧降下になったということは、その**枝**に仮定した枝電流の方向が実際には逆だったということだ。

$$V_1 = E_1 - V_a \qquad \text{〈式04-09〉} \qquad V_2 = E_2 - V_a \qquad \text{〈式04-21〉}$$
$$= 20 - 12 \qquad \text{〈式04-28〉} \qquad = 4 - 12 \qquad \text{〈式04-30〉}$$
$$= 8\,[\text{V}] \qquad \text{〈式04-29〉} \qquad = -8\,[\text{V}] \qquad \text{〈式04-31〉}$$

電圧降下が判明すれば、その抵抗の大きさから電流が算出できる。ただし、今回の解析では節点の電流方程式を導くために、枝電流の方程式を立てているので、これらの式に節点電圧を代入すれば、電圧降下を算出せずに枝電流が求められる（実際には各式の分子が電圧降下なので計算途中で電圧降下を計算していることになる）。

$$I_1 = \frac{E_1 - V_a}{R_1} \quad \text{〈式04-10〉} \qquad I_2 = \frac{E_2 - V_a}{R_2} \quad \text{〈式04-22〉} \qquad I_3 = \frac{V_a}{R_3} \quad \text{〈式04-16〉}$$
$$= \frac{20 - 12}{2} \quad \text{〈式04-32〉} \qquad = \frac{4 - 12}{8} \quad \text{〈式04-34〉} \qquad = \frac{12}{4} \quad \text{〈式04-36〉}$$
$$= 4\,[\text{A}] \quad \text{〈式04-33〉} \qquad = -1\,[\text{A}] \quad \text{〈式04-35〉} \qquad = 3\,[\text{A}] \quad \text{〈式04-37〉}$$

▶網目電流法と節点電圧法

キルヒホッフの法則を活用した解法を3種類説明したが、電流方程式と電圧方程式の双方を使う解法を覚えておけばどんな回路でも解析できる。しかし、この解法は**回路方程式**の数がもっとも多いのが通常で、それだけ連立方程式を解くのに手間がかかることが多い。やはり、すべての解法を覚えておき、状況に応じて使い分けるのが理想だ。求められる情報の種類や回路の構造による方程式の数などから、使うべき解法を判断したほうがいい。

たとえば、回路各部の電流を求められている場合なら、連立方程式の解として電流が得られる**網目電流法**のほうが適していることが多く、回路各部の電圧を求められている場合は、解として電圧が得られる**節点電圧法**のほうが適していることが多い。

また、例に取り上げた回路の場合は、節点電圧法のほうが回路方程式の数が少なかったが、網目電流法のほうが回路方程式の数が少なくなる回路もある。**節点**の数と**独立の閉回路**の数を比較して、節点のほうが少なければ節点電圧法のほうが方程式の数が少なくなり、独立の閉回路のほうが少なければ、網目電流法のほうが方程式の数が少なくなるわけだ。ただし、回路方程式の数が少ないほうが必ずしも簡単に解けるとも限らない。

実際には、1つの解法にこだわらず、さまざまな回路をそれぞれの解法で解いてみることだ。こうした経験によって、使うべき解法を判断する能力が身についてくる。

Chapter 04 [複雑な直流回路の解析]
Section 05 重ねの定理

電源が複数ある回路を単純化して解析することができるのが重ねの定理だ。電源ごとに回路を解析し、その結果を合成すれば元の回路が解析できる。

▶ 重ねの定理とは

重ねの定理は、複数の**電源**がある回路の解析で重宝する定理で、**重ね合わせの定理**ともいう。重ねの定理は「回路に複数の電源がある時、回路の任意の点の電流及び電圧は、それぞれの電源が単独で存在した場合の値の和に等しい」と説明される。つまり、1つだけ電源を残して他の電源を取り除いた**分離回路**の電流や電圧を解析することを電源の数だけ繰り返し、その結果として得られた電流や電圧を合成すれば、元の回路の電流や電圧を求められるということだ。電源ごとの分離回路が重ね合わさって回路が構成されているという考えに基づいているため、この名称で呼ばれる。この定理については**重ねの理**や**重ね合わせの理**ということも多い。

キルヒホッフの法則は優れたものだが、連立方程式を解くのに手間がかかることもある。しかし、重ねの定理を適用すると、回路によっては**オームの法則**で解析できてしまうこともある。また、電流の解析で取り上げられることが多いが、電圧についても重ねの定理は成立する。もちろん、電源が電流源でも電圧源でも使うことができ、両者が混在していても大丈夫だ。

ただし、回路を分離する際には非常に重要なルールがある。それが、**取り除く電源が電圧源の場合は短絡、電流源の場合は開放にする**ということだ。このルールを間違えると、当然、正しい解析結果が得られない。

それでは、実際に重ねの定理を適用して回路を解析してみよう。ここでもまずはキルヒホッフの法則で解析した回路と同じ回路を例にしてみる。

◆重ねの定理による解析の手順

手順①：電源ごとに回路を分離する

⬇

手順②：分離回路ごとに電流(または電圧)を解析する

⬇

手順③：分離回路の電流(または電圧)を合成する

▶手順①:電源ごとに回路を分離する

重ねの定理を適用する場合、回路に存在する電源の数だけの**分離回路**を作る。また、解析したいのが電流であるなら、求めるべき**枝電流**を明白にするために、この段階で枝電流を割り当てるとわかりやすい。電流の方向は仮定でもかまわないし方向を定めなくてもいい。

解析対象の回路〈図05-01〉は、電源が2つあるので、分離回路も2つだ。どちらも電圧源なので、回路を分離する際にはその部分を**短絡**することになる。解析対象の回路は**枝**が3本なので、枝電流 I_1、I_2、I_3 を割り当てている。電流の方向は仮定だ。回路図の左側に記載してあるのが既知の情報、右側が未知の情報だ。

ここでは、電源 E_1 のみを残した回路を分離回路Ⅰ、電源 E_2 のみを残した回路を分離回路Ⅱとする。分離回路Ⅰは〈図05-02〉のように、電源 E_2 を取り去り、その部分の接続線をつないで短絡にする。枝電流はそれぞれ I_1'、I_2'、I_3' として、同じ位置に記入する。分離回路Ⅱも作業はまったく同じだ。こちらは枝電流をそれぞれ I_1''、I_2''、I_3'' としている。

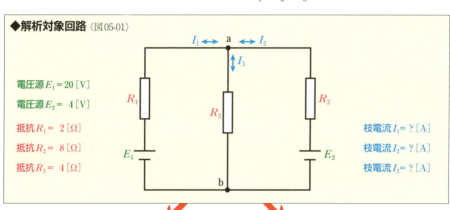

◆解析対象回路〈図05-01〉

電圧源 $E_1 = 20\,[\text{V}]$
電圧源 $E_2 = 4\,[\text{V}]$
抵抗 $R_1 = 2\,[\Omega]$
抵抗 $R_2 = 8\,[\Omega]$
抵抗 $R_3 = 4\,[\Omega]$

枝電流 $I_1 = ?\,[\text{A}]$
枝電流 $I_2 = ?\,[\text{A}]$
枝電流 $I_3 = ?\,[\text{A}]$

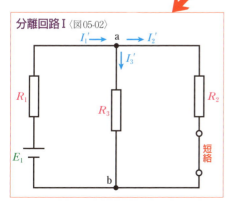

分離回路Ⅰ〈図05-02〉

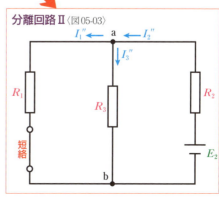

分離回路Ⅱ〈図05-03〉

▶手順②：分離回路ごとに電流を解析する

分離回路を作ったら、それぞれの回路を解析する。解析したいのが電流なら、それぞれの分離回路の電流を求めることになる。

解析対象の回路を分離した回路は、いずれも**直並列抵抗回路**なので、**オームの法則**で解析することができる。分離回路Iは、見やすいように回路図を変形すると〈図05-05〉のようになる。抵抗R_2とR_3の並列接続が抵抗R_1と直列につながれているので、並列接続の部分に**和分の積の式**を使えば、合成抵抗と電圧E_1から〈式05-06〉のように**枝電流**I_1'を求めることができる。抵抗R_2とR_3は枝電流I_1'を**分流**しているので、**分流式**によって〈式05-08〉と〈式05-10〉のように枝電流I_2'とI_3'が求められる。

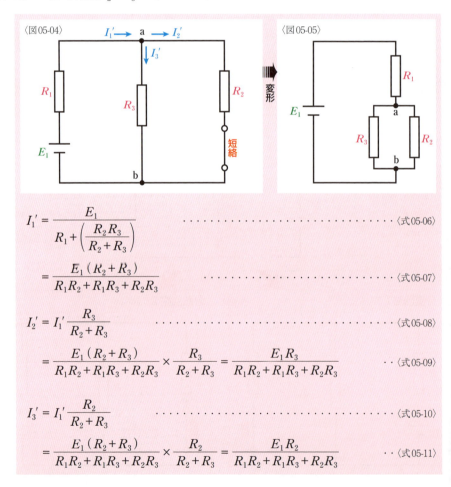

$$I_1' = \frac{E_1}{R_1 + \left(\frac{R_2 R_3}{R_2 + R_3}\right)} \quad \cdots \text{〈式05-06〉}$$

$$= \frac{E_1(R_2 + R_3)}{R_1 R_2 + R_1 R_3 + R_2 R_3} \quad \cdots \text{〈式05-07〉}$$

$$I_2' = I_1' \frac{R_3}{R_2 + R_3} \quad \cdots \text{〈式05-08〉}$$

$$= \frac{E_1(R_2 + R_3)}{R_1 R_2 + R_1 R_3 + R_2 R_3} \times \frac{R_3}{R_2 + R_3} = \frac{E_1 R_3}{R_1 R_2 + R_1 R_3 + R_2 R_3} \quad \cdots \text{〈式05-09〉}$$

$$I_3' = I_1' \frac{R_2}{R_2 + R_3} \quad \cdots \text{〈式05-10〉}$$

$$= \frac{E_1(R_2 + R_3)}{R_1 R_2 + R_1 R_3 + R_2 R_3} \times \frac{R_2}{R_2 + R_3} = \frac{E_1 R_2}{R_1 R_2 + R_1 R_3 + R_2 R_3} \quad \cdots \text{〈式05-11〉}$$

分離回路Ⅱも考え方はまったく同じだ。最初に和分の積の式を使って枝電流I_2''を求め、そこから分流式で枝電流I_1''とI_3''を算出する（以下の式は過程を省略）。

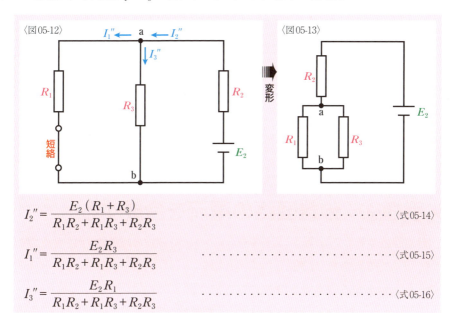

$$I_2'' = \frac{E_2(R_1+R_3)}{R_1R_2+R_1R_3+R_2R_3} \quad \cdots\cdots\cdots\cdots\cdots\cdots\cdots\cdots\cdots\cdots\cdots\cdots \langle 式05\text{-}14 \rangle$$

$$I_1'' = \frac{E_2R_3}{R_1R_2+R_1R_3+R_2R_3} \quad \cdots\cdots\cdots\cdots\cdots\cdots\cdots\cdots\cdots\cdots\cdots\cdots\cdots \langle 式05\text{-}15 \rangle$$

$$I_3'' = \frac{E_2R_1}{R_1R_2+R_1R_3+R_2R_3} \quad \cdots\cdots\cdots\cdots\cdots\cdots\cdots\cdots\cdots\cdots\cdots\cdots\cdots \langle 式05\text{-}16 \rangle$$

ここからは既知の情報である電源の電圧と抵抗を代入したうえで計算を進めていこう。なお、今回の解析対象のように、分離回路の枝電流が割り切れない分数になった場合は、そのまま分数で計算を続けるべきだ。この段階で、一定の桁で四捨五入などすると、重ねの定理を適用して数値を合成した際の誤差が大きくなる。

$$I_1' = \frac{20 \times (8+4)}{(2 \times 8)+(2 \times 4)+(8 \times 4)} = \frac{30}{7} [A] \quad \cdots\cdots\cdots\cdots\cdots\cdots \langle 式05\text{-}17 \rangle$$

$$I_2' = \frac{20 \times 4}{(2 \times 8)+(2 \times 4)+(8 \times 4)} = \frac{10}{7} [A] \quad \cdots\cdots\cdots\cdots\cdots\cdots \langle 式05\text{-}18 \rangle$$

$$I_3' = \frac{20 \times 8}{(2 \times 8)+(2 \times 4)+(8 \times 4)} = \frac{20}{7} [A] \quad \cdots\cdots\cdots\cdots\cdots\cdots \langle 式05\text{-}19 \rangle$$

$$I_1'' = \frac{4 \times 4}{(2 \times 8)+(2 \times 4)+(8 \times 4)} = \frac{2}{7} [A] \quad \cdots\cdots\cdots\cdots\cdots\cdots\cdots \langle 式05\text{-}20 \rangle$$

$$I_2'' = \frac{4 \times (2+4)}{(2 \times 8)+(2 \times 4)+(8 \times 4)} = \frac{3}{7} [A] \quad \cdots\cdots\cdots\cdots\cdots\cdots \langle 式05\text{-}21 \rangle$$

$$I_3'' = \frac{4 \times 2}{(2 \times 8)+(2 \times 4)+(8 \times 4)} = \frac{1}{7} [A] \quad \cdots\cdots\cdots\cdots\cdots\cdots\cdots \langle 式05\text{-}22 \rangle$$

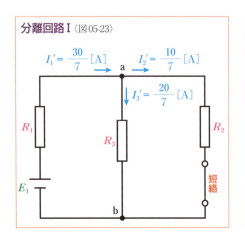
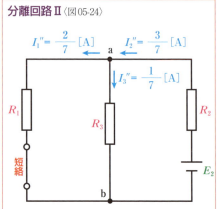

▶手順③：分離回路の電流を合成する

　分離回路が解析できたら、その結果を合成する。分離前の回路で方向を含めて**枝電流**を仮定したのであれば、分離回路の枝電流が同じ方向のものをプラス、分離回路の枝電流が逆方向のものをマイナスとして合計すればいい。結果がマイナスなら仮定と逆方向だ。

　最初に枝電流を仮定していない場合は、分離回路の枝電流の大きさを比較して方向を判断する。解析対象では分離回路Ⅱの枝電流 I_1'' より分離回路Ⅰの枝電流 I_1' のほうが大きいので、枝電流 I_1 の方向は I_1' と同じになり、その大きさは〈式05-26〉のように I_1' から I_1'' を引いたものになる。枝電流 I_2 の場合も大きさを比較したうえで、〈式05-28〉のように計算される。枝電流 I_3 は分離回路の枝電流の方向が同じなので、〈式05-30〉のように加算でいい。これで電流の解析は終了だ。結果はキルヒホッフの法則で解いた場合と同じになる（P99参照）。

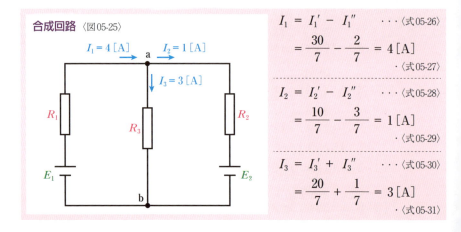

▶重ねの定理による電圧の検証

解析対象の回路の各抵抗の**電圧降下**は、解析した枝電流と既知の抵抗から算出できるが、ここでは**重ねの定理**が電圧についても成立していることを実際の計算で確かめてみよう。

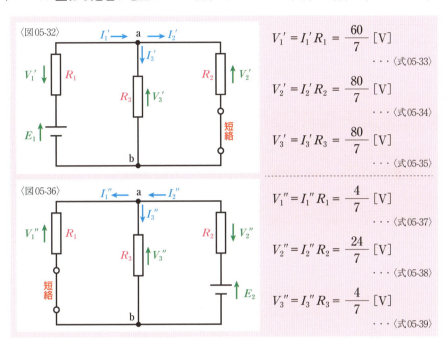

$$V_1' = I_1' R_1 = \frac{60}{7} \,[\mathrm{V}] \quad \cdots \langle 式05\text{-}33 \rangle$$

$$V_2' = I_2' R_2 = \frac{80}{7} \,[\mathrm{V}] \quad \cdots \langle 式05\text{-}34 \rangle$$

$$V_3' = I_3' R_3 = \frac{80}{7} \,[\mathrm{V}] \quad \cdots \langle 式05\text{-}35 \rangle$$

$$V_1'' = I_1'' R_1 = \frac{4}{7} \,[\mathrm{V}] \quad \cdots \langle 式05\text{-}37 \rangle$$

$$V_2'' = I_2'' R_2 = \frac{24}{7} \,[\mathrm{V}] \quad \cdots \langle 式05\text{-}38 \rangle$$

$$V_3'' = I_3'' R_3 = \frac{4}{7} \,[\mathrm{V}] \quad \cdots \langle 式05\text{-}39 \rangle$$

分離回路の電圧降下は以上の通りだ。電圧降下の場合も、合成する際の方向は分離回路の電圧降下の大きさで判断できるし、すでに解析してある枝電流の方向からも判断できる。分離回路の電圧降下のうち、元の回路の枝電流と逆方向の値から、同方向の値を引けばいい。ここで求めた結果も、当然のごとくキルヒホッフの法則で解いた場合と同じだ。

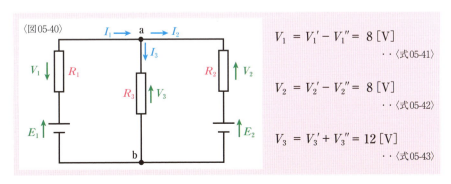

$$V_1 = V_1' - V_1'' = 8 \,[\mathrm{V}] \quad \cdots \langle 式05\text{-}41 \rangle$$

$$V_2 = V_2' - V_2'' = 8 \,[\mathrm{V}] \quad \cdots \langle 式05\text{-}42 \rangle$$

$$V_3 = V_3' + V_3'' = 12 \,[\mathrm{V}] \quad \cdots \langle 式05\text{-}43 \rangle$$

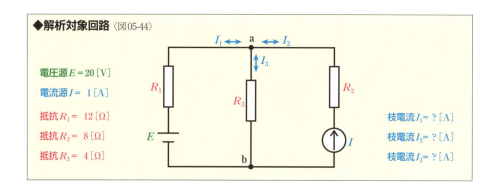

▶電流源と電圧源が混在する回路の解析

重ねの定理による回路の解析では**電圧源**と**電流源**で扱い方が異なるので、今度は電圧源と電流源が混在する回路を解析してみよう。解析対象の回路〈図05-44〉には電圧源Eと電流源Iがあり、求めるのは**枝電流**I_1、I_2、I_3だ。電圧源を残す**分離回路**では電流源の部分が**開放**になるので抵抗R_2には電流が流れない。抵抗R_1とR_3は単純な**直列接続**だ。元の回路と同一位置の枝電流をI_1'、I_2'、I_3'とすると、I_1'とI_3'は同じ電流が流れ、〈式05-47〉のように抵抗R_1とR_3の合成抵抗と電圧源の電圧Eで求められる。電流I_2'は0と考えればいい。

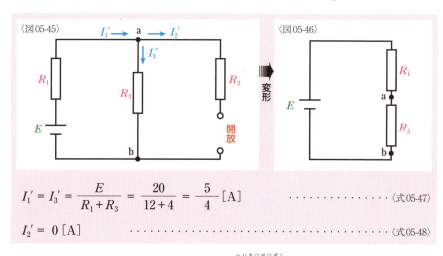

$$I_1' = I_3' = \frac{E}{R_1 + R_3} = \frac{20}{12 + 4} = \frac{5}{4} \, [\text{A}] \quad \cdots\cdots\cdots\cdots\cdots\cdots \langle式05\text{-}47\rangle$$

$$I_2' = 0 \, [\text{A}] \quad \cdots\cdots\cdots\cdots\cdots\cdots\cdots\cdots\cdots\cdots\cdots\cdots\cdots \langle式05\text{-}48\rangle$$

電圧源を取り除く分離回路は、抵抗R_1とR_3の**並列接続**が抵抗R_2と直列接続された回路になる。しかし、電源が電流源なので、枝電流が求めやすい。元の回路と同一の位置の枝電流をそれぞれI_1''、I_2''、I_3''とすると、I_2''は電流源Iの電流がそのまま流れる。抵抗R_1を流れるI_1''とR_3を流れるI_3''は、Iを**分流**しているので**分流式**で求めることができる。

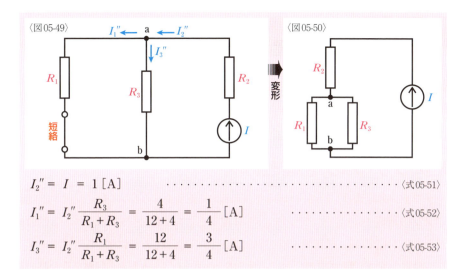

$$I_2'' = I = 1 \, [\text{A}] \quad \cdots \quad \langle式05\text{-}51\rangle$$

$$I_1'' = I_2'' \frac{R_3}{R_1 + R_3} = \frac{4}{12+4} = \frac{1}{4} \, [\text{A}] \quad \cdots \quad \langle式05\text{-}52\rangle$$

$$I_3'' = I_2'' \frac{R_1}{R_1 + R_3} = \frac{12}{12+4} = \frac{3}{4} \, [\text{A}] \quad \cdots \quad \langle式05\text{-}53\rangle$$

　それぞれの分離回路の枝電流の方向と大きさがわかったら、それらを比較して合成すればいい。この手順は電圧源のみの回路の場合と同じだ。以下のように計算される。

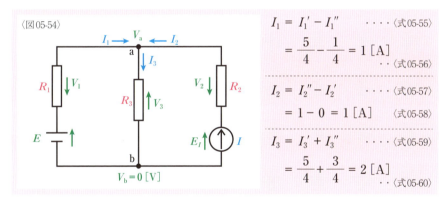

$$I_1 = I_1' - I_1'' \quad \cdots \quad \langle式05\text{-}55\rangle$$
$$= \frac{5}{4} - \frac{1}{4} = 1 \, [\text{A}] \quad \cdots \quad \langle式05\text{-}56\rangle$$

$$I_2 = I_2'' - I_2' \quad \cdots \quad \langle式05\text{-}57\rangle$$
$$= 1 - 0 = 1 \, [\text{A}] \quad \cdots \quad \langle式05\text{-}58\rangle$$

$$I_3 = I_3' + I_3'' \quad \cdots \quad \langle式05\text{-}59\rangle$$
$$= \frac{5}{4} + \frac{3}{4} = 2 \, [\text{A}] \quad \cdots \quad \langle式05\text{-}60\rangle$$

　さらに電流源Iの端子電圧E_Iを求めてみよう。枝電流が求められたので、各抵抗の電圧降下は容易に算出できる。節点bを基準とすると、節点aの電圧V_aは抵抗R_3の電圧降下V_3から〈式05-61〉のように求められる。枝電流I_2で考えると、V_aは〈式05-62〉のようにE_Iと抵抗R_2の電圧降下V_2で表わせるので、〈式05-63〉のようにE_Iが求められる。

$$V_a = V_3 = I_3 R_3 = 2 \times 4 = 8 \, [\text{V}] \quad \cdots \quad \langle式05\text{-}61\rangle$$

$$V_a = E_I - V_2 = E_I - I_2 R_2 = E_I - 1 \times 8 = 8 \, [\text{V}] \quad \cdots \quad \langle式05\text{-}62\rangle$$

$$E_I = 8 + 8 = 16 \, [\text{V}] \quad \cdots \quad \langle式05\text{-}63\rangle$$

[複雑な直流回路の解析]
テブナンの定理

Section 06

回路内の1つの抵抗を流れる電流だけを求めるのに便利なのがテブナンの定理だ。その抵抗以外の回路を内部抵抗のある電圧源に置き換えて解析を行う。

▶テブナンの定理とは

テブナンの定理は、回路内のある抵抗に流れる電流を求めるのに重宝な定理で、**鳳**-テブナンの定理ともいう。テブナンの定理は「電源を含む回路の任意の端子a−b間の抵抗Rを流れる電流Iは、抵抗Rを取り除いてa−b間を開放した時に生じる開放電圧V_0と等しい起電力E_0と、回路内のすべての電源を取り除いてa−b間から回路を見た時の抵抗R_0によって、$I = \dfrac{E_0}{R_0 + R}$と表わすことができる」というものだが、言葉だけの説明では非常にわかりにくいだろう。そこで、回路図をまじえて、定理を適用した解析の手順に従って説明していこう。

電源と**抵抗**で構成される回路があり、そのうち抵抗Rを流れる電流Iを求める場合、まず〈図06-01〉のように抵抗Rの両端の端子をa、bとし、そこから抵抗Rを取り外す。回路内の既存の抵抗の電流ではなく、ある回路の端子a−b間に抵抗Rを挿入した時の電流を求めると考えてもいい。

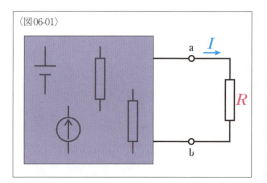
〈図06-01〉

最初に〈図06-02〉のように抵抗Rがなくなったことで開放されたa−b間の電圧V_0を求める。こうした開放された端子間の電圧を**開放電圧**という。電圧を解析する方法はテブナンの定理に含まれていないので、**オームの法則**や**キルヒホッフの法則**など活用できる法則や定理で電圧を算出する。

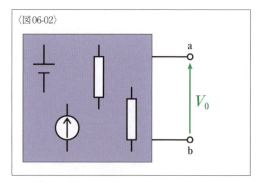
〈図06-02〉

次に〈図06-03〉のように回路の電源を取り除いたうえで、a-b間の抵抗R_0を求める。電源を取り除く際に、電圧源の場合は**短絡**、電流源の場合は**開放**にする。この電源に関するルールは、重ねの定理の場合と同じだ。ここでもオームの法則やキルヒホッフの法則などを活用することになる。

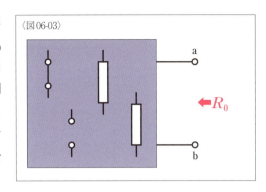
〈図06-03〉

開放電圧V_0と等しい起電力をE_0とすると、〈式06-04〉のように電流Iを表わすことができる。これがテブナンの定理の表面的な部分といえる。

$$I = \frac{E_0}{R_0 + R} \quad \cdots\cdots\cdots\cdots \langle 式06\text{-}04 \rangle$$

この時、テブナンの定理では、抵抗R以外の回路を、〈図06-05〉のような起電力E_0と抵抗R_0で構成される回路に置き換えているといえる。結果、抵抗Rを含む直列抵抗回路になるので、オームの法則によって電流Iを求めることができるわけだ。

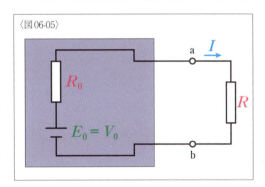
〈図06-05〉

つまり、テブナンの定理は、抵抗Rを除いた回路を、1つの電圧源と1つの抵抗の**等価回路**に変換して解析しているといえる。また、起電力E_0と抵抗R_0は直列に接続されているので、抵抗Rを除いた回路を**内部抵抗**R_0の**電圧源**に**等価変換**しているとも考えられる。

テブナンの定理を利用して電流を求める手順をまとめると以下のようになる。ただし、手順②と③については、どちらを先に求めても問題ない。

◆**キルヒホッフの法則を利用した解析の手順**

手順①：解析対象の抵抗を取り外し端子間を開放する

⬇

手順②：端子間の開放電圧を求める

⬇

手順③：電源を取り外し端子間の抵抗を求める

⬇

手順④：テブナンの定理の式に従って電流を求める

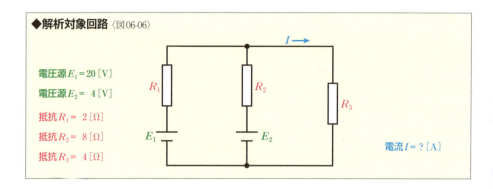

▶手順①：解析対象の抵抗を取り外し端子間を開放する

ここでは、〈図06-06〉の回路のうち**抵抗**R_3を流れる**電流**Iを求めてみよう。まずは、〈図06-07〉のように電流を求めたい抵抗R_3を取り外し、その部分に端子aとbを作るだけだ。深く考える必要はない。わかりやすくするために回路図を作っているが、頭のなかだけで作業してもいいぐらいだ。

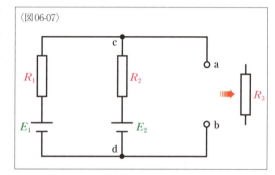

▶手順②：端子間の開放電圧を求める

次に端子a−b間の**開放電圧**V_0を求める。回路の構造によって解析の方法が異なるが、ここでは**キルヒホッフの法則**を活用してみよう。

解析対象の回路の場合、端子a、bはそれぞれ節点c、dと**基準からの電圧**が同じだ。節点dを電圧の基準とした時の節点cの電圧が開放電圧V_0になる。抵抗R_1とR_2の電圧降下をそれぞれV_1とV_2として右回りに回路をたどると、〈式06-09〉のように**電圧方程式**を立てることができる。この回路の電流を求めたうえで電圧降下を算出することもできるが、起電力の総和を抵抗R_1とR_2で**分圧**しているので、〈式06-10〉のように**分圧式**で求められる。そこに既知の情報である起電力と抵抗を代入すれば、〈式06-11〉のようにV_1が求められる。左側の枝で考えれば、節点cの電圧つまりV_0は、基準から起電力E_1の分だけ電圧が上昇し、電圧降下V_1の分だけ低下するので、〈式06-12〉のように表わすことができる。この式に既知の情報であるE_1と先に求めたV_1を代入すれば、$V_0 = \frac{84}{5}$ [V]と計算される。

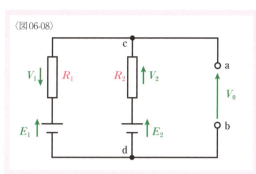

〈図06-08〉

$$E_1 - E_2 = V_1 + V_2 \quad \cdot \langle 式06\text{-}09 \rangle$$

$$V_1 = (E_1 - E_2) \frac{R_1}{R_1 + R_2}$$
$$\cdots \langle 式06\text{-}10 \rangle$$

$$= \frac{16}{5} [V] \quad \cdots \langle 式06\text{-}11 \rangle$$

$$V_0 = E_1 - V_1 \quad \cdots \langle 式06\text{-}12 \rangle$$

$$= \frac{84}{5} [V] \quad \cdots \langle 式06\text{-}13 \rangle$$

▶手順③：電源を取り外し端子間の抵抗を求める

続いて、回路の**電源**を取り外したうえで、端子a−b間の**抵抗**R_0を求める。解析対象の電源は**電圧源**なので、取り外した部分は**短絡**する。すると、抵抗R_1とR_2の並列接続になるので、〈式06-15〉のように**和分の積の式**で計算すると、抵抗R_0が求められる。

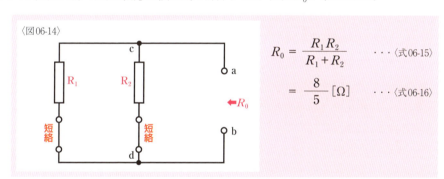

〈図06-14〉

$$R_0 = \frac{R_1 R_2}{R_1 + R_2} \quad \cdots \langle 式06\text{-}15 \rangle$$

$$= \frac{8}{5} [\Omega] \quad \cdots \langle 式06\text{-}16 \rangle$$

▶手順④：テブナンの定理の式に従って電流を求める

最後に、求めた値から**電流**を計算する。定理の説明では、**開放電圧**V_0を**起電力**E_0に置き換えているが、実際の解析ではV_0のまま計算を進めてかまわない。V_0、R_0、R_3の値を〈式06-17〉に代入すると、電流Iが3[A]と求められる。解析対象はキルヒホッフの法則で解析した回路を変形したものだ。これらの解析でも、R_3を流れる電流は3[A]だ(P99参照)。

$$I = \frac{V_0}{R_0 + R_3} \quad \cdots\cdots\cdots\cdots\cdots\cdots\cdots\cdots\cdots\cdots\cdots \langle 式06\text{-}17 \rangle$$

$$= \frac{84}{5} \div \left(\frac{8}{5} + 4\right) = 3[A] \quad \cdots\cdots\cdots\cdots\cdots\cdots \langle 式06\text{-}18 \rangle$$

▶テブナンの定理とオームの法則

〈図06-19〉の回路は、**直列抵抗回路**なので**オームの法則**だけで解析できるが、この回路にあえて**テブナンの定理**を適用して、**抵抗**R_2を流れる**電流**を求めてみよう。

最初に〈図06-20〉のように抵抗R_2を取り外して、a−b間の**開放電圧**V_0を求めることになる。これは、**起電力**Eから抵抗R_1の**電圧降下**V_1を引けば求められる。ただし、a−b間が開放された状態では電流が流れていない。抵抗R_1の電流が0ということは、電流と抵抗の積として求められる電圧降下V_1も0だ。結果、a−b間の開放電圧V_0には起電力Eがそのまま現れる。

本当に開放電圧V_0と起電力Eが等しいかを確かめてみよう。〈図06-21〉のようにa−b間に起電力Eと同じ大きさの起電力E'を逆向きに接続してみる。これで閉じたループになる。**キルヒホッフの電圧則**に従って右回りに**電圧方程式**を立ててみると、〈式06-22〉のようになるが、EとE'が等しいので、電圧降下V_1は0[V]になり、電流も流れない。

また、b点を基準として抵抗R_1の両端の電圧を考えてみると、左側がEで右側がE'だが、どちらも同じ大きさなので電位差がない。やはり電圧降下が生じていないことになる。

ここから、「電流が流れていない時は抵抗に電圧降下が生じない」ことがわかる。そのため、この回路では開放電圧V_0と起電力Eが等しくなることが確認できる。

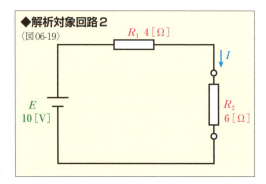

◆解析対象回路2
〈図06-19〉

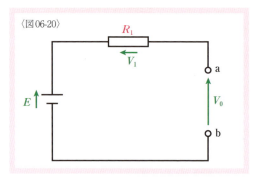

〈図06-20〉

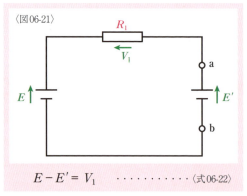

〈図06-21〉

$$E - E' = V_1 \quad \cdots\cdots\cdots \text{〈式06-22〉}$$

端子a−b間の抵抗R_0は、計算するまでもない。説明の図も省略するが、起電力Eを短絡すれば、R_0は抵抗R_1に等しくなる。

テブナンの定理による〈式06-23〉に、V_0とR_0、R_2の値を代入すれば、電流Iが求められる。この電流は回路全体の電流でもある。同じ式に$V_0=E$と$R_0=R_1$を代入すると〈式06-26〉になる。この式は、オームの法則で直列抵抗回路の電流を求める式と同じであることがわかる。

$$I = \frac{V_0}{R_0+R_2} \quad \cdots \text{〈式06-23〉}$$
$$= \frac{10}{4+6} = 1 \,[\text{A}] \quad \cdots \text{〈式06-24〉}$$

$$I = \frac{V_0}{R_0+R_2} \quad \cdots \text{〈式06-25〉}$$
$$= \frac{E}{R_1+R_2} \quad \cdots \text{〈式06-26〉}$$

次に、〈図06-27〉の回路の抵抗R_7を流れる電流を求めてみよう。この回路は電源が1つしかないし、抵抗の直列接続と並列接続だけなので、オームの法則で解析することができるが、実際にやってみると計算がかなり面倒だ。しかし、テブナンの定理を利用すると、暗算で求めることができ、テブナンの定理のありがたさがわかる。

まず、抵抗R_7を取り外した開放電圧は10［V］だ。前の例とは違い、端子c−d間を開放しても、抵抗R_3、R_4、R_5には電流が流れている。しかし、抵抗R_6は電流が流れていないので、起電力E_2がそのまま開放電圧になる。電源を取り外した状態の端子c−d間の抵抗は2［Ω］だ。つまり、抵抗R_6の値だ。抵抗R_3、R_4、R_5があるが、起電力を短絡すると、0［Ω］の抵抗と並列接続されたことになり、全体としても0［Ω］になる。残る抵抗はR_6だけだ。

開放電圧が10［V］、端子間の抵抗が2［Ω］で、電流を求めたい抵抗R_7が3［Ω］ということがわかる。これらの値をテブナンの定理の式に当てはめれば、10÷(2+3)になり、暗算で2［A］と求められる。同じ枝電流が流れるので、抵抗R_6を流れる電流でもある。

ちなみに、抵抗R_3、R_4、R_5についても同様に、$\frac{10}{7}$［A］、$\frac{10}{11}$［A］、$\frac{10}{13}$［A］と求められる。これらの場合、開放電圧はいずれも10［V］であり、端子間の抵抗は0［Ω］だ。

◆解析対象回路3

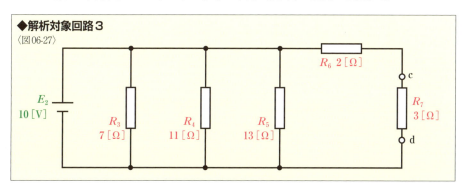
〈図06-27〉

Chapter 04 [複雑な直流回路の解析]
Section 07 電圧源と電流源の変換

電圧源と電流源は一定の条件が整うと相互に等価変換することができる。この変換を利用すると回路を簡素化でき、解析が容易に行えることがある。

▶電圧源と電流源の等価変換とは

理想の電源である**電圧源**と**電流源**は条件が満たされれば相互に**等価変換**することができる。こうした**等価回路**を利用することで、複雑な回路の解析が簡単にできることがある。電圧源からの変換の条件は**定電圧源**に**直列**に**抵抗**が備えられていることであり、電流源からの変換の条件は**定電流源**に**並列**に抵抗が備えられていることだ。つまり、現実の電源の**内部抵抗**に相当するような抵抗があれば、等価変換することができる。

電圧源から電流源への変換を考えてみよう。〈図07-01〉は変換前の回路だ。定電圧源E_0に抵抗R_Vが直列につながっているので、等価変換の条件を満たしている。この組み合わせをまとめて電圧源と考えるわけだ。そのため、R_Vは内部抵抗と表現する。この電源が、負荷抵抗Rに接続されると、〈式07-02〉のように端子電圧がVになり、電流Iが流れるとすると、現実の電圧源の場合(P76参照)と同じように、〈式07-03〉のように電流Iを表わせる。

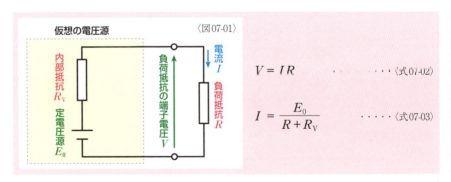

$$V = IR \quad \cdots \cdots \text{〈式07-02〉}$$

$$I = \frac{E_0}{R + R_V} \quad \cdots \cdots \text{〈式07-03〉}$$

変換後は〈図07-04〉のように定電流源I_0と並列に接続された内部抵抗R_Cが必要であり、この組み合わせをまとめて電流源と考える。この電流源が先の電圧源の回路と等価であるためには、負荷抵抗Rに接続されると、〈式07-05〉のように端子電圧がVになり電流Iが流れる必要がある。この電流Iは現実の電流源の場合(P77参照)と同じように、**分流式**を使って〈式07-06〉のように表わすことができる。

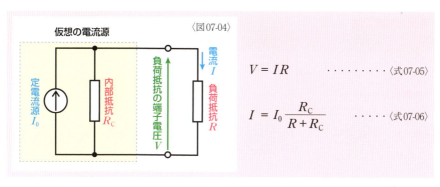

〈図07-04〉

$$V = IR \quad \cdots\cdots \langle 式07\text{-}05 \rangle$$

$$I = I_0 \frac{R_C}{R + R_C} \quad \cdots\cdots \langle 式07\text{-}06 \rangle$$

　両回路の電流Iを表わした〈式07-03〉と〈式07-06〉をまとめると、〈式07-07〉が導かれる。途中の式は省略するが、この式を整理していき、Rについてまとめると〈式07-08〉になる。

$$\frac{E_0}{R + R_V} = I_0 \frac{R_C}{R + R_C} \quad \cdots\cdots \langle 式07\text{-}07 \rangle$$

$$R\left(I_0 - \frac{E_0}{R_C}\right) = E_0 - I_0 R_V \quad \cdots\cdots \langle 式07\text{-}08 \rangle$$

　負荷抵抗Rがどのような大きさであっても、〈式07-08〉が成り立つための条件は、両辺を0にすることなので、以下のように表わすことができる。

$$E_0 - I_0 R_V = 0 \quad \cdots\cdots \langle 式07\text{-}09 \rangle \quad\quad I_0 - \frac{E_0}{R_C} = 0 \quad \cdots\cdots \langle 式07\text{-}10 \rangle$$

　〈式07-09〉を〈式07-11〉、〈式07-12〉と変形すると、変換後の定電流源I_0を、変換前の定電圧源E_0と内部抵抗R_Vで表わせる。また、〈式07-10〉を変形した〈式07-13〉のI_0に〈式07-12〉を代入して整理すると〈式07-14〉になり、変換後の内部抵抗は変換前と同じ大きさでよいことがわかる。この〈式07-12〉と〈式07-14〉が電圧源から電流源への等価変換の条件だ。

$$E_0 = I_0 R_V \quad \cdots\cdots \langle 式07\text{-}11 \rangle \quad\quad I_0 = \frac{E_0}{R_C} \quad \cdots\cdots \langle 式07\text{-}13 \rangle$$

$$I_0 = \frac{E_0}{R_V} \quad \cdots\cdots \langle 式07\text{-}12 \rangle \quad\quad R_C = R_V \quad \cdots\cdots \langle 式07\text{-}14 \rangle$$

　同じように検証すると、電流源から電圧源に等価変換する際の条件は以下の2式になる。変換後の定電圧源E_0を、変換前の定電流源I_0とその内部抵抗R_Cで表わせる。

$$E_0 = I_0 R_C \quad \cdots\cdots \langle 式07\text{-}15 \rangle \quad\quad R_V = R_C \quad \cdots\cdots \langle 式07\text{-}16 \rangle$$

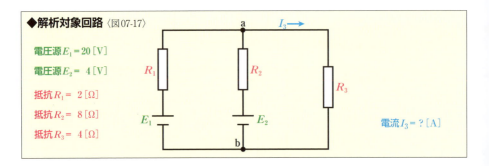

▶電圧源と電流源の等価変換の活用

　実際に**電圧源**と**電流源**の**等価変換**を活用して、〈図07-17〉の回路のうち抵抗R_3を流れる電流I_3を求めてみよう。電圧源E_1とE_2はそれぞれ抵抗R_1とR_2が直列に接続されているので、〈図07-18〉のような電流源の回路に等価変換することができる。電流源I_1とI_2の大きさは以下の式で求められる。また、変換後の抵抗R_1'、R_2'はそれぞれR_1、R_2と同じ値だ。

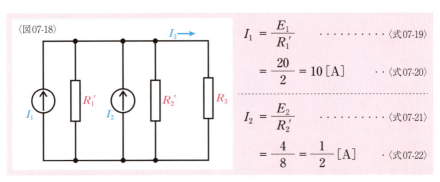

　〈図07-18〉の回路図を変形すると、〈図07-23〉のように電流源を並列接続した回路になる。2つの電流源の合成電流をI_{12}とすれば、その大きさは〈式07-24〉のように加算で求められる。

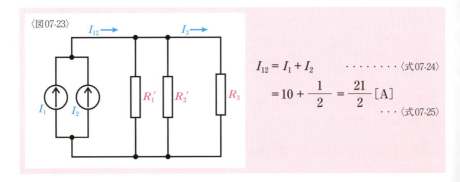

これにより、この回路は電流源が1つの回路と考えることができ、さらに各抵抗も並列接続されているだけなので、**オームの法則**で解析できる。ここから先の解析にはさまざまな方法が考えられる。たとえば抵抗R_1'とR_2'の合成抵抗をR_{12}'とすると、内部抵抗R_{12}'の電流源I_{12}に抵抗R_3が接続されていると見なすことが可能だ。

　ここでは、並列接続された抵抗R_1'、R_2'、R_3が電流源I_{12}に接続されていると考えてみよう。〈式07-27〜29〉のようにして、R_1'、R_2'、R_3の合成抵抗R_{123}を求めれば、その値と電流源I_{12}から〈式07-30〉のようにして、R_1'、R_2'、R_3共通の電圧降下Vが12[V]と求められる。

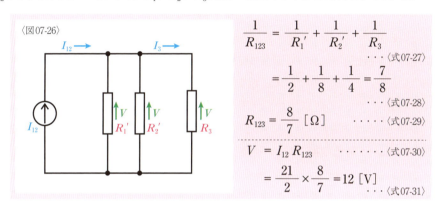

〈図07-26〉

$$\frac{1}{R_{123}} = \frac{1}{R_1'} + \frac{1}{R_2'} + \frac{1}{R_3} \quad \cdots \text{〈式07-27〉}$$

$$= \frac{1}{2} + \frac{1}{8} + \frac{1}{4} = \frac{7}{8} \quad \cdots \text{〈式07-28〉}$$

$$R_{123} = \frac{8}{7} \; [\Omega] \quad \cdots \text{〈式07-29〉}$$

$$V = I_{12} R_{123} \quad \cdots \text{〈式07-30〉}$$

$$= \frac{21}{2} \times \frac{8}{7} = 12 \; [\text{V}] \quad \cdots \text{〈式07-31〉}$$

　抵抗R_3の電圧降下がわかれば、〈式07-32〉のようにして電流I_3を算出することができる。この回路は、これまでにも他の法則や定理で解析しているが、それらの場合と同じように3[A]が導かれる。

$$I_3 = \frac{V}{R_3} \quad \cdots \text{〈式07-32〉}$$

$$= \frac{12}{4} = 3 \; [\text{A}] \quad \cdots \text{〈式07-33〉}$$

　今回は抵抗R_3の電流I_3を求めたが、実際にはオームの法則だけで、他の抵抗の電圧降下や各部の電流も求められる。ここで注意したいのが、R_1、R_1'の違いだ。R_1'の電圧降下は12[V]だが、R_1の電圧降下も12[V]だとは限らない。確かにR_1とR_1'は同じ大きさだが、別のものだと考える必要がある。R_1の電圧降下や電流を求めたい場合は、R_3の電圧降下や電流を元の回路に当てはめて考える必要がある。たとえば、R_3の電圧降下が12[V]なので、〈図07-17〉の節点bを基準とした場合の節点aの電圧が12[V]ということがわかる。すると、電圧源E_1は20[V]であるから、R_1の電圧降下が8[V]と算出される。R_2とR_2'の関係も同様だ。同じ大きさだからといって、等価変換の際に安易に同じ量記号を使うべきではない。

Chapter 04 Section 08 [複雑な直流回路の解析]
抵抗のΔ−Y変換

三相交流回路で多用されるΔ結線とY結線だが、相互の等価変換を活用することで複雑な回路の解析を簡単に行えるようにできることがある。

▶ Δ結線とY結線の相互変換

〈図08-01〉のような素子の接続を**Δ結線**や**Δ接続**といい、〈図08-02〉のような素子の接続を**Y結線**や**Y接続**という。この2種類の**結線**は相互に**等価変換**することができる。これらの結線はChapter16以降で説明する**三相交流回路**で多用されるものだが、この等価変換を利用することで、オームの法則だけでは解析できない複雑な回路が簡単に解析できることもある。

変換を総称する場合、正式に表記するとすればΔ結線−Y結線等価変換になるが、一般的には**Δ−Y等価変換**や**Δ−Y変換**と表記されるか、**Y−Δ等価変換**や**Y−Δ変換**と表記される。また、変換内容を明示する場合には、変換前の結線が先に表示される。たとえば、Y結線からΔ結線への変換ならY−Δ変換となるが、変換の方向を明確にするために矢印記号を使って**Y→Δ変換**や**Δ→Y変換**と表示されることもある。

Δ結線もY結線も、さまざまな呼称や表記が使われる。Δ結線は回路の形状である三角形を表わすΔの呼称が使われ、カタカナで**デルタ結線**と表記されることもあれば、**三角結線**といわれたり、**△結線**と表記されることもある。Y結線は、その形状から**スター結線**や**星形結線**といわれたり、回路の基本形状に合わせて**λ結線**と表記されることもある。また、回路を構成する3つの負荷の大きさが同じ場合には、**平衡負荷Δ結線**や**平衡負荷Y結線**といい、負荷の大きさが揃っていない場合には、**不平衡負荷Δ結線**や**不平衡負荷Y結線**という。

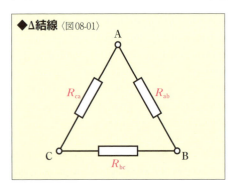

◆ Δ結線 〈図08-01〉

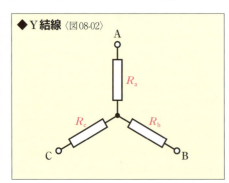

◆ Y結線 〈図08-02〉

Δ→Y等価変換

　Δ結線とY結線が**等価**であるには、〈図08-01〉と〈図08-02〉の双方の結線で、端子A−B間、端子B−C間、端子C−A間の抵抗の大きさが同じであればよい。

　たとえばΔ結線のA−B間の場合、〈図08-03〉の緑色のラインで示した抵抗R_{bc}とR_{ca}の**直列接続**が、水色のラインで示した抵抗R_{ab}と**並列接続**されている。A−B間の**合成抵抗**をR_{AB}とすれば、〈式08-04〉のようにR_{bc}とR_{ca}の和とR_{ab}の**和分の積の式**で表わすことができ、展開すると〈式08-05〉になる。B−C間の抵抗R_{BC}、C−A間の抵抗R_{CA}も同様にして合成抵抗の式を立てることができる。

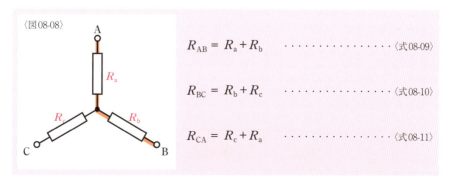

〈図08-03〉

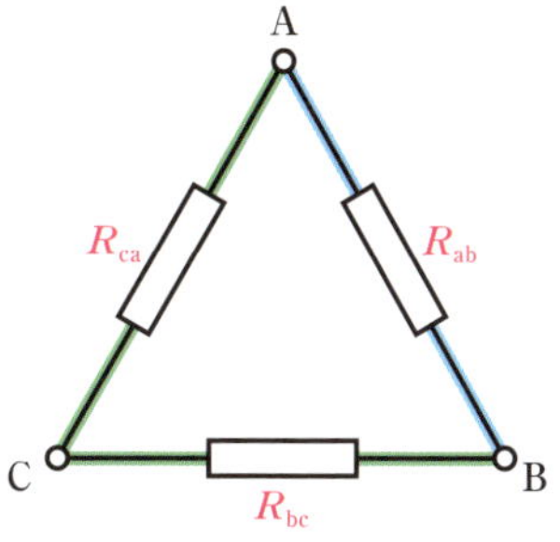

$$R_{AB} = \frac{R_{ab}(R_{bc} + R_{ca})}{R_{ab} + (R_{bc} + R_{ca})} \quad \cdots \text{〈式08-04〉}$$

$$= \frac{R_{ab}R_{bc} + R_{ca}R_{ab}}{R_{ab} + R_{bc} + R_{ca}} \quad \cdots \text{〈式08-05〉}$$

$$R_{BC} = \frac{R_{bc}R_{ca} + R_{ab}R_{bc}}{R_{ab} + R_{bc} + R_{ca}} \quad \cdots \text{〈式08-06〉}$$

$$R_{CA} = \frac{R_{bc}R_{ca} + R_{ca}R_{ab}}{R_{ab} + R_{bc} + R_{ca}} \quad \cdots \text{〈式08-07〉}$$

　いっぽう、たとえばY結線のA−B間の場合、抵抗R_CはA−B間に影響を与えないので、〈図08-08〉のオレンジ色のラインで示した抵抗R_AとR_Bが直列接続されているだけになる。両結線が等価であるので、Y結線のA−B間の抵抗もR_{AB}で表わすことができ、〈式08-09〉のような単純な加算式で示すことができる。抵抗R_{BC}、抵抗R_{CA}も同様にして合成抵抗の式を立てることができる。

〈図08-08〉

$$R_{AB} = R_a + R_b \quad \cdots \text{〈式08-09〉}$$

$$R_{BC} = R_b + R_c \quad \cdots \text{〈式08-10〉}$$

$$R_{CA} = R_c + R_a \quad \cdots \text{〈式08-11〉}$$

前ページで導いたΔ結線の**合成抵抗**R_{AB}、R_{BC}、R_{CA}と**Y結線**のR_{AB}、R_{BC}、R_{CA}はそれぞれ**等価**である。そこで、〈式08-05〉と〈式08-09〉、〈式08-06〉と〈式08-10〉、〈式08-07〉と〈式08-11〉から、R_a、R_b、R_cとR_{ab}、R_{bc}、R_{ca}の関係を以下のように3式にまとめられる。

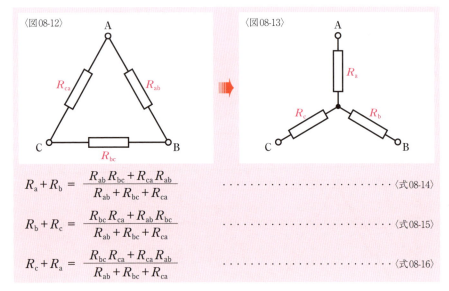

〈図08-12〉 〈図08-13〉

$$R_a + R_b = \frac{R_{ab}R_{bc} + R_{ca}R_{ab}}{R_{ab} + R_{bc} + R_{ca}} \quad \cdots\cdots\cdots \langle 式08\text{-}14 \rangle$$

$$R_b + R_c = \frac{R_{bc}R_{ca} + R_{ab}R_{bc}}{R_{ab} + R_{bc} + R_{ca}} \quad \cdots\cdots\cdots \langle 式08\text{-}15 \rangle$$

$$R_c + R_a = \frac{R_{bc}R_{ca} + R_{ca}R_{ab}}{R_{ab} + R_{bc} + R_{ca}} \quad \cdots\cdots\cdots \langle 式08\text{-}16 \rangle$$

この3式をR_a、R_b、R_cについて解けば、Δ→Y**変換**の条件が求められる。**連立方程式**の解き方にはさまざまな方法があるが、ここではまず〈式08-14〜16〉の3式の**両辺**を加えて〈式08-17〉とし、さらに両辺を整理して〈式08-18〉を導く。

$$2(R_a + R_b + R_c) = \frac{2(R_{ab}R_{bc} + R_{bc}R_{ca} + R_{ca}R_{ab})}{R_{ab} + R_{bc} + R_{ca}} \quad \cdots\cdots\cdots \langle 式08\text{-}17 \rangle$$

$$R_a + R_b + R_c = \frac{R_{ab}R_{bc} + R_{bc}R_{ca} + R_{ca}R_{ab}}{R_{ab} + R_{bc} + R_{ca}} \quad \cdots\cdots\cdots \langle 式08\text{-}18 \rangle$$

この〈式08-18〉から〈式08-15〉の両辺を引けば、〈式08-19〉のようにR_aをR_{ab}、R_{bc}、R_{ca}で表わすことができる。同様に、〈式08-18〉−〈式08-16〉でR_bを、〈式08-18〉−〈式08-14〉でR_cを表わすことが可能だ。これによりΔ→Y変換の際のY結線の各抵抗の値を、Δ結線の各抵抗の値で示すことができる。この3式は、Δ→Y変換の公式として覚えておいてもいいぐらい**重宝**なものだ。

$$R_a = \frac{R_{ca}R_{ab}}{R_{ab} + R_{bc} + R_{ca}} \qquad R_b = \frac{R_{ab}R_{bc}}{R_{ab} + R_{bc} + R_{ca}} \qquad R_c = \frac{R_{bc}R_{ca}}{R_{ab} + R_{bc} + R_{ca}}$$

$$\cdots \langle 式08\text{-}19 \rangle \qquad\qquad \cdots \langle 式08\text{-}20 \rangle \qquad\qquad \cdots \langle 式08\text{-}21 \rangle$$

▶Y→Δ等価変換

　Y→Δ変換の条件も、左ページの〈式08-14〜16〉の連立方程式を解けば導けるが、意外に手間取る。そこで、異なったアプローチで等価変換の条件を求めてみよう。ここでは、1つの端子と、残る2つの端子を短絡した端子の間の合成コンダクタンスを求めてみる。

　たとえば、Y結線の端子BとCを短絡した端子をBCとし、端子A−BC間の合成コンダクタンスG_{A-BC}を求める場合、抵抗R_bとR_cの並列接続が抵抗R_aと直列接続されている。G_{A-BC}は、この合成抵抗の逆数なので〈式08-23〉のよう表わせ、展開すると〈式08-24〉になる。B−CA間のコンダクタンスG_{B-CA}、C−AB間のコンダクタンスG_{C-AB}も同様にして求められる。

〈図08-22〉

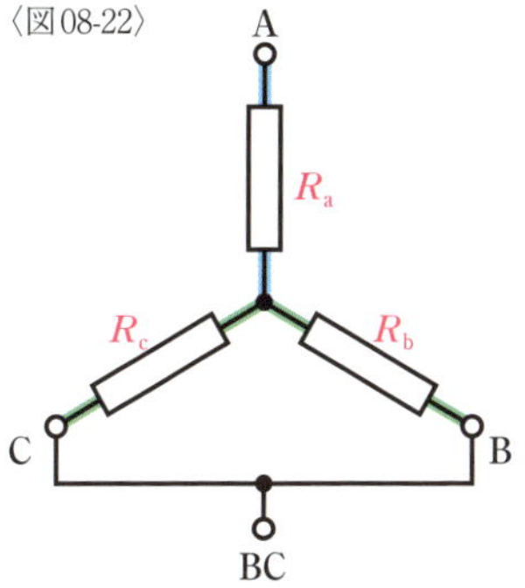

$$G_{A-BC} = \frac{1}{R_a + \dfrac{R_b R_c}{R_b + R_c}} \quad \cdots \langle 式08\text{-}23\rangle$$

$$= \frac{R_b + R_c}{R_a R_b + R_b R_c + R_c R_a} \quad \cdots \langle 式08\text{-}24\rangle$$

$$G_{B-CA} = \frac{R_c + R_a}{R_a R_b + R_b R_c + R_c R_a} \quad \cdots \langle 式08\text{-}25\rangle$$

$$G_{C-AB} = \frac{R_a + R_b}{R_a R_b + R_b R_c + R_c R_a} \quad \cdots \langle 式08\text{-}26\rangle$$

　Δ結線でも同じように端子を短絡して合成コンダクタンスを求める。たとえば、端子BとCを短絡すると、R_{bc}は合成コンダクタンスに影響を与えない。R_{ab}とR_{ca}の並列接続だ。コンダクタンスの並列接続は加算で求められるので、〈式08-28〉のようにR_{ab}の逆数とR_{ca}の逆数を加えればいい。G_{B-CA}とG_{C-AB}も同様にして式を立てられる。

〈図08-27〉

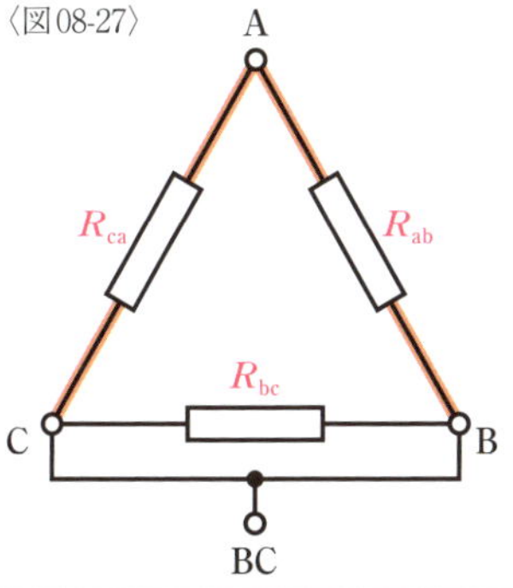

$$G_{A-BC} = \frac{1}{R_{ab}} + \frac{1}{R_{ca}} \quad \cdots \langle 式08\text{-}28\rangle$$

$$G_{B-CA} = \frac{1}{R_{bc}} + \frac{1}{R_{ab}} \quad \cdots \langle 式08\text{-}29\rangle$$

$$G_{C-AB} = \frac{1}{R_{ca}} + \frac{1}{R_{bc}} \quad \cdots \langle 式08\text{-}30\rangle$$

ここからの展開は、Δ→Y変換の場合と同じだ。前ページで導いた**Y結線**の**合成コンダクタンス** $G_{A\text{-}BC}$、$G_{B\text{-}CA}$、$G_{C\text{-}AB}$ と**Δ結線**の $G_{A\text{-}BC}$、$G_{B\text{-}CA}$、$G_{C\text{-}AB}$ はそれぞれ**等価**である。そこで、〈式08-24〉と〈式08-28〉、〈式08-25〉と〈式08-29〉、〈式08-26〉と〈式08-30〉から、〈式08-33〜35〉の3式が導かれる。この3式の両辺を加えて〈式08-36〉とし、さらに両辺を整理して〈式08-37〉を導けば、連立方程式を解く準備が整う。

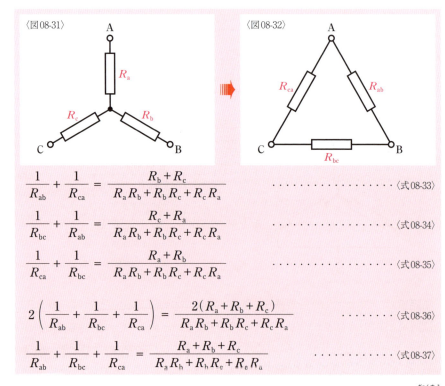

〈図08-31〉　〈図08-32〉

$$\frac{1}{R_{ab}} + \frac{1}{R_{ca}} = \frac{R_b + R_c}{R_a R_b + R_b R_c + R_c R_a} \quad \cdots \langle 式08\text{-}33\rangle$$

$$\frac{1}{R_{bc}} + \frac{1}{R_{ab}} = \frac{R_c + R_a}{R_a R_b + R_b R_c + R_c R_a} \quad \cdots \langle 式08\text{-}34\rangle$$

$$\frac{1}{R_{ca}} + \frac{1}{R_{bc}} = \frac{R_a + R_b}{R_a R_b + R_b R_c + R_c R_a} \quad \cdots \langle 式08\text{-}35\rangle$$

$$2\left(\frac{1}{R_{ab}} + \frac{1}{R_{bc}} + \frac{1}{R_{ca}}\right) = \frac{2(R_a + R_b + R_c)}{R_a R_b + R_b R_c + R_c R_a} \quad \cdots \langle 式08\text{-}36\rangle$$

$$\frac{1}{R_{ab}} + \frac{1}{R_{bc}} + \frac{1}{R_{ca}} = \frac{R_a + R_b + R_c}{R_a R_b + R_b R_c + R_c R_a} \quad \cdots \langle 式08\text{-}37\rangle$$

この〈式08-37〉から〈式08-35〉の両辺を引けば、〈式08-38〉のようになり、さらに両辺を**逆数**にすると〈式08-39〉のように R_{ab} を R_a、R_b、R_c で表わすことができる。

$$\frac{1}{R_{ab}} = \frac{R_c}{R_a R_b + R_b R_c + R_c R_a} \quad \cdots \langle 式08\text{-}38\rangle$$

$$R_{ab} = \frac{R_a R_b + R_b R_c + R_c R_a}{R_c} \quad \cdots \langle 式08\text{-}39\rangle$$

同様に、〈式08-37〉と〈式08-33〉から R_{bc} を、〈式08-37〉と〈式08-34〉から R_{ca} をそれぞれ R_a、R_b、R_c で表わすことが可能だ。これにより**Y→Δ変換**の際のΔ結線の各抵抗の値を、Y結線の各抵抗の値で示すことができる。この3式も、Y→Δ変換の公式として覚えておくと

いい。なお、〈式08-39〜41〉ではなく、これらの式を変形した〈式08-42〜44〉のほうが、使いやすかったり覚えやすかったりするという考え方もある。

$$R_{ab} = \frac{R_a R_b + R_b R_c + R_c R_a}{R_c} \quad \cdots \text{〈式08-39〉}$$

$$R_{bc} = \frac{R_a R_b + R_b R_c + R_c R_a}{R_a} \quad \cdots \text{〈式08-40〉}$$

$$R_{ca} = \frac{R_a R_b + R_b R_c + R_c R_a}{R_b} \quad \cdots \text{〈式08-41〉}$$

$$R_{ab} = R_a + R_b + \frac{R_a R_b}{R_c} \quad \cdots \text{〈式08-42〉}$$

$$R_{bc} = R_b + R_c + \frac{R_b R_c}{R_a} \quad \cdots \text{〈式08-43〉}$$

$$R_{ca} = R_c + R_a + \frac{R_c R_a}{R_b} \quad \cdots \text{〈式08-44〉}$$

▶平衡負荷のΔ-Y等価変換

Δ-Y変換において、変換元が**平衡負荷**であれば、変換後も平衡負荷になる。平衡負荷の**Δ結線**の各抵抗をR_D、**Y結線**の各抵抗をR_Yとして、〈式08-19〜21〉のいずれかの式に代入すると、〈式08-47〉のように平衡負荷の**Δ→Y変換**の条件が導かれる。

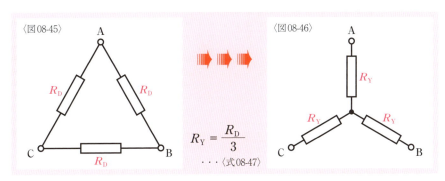

$$R_Y = \frac{R_D}{3} \quad \cdots \text{〈式08-47〉}$$

平衡負荷の**Y→Δ変換**の場合も同じように〈式08-39〜41〉から変換の条件が導かれる。

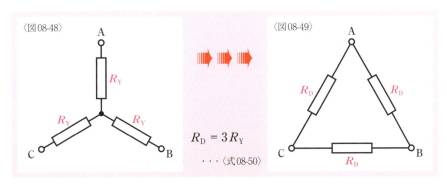

$$R_D = 3R_Y \quad \cdots \text{〈式08-50〉}$$

▶ Δ−Y変換の活用

実際に **Δ−Y変換** を活用して回路を解析してみよう。〈図08-51〉の回路は**オームの法則**だけでは端子x−y間の**合成抵抗**R_{xy}を求められない。しかし、Δ→Y変換を行えば求めることが可能になる。問題は、a−b−cのループが **Δ結線** だということを発見できるかどうかだ。

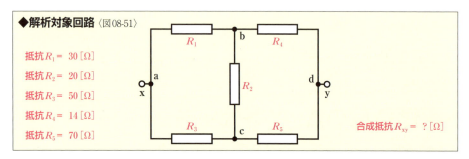

◆解析対象回路〈図08-51〉

抵抗$R_1 = 30\,[\Omega]$
抵抗$R_2 = 20\,[\Omega]$
抵抗$R_3 = 50\,[\Omega]$
抵抗$R_4 = 14\,[\Omega]$
抵抗$R_5 = 70\,[\Omega]$

合成抵抗$R_{xy} = ?\,[\Omega]$

〈図08-51〉を〈図08-52〉のように変形すれば、Δ結線の部分が存在していることがわかるだろう。このΔ結線の部分を **Y結線** にすると、〈図05-53〉のような**等価回路**になる。

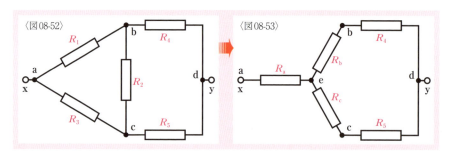

等価変換が成立することが確認できたら、変換後の抵抗R_a、R_b、R_cの大きさをΔ→Y変換の式に従って〈式08-54〜56〉のように求めればいい。慣れないうちは、抵抗R_1、R_2、R_3と抵抗R_a、R_b、R_cの対応関係を間違えることが多い。たとえば、R_aはR_1とR_3にはさまれた抵抗といった具合に覚えると、式を導きやすくなる。

$$R_a = \frac{R_3 R_1}{R_1 + R_2 + R_3} = \frac{50 \times 30}{30 + 20 + 50} = 15\,[\Omega] \quad \cdots\cdots\cdots\langle式08\text{-}54\rangle$$

$$R_b = \frac{R_1 R_2}{R_1 + R_2 + R_3} = \frac{30 \times 20}{30 + 20 + 50} = 6\,[\Omega] \quad \cdots\cdots\cdots\langle式08\text{-}55\rangle$$

$$R_c = \frac{R_2 R_3}{R_1 + R_2 + R_3} = \frac{20 \times 50}{30 + 20 + 50} = 10\,[\Omega] \quad \cdots\cdots\cdots\langle式08\text{-}56\rangle$$

さらにわかりやすく回路図を変形すると〈図08-57〉になる。直列接続のR_bとR_4と、同じく直列接続のR_cとR_5が並列接続されたものが、さらにR_aと直列接続されているので、以下の式によって合成抵抗R_{xy}が31［Ω］であることが求められる。

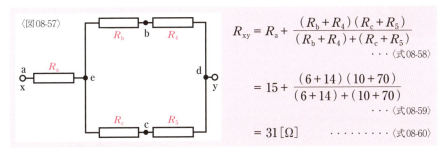

$$R_{xy} = R_a + \frac{(R_b + R_4)(R_c + R_5)}{(R_b + R_4) + (R_c + R_5)}$$
・・・〈式08-58〉

$$= 15 + \frac{(6 + 14)(10 + 70)}{(6 + 14) + (10 + 70)}$$
・・・〈式08-59〉

$$= 31 [Ω]$$ ・・・・・・・〈式08-60〉

もし、端子x−yに電圧がかかっているのなら、この変換によって抵抗R_4とR_5については流れている電流や電圧降下を求めることができるが、抵抗R_1、R_2、R_3については直接求めることはできない。しかし、節点a、b、cの**基準からの電圧**は変換前後で同じなので、これらの値を求めることによって、R_1、R_2、R_3を流れている電流や電圧降下を解析できる。

解析対象の回路はb−c−dのループも△結線であるといえる。当然、このループを△→Y変換することでも合成抵抗を求めることが可能だ。計算して確かめてみてほしい。

また、実はこの回路は**Y→Δ変換**でも合成抵抗を求めることができる。節点bを中心にして、三方に接続された抵抗R_1、R_2、R_4はY結線であるといえる。〈図08-61〉のようにすればわかりやすい。この部分をY→Δ変換すると、〈図08-62〉になる。これでオームの法則だけで合成抵抗が求められる。〈図08-63〉のように変形すればわかるだろう。これも実際に計算して確かめてみてほしい。

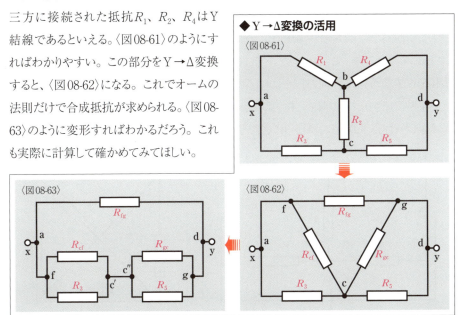

Chapter 04 ［複雑な直流回路の解析］
ブリッジ回路

Section 09

抵抗ブリッジ回路は周囲を囲む4本の抵抗に特定の関係が成立すると、中央の抵抗を電流が流れなくなる。この現象を利用して各種素子の測定が行われる。

▶ ブリッジ回路とは

Chapter04で取り上げてきたのは、複雑な回路の解析に役立つ法則や定理、等価変換だが、このSectionで取り上げる**ブリッジ回路**は、解析に役立つものではない。複雑な回路の代表といえるものだ。条件が整うと右ページで説明するような特殊な現象が起こる。ブリッジ回路は、電源に接続されていない状態でもブリッジ回路といわれることが多い。また、**ブリッジ接続**や単に**ブリッジ**ということもある。さまざまな素子で構成されるブリッジ回路があるが、直流回路の場合は**抵抗ブリッジ**だ。

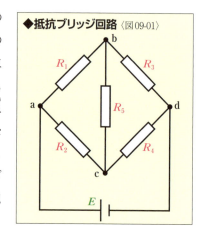

◆抵抗ブリッジ回路〈図09-01〉

ブリッジ回路といった場合、〈図09-01〉のように正方形を45度回転させた回路図で描かれることが多い（上下をすこしつぶした菱形に描かれることもある）が、わかりやすく変形すると〈図09-02〉のようになる。回路図を見ればわかるように、抵抗2本が直列接続されたもの2組が並列接続され、その間を1本の抵抗が橋渡ししているように見えるので、ブリッジ（橋）と呼ばれるわけだ。ちなみに、わかりにくく変形すると〈図09-03〉になる。

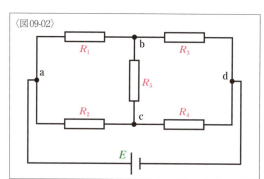

〈図09-02〉

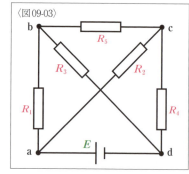

〈図09-03〉

▶ ブリッジの平衡

抵抗ブリッジ回路では、周囲を囲む4本の抵抗R_1、R_2、R_3、R_4の大きさに特定の関係が成立すると、抵抗R_5に電流が流れなくなる。この状態をブリッジ回路の**平衡**といい、その状態にある回路を**平衡ブリッジ回路**という。では、ブリッジ回路の**平衡条件**を求めてみよう。

抵抗R_5に電流が流れないのは、b点とc点の**基準からの電圧**が同じ時だ。〈図09-04〉のようにR_5を取り除いた回路をa点から考えると、b点とc点の電圧が等しいということは、R_1の電圧降下V_1とR_2の電圧降下V_2が等しく〈式09-05〉のように表わせる。b点、c点を流れる電流をそれぞれI_b、I_cとすれば、〈式09-05〉を〈式09-06〉のように表わせる。d点から考えた場合はR_3の電圧降下V_3とR_4の電圧降下V_4の関係を〈式09-08〉のように表わせる。

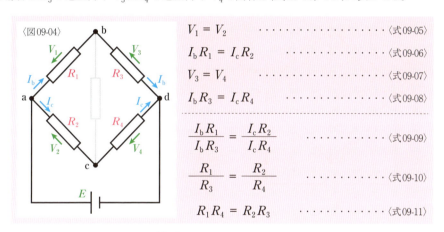

〈図09-04〉

$V_1 = V_2$ ……〈式09-05〉

$I_b R_1 = I_c R_2$ ……〈式09-06〉

$V_3 = V_4$ ……〈式09-07〉

$I_b R_3 = I_c R_4$ ……〈式09-08〉

$$\frac{I_b R_1}{I_b R_3} = \frac{I_c R_2}{I_c R_4} \quad \text{……〈式09-09〉}$$

$$\frac{R_1}{R_3} = \frac{R_2}{R_4} \quad \text{……〈式09-10〉}$$

$R_1 R_4 = R_2 R_3$ ……〈式09-11〉

〈式09-09〉のように〈式09-06〉の両辺を〈式09-08〉の両辺で割り、さらに整理していくと〈式09-11〉が得られる。これがブリッジ回路の平衡条件だ。言葉にすると、電流が流れない抵抗をはさんで、**向かい合った抵抗の積同士が等しい**となる。平衡条件が成立していれば、以下の図のようにb-c間が**開放**であっても**短絡**であっても、a-d間は同じ回路だといえる。

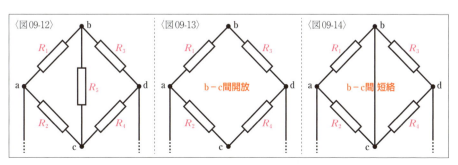

〈図09-12〉　〈図09-13〉b-c間開放　〈図09-14〉b-c間短絡

▶テブナンの定理によるブリッジ回路の解析

前ページで説明した**平衡ブリッジ回路**の**平衡条件**の解析は間違っていないが、中央の**抵抗**を電流が流れない状態を前提にしているため、違和感を感じる人がいるかもしれない。そこで、このChapterの復習の意味も含めて、抵抗R_5を流れる電流Iをその他の方法で解析してみよう。まずは、**テブナンの定理**で解析してみる。

テブナンの定理による解析では、最初にR_5を取り外し、b−c間の**開放電圧**V_{bc}を求める。電源のマイナス側を電圧の基準にすると、b点の電圧V_bは、電圧EをR_1とR_3で**分圧**しているので、〈式09-16〉のようになる。c点の電圧V_cも同様にして求められる。電流Iがc点に向かって流れると仮定すれば、V_bとV_cの差から、〈式09-19〉のようにV_{bc}を表わせる。

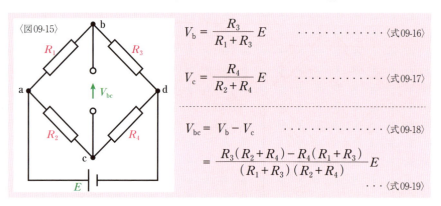

〈図09-15〉

$$V_b = \frac{R_3}{R_1+R_3}E \quad \cdots\cdots\cdots 〈式09\text{-}16〉$$

$$V_c = \frac{R_4}{R_2+R_4}E \quad \cdots\cdots\cdots 〈式09\text{-}17〉$$

$$V_{bc} = V_b - V_c \quad \cdots\cdots\cdots 〈式09\text{-}18〉$$

$$= \frac{R_3(R_2+R_4) - R_4(R_1+R_3)}{(R_1+R_3)(R_2+R_4)}E$$

$$\cdots 〈式09\text{-}19〉$$

次に電源を外してb−c間の抵抗R_{bc}を求める。**電圧源**を**短絡**して変形すると〈図09-21〉になる。R_1とR_3の**並列接続**と、R_2とR_4の並列接続が**直列接続**されているので〈式09-23〉のようにR_{bc}を表わせる。

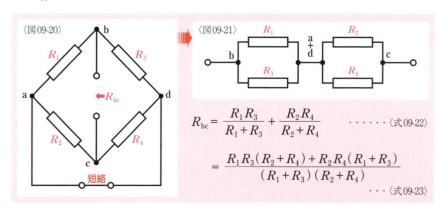

〈図09-20〉 〈図09-21〉

$$R_{bc} = \frac{R_1 R_3}{R_1+R_3} + \frac{R_2 R_4}{R_2+R_4} \quad \cdots\cdots 〈式09\text{-}22〉$$

$$= \frac{R_1 R_3(R_2+R_4) + R_2 R_4(R_1+R_3)}{(R_1+R_3)(R_2+R_4)}$$

$$\cdots 〈式09\text{-}23〉$$

最後にテブナンの定理の式に当てはめると〈式09-24〉になり、この式に〈式09-19〉と〈式09-23〉を代入して整理していくと、電流Iを求める〈式09-25〉が導かれる。

$$I = \frac{V_{bc}}{R_{bc}+R_5} \quad \cdots\cdots\cdots\cdots\cdots\cdots\cdots\cdots\cdots\cdots \text{〈式09-24〉}$$

$$= \frac{R_2R_3 - R_1R_4}{R_1R_3(R_2+R_4) + R_2R_4(R_1+R_3) + R_5(R_1+R_3)(R_2+R_4)} E \quad \text{〈式09-25〉}$$

電流Iが0の時がブリッジ回路の平衡だ。〈式09-25〉が常に0になるには、分数部分の分子が0になればよい。つまり、〈式09-26〉のように表わせる。この式を移項すれば、先に導いたブリッジ回路の平衡条件の〈式09-11〉と同じ式になる。

$$R_2R_3 - R_1R_4 = 0 \quad \cdots\cdots\cdots\cdots\cdots\cdots\cdots\cdots\cdots\cdots \text{〈式09-26〉}$$

▶キルヒホッフの法則によるブリッジ回路の解析

最後に**キルヒホッフの法則**で解いてみよう。本来ならば、枝ごとに枝電流を割り当てるが、ここではE、R_3、R_4の枝の電流I_E、I_3、I_4を、〈式09-28〜30〉のようにR_1、R_2、R_5の枝の電流I_1、I_2、I_5で表わすことで、**閉回路**I〜IIIの**電圧方程式**の未知数を減らしている。これで〈式09-31〜33〉の未知数が3つになる。実際に計算して確かめてみてほしいが、I_5について連立方程式を解くと〈式09-34〉が得られる。この式は〈式09-25〉の分母を展開したものだ。つまり、テブナンの定理の場合と同じように、ブリッジ回路の**平衡条件**が求められる。

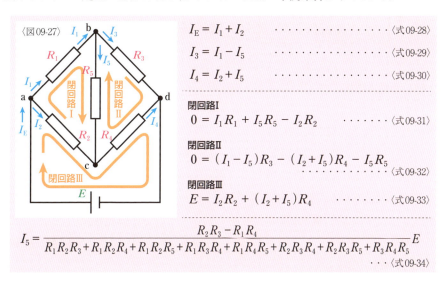

〈図09-27〉

$I_E = I_1 + I_2 \quad \cdots\cdots\cdots\cdots$ 〈式09-28〉

$I_3 = I_1 - I_5 \quad \cdots\cdots\cdots\cdots$ 〈式09-29〉

$I_4 = I_2 + I_5 \quad \cdots\cdots\cdots\cdots$ 〈式09-30〉

閉回路I
$0 = I_1R_1 + I_5R_5 - I_2R_2 \quad \cdots\cdots$ 〈式09-31〉

閉回路II
$0 = (I_1 - I_5)R_3 - (I_2 + I_5)R_4 - I_5R_5$
$\quad\cdots\cdots$ 〈式09-32〉

閉回路III
$E = I_2R_2 + (I_2 + I_5)R_4 \quad \cdots\cdots$ 〈式09-33〉

$$I_5 = \frac{R_2R_3 - R_1R_4}{R_1R_2R_3 + R_1R_2R_4 + R_1R_2R_5 + R_1R_3R_4 + R_1R_4R_5 + R_2R_3R_4 + R_2R_3R_5 + R_3R_4R_5} E$$
$\cdots$ 〈式09-34〉

ホイートストンブリッジ

抵抗ブリッジ回路の平衡を利用して精密な抵抗値の測定を行う回路をホイートストンブリッジという。この回路を利用した計測器もホイートストンブリッジの名称で呼ばれる。

ホイートストンブリッジは、〈図09-35〉のような回路で構成される。中央に配置されるのは検流計だ。検流計はガルバノメータともいわれる感度の高い電流計で、指針が中央の時に0を示す。R_sは可変抵抗で、目盛りによって抵抗値の読み取れるものを使用する。R_AとR_Bは抵抗値が正確にわかっている抵抗であり、測定対象の抵抗はR_xである。

測定の際には、検流計が0を示すように可変抵抗R_sの値を調整する。検流計が0を示せば、ブリッジが平衡しているので〈式09-36〉が成立し、変形すれば〈式09-37〉のようにR_A、R_B、R_sの値からR_xの抵抗値を求めることができる。$R_A:R_B$を1：10や1：100といったように10の倍数の比率にしておけば、R_xの計算が簡単になる。

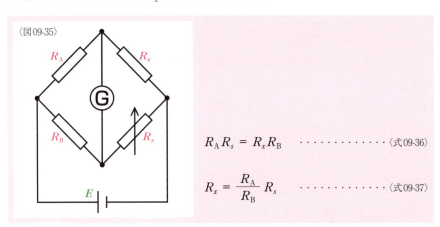

〈図09-35〉

$$R_A R_s = R_x R_B \quad \text{〈式09-36〉}$$

$$R_x = \frac{R_A}{R_B} R_s \quad \text{〈式09-37〉}$$

抵抗値は、測定対象に電流を流し、電圧計で電圧降下を、電流計で電流を測定することでも計算によって求められる。しかし、計測器自体にも内部抵抗という抵抗があり、その影響が測定誤差として現れるため、精密な測定は難しい。テスタやデジタルマルチメータといった計測器でも抵抗値測定が行えるが、同様の理由によって誤差が生じる。しかし、ホイートストンブリッジによる測定では、検流計は電流0を測定する。検流計にも内部抵抗は存在するが、平衡している状態では検流計に電流が流れていないので、内部抵抗による影響が生じない。これにより、精密な測定が可能になる。なお、ブリッジ回路の平衡は、抵抗以外の素子でも成立するため、さまざまな素子の大きさの測定などにもブリッジ回路が利用されている（P363〜参照）。

[回路素子編]

Chapter 05

ジュール熱と抵抗器

Sec.01：ジュールの法則 ・・・・ 146
Sec.02：抵抗率と抵抗値 ・・・・ 148
Sec.03：抵抗器 ・・・・・・・・ 150

ジュールの法則

[ジュール熱と抵抗器]

抵抗を電流が流れると発生するジュール熱の熱量は、変換後の熱エネルギーを示すものであり、変換前の電気エネルギーを示すのが電力量だ。

▶抵抗とジュール熱

　Chapter01の「オームの法則（P24参照）」で説明したように、**抵抗**を**電流**が流れると発熱する。その熱を**ジュール熱**という。こうした**熱量**の量記号は「Q」が一般的で、単位には［**J**］が使われる。ジュール熱の**発熱量**と、電流、抵抗、**時間**の関係をまとめると「**電気抵抗**R［Ω］に電流I［A］が時間t［s］流れた時の発熱量Q［J］は、電流の2乗と抵抗、時間の積に比例する」となる。これを**ジュールの法則**といい、〈式01-01〉のように表現できる。

$$Q = I^2 R t \; [\text{J}] \qquad \langle 式01\text{-}01\rangle$$

　発熱量Qが、電流I、抵抗R、時間tで表わせるのなら、**オームの法則**を活用して、〈式01-02〉のように**電圧**V［V］、電流I、時間tでも、〈式01-03〉のように電圧V、抵抗R、時間tでも発熱量Qを表わすことができる。

$$Q = VIt \; [\text{J}] \qquad \langle 式01\text{-}02\rangle$$

$$Q = \frac{V^2}{R} t \; [\text{J}] \qquad \langle 式01\text{-}03\rangle$$

　すでに、気づいている人もいると思うが、〈式01-01～03〉は**電力量**［**Ws**（**W秒**）］の式（P30参照）とまったく同じだ。つまり、**電気エネルギー**の側から考えると電力量になり、消費された電力量と考えることができ、**熱エネルギー**の側から考えると発熱量になる。電力量でも説明したように、電気の世界では単位に［Ws（W秒）］が使われるが、一般的な仕事やエネルギーの単位は［J］なので、発熱量には［J］が使われるわけだ。ジュール熱の発熱量の式が電力量の式と同じということは、〈式01-04〉のように発熱量を**電力**P［W］と時間tで表わすこともできる。これらの式をまとめると右ページの〈式01-05〉になる。

$$Q = Pt \; [\text{J}] \qquad \langle 式01\text{-}04\rangle$$

ジュール熱の発熱量 　　　　　　　　　　　　　　　　　　　・・・〈式01-05〉

$$Q = I^2 R t = V I t = \frac{V^2}{R} t = P t$$

Q：熱量[J]　　t：時間[s]
I：電流[A]　　V：電圧[V]
R：抵抗[Ω]　　P：電力[W]

▶交流とジュール熱

　直流は水の流れにたとえることができたりしてイメージしやすいものだが、**交流**はイメージしにくいものだ。**自由電子**の動きで考えると、行ったり戻ったりしている。これでは、電源から送り出された**電気エネルギー**が戻ってきてしまいそうだ。しかし、往復運動でもちゃんとエネルギーを移動させることができる。**ジュール熱**で考えるとわかりやすい。

　熱振動（P24参照）が**熱の正体**といえるものだが、この振動は一定方向の振動ではない。基準の位置を中心にしてさまざまな方向に乱雑に振動している。**導体**に直流が流れた場合、確かに自由電子の移動は一定方向になるが、**原子**にぶつかった位置によって力の作用の仕方が異なるため、原子の振動は一定方向だけに増大されるわけではない。そのため、導体に交流が流れた際にも、電流が逆方向に切り替わっても原子の振動を減少させることはない。やはり振動を増大させるのだ。これにより、交流であっても直流の場合と同じようにジュール熱が発生する。

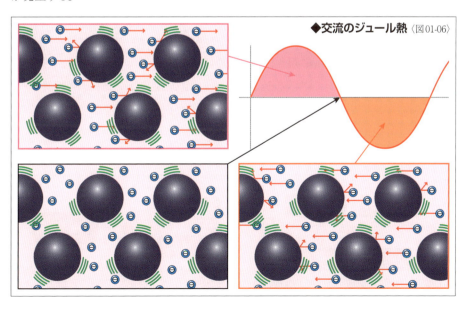

◆交流のジュール熱〈図01-06〉

抵抗率と抵抗値

Chapter 05 [ジュール熱と抵抗器]
Section 02

物質の抵抗は長さに比例し断面積に反比例する。その比例定数を抵抗率といい、その逆数が導電率だ。温度による抵抗の変化を示す係数は温度係数という。

▶抵抗率

超伝導物質という特異な例外はあるが、基本的に**導体**であっても**抵抗**は0ではない。物質が均質の場合、その**物質の抵抗は長さに比例し断面積に反比例する**。〈図02-01〉の物質の長さをl[m]、断面積をS[m²]、抵抗値をR[Ω]として式に表わすと〈式02-02〉になる。この式の量記号「ρ」は**電気抵抗率**もしくは単に**抵抗率**といい、その物質固有の抵抗の大きさを示す。そのため**固有抵抗**ともいい、単位には[Ωm]が使われる。つまり、断面積1[m²]、長さ1[m]の抵抗値を示しているといえる。抵抗率は物質ごとに異なり、数値が小さいほど良質な導体といえ、電線などに使われる。

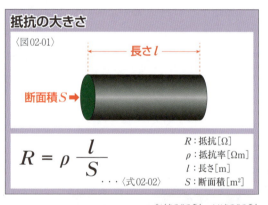

抵抗の大きさ 〈図02-01〉

$$R = \rho \frac{l}{S} \quad \text{〈式02-02〉}$$

R:抵抗[Ω]
ρ:抵抗率[Ωm]
l:長さ[m]
S:断面積[m²]

抵抗が長さに比例し断面積に反比例することを理解すると、抵抗の**直列接続**と**並列接続**での抵抗の変化がイメージしやすくなる。たとえば、〈図02-03〉のように抵抗Rの物質を2つ直列につなぐと、全体としては太さはかわらないが、長さが2倍になるため抵抗が2倍になる。いっぽう、〈図02-04〉のように2つを並列につなぐと、長さはかわらないが、断面積が2倍になる。抵抗は断面積に反比例するので、全体としての抵抗が半分になる。

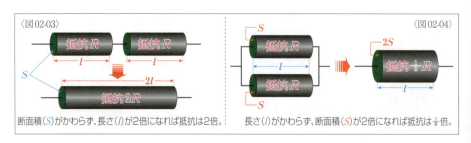

〈図02-03〉断面積(S)がかわらず、長さ(l)が2倍になれば抵抗は2倍。

〈図02-04〉長さ(l)がかわらず、断面積(S)が2倍になれば抵抗は$\frac{1}{2}$倍。

▶導電率

電流の流れにくさを示す**抵抗**に対して、流れやすさを示す**コンダクタンス**があるように、**抵抗率**に対しても**導電率**がある。導電率は**電気伝導率**ともいい、抵抗率の**逆数**で示され、物理量には「σ」が使われる。逆数であるため単位は$[\Omega^{-1}/m]$となるが、コンダクタンスの単位[S]は$[\Omega]$の逆数であるため、[S/m]も使われる。導電率と抵抗率の関係を式に表わすと、以下のようになる。

$$\sigma = \frac{1}{\rho} \ [S/m] \quad \cdots \cdots \cdots \langle 式02\text{-}05 \rangle$$

また、**パーセント導電率**(**%導電率**)もよく使われる。電気回路でもっとも多用される**導体**は銅なので、銅と比較すると他の材料の導電率がわかりやすい。この比率を示したものがパーセント導電率で、〈式02-06〉のように基準とされる**国際標準軟銅**の導電率を基準(100%)として、他の材料を示す。この軟銅の導電率は実際の配線に使われる銅線の導電率に近い。

$$\text{パーセント導電率} = \frac{\text{その物質の導電率}}{\text{銅の導電率}} \times 100 \ [\%] \quad \cdots \cdots \langle 式02\text{-}06 \rangle$$

▶抵抗の温度係数

一般的に金属などの**導体**は温度が高くなるほど**原子**の**熱振動**が大きくなり、それだけ**自由電子**がぶつかる確率が高くなり、**抵抗**が大きくなる。金属では$-20 \sim 200\,[\,^\circ\!C\,]$の範囲では温度に対する抵抗の変化がほぼ比例することが実験的に確かめられている。$t\,[\,^\circ\!C\,]$の時の抵抗を$R_t\,[\Omega]$、$T\,[\,^\circ\!C\,]$の時の抵抗を$R_T\,[\Omega]$とすると、以下の関係が成立する。

$$\begin{aligned} R_T &= R_t + a_t R_t (T-t) \quad &\cdots \cdots \langle 式02\text{-}07 \rangle \\ &= R_t \{1 + a_t (T-t)\} \ [\Omega] \quad &\cdots \cdots \langle 式02\text{-}08 \rangle \end{aligned}$$

この式のa_tは、$t\,[\,^\circ\!C\,]$における**抵抗温度係数**といい、単位は$[/\,^\circ\!C\,]$だ。単に**温度係数**ということも多く、$t\,[\,^\circ\!C\,]$を基準として、$1\,[\,^\circ\!C\,]$の温度上昇に対する抵抗値の増加する割合といえる。温度係数は$t=20\,[\,^\circ\!C\,]$とするのが一般的でa_{20}が示される。抵抗率も通常は$20\,[\,^\circ\!C\,]$のものが示される。ちなみに、標準軟銅の$20\,[\,^\circ\!C\,]$の抵抗率は約$1.72 \times 10^{-8}\,[\Omega m]$で温度係数は約$3.93 \times 10^{-3}$だ。

Chapter 05 ［ジュール熱と抵抗器］
抵抗器
Section 03

抵抗器には、抵抗値が一定の固定抵抗器と抵抗値をかえることができる可変抵抗器がある。抵抗器は定格電力の範囲内で使う必要がある。

▶抵抗器の種類

抵抗器は**電気抵抗**によって**電流**の流れを妨げる**回路素子**だ。電流を制限したり、**電圧降下**や**分圧**によって希望の電圧を作り出すなど、電流や電圧を調整するために使われるのが一般的だ。抵抗器に電流が流れれば、**ジュール熱**が発生する。回路の目的がさまざまなエネルギーへの変換であっても、通信手段や情報処理であっても、この発熱は損失になる。

抵抗器には、**抵抗値**が一定の**固定抵抗器**と、抵抗値をかえることができる**可変抵抗器**がある。単に抵抗器といった場合は**固定抵抗**をさしていることがほとんどで、単に抵抗といわれることが多い。小型の**チップ部品**の場合は**チップ抵抗器**や**チップ抵抗**という。

可変抵抗器も単に**可変抵抗**ということが多く、**ボリューム**ということもある。軸やつまみを操作することで抵抗値が変化する。一般的な可変抵抗にはこうした操作部があるが、抵抗値の変更をドライバーなどで行うようにされた**半固定抵抗器**もある。**半固定抵抗**は、回路の調整の際などに使われる。

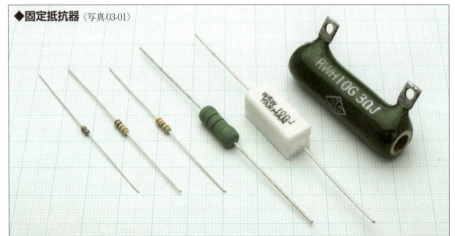

◆固定抵抗器〈写真03-01〉

↑左からカーボン抵抗3本、巻線抵抗、セメント抵抗、ホーロー抵抗。あくまでも一例であり色や形状が異なったものもある。背景の方眼紙は1mm目盛り。

◆チップ抵抗〈写真03-02〉

↑上が6331サイズ、下左が2012サイズ、右が1608サイズのチップ抵抗。

◆可変抵抗〈写真03-03〉

➡奥左がもっとも一般的な可変抵抗、右が多回転型。手前左が多回転型半固定抵抗、右が1回転型の半固定抵抗。

▶固定抵抗器の種類

　固定抵抗器は、素材や構造によってさまざまな種類がある。抵抗器の実際に**抵抗体**となる素材には炭素被膜や炭素粉末を樹脂などと加圧成型したもの、金属被膜、酸化金属被膜、金属線を巻いたものなどがあり、それぞれ**カーボン抵抗**、**ソリッド抵抗**、**金属被膜抵抗**、**酸化金属被膜抵抗**、**巻線抵抗**という。巻線抵抗の抵抗体をホーローで保護した**ホーロー抵抗**や、絶縁したうえで金属製の外装を備えた**メタルクラッド抵抗**などもある。また、抵抗体をセラミック製のケースに収めたうえでセメントで固めた**セメント抵抗**には、酸化金属被膜を抵抗体にしたものと、巻線を抵抗体にしたものがある。

▶チップ抵抗の種類

　チップ抵抗にはさまざまな形状のものが存在するが、実際に使われているのは角形のものが大半だ。**角形チップ抵抗**の大きさは0603のように数値で表示されるのが一般的で、0603サイズは0.6×0.3mmを意味する。1005（1.0×0.5mm）や0402（0.4×0.2mm）など、さまざまな大きさのものがあり、小型化はどんどん進んでいる。

▶可変抵抗の種類

　可変抵抗器は操作部の軸を回転させることで抵抗値が変化する**ロータリー可変抵抗器**が一般的だが、操作部を直線的に移動させることで抵抗値が変化する**スライド可変抵抗器**もある。表示されている抵抗値は可変範囲の最大の抵抗値であり、通常は0から最大値の間で可変させることができる。ロータリー可変抵抗の軸の回転角は300度程度が普通で**一回転型可変抵抗器**というが、10回転などで最小から最大まで可変する**多回転型可変抵抗器**もあり、精密な調整が行える。また、**2連可変抵抗器**や**スイッチ付可変抵抗器**といったものもある。2連可変抵抗は1本の回転軸に2個の可変抵抗が備えられたもので、ステレオ機器の音量調整などに使われる。スイッチ付可変抵抗は電源スイッチと音量調整を1つの操作部で兼用する際などに使われる。

▶抵抗器の定格

抵抗器の**定格**の基本は、もちろん**抵抗値**だ。抵抗値にはそれぞれに**抵抗値許容差**が定められている。**許容差**は一般的には**誤差**という。抵抗器は**ジュール熱**による発熱があるが、大きな発熱にも耐えられるようにすると素子が大型化してしまうため、**定格電力**が定められている。また、**抵抗温度係数**が明示されている抵抗器もある。

通常は82ページの**電力**に関する〈式10-03〉と〈式10-04〉を変形することで、〈式03-04〉と〈式03-05〉のように、かけられる電圧 V [V] の上限と、流すことができる電流 I [A] の上限を定格電力 P [W] と抵抗値 R [Ω] から求めることができる。

$$V = \sqrt{PR}\ [\text{V}] \qquad \cdots \cdots \langle 式03\text{-}04\rangle$$

$$I = \sqrt{\frac{P}{R}}\ [\text{A}] \qquad \cdots \cdots \langle 式03\text{-}05\rangle$$

これらの式から、たとえば100 [Ω] で $\frac{1}{4}$ [W] の抵抗器なら、電圧の上限が5 [V]、電流の上限が0.05 [A] と計算される。

▶抵抗器の表示

抵抗器の各種定格の表示にはカラーコード表示と数字表示があり、抵抗器の大きさなどによって使い分けられている。

▶カラーコード表示

小型の抵抗器では**カラーコード**という色の帯で定格が表示される。帯は4〜6本のものがあり、抵抗器の端に近い位置にあるものから順に読むのが基本だ。

4本帯の場合、1〜3本目で**抵抗値**を示している。1本目と2本目が数値で、3本目が10の乗数だ。4本目は**許容差**を示す。たとえば、茶・黒・茶・金と並んでいる場合、数値は10、乗数は10^1、許容差±5%を意味することになり、100Ω（±5%）の抵抗器ということになる。実際の抵抗値は95〜105Ωの範囲内にあることになる。5本帯の場合は3本目までが数値を示し、乗数、許容差と続く。たとえば、茶・灰・黒・橙・茶であれば、数値は180、乗数は10^3、許容差±1%を意味することになり、180000Ω＝180kΩ（±1%）になる。6本帯の場合は5本目までは5本帯と読み方は同じで、最後の1本が**抵抗温度係数**を示す。

▶数字表示

ある程度の大きさがある抵抗器の場合は数値と単位や記号で抵抗値や許容差が示され

◆ 抵抗器のカラーコード〈表03-06〉

4本帯	1～2本目	3本目	4本目	−
5本帯	1～3本目	4本目	5本目	−
6本帯	1～3本目	4本目	5本目	6本目
色	数値	10の乗数	許容差[%]（記号）	温度係数[10^{-6}/K]
黒	0	10^0	−	±250
茶	1	10^1	±1%(F)	±100
赤	2	10^2	±2%(G)	±50
橙	3	10^3	±0.05%(W)	±15
黄	4	10^4	−	±25
緑	5	10^5	±0.5%(D)	±20
青	6	10^6	±0.25%(C)	±10
紫	7	10^7	±0.1%(B)	±5
灰	8	10^8	−	±1
白	9	10^9	−	−
金	−	10^{-1}	±5%(J)	−
銀	−	10^{-2}	±10%(K)	−
無色	−	−	±20%(M)	−

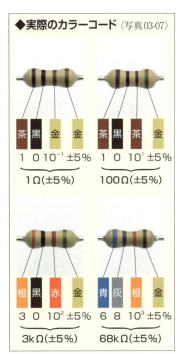

◆ 実際のカラーコード〈写真03-07〉

る。たとえば、5W 10ΩJであれば、定格電力5W、抵抗値10Ω、許容差±5%を意味する（許容差の記号はカラーコードの表を参照）。

　チップ抵抗も数字で表記されるが、3桁もしくは4桁の数字と記号で抵抗値だけを示している。3桁表記の場合、1桁目と2桁目が数値を示し、3桁目が10の乗数を示すのが基本だが、Rの記号が混ざっている場合は、Rが小数点を示し、残る2個の数字が数値を示す。同様にLの記号が混ざっている場合は、Lが小数点を示すが、単位が[mΩ]になる。4桁表記の場合は1～3桁目が数値を示し、4桁目が10の乗数を示すのが基本で、RやLの扱いは3桁表記の場合と同じだ。

◆ チップ抵抗の表示例〈表03-08〉

▶可変抵抗器の定格と特性

可変抵抗器の抵抗値は最大の抵抗値が示される。抵抗値許容差が明示されていないことも多いが、許容差±10%が一般的で、小型のものでは±20%のこともある。定格電力も定められている。端子は位置や並び順が異なっていることもあるが、3個の端子が基本だ。

可変抵抗器の操作量に対する抵抗値の変化の特性には各種のタイプがあるが、一般的に使われているのはA〜D型の4種類だ。B型は回転角度と抵抗値が比例している。A型は人間の聴覚に対応させたもので、前半は変化がゆるやかだが後半は大きくなる。通常は、音量調整に使用する。後半の変化をさらに大きくしたD型が音量調整に使われることもある。C型はA型とは逆のカーブを描くもので、ステレオ機器の左右のバランス調整用に使われる。

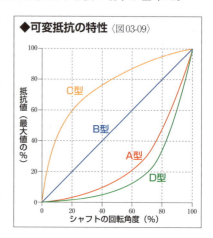

◆可変抵抗の特性 〈図03-09〉

………素子の値………

日常生活で考えれば、50はキリのよい数値だ。しかし、50Ωの抵抗器を探すのは難しい。抵抗器のラインナップはキリのよい数字で揃えられているわけではない。ほかの素子についても同様だ。

素子の数値のラインナップは、1から10までを**等比級数**で分割した**標準数**である**E系列**に従っている。こうすることで隣り合った数値の比率が一定になるので、一定の割合の許容差の範囲内で近似値のものが選択できる。抵抗器では12分割した**E12系列**や24分割にした**E24系列**が一般的で有効数字が2桁だが、誤差が1%以下の抵抗器では有効数字が3桁の**E96系列**や**E192系列**が採用されることもある。ほかにも**E3系列**(1.0、2.2、4.7)や**E6系列**がある。

E6系列	E12系列	E24系列	E96系列 許容差±1%		
1.0	1.0	1.0	10.0	10.2	10.5
–	–	1.1	10.7	11.0	11.3
–	1.2	1.2	11.5	11.8	12.1
–	–	1.3	12.4	12.7	13.0
1.5	1.5	1.5	13.3	13.7	14.0
–	–	1.6	14.3	14.7	15.0
–	1.8	1.8	15.4	15.8	16.2
–	–	2.0	16.5	16.9	17.4
2.2	2.2	2.2	17.8	18.2	18.7
–	–	2.4	19.1	19.6	20.0
–	2.7	2.7	20.5	21.0	21.5
–	–	3.0	22.1	22.6	23.2
3.3	3.3	3.3	23.7	24.3	24.9
–	–	3.6	25.5	26.1	26.7
–	3.9	3.9	27.4	28.0	28.7
–	–	4.3	29.4	30.1	30.9
4.7	4.7	4.7	31.6	32.4	33.2
–	–	5.1	34.0	34.8	35.7
–	5.6	5.6	36.5	37.4	38.3
–	–	6.2	39.2	40.2	41.2
6.8	6.8	6.8	42.2	43.2	44.2
–	–	7.5	45.3	46.4	47.5
–	8.2	8.2	48.7	49.9	51.1
–	–	9.1	52.3	53.6	54.9
			56.2	57.6	59.0
			60.4	61.9	63.4
			64.9	66.5	68.1
			69.8	71.5	73.2
			75.0	76.8	78.7
			80.6	82.5	84.5
			86.6	88.7	90.9
			93.1	95.3	97.6
許容差±20%	許容差±10%	許容差±5%			

[回路素子編]

Chapter 06

電磁気とコイル

Sec.01：磁気の基礎知識　・・・・156
Sec.02：コイルと電磁石　・・・・158
Sec.03：電磁誘導作用　・・・・・160
Sec.04：ファラデーの法則　・・・162
Sec.05：自己誘導作用　・・・・・164
Sec.06：相互誘導作用　・・・・・166
Sec.07：コイルとトランス・・・・170

[電磁気とコイル]
磁気の基礎知識

コイルや交流を知るために、最低限覚えておきたい磁気に関する知識は、磁気の強弱に関係する磁界の強さ、磁束密度、透磁率などだ。

▶磁気

電気と**磁気**には深い関係がある。**回路素子**であるコイルのふるまいや、交流の発生を理解するには、ある程度は電磁気の知識があったほうがいいが、奥の深い分野なので、ここでは概略のみを説明する。詳しく知りたい場合は、電磁気学の書籍などを参考にしてほしい。

磁気とは**磁石**が鉄を引きつける性質のことで、その時に発揮される力を**磁力**もしくは**磁気力**という。エネルギーの形態の1つであり、**磁気エネルギー**といわれる。磁気にはN極とS極という**極性**があり、異極同士は吸引力で引き合い、同極同士は反発力で反発し合う。

磁気による吸引力は鉄に対しても発揮されるが、鉄はS極にもN極にも引きつけられる。このように磁石に引きつけられる物質を**強磁性体**または単に**磁性体**という。磁性体が磁石に引きつけられるのは、磁石が近くにあることで、磁性体に一時的に磁石の性質が備わるためだ。たとえば、磁石のN極を鉄に近づけると、鉄の磁石に近い側がS極になり、反対側がN極になるため、鉄と磁石の間に吸引力が働く。このように周囲の磁石の影響で強磁性体に磁石の性質が現れることを**磁気誘導**という。しかし、磁気誘導で鉄に現れる磁気はあくまでも一時的なもので、時間が経過すると磁石の性質がなくなる。時間が経過しても磁気の性質を備え続けるものが**永久磁石**だ。

さまざまな永久磁石や**電磁石**があるが、それぞれに鉄を引きつける力は異なる。こうした**磁極の強さ**(**磁荷**または**磁気量**ともいう)は、量記号「m」で表わされ、単位には[Wb]が使われる。N極の磁極の強さを$+m$[Wb]とした場合、S極を$-m$[Wb]として扱う。

▶磁界と磁力線

磁力の及ぶ範囲を**磁界**や**磁場**という。磁界の強さは、量記号「H」で表わされる。**磁極の強さ**で発揮される**磁力**という力が変化するため、単位は[N/Wb]となるが、電磁石の磁界の強さは電流との関係で示したほうが都合がよいので、[A/m]が使われることが多い。

磁力は目に見えない。これをイメージしやすくするために考え出されたものが**磁力線**だ。磁

◆磁力線〈図01-01〉　　　　　　　　　　　　　　　　　　　　　　※図は全磁界を描いていない。

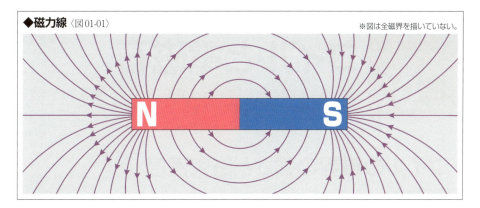

力線はN極から出てS極に入ると定義されている（磁石内では逆になる）。磁力線は途中で分岐したり交差したり途切れたりすることがない。間隔が狭いほど磁力が強いことを表わす。

　磁力線は磁気のさまざまな性質を説明する際にも使われる。磁力線は、通りやすい部分を通ろうとする性質があり、さらに最短距離を通ろうとする性質がある。磁力線が引き伸ばされると、あたかも引き伸ばされたゴムひもが張力を発揮しているような現象が起こる。また、状態が安定した磁力線は、その状態を保とうとする性質がある。

▶透磁率と磁束密度

　物質によって**磁力線**の通りやすさには違いがある。**磁性体**は、空気中に比べて数1000倍も磁力線が通りやすい。こうした磁力線の通りやすさの度合いを表わしたものを**透磁率**といい、量記号には「μ」、単位には[H/m]が使われる。

　磁力線の数は**磁極**がどのような場所に置かれているかで変化する。つまり、透磁率の影響を受ける。そこで考え出されたのが**磁束**だ。磁束は磁力線を束ねたものといえ、一定の強さの磁極からは一定の磁束が出ると定義された。磁束の量記号は「Φ」で、単位は磁極の強さと同じ[Wb]だ。この磁束と直角に交わる面積1[m²]あたりを通る磁束を**磁束密度**という。磁束密度は量記号に「B」、単位に[T]または[Wb/m²]が使われる。**磁界の強さ**が同じでも、物質の透磁率によって磁束密度は変化するため、〈式01-02〉の関係が成立する。

　次ページで説明するようにコイルに電流を流すと電磁石になる。このコイルに**鉄心**を入れると電磁石の磁力が強くなる。鉄心なしでも鉄心ありでも電流で生じる磁界の強さは同じだが、空気より鉄のほうが透磁率が高いため、鉄心ありコイルのほうが磁束密度が高くなるわけだ。

磁束密度と磁界の強さ　〈式01-02〉

$$B = \mu H$$

B：磁束密度[T]
μ：透磁率[H/m]
H：磁界の強さ[A/m]

コイルと電磁石

Chapter 06 [電磁気とコイル]
Section 02

導線に電流を流すと磁界が発生する。電流を流したコイルの磁界の強さや磁束密度は、電流とコイルの巻数に比例し、コイルの半径に反比例する。

▶コイルの磁界の強さと磁束密度

導線に電流を流すと、導線の周囲に同心円状の**磁界**が発生する。周囲にできる**磁力線**の向きは、電流の方向に対して右回りになる。一般的なネジは右に回すと締め込まれる。ネジの進む方向を電流の方向、ネジを回す方向を磁力線の方向に見立てることができるため、これを**右ネジの法則**という。発見者の名前から**アンペールの法則**ともいう。周囲の**磁界の強さ**は、電流の大きさに比例する。

このように電気によって作られる磁石を**電磁石**という。しかし、導線1本では大きな磁力が得られない。そのため、通常は導線をつる巻状にした**コイル**が使われる。

導線を1巻だけループ状（**1ターンコイル**）にして電流を流すと、ループの各部に導線を中心とした磁界ができる。どの部分の磁力線も同じようにループの中央を向くため、ループ中央に磁力線が集中して磁界が強くなる。ループの半径を小さくすると、それだけ狭い空間に磁力線が密集するため、磁界が強くなる。

コイルの**巻数**を増やしていくと、隣り合った導線の磁界が合成される。この合成が繰り返されることで、1つの大きな磁界ができて磁界が強くなる。電流が同じなら、巻数が多いほど磁界は強くなる。また、コイルの中心に鉄の棒を通すと、空気中より磁力線が通りやすくなるため、**磁束密度**が高くなる。こうした磁力線の通り道として使用する**磁性体**を**鉄心**という。

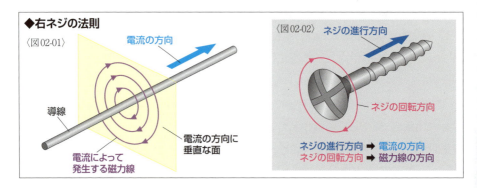

◆右ネジの法則
〈図02-01〉

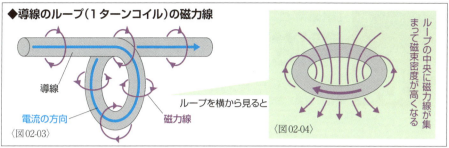

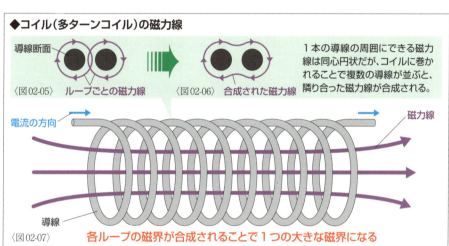

　電流を流したコイルと、磁界の強さや磁束密度との関係は、磁界の強さから順を追って確かめていけば判明するが、多くのスペースを要するため省略し、その関係を示した式だけを掲載する。詳しくは電磁気学の書籍などを参考にしてほしい。コイルにはさまざまな種類があるが、掲載しているのは鉄心が棒状のソレノイドコイルと、鉄心がドーナツ状の環状コイルだ。

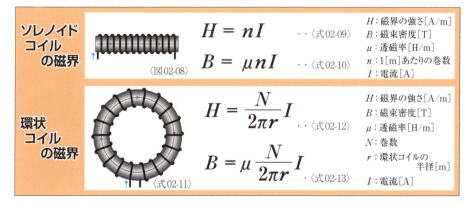

Chapter 06 Section 03

[電磁気とコイル]

電磁誘導作用

導線が磁界のなかで動いたり、逆にコイルの周囲で磁界が動くと、導線やコイルに誘導起電力が生じて誘導電流が流れる。これを電磁誘導作用という。

▶フレミングの右手の法則

〈図03-01〉のように、U字磁石の**磁極**の間に配した導線を動かすと、導線に**電流**が流れる。磁石の**磁力線**は下向きで、導線が右から左に移動すると、導線に向かって左側では磁力線が押されて**密**になり**磁界**が強くなる。逆に、導線の右側では磁力線が**疎**になり磁界が弱くなり、導線の両側の磁力線が不安定な状態になる。**磁気**には安定した状態になろうとする性質があるため、導線を押し戻す方向に力が発揮されるように作用する。そのためには、左回りの磁力線が必要になるため、導線の奥から手前に向かって電流が流れる。

こうした現象を**電磁誘導作用**といい、発生する**起電力**を**誘導起電力**、流れる電流を**誘導電流**という。電磁誘導作用の磁界、力、誘導電流の方向には一定の関係があり、**フレミングの右手の法則**で説明される。右手の親指、人さし指、中指をそれぞれ直角に交わるように伸ばし、人さし指で磁界の方向、親指で導線の移動方向をさすと、中指のさす方向に誘導電流が流れる。

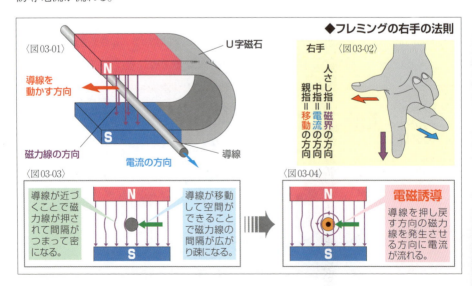

▶コイルと磁石の電磁誘導作用

　左ページの**電磁誘導作用**は**磁界**のなかで**導体**を動かすことで生じたが、導線やコイルに対して磁界を動かすことでも電磁誘導作用が起こる。〈図03-05〉のように棒磁石をコイルに入れていくと、コイル内の**磁力線**が増えていく。物体の運動に慣性の法則があるように、磁気にもそれまでの状態を維持しようとする性質がある。そのため、増えてきた磁力線を打ち消す方向の磁力線が発生するように**誘導起電力**が生じて**誘導電流**が流れる。棒磁石を止めると、磁界が移動しなくなるため誘導電流が停止するが、棒磁石を引き出していくと、今度はコイル内の磁力線が減っていくため、同じ方向の磁力線が発生するように誘導電流が流れる。

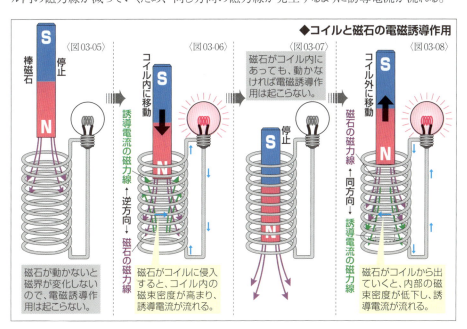

◆コイルと磁石の電磁誘導作用

〈図03-05〉棒磁石 停止／磁石が動かないと磁界が変化しないので、電磁誘導作用は起こらない。

〈図03-06〉コイル内に移動／誘導電流の磁力線←逆方向→磁石の磁力線／磁石がコイルに侵入すると、コイル内の磁束密度が高まり、誘導電流が流れる。

〈図03-07〉停止／磁石がコイル内にあっても、動かなければ電磁誘導作用は起こらない。

〈図03-08〉コイル外に移動／磁石の磁力線←同方向→誘導電流の磁力線／磁石がコイルから出ていくと、内部の磁束密度が低下し、誘導電流が流れる。

▶レンツの法則

　電磁誘導作用によって生じる**誘導起電力**の方向を示す法則が**レンツの法則**で、「**電磁誘導作用によって生じる誘導起電力の方向は、その誘導電流が作る磁束が、元の磁束の変化を妨げる方向になる**」というものだ。上の例の場合は元は磁束がない状態だといえる。

　もし、コイルに一定の電流が流れていたらどうだろう。詳しくは「自己誘導作用（P164参照）」で説明するが、電流によって磁界が発生しているコイルに棒磁石を入れていけば、誘導起電力は元の電流を妨げる方向になる。そのため、誘導起電力のことを**逆起電力**ともいう。

［電磁気とコイル］
ファラデーの法則

Section 04

電磁誘導作用では、磁束が変化した場合でも、導体が移動した場合でも、1秒間に1Wbの磁束の変化があれば、−1Vの誘導起電力を生じる。

▶ コイルに生じる誘導起電力

　電磁誘導作用によって生じる誘導起電力の大きさを示す法則がファラデーの法則で、「電磁誘導作用によって回路に生じる誘導起電力は、その回路を貫く磁界の変化の割合に比例する」というものだ。

　たとえば〈図04-01〉のように、微小時間Δt[s]の間にコイル内の磁束が$\Delta \Phi$[Wb]だけ変化すると、生じる誘導起電力e[V]は〈式04-02〉のように表わすことができる。ファラデーの法則は、誘導起電力の大きさを説明したものなので、本来はこの式のようにeを絶対値で示すべきだが、通常はレンツの法則も同時に適用して、逆起電力であることを示し、〈式04-03〉のようにマイナスをつけるのが一般的だ。

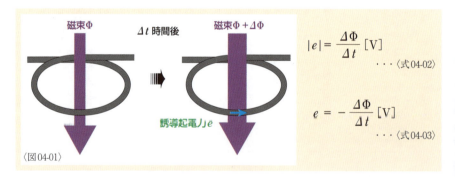

〈図04-01〉

$$|e| = \frac{\Delta \Phi}{\Delta t} \text{[V]} \quad \cdots \text{〈式04-02〉}$$

$$e = -\frac{\Delta \Phi}{\Delta t} \text{[V]} \quad \cdots \text{〈式04-03〉}$$

　〈図04-01〉の例はコイルが1巻だけの**1ターンコイル**だが、コイルの**巻数**がNの**多ターンコイル**の場合は、それぞれのターンの誘導起電力が直列接続されていることになるので、各ターンの起電力を加算すればよい。各ターンの起電力は等しいので、〈式04-04〉のように1ターンの起電力をN倍すれば、N巻コイルの誘導起電力が求められる。

$$e = -N\frac{\Delta \Phi}{\Delta t} \text{[V]} \quad \cdots \text{〈式04-04〉}$$

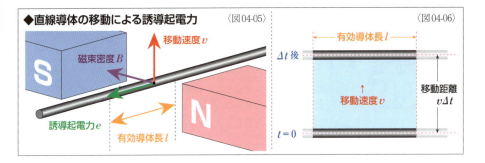

◆直線導体の移動による誘導起電力　〈図04-05〉　〈図04-06〉

▶直線導体の移動による誘導起電力

　フレミングの右手の法則の実験のように、直線の導体が磁界内で移動した場合も、ファラデーの法則で誘導起電力を求めることができる。考え方はまったく同じだ。〈式04-03〉によって、運動する1本の直線導体が、1秒間に1[Wb]の磁束を横切れば、－1[V]の誘導起電力が生じることになる。

　〈図04-05〉のように直線導体が磁石で作られた磁束密度B[T]の磁界のなかを、磁界の方向に対して直角に速度v[m/s]で移動するとする。この時、誘導起電力e[V]を生じるのは、磁界の範囲内にある導体の部分だけだ。その部分の長さを有効導体長という。これをl[m]とする。時間$t=0$[s]の時と、微小時間Δt[s]後の間に横切った磁束$\Delta \Phi$[Wb]は、面積をもとに考えるとわかりやすい。〈図04-05〉を磁石のN極の側から見たのが〈図04-06〉だ。図の四角形の幅は、有効導体長なのでlになる。四角形の高さは、速度vで時間Δt移動したのだから両者の積$v\Delta t$で求められる。これで、四角形の面積が$lv\Delta t$であることがわかる。いっぽう、磁束密度の単位には[Wb/m²]も使われる。つまり、面積がわかれば、そこに存在する磁束が求められるということだ。結果、〈式04-07〉のように直線導体の移動によって生じる磁束の変化$\Delta \Phi$[Wb]を求めることができる。

$$\Delta \Phi = Blv\Delta t \, [\text{Wb}] \quad \langle 式04\text{-}07\rangle$$

　求められた磁束の変化$\Delta \Phi$を、ファラデーの法則による〈式04-03〉に代入すると、〈式04-09〉のように直線導体の移動による誘起電力を求めることができる。

$$e = -\frac{Blv\Delta t}{\Delta t} \quad \langle 式04\text{-}08\rangle$$

$$= -Blv \, [\text{V}] \quad \langle 式04\text{-}09\rangle$$

［電磁気とコイル］
自己誘導作用

Chapter 06 Section 05

コイルを流れる電流が変化した際にも電磁誘導作用が起こる。この作用によって生じる誘導起電力はコイルの自己インダクタンスから求められる。

▶コイルの電流変化で生じる誘導作用

コイルに電流を流すと**磁界**が生じる。その際にも**電磁誘導作用**が起こる。こうした誘導作用を**自己誘導作用**といい、誘導される**起電力**を**自己誘導起電力**という。

〈図05-01〉のように電流が流れ始める瞬間から考えると、それまで**磁力線**がなかったコイル内に電流によって磁力線が発生していく。すると、その磁力線を打ち消す方向の磁力線が発生するように**誘導電流**が流れる。誘導電流は、コイルに流した電流とは逆方向になるため、その**誘導起電力**を**逆起電力**という。直流であれば、コイルにかけた電圧が逆起電力に打ち勝って磁界が安定すれば誘導作用が発生しなくなるが、電流を停止する際にも自己誘導作用が起こる。それまで存在していた磁力線がなくなるため、磁力線を補うように誘導電流が流れる。誘導電流の方向は、それまでコイルに流していた電流と同じ方向になる。

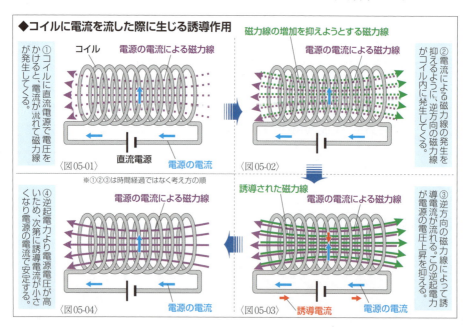

▶自己インダクタンス

コイルの**自己誘導作用**による**誘導起電力**e[V]は、微小時間をΔt[s]、**磁束**の変化を$\Delta \Phi$[Wb]、コイルの**巻数**をNとすれば、162ページで説明したように〈式04-04〉で表わせる。磁束の変化はコイルを流れる電流I[A]に比例するので、**比例定数**kを仮定すると〈式05-05〉のようになる。この式を〈式04-04〉に代入すると、起電力eを〈式05-06〉のように表わせる。

$$e = -N \frac{\Delta \Phi}{\Delta t} \text{ [V]} \qquad \text{〈式04-04〉}$$

$$\Delta \Phi = k \Delta I \qquad \text{〈式05-05〉}$$

$$e = -kN \frac{\Delta I}{\Delta t} \text{ [V]} \qquad \text{〈式05-06〉}$$

さらに、$kN = L$として新たな**比例定数**Lを設定すると、誘導起電力eを〈式05-07〉のように表わせる。

$$e = -L \frac{\Delta I}{\Delta t} \text{ [V]} \qquad \text{〈式05-07〉}$$

この比例定数「L」を**自己インダクタンス**という。〈式04-04〉のeに〈式05-07〉を代入し、整理していくと〈式05-09〉のようにLを表わせる。磁束Φは電流Iに比例するので、〈式05-10〉の関係が成立する。そこで、〈式05-11〉のようにLを表わすことができる。

$$-L \frac{\Delta I}{\Delta t} = -N \frac{\Delta \Phi}{\Delta t} \qquad \text{〈式05-08〉}$$

$$L = N \frac{\Delta \Phi}{\Delta I} \qquad \text{〈式05-09〉}$$

$$\frac{\Delta \Phi}{\Delta I} = \frac{\Phi}{I} \qquad \text{〈式05-10〉}$$

$$L = N \frac{\Phi}{I} \text{ [Wb/A=H]} \qquad \text{〈式05-11〉}$$

自己インダクタンスLは、磁束を電流で割ったものなので、単位は[Wb/A]といえるが、一般的には[H]が使われる。「**自己インダクタンス1[H]とは1秒間に電流が1[A]変化した時に1[V]の誘導起電力が生じるコイルの値である**」といえる。実際のLの大きさは、コイルの巻数や**鉄心**の有無などによって決まる。コイルに生じる自己誘導起電力の大きさを決める値なので、電流が常に変化する交流回路で重要な役割を果たす。

相互誘導作用

[電磁気とコイル]

Chapter 06 / Section 06

磁界を共有する２つのコイルの間でも電磁誘導作用が起こる。この作用によって生じる誘導起電力は相互インダクタンスから求められる。

▶磁界を共有するコイルで生じる誘導作用

　磁界を共有できるように配置した２個の**コイル**の間でも**電磁誘導作用**が起こる。こうした作用を**相互誘導作用**という。下図のように２個のコイルが磁界を共有できるように配置し、コイルＡに電流を流すと、**磁力線**が発生する。この磁力線はコイルＢの磁界を変化させることになるので、コイルＢに磁界の変化を妨げる磁力線が発生して、**誘導電流**が流れる。コイルＡの**自己誘導作用**がなくなり電圧が安定すると、コイルＢの**相互誘導起電力**がなくなる。次

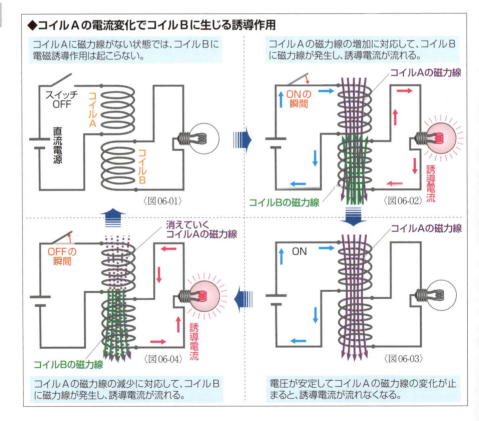

◆コイルＡの電流変化でコイルＢに生じる誘導作用

に、コイルAの電流を止めると、再びコイルBの磁界が変化するため、コイルBに**誘導起電力**が発生する。相互誘導作用では通常、電流を流すコイルを**一次コイル**、誘導電流が流れるコイルを**二次コイル**という。

▶相互インダクタンス

　一次コイルの電流I_1[A]の変化によって**二次コイル**に生じる**誘導起電力**e_2[V]は、微小時間をΔt[s]、二次コイルの**磁束**の変化を$\Delta \Phi_2$[Wb]、二次コイルの**巻数**をN_2とすれば〈式06-05〉で表わせる。Φ_2の変化はI_1に比例するので、**比例定数**k_2を仮定すると〈式06-06〉のようになる。さらに、$k_2 N_2 = M$として新たな比例定数Mを設定すると、誘導起電力e_2を〈式06-08〉のように表わせる。

$$e_2 = -N_2 \frac{\Delta \Phi_2}{\Delta t} \text{[V]} \qquad \langle 式06\text{-}05 \rangle$$

$$\Delta \Phi_2 = k_2 \Delta I_1 \qquad \langle 式06\text{-}06 \rangle$$

$$e_2 = -k_2 N_2 \frac{\Delta I_1}{\Delta t} \text{[V]} \qquad \langle 式06\text{-}07 \rangle$$

$$e_2 = -M \frac{\Delta I_1}{\Delta t} \text{[V]} \qquad \langle 式06\text{-}08 \rangle$$

　この比例定数「M」を**相互インダクタンス**という。〈式06-05〉と〈式06-08〉から、Mは〈式06-09〉のように表わせる。磁束Φ_2は電流I_1に比例するので、〈式06-10〉の関係が成立する。そこで、〈式06-11〉のようにMを表わすことができる。

$$M = N_2 \frac{\Delta \Phi_2}{\Delta I_1} \qquad \langle 式06\text{-}09 \rangle$$

$$\frac{\Delta \Phi_2}{\Delta I_1} = \frac{\Phi_2}{I_1} \qquad \langle 式06\text{-}10 \rangle$$

$$M = N_2 \frac{\Phi_2}{I_1} \text{[Wb/A=H]} \qquad \langle 式06\text{-}11 \rangle$$

　相互インダクタンスMも、自己インダクタンスと同じように磁束を電流で割ったものなので、単位は[Wb/A]といえるが、一般的には[**H**]が使われる。「**相互インダクタンス1[H]とは1秒間に一次コイルの電流が1[A]変化した時に二次コイルに1[V]の誘導起電力が生じるコイルの関係を示す値である**」といえる。交流回路において電圧の変換（**変圧**）などに使われる素子である**トランス**において、**相互誘導作用**は重要な役割を果たす。

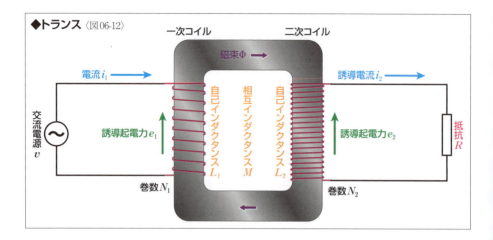

▶トランス

トランスという**素子**は、〈図06-12〉のように環状の**鉄心**に**一次コイル**と**二次コイル**が備えられている。**理想のトランス**ではこの鉄心で完全に**磁界**を共有できているものとする。

交流と**コイル**の関係についてはChapter10の「交流コイル回路（P238参照）」で詳しく説明するが、交流電圧はたえず大きさと向きが変化しているため、**電磁誘導作用**が起こり続ける。一次コイルの**自己誘導作用**による**自己誘導起電力** e_1 [V]は、微小時間をΔt [s]、磁束の変化を$\Delta \Phi$ [Wb]、一次コイルの**巻数**をN_1とすれば〈式06-13〉で表わせる。この時、**誘導起電力**e_1と電源の交流電圧v [V]はつり合っているので、〈式06-14〉のようにも表わせる。

$$e_1 = -N_1 \frac{\Delta \Phi}{\Delta t} \text{ [V]} \qquad \cdots \langle 式06\text{-}13\rangle$$

$$v = -N_1 \frac{\Delta \Phi}{\Delta t} \text{ [V]} \qquad \cdots \langle 式06\text{-}14\rangle$$

いっぽう、二次コイルと一次コイルは磁界を完全に共有しているので、微小時間Δtに生じる二次コイルの磁束の変化も$\Delta \Phi$だ。この変化による**相互誘導作用**で生じる**相互誘導起電力**e_2 [V]は、二次コイルの巻数をN_2とすれば〈式06-15〉のように表わせる。

$$e_2 = -N_2 \frac{\Delta \Phi}{\Delta t} \text{ [V]} \qquad \cdots \langle 式06\text{-}15\rangle$$

vとe_2の比を求めるために、〈式06-14〉の両辺を〈式06-15〉の両辺で割ったうえで右辺を整理すると〈式06-16〉が導かれる。

$$\frac{v}{e_2} = \frac{N_1}{N_2} \quad \cdots\cdots\cdots\cdots\cdots\cdots\cdots\cdots\cdots\cdots\cdots\cdots\cdots \langle 式06\text{-}16 \rangle$$

　以上の計算から、「一次コイルにかけた電圧と二次コイルに誘導される電圧の比率が、一次コイルの巻数と二次コイルの巻数の比率に等しい」ことがわかる。交流回路では、トランスのこの性質を利用して、電圧を変換する**変圧**が行われる。

　次に、理想のトランスの一次コイルの**自己インダクタンス**をL_1[H]、**相互インダクタンス**をM[H]として、一次コイルに電流I_1[A]を流した時を考えてみると、〈式06-17〉と〈式06-18〉が成り立ち、両式から〈式06-19〉が導かれる。

$$M = \frac{N_2 \Phi}{I_1} \ [\text{H}] \quad \cdots\cdots\cdots\cdots\cdots\cdots\cdots\cdots\cdots\cdots\cdots \langle 式06\text{-}17 \rangle$$

$$L_1 = \frac{N_1 \Phi}{I_1} \ [\text{H}] \quad \cdots\cdots\cdots\cdots\cdots\cdots\cdots\cdots\cdots\cdots\cdots \langle 式06\text{-}18 \rangle$$

$$M = \frac{N_2}{N_1} L_1 \ [\text{H}] \quad \cdots\cdots\cdots\cdots\cdots\cdots\cdots\cdots\cdots\cdots\cdots \langle 式06\text{-}19 \rangle$$

　次に、二次コイルの自己インダクタンスをL_2[H]として、二次コイルに電流を流した時を考えると、一次コイルの場合と同様の過程で〈式06-20〉が導かれる。

$$M = \frac{N_1}{N_2} L_2 \ [\text{H}] \quad \cdots\cdots\cdots\cdots\cdots\cdots\cdots\cdots\cdots\cdots\cdots \langle 式06\text{-}20 \rangle$$

　〈式06-19〉と〈式06-20〉の両辺を掛け合わせると、〈式06-21〉から〈式06-22〉が求められる。

$$M^2 = L_1 L_2 \quad \cdots\cdots\cdots\cdots\cdots\cdots\cdots\cdots\cdots\cdots\cdots\cdots\cdots \langle 式06\text{-}21 \rangle$$

$$M = \sqrt{L_1 L_2} \ [\text{H}] \quad \cdots\cdots\cdots\cdots\cdots\cdots\cdots\cdots\cdots\cdots\cdots \langle 式06\text{-}22 \rangle$$

　現実のトランスでは磁界を完全には共有できず、周囲に磁束が漏れる。これを**漏れ磁束**といい、その存在によって〈式06-22〉の左辺のほうが少し小さくなる。この小さくなる度合いを**比例定数**kで表わすと、〈式06-23〉になる。小さくなる度合いなのでkは1より小さな値だ。

$$M = k\sqrt{L_1 L_2} \ [\text{H}] \quad \cdots\cdots\cdots\cdots\cdots\cdots\cdots\cdots\cdots\cdots\cdots \langle 式06\text{-}23 \rangle$$

　比例定数kは一次コイルと二次コイルの結合の度合いを表わすものなので、**結合係数**という。なお、現実のトランスであっても、トランスとして販売されているものは$k \fallingdotseq 1$と考えられる。

Chapter 06 ［電磁気とコイル］
Section 07
コイルとトランス

コイルには、インダクタンスが一定の固定コイルと調整が可能な可変コイルがある。トランスは現在では交流の変圧に使われることが大半だ。

▶コイルの種類

コイルはモーターや発電機、スピーカーや電磁スイッチなどさまざまな部品や機器で使われているが、ここで取り上げるのは**回路素子**のコイルだ。**自己誘導作用**による**自己インダクタンス**を利用するため、コイルのことを**インダクタ**ということも多い。また、交流で抵抗のように作用する**リアクタンス**(P242参照)を目的とした使い方をする場合は**リアクトル**ともいう。広義では**相互誘導作用**を利用する**トランス**(P172参照)もコイルに含まれる。なお、自己インダクタンスは単に**インダクタンス**ということがほとんどだ。

コイルには、インダクタンスが一定の**固定コイル**(**固定インダクタ**)と可変させることができる**可変コイル**(**可変インダクタ**)がある。固定コイルという用語が使われることはほとんどなく、単にコイルやインダクタということが大半だ。**チップ部品**である**チップコイル**(**チップインダクタ**)も使われている。可変コイルは、抵抗器でいえば半固定タイプに相当するものだ。可変はドライバーなどで行うようにされていて、回路の調整などに使われる。

▶コイルの構造と分類

コイルは基本的に導線を巻いたものだが、**導体**の薄い箔状のパターンを積み重ねたものもある。**鉄心**のないものを**空心コイル**、あるものを**磁心コイル**という。外観からもコイルである

◆コイル(インダクタ)
〈写真07-01〉

←後列左から順に、樹脂に封入されたマイクロインダクタ、ケースに収められたインダクタ、いかにもコイルという外観のトロイダルコイル。中央にあるのが内部のコイルが見えるインダクタ。その左手前の小さなものがチップインダクタ。もっとも手前が抵抗器のような形状のマイクロインダクタ。背景の方眼紙は1㎜目盛り。

ことがわかるタイプもあるが、ケースに収められたタイプや、抵抗器のようにコイルが封入されているタイプもある。こうした封入されたものは**マイクロインダクタ**と総称されることが多い。

ただ、コイルについては構造や形状で分類されることより、用途で分類されることが多い。たとえば、目的の周波数より高い周波数の電流を阻止するものを**チョークコイル**、電源系で使用するものを**パワーインダクタ**や**電源用チョークコイル**、一定の周波数に同調して信号を取り出すために使うものを**高周波同調コイル**といったりする。

▶コイルの定格

コイルの**定格**の基本は**インダクタンス**だ。基本単位は[H]だが、千分の1（10^{-3}）の[mH]や百万分の1（10^{-6}）の[μH]が多い。コイルも抵抗器と同様に**E系列**（P154参照）に従ってインダクタンスが設定されているのが基本だ。E6系列（許容差±20%）か、E12系列（±10%）、E24系列（±5%）が使用される。当然、**インダクタンス許容差**も定められていて単に**許容差**や**誤差**ともいう。このほか、**定格電流**や**直流抵抗値**が定格に含まれる。

▶コイルの表示

コイルについては素子自体に表示がないことも多い。表示がある場合、大きさに余裕があれば**インダクタンス**や**許容差**が数値と単位で表示されているが、小さなものでは3桁の数字で表示されている。読み方はチップ抵抗と同じで、1桁目と2桁目が数値を示し、3桁目が10の乗数を示すのが基本だが、Rの記号が混ざっている場合は、Rが小数点を示し、残る2個の数字が数値を示す。単位は[μH]だ。この3文字に許容差を表わすアルファベット1文字の記号が加わることもある。文字はM（±20%）、K（±10%）、J（±5%）が一般的で、表記がない場合は許容差±20%と考えられる。

マイクロインダクタの場合は、抵抗器と同じ**カラーコード**が使われることもある。この場合も単位は[μH]だ。4本帯が基本だが、許容差が省略された3本帯もある。

◆コイルの数字表示例〈表07-02〉

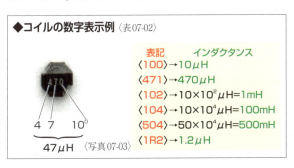〈写真07-03〉

◆カラーコードの表示例

〈写真07-04〉

▶トランスの種類

トランスとは英語のtransformerを略したもので、**相互誘導作用**による**相互インダクタンス**を利用する**回路素子**だ。日本語では**変圧器**という。**鉄心**の形状の違いがあるものの、基本的な構造にバリエーションはない。そのため用途で分類されることが大半だ。交流の**変圧**に使われるものを**電源用トランス**や**電源トランス**、**パワートランス**という。いっぽう、**オーディオ信号**を扱う機器などでは、回路間で異なる**インピーダンス**（P256参照）を整合させるために使われる。こうした**インピーダンス整合**に使われるものを**信号用トランス**や**オーディオトランス**という。変圧を行わないため、**変成器**といって変圧器とは区別して扱うこともある。

◆トランス〈写真07-05〉

ただし、現在ではインピーダンス整合を行う必要のない回路が一般的になっているため信号用トランスはあまり使われていない。

←左右にあるのが電源用トランスで、中央のものが信号用トランス。

▶トランスの定格

トランスの基本になる**定格**は**巻数比**だが、**電源トランス**の場合は**電圧比**で、**信号用トランス**の場合は**インピーダンス比**で示されている。トランスによっては異なる電圧比（またはインピーダンス比）に対応できるように巻線の途中からリード線が導き出された**タップ**がある。それぞれ**定格一次電圧**、**定格二次電圧**、**定格タップ電圧**または**定格一次インピーダンス**、**定格二次インピーダンス**、**定格タップインピーダンス**となる。

電源トランスの場合、一定の**周波数**を前提に設計されていて、それが**定格周波数**として示される。また、トランスには変換の際に**損失**があり、損失分は**ジュール熱**になる。発熱が大きいとトランスが焼損してしまうため、**定格電流**が定められている。**一次定格電流**、**二次定格電流**があるが、通常は二次側のみが示されていることが多い。定格電圧と定格電流などから求められる**定格電力**が、**定格容量**として［**V A**］の単位で示されることもある。また、コイルの場合と同じように、**直流抵抗値**が示されていることもある。

[回路素子編]

Chapter 07

静電気とコンデンサ

Sec.01：静電誘導と誘電分極 ・・ 174
Sec.02：コンデンサと静電容量 ・ 178
Sec.03：合成静電容量 ・・・・・ 182
Sec.04：コンデンサ ・・・・・・ 186

Chapter 07 [静電気とコンデンサ]
Section 01 静電誘導と誘電分極

帯電した物体はその電荷と静電気力で、導体の両端に異なる電荷を集める静電誘導や、絶縁体の両端に電荷を集める誘電分極を起こさせることができる。

▶静電気

Chapeter01の「電荷と自由電子(P16参照)」で説明したように、**電気の正体**ともいえる**電荷**には**プラス(正)とマイナス(負)**の**極性**があり、異なる極性同士は引き合い、同じ極性同士は反発し合うという**静電気力**が作用する。この力が及ぶ範囲を**電界**や**電場**という。こうした電界についてもコイルと同様に電磁気学で詳しく説明されるが、**回路素子**である**コンデンサ**のふるまいを理解しやすくするために、関連の深い部分のみを説明する。さらに詳しく知りたい場合は、電磁気学の書籍などを参考にしてほしい。

物体に**プラスの電荷(正電荷)**が多い状態、もしくは**マイナスの電荷(負電荷)**が多い状態を**帯電**といい、帯電した物体を**帯電体**という。物体が帯電していても、そのままでは回路を流れる電流のように電荷が移動することはない。こうした、帯電したままでとどまっている電気を**静電気**という。プラスの帯電体とマイナスの帯電体を**導体**でつなぐと、静電気力によって電荷が移動する。この移動が電流であり、こうした電荷が移動する電気を、静電気に対して**動電気**ともいう。プラスの電荷とマイナスの電荷が出会って、プラスの電荷とマイナスの電荷が等しくなると、電気的に**中性**な状態になる。

▶静電誘導

導体は、通常は〈図01-01〉のように**プラスの電荷**と**マイナスの電荷**が同じ数だけ均一に分散していて、電気的に**中性**な状態だ。電気的に安定しているともいえる。こうした導体に**帯電体**を近づけると、電気的な安定がくずれる。

たとえば、〈図01-02〉のように、導体にプラスの帯電体を近づけると、導体内のマイナスの電荷と帯電体のプラスの電荷で引き寄せ合うように**静電気力**が作用して、導体のマイナスの電荷が帯電体に近い側に集まる。逆に導体内のプラスの電荷には反発し合う静電気力が作用するため、帯電体から遠い側にプラスの電荷が集まる。こうした現象を**静電誘導**という。

ただし、金属などの導体の場合、プラスの電荷になっている**原子**は移動することができない。

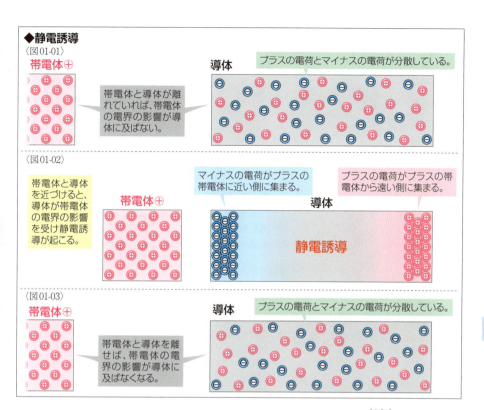

　実際に移動するのはマイナスの電荷である**自由電子**だけだ。帯電体の影響で自由電子が集まった部分にも、プラスの電荷があるが、その部分だけで考えるとマイナスの電荷のほうが数が多いので、マイナスの電荷の性質が現れる。逆に、自由電子が去った部分だけで考えると、プラスの電荷のほうが数が多いので、プラスの電荷の性質が現れるということだ。これが実際の現象だが、考えるうえでは、それぞれの側にプラスの電荷とマイナスの電荷が集まると見なして問題ない。

　もちろん、マイナスの帯電体を導体に近づければ、自由電子が反発力で遠い側に移動する。これにより、帯電体に近い側にプラスの電荷が集まり、遠い側にマイナスの電荷が集まるといえる。

　静電誘導が起こっている時、導体の帯電体に近い側と遠い側は、部分的に帯電しているといえる。しかし、全体で考えれば、あくまでも電気的には中性の状態である。また、こうした静電誘導は、帯電体の電界の影響によるものなので、〈図01-03〉のように導体から帯電体を遠ざければ、解消される。導体内のプラスの電荷とマイナスの電荷が均一に分散して、電気的に中性で安定した状態に戻る。

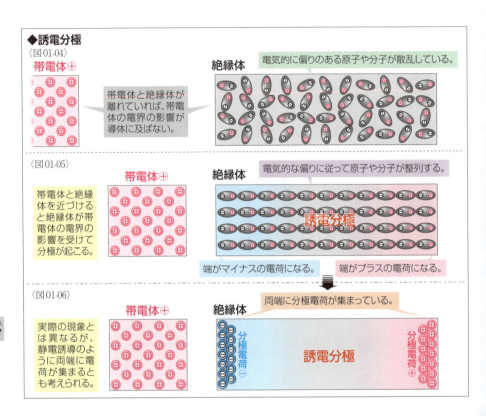

◆誘電分極

〈図01-04〉帯電体と絶縁体が離れていれば、帯電体の電界の影響が導体に及ばない。電気的に偏りのある原子や分子が散乱している。

〈図01-05〉帯電体と絶縁体を近づけると絶縁体が帯電体の電界の影響を受けて分極が起こる。電気的な偏りに従って原子や分子が整列する。誘電分極。端がマイナスの電荷になる。端がプラスの電荷になる。

〈図01-06〉実際の現象とは異なるが、静電誘導のように両端に電荷が集まるとも考えられる。両端に分極電荷が集まっている。分極電荷(−)　誘電分極　分極電荷(+)

▶誘電分極

　絶縁体でも静電誘導に似た現象が起こることがある。絶縁体には**マイナスの電荷**である**自由電子**が存在しないし、電子を放出することで**プラスの電荷**になった**原子**も存在しない。しかし、個々の原子や分子の内部は、電気的にプラスに偏った部分とマイナスに偏った部分がある。こうした原子や分子が〈図01-04〉のように無秩序に分散しているため、プラスとマイナスが打ち消し合って電気的な性質は現れていない。これが安定した状態であるといえる。もちろん、内部に電気的な偏りはある個々の原子や分子も、それぞれは電気的には**中性**だ。

　このような状態にある絶縁体にプラスの**帯電体**を近づけると、帯電体の**電荷**と、原子や分子内の電気的な偏りとの間に**静電気力**が働く。原子や分子は自由電子のように大きく移動することはできないが、多少は動くことができるため、静電気力によって原子や分子の電気的な偏りが〈図01-05〉のように整列する。すると、電圧源を直列接続した時と同じように、絶縁体の両端に電気的な性質が強く現れる。こうした現象を**誘電分極**という。

　誘電分極の場合ももちろん、マイナスの帯電体を絶縁体に近づければ、帯電体に近い側

にプラスの電荷が集まり、遠い側にマイナスの電荷が集まったような状態になる。

現実の現象とは異なるが、静電誘導の場合と同じように、誘電分極でも〈図01-06〉のようにプラスの帯電体に近い側にマイナスの電荷が集まり、遠い側にプラスの電荷が集まっている状態と考えることができる。本来の電荷ではないため、集まっていると考えられる電荷は**分極電荷**といって区別する。分極電荷に対して本来の電荷は**真電荷**という。

こうした誘電分極が起こっていても、絶縁体全体で考えれば、あくまでも電気的には中性の状態である。また、こうした誘電分極は、帯電体の**電界**の影響によるものなので、絶縁体から帯電体を遠ざければ、解消される。絶縁体内の原子や分子の電気的な偏りが再び無秩序な状態になる。

▶誘電率

極性が異なる**電荷**同士には**静電気力**が働くが、その力の大きさは空間を占める物質によって変化する。物質ごとの静電気力の現れやすさを表わす値を**誘電率**という。量記号は「ε」で、単位には[F/m]が使われる。たとえば、**誘電分極**を例にしてみると、〈図01-07〉のように、**帯電体**の電荷の量や距離など誘電率以外の条件がすべて同じ場合、誘電率が高い物質ほど静電気力が強く作用する。そのため誘電分極によって現れる**分極電荷**の量が大きくなる。

誘電率は、**真空**を基準にして扱われることがある。**真空の誘電率**は「ε_0」で表現されるが、空気中の誘電率もほぼ同じ大きさなのでε_0で表わされることが多い。この真空の誘電率に対するある物質の誘電率の比率を**比誘電率**といい、「ε_r」で表わされる。

誘電分極を起こしやすい物質を**誘電体**というが、一般的に比誘電率が1以上の物質、つまり真空より比誘電率が高い物質を誘電体として扱う。たとえば、誘電体として使われることが多い陶器の比誘電率は6前後なので、空気中より6倍誘電分極が起こりやすいことになる。

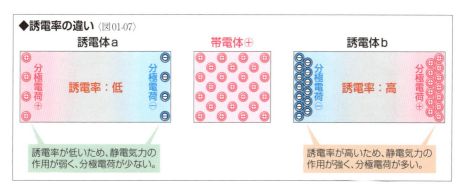

◆誘電率の違い 〈図01-07〉

Chapter 07 ［静電気とコンデンサ］
Section 02　コンデンサと静電容量

コンデンサは電荷を蓄えて充電したり、蓄えた電荷を放出して放電したりする素子だ。蓄えられる電荷の量はコンデンサの静電容量とかけられる電圧で決まる。

▶コンデンサの充電と放電

　コンデンサは**静電気力**を利用して**電荷**を蓄えることができる**回路素子**で、交流回路で重要な役割を果たす。基本構造は〈図02-01〉のように**電極**となる2枚の**導体**の板で**誘電体**をはさんだものだ。実体としての誘電体がなく、空気を誘電体として利用するものもある。

　電気的な行為が何も行われていないコンデンサでも、〈図02-02〉のように電極に電荷が存在するが、**プラスの電荷**と**マイナスの電荷**が同数だけあり、電気的には**中性**の状態だ。

　コンデンサを〈図02-03〉のように直流電源につないで電流を流すと、誘電体に**誘電分極**が起こり、その結果、電源のプラス側に接続された電極にプラスの電荷が蓄えられ、マイナス側に接続された電極にマイナスの電荷が蓄えられ、両電極が**帯電**する。このように電荷を蓄えることを**充電**という。充電によって両電極の電位差が電源の電圧と等しくなると、それ以上は電流が流れなくなる。この電流が流れている間が**過渡現象**であり、電流が流れなくなった状態が**定常状態**だ（P42参照）。

　電流が流れなくなった時点で、〈図02-04〉のように電源を取り外しても、両電極の電荷はそのまま保持される。異なる**極性**の電荷同士が静電気力で引き合っているためだ。

　次に、〈図02-05〉のように充電されたコンデンサを**抵抗**につなぐと、プラスに帯電した電極とマイナスに帯電した電極が導体でつながれることになるので電流が流れる。こうしてコンデンサが蓄えた電荷を放出することを**放電**という。流れる電流の大きさは、両電極の電位差と抵抗の大きさからオームの法則によって計算できるが、放電するにつれて両電極の電位差が小さくなっていくため、電流も小さくなっていく。最終的に電極から電荷がなくなると、電流が流れなくなる。こうして完全に放電すると、コンデンサの両電極は〈図02-02〉の状態に戻る。

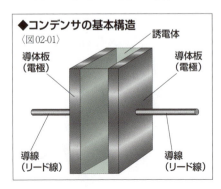

◆コンデンサの基本構造
〈図02-01〉
誘電体
導体板（電極）
導体板（電極）
導線（リード線）
導線（リード線）

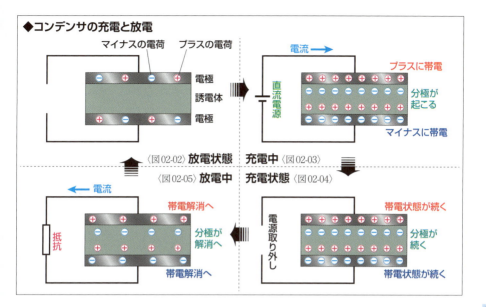

▶静電容量

コンデンサは両電極の電位差、つまり両電極にかけられる**電圧** $V[V]$ が大きいほど、蓄えられる**電荷**の量 $Q[C]$ が大きくなる。そのため、以下の比例式が成立する。

$$Q = CV [C] \quad \cdots \quad \langle 式02\text{-}06 \rangle$$

この式の**比例定数**「C」を**静電容量**または**キャパシタンス**といい、単に**容量**と略されることも多い。数式から導かれる単位は $[C/V]$ だが、通常は $[F]$(ファラッド)が使われる。注意したいのは、静電容量 C の意味だ。静電容量はコンデンサの能力を表わす値だが、蓄えられる電荷の量を示しているわけではない。電気を水にたとえて考えるのであれば、円筒形の容器をイメージするといい。静電容量はこの容器の底面積だといえる。電圧が底から水面までの水位だと考えれば、かけられる電圧が高くなるほど、蓄えられる水の量、つまり電荷の量が大きくなることがイメージできるはずだ。

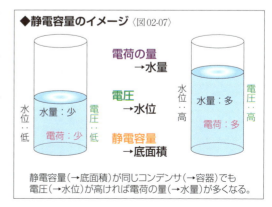

静電容量(→底面積)が同じコンデンサ(→容器)でも電圧(→水位)が高ければ電荷の量(→水量)が多くなる。

▶静電容量と電荷の量

コンデンサに蓄えられる**電荷**の量 $Q[\text{C}]$ は、コンデンサの**静電容量** $C[\text{F}]$ とかけられた**電圧** $V[\text{V}]$ によって決まるが、この量はそれぞれの**電極**に蓄えられた電荷の量を意味している。たとえば、〈図02-08〉のようにコンデンサが電源に接続されて**充電**が完了し、電流が流れなくなった状態を考えると、電源のプラス側に接続された電極には $Q[\text{C}]$ の**プラスの電荷**が蓄えられ、電源のマイナス側に接続された電極には $-Q[\text{C}]$ の**マイナスの電荷**が蓄えられている。このように、コンデンサは常に**極性**が異なる同じ大きさの電荷をそれぞれの電極に蓄えることになり、バランスが取れた電気的に**中性**の状態になっている。

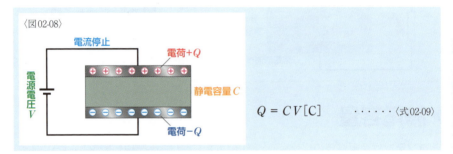

$$Q = CV\,[\text{C}] \quad \cdots\cdots \langle 式02\text{-}09\rangle$$

▶コンデンサと電流

次に、**コンデンサ**を流れる電流を考えてみよう。微小時間 $\Delta t[\text{s}]$ の間にコンデンサ $C[\text{F}]$ にかけられている**電圧**が $\Delta v[\text{V}]$ だけ変化したとすると、**電荷**の変化 $\Delta q[\text{C}]$ は前ページの〈式02-06〉から〈式02-10〉のように表わすことができる。また、電流の**定義**の式(P21参照)を変形すると、〈式02-11〉の関係が得られるので、電荷の変化 Δq を〈式02-12〉のように電流 $i[\text{A}]$ と Δt の**積**に置き換えることができる。

$$\Delta q = C\Delta v\,[\text{C}] \quad \cdots\cdots \langle 式02\text{-}10\rangle$$
$$Q = It\,[\text{C}] \quad \cdots\cdots \langle 式02\text{-}11\rangle$$
$$i\Delta t = C\Delta v\,[\text{C}] \quad \cdots\cdots \langle 式02\text{-}12\rangle$$

ここまでの計算で得られた〈式02-12〉を電流 i について整理すると、〈式02-13〉になる。

$$i = C\frac{\Delta v}{\Delta t}\,[\text{A}] \quad \cdots\cdots \langle 式02\text{-}13\rangle$$

この式から、コンデンサを流れる電流は電圧の変化の速さ(式の分数部分)に比例して流れることがわかる。直流は電圧が変化しないため、コンデンサを直流は流れない。電極の間に**絶縁体**がはさまれているので、流れないのは当然だ。いっぽう、コンデンサは交流を流すと一般的には説明される。しかし、絶縁体があるのでやはりコンデンサを電流が通過することはない。コンデンサを交流が流れているように見えるだけなのだ。これがコンデンサの興味深い点といえる。詳しくはChapter10の「交流コンデンサ回路(P244参照)」で説明する。

▶静電容量の大きさ

　コンデンサの**静電容量**の大きさは何によって決まるのだろう。これは**静電気力**の大きさや**電界**の強さなどの説明から始めて順を追って説明していけば判明するが、多くのスペースを要するため、その関係式を示したうえで、概略を説明する。実際、電気回路だけを学ぶのであれば、静電容量の大きさを決める要素はさほど重要ではない。しかし、静電容量の大きさのイメージをつかむことで、複数のコンデンサを接続した場合の静電容量を理解しやすくなるので、ここで説明しておく。詳しくは電磁気学の書籍などを参考にしてほしい。

　静電容量C[F]のコンデンサの**電極の面積**をA[m²]、**電極間の距離**をd[m]、**誘電体**の**誘電率**をε[F/m]とすると、〈式02-15〉の関係が成立する。

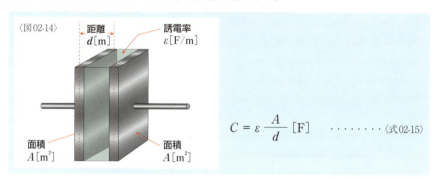

〈図02-14〉

$$C = \varepsilon \frac{A}{d} \ [\mathrm{F}] \quad \cdots\cdots 〈式02\text{-}15〉$$

　〈式02-15〉から、**静電容量Cは誘電率εと電極の面積Aに比例し、電極間の距離dに反比例する**ことがわかる。面積が大きくなるほど、多くの電荷を蓄えやすくなるのは、容易に想像できるだろう。また、磁石でも距離が大きくなるほど磁力が弱くなることを考えれば、コンデンサでも距離が大きくなるほど静電気力が弱くなって、電荷を引き寄せにくくなり静電容量が小さくなるのがわかるはずだ。逆に誘電率は静電気力の現れやすさの度合いなので、誘電率が高くなるほど、静電容量が大きくなることをイメージできるだろう。このように感覚的に理解しておくことも、科学では非常に重要だ。

合成静電容量

Chapter 07 [静電気とコンデンサ]
Section 03

コンデンサを直列/並列接続した合成静電容量の計算式は抵抗の場合と逆になる。並列は加算で、直列は各容量の逆数の和が合成容量の逆数になる。

▶コンデンサの直列接続と並列接続

コンデンサのつなぎ方にも**直列接続**と**並列接続**がある。間に他の素子がなく、複数のコンデンサが直列、並列、直並列で接続されている場合、それを1つのコンデンサと見なすことができる。その全体の**静電容量**を**合成静電容量**という。直並列接続の場合は、合成抵抗と同じように部分部分で合成静電容量を求めていくことになる。

▶並列接続の合成静電容量

合成静電容量の場合、**並列接続**のほうが計算が簡単なので、先に説明する。並列接続では、接続されたそれぞれの素子に同じ電圧がかかることになる。〈図03-01〉は並列接続された**コンデンサ** C_1、C_2 [F]を直流電源 E [V]につないだ回路だ。それぞれのコンデンサの**端子電圧** V_1、V_2 [V]は電源電圧 E に等しい。それぞれに蓄えられる**電荷** Q_1、Q_2 [C]は〈式03-02〉と〈式03-03〉で求められる。いっぽう、**等価変換**した回路が〈図03-04〉だ。合成静電容量を C_{12} [F]とすると、端子電圧 V_{12} [V]は電源電圧 E に等しい。結果、蓄えられる電荷 Q_{12} [C]は〈式03-05〉で求められる。

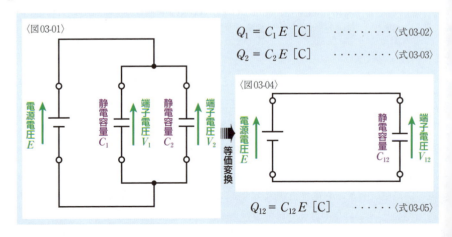

双方の回路は**等価**なので、並列接続のコンデンサの電荷Q_1とQ_2の和は、コンデンサC_{12}の電荷Q_{12}と等しい。これを式に表わすと〈式03-06〉だ。この式に左ページで求めたQ_1、Q_2、Q_{12}の式を代入すると〈式03-07〉になり、両辺のEを整理すると〈式03-08〉になる。

$$Q_{12} = Q_1 + Q_2 \ [\text{C}] \qquad \cdots \text{〈式03-06〉}$$
$$C_{12}E = C_1 E + C_2 E \ [\text{C}] \qquad \cdots \text{〈式03-07〉}$$
$$C_{12} = C_1 + C_2 \ [\text{F}] \qquad \cdots \text{〈式03-08〉}$$

以上の結果から、2つのコンデンサを**並列接続した場合の合成静電容量は、それぞれの静電容量の加算で求められる**ことがわかる。コンデンサn個で計算すれば並列接続の合成静電容量の公式を以下のように導ける。これは抵抗の直列接続の公式と同じ構造の式だ。

コンデンサの並列接続の公式　　　　　　　　　　　　　・・・〈式03-09〉

並列接続されたC_1、$C_2 \cdots C_n$のn個のコンデンサの合成静電容量をC_0とすると

$$C_0 = C_1 + C_2 + C_3 + \cdots + C_n$$

コンデンサの構造に基づく原理からも合成静電容量を考えてみよう。並列接続の場合は、他の要素が同じで**電極の面積**だけが異なるコンデンサで考えるとわかりやすい。2つのコンデンサを並列にすると、〈図03-11〉のようにそれぞれの電極をつないだコンデンサになると考えられる。図からだけでも加算で合成静電容量が求められそうなことがイメージできるだろう。

誘電率ε[F/m]と**電極間の距離**d[m]は同じだとすると、C_1とC_2をそれぞれの電極の面積A_1[m²]とA_2[m²]の違いとして、C_1とC_2は〈式03-12〉と〈式03-13〉のように表わせる。いっぽう、合成静電容量C_{12}の電極の面積はA_1とA_2を合わせたものなので〈式03-14〉のように表わせる。この3式の関係からも、〈式03-08〉を導くことが可能だ。

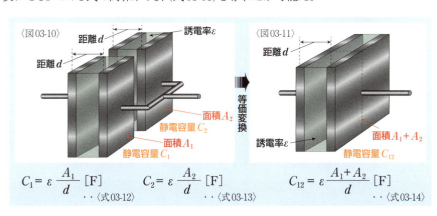

$$C_1 = \varepsilon \frac{A_1}{d} \ [\text{F}] \qquad C_2 = \varepsilon \frac{A_2}{d} \ [\text{F}] \qquad C_{12} = \varepsilon \frac{A_1 + A_2}{d} \ [\text{F}]$$
　　　・・〈式03-12〉　　　　　・・〈式03-13〉　　　　　　・・〈式03-14〉

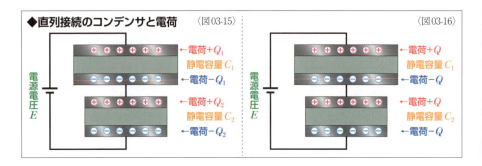

▶直列接続の合成静電容量

〈図03-15〉は**直列接続**された**コンデンサ** C_1、C_2 [F]を直流電源 E [V]につないだ回路だ。C_1 のプラス側の**電極**に蓄えられた**電荷**が Q_1 [C]だとすれば、マイナス側の電極の電荷は $-Q_1$ になる。C_2 ではプラス側の電極に Q_2 [C]で、マイナス側の電極に $-Q_2$ だ。この時、C_1 のマイナス側の電極と C_2 のプラス側の電極はつながっていてほかから電荷が加えられたり、ほかへ電荷が移動することはないため、$-Q_1$ と Q_2 は電気的にバランスが取れている。つまり、Q_1 と Q_2 の大きさは同じだ。この電荷の大きさを Q [C]とすると、〈図03-16〉のようになる。

C_1 のマイナス側の電極の $-Q$ と C_2 のプラス側の電極の Q はバランスが取れているので、電荷は0になる。そのため、直列接続されたコンデンサ C_1 と C_2 が実質的に蓄えるのは、C_1 のプラス側の電極の Q と C_2 のマイナス側の電極の $-Q$ だ。ただし、コンデンサを個別で考えれば、プラスとマイナスの電極に Q と $-Q$ を蓄えていることになる。また、各コンデンサは電源電圧 E を分け合う。コンデンサの**端子電圧** V_1、V_2 [V]を、**静電容量**と電荷で表わすと〈式03-19〉と〈式03-20〉になる。いっぽう、**等価変換**した**合成静電容量**を C_{12} [F]とすると、端子電圧 V_{12} [V]は E に等しい。全体として蓄える電荷もやはり Q なので〈式03-21〉になる。

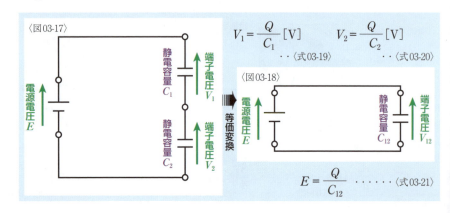

端子電圧 V_1 と V_2 は電源電圧 E を分け合っているので〈式03-22〉の関係になる。この式に〈式03-19～21〉を代入すると〈式03-23〉になり、さらに両辺の Q を整理すると〈式03-24〉になる。また、この式を変形すると〈式03-25〉になる。

$$E = V_1 + V_2 \ [\mathrm{V}] \qquad \text{〈式03-22〉}$$

$$\frac{Q}{C_{12}} = \frac{Q}{C_1} + \frac{Q}{C_2} \qquad \text{〈式03-23〉}$$

$$\frac{1}{C_{12}} = \frac{1}{C_1} + \frac{1}{C_2} \qquad \text{〈式03-24〉}$$

$$C_{12} = \frac{C_1 C_2}{C_1 + C_2} \ [\mathrm{F}] \qquad \text{〈式03-25〉}$$

以上の結果から、2つの**コンデンサを直列接続した場合、それぞれの静電容量の逆数の和が合成静電容量の逆数になる**ことがわかる。コンデンサ n 個で計算すれば、直列接続の合成静電容量の公式を以下のように導ける。これは抵抗の並列接続の公式と同じ構造の式だ。また、コンデンサ2つの場合は〈式03-25〉のように**和分の積の式**も使える。

コンデンサの直列接続の公式 〈式03-26〉

直列接続された C_1、$C_2 \cdots C_n$ の n 個のコンデンサの合成静電容量を C_0 とすると

$$\frac{1}{C_0} = \frac{1}{C_1} + \frac{1}{C_2} + \frac{1}{C_3} + \cdots + \frac{1}{C_n}$$

直列接続は、他の要素が同じで**電極間の距離**だけが異なるコンデンサでも考えることができる。C_1 の右側の電極と C_2 の左側の電極は蓄える電荷に影響を及ぼさないので、C_1 と C_2 の電極間の距離 $d_1\,[\mathrm{m}]$ と $d_2\,[\mathrm{m}]$ を加算したものが合成静電容量 C_{12} の電極間の距離になるといえる。これらの静電容量を示した〈式03-29～31〉からも〈式03-24〉を導くことが可能だ。

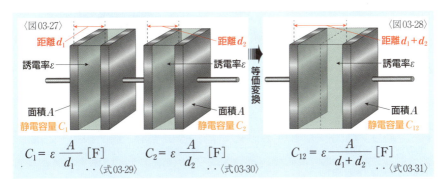

〈図03-27〉 距離 d_1、誘電率 ε、面積 A、静電容量 C_1
距離 d_2、誘電率 ε、面積 A、静電容量 C_2
等価変換
〈図03-28〉 距離 $d_1 + d_2$、誘電率 ε、面積 A、静電容量 C_{12}

$$C_1 = \varepsilon \frac{A}{d_1} \ [\mathrm{F}] \quad \text{〈式03-29〉}$$

$$C_2 = \varepsilon \frac{A}{d_2} \ [\mathrm{F}] \quad \text{〈式03-30〉}$$

$$C_{12} = \varepsilon \frac{A}{d_1 + d_2} \ [\mathrm{F}] \quad \text{〈式03-31〉}$$

コンデンサ

Chapter 07 [静電気とコンデンサ]
Section 04

コンデンサには静電容量が一定の固定コンデンサと調整が可能な半固定コンデンサがある。定格電圧の範囲内で使う必要があり、極性のあるものにも注意だ。

▶ コンデンサの種類

コンデンサはその**静電容量**に応じて**充電**したり**放電**したりできる**回路素子**だ。**キャパシタ**ということも増えている。**蓄電器**という日本語もあるが、ほとんど使われない。なお、コンデンサは和製英語なので、海外では通用しない。

コンデンサには、静電容量が一定の**固定コンデンサ**と、**容量**をかえることができる**可変コンデンサ**がある。固定コンデンサは単にコンデンサということがほとんどだ。**チップ部品**である**チップコンデンサ**も使われている。可変コンデンサはバリアブルコンデンサを略して**バリコン**ともいい、ラジオなどアナログの受信回路では不可欠な存在だったが、現在では用途は少ない。広義では可変コンデンサに**半固定コンデンサ**も含まれる。**トリマコンデンサ**ともいい、半固定抵抗器と同じように、可変はドライバーなどで行うようにされていて、回路の調整の際などに使われる。また、コンデンサにはプラスとマイナスの**極性**があるものもあり、定められた極性通りに使用しないと正常に機能しなかったり破損したりする。

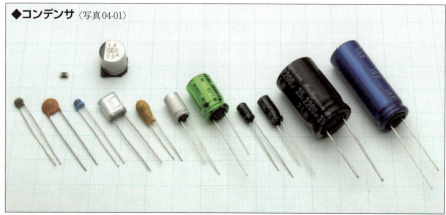

◆**コンデンサ**〈写真04-01〉

↑上段２個がチップコンデンサ。右のものはチップ電解コンデンサともいう。チップコンデンサには微小ではないものもある。下段は左から順に、セラミックコンデンサ２種、積層セラミックコンデンサ、フィルムコンデンサ、タンタルコンデンサ、固体電解コンデンサ、無極性電解コンデンサ、電解コンデンサ３種、電気二重層コンデンサ。背景の方眼紙は１mm目盛り。

▶コンデンサの分類

　コンデンサは**誘電体**の種類で分類されることが多い。もっとも一般的なものは、各種のセラミックを誘電体にしたもので**セラミックコンデンサ**という。積層化することで静電容量を大きくした**積層セラミックコンデンサ**もある。さまざまな合成樹脂のフィルムを誘電体にしたものは**フィルムコンデンサ**という。アルミニウムなどの**電極**を化学処理することで形成した**絶縁体**あるいは**半導体**の薄膜を誘電体とし、内部に電解液を収めたものを**電解コンデンサ**という。電解液を使用しているため極性があるが、大きな容量にできる。電解液のかわりに固体の電解質を使用したものは**固体電解コンデンサ**という。2個の電解コンデンサを組み合わせたような構造にすることで極性をなくした**無極性電解コンデンサ**（**両極性電解コンデンサ**）もある。希少金属であるタンタルを利用したものは**タンタルコンデンサ**といい、極性がある。

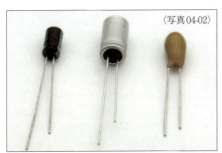

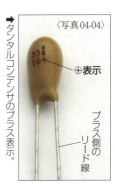

〈写真04-02〉〈写真04-03〉電解コンデンサのマイナス表示。〈写真04-04〉タンタルコンデンサのプラス表示。

↑極性のあるコンデンサは記号表示やリード線（足）の長さで極性を示す。長いほうのリード線がプラス。

▶コンデンサの定格

　コンデンサの**定格**の基本は**静電容量**だ。基本単位は[F]だが、実際の部品の**容量**は非常に小さいため、百万分の1（10^{-6}）である[μF]や1兆分の1（10^{-12}）である[pF]が使われることが多い。**静電容量許容差**も定められていて単に**許容差**や**誤差**ともいう。容量は、抵抗器と同様に**E系列**（P154参照）に従って設定されている（1～10pFでは1pF間隔である）。許容差が±20%のものではE3系列かE6系列が一般的で、許容差が小さなものではE12系列やE24系列が使用される。

　定格のなかでもっとも重要なものが**定格電圧**だ。それ以上の電圧をかけるとコンデンサが破損してしまう。耐えられる電圧という意味で**耐圧**ということも多い。また、コンデンサは温度によって寿命が大きく変化するため、**定格温度**が示されることもある。さらに、**誘電体**には完全な絶縁体ではないものもあるため、わずかな電流が流れることがある。こうした**漏れ電流**が公開されていることもある。

▶コンデンサの表示

　ある程度の大きさがある**コンデンサ**では**静電容量**と**定格電圧**が数値と単位で表示されているが（単位の省略もある）、小さなコンデンサでは、3桁の数字で表示されている。読み方はチップ抵抗と同じで、1桁目と2桁目が数値を示し、3桁目が10の乗数（1桁目と2桁目に続く0の数といえる）を示すのが基本だが、Rの記号が混ざっている場合は、Rが小数点を示し、残る2個の数字が数値を示す。単位は[pF]だ。この容量の表示に定格電圧の表示が加わることもある。耐圧は直接表示される場合と、数字とアルファベット1文字ずつの組み合わせで表示される場合がある。組み合わせは表の通りだ。たとえば2J103なら、耐圧630V、容量0.01μFだ。さらに、**静電容量許容差**を表わすアルファベット1文字の記号が加わることもある。文字はK（±10%）かM（±20%）が一般的だ（その他の記号はP153、抵抗器のカラーコードの許容差の記号を参照）。定格電圧と許容差の表示がないものは、定格電圧50V、許容差±20%が多いといわれているが、正確な定格はデータシートなどで調べる必要がある。

◆コンデンサの数字表示例 〈表04-05〉

0.1μF 〈写真04-06〉

表記	静電容量
〈101〉	→10×10^{1}pF=100pF
〈103〉	→10×10^{3}pF=0.01μF
〈473〉	→47×10^{3}pF=0.047μF
〈105〉	→10×10^{5}pF=1.0μF
〈R05〉	→0.05pF
〈1R5〉	→1.5pF

◆コンデンサの定格電圧の記号表記 〈表04-07〉　　　　　　　　　　　　　　　　　　　　（単位：V）

記号→ 数字↓	A	B	C	D	E	F	G	H	J	K
0	1	1.25	1.6	2	2.5	3.15	4	5	6.3	8
1	10	12.5	16	20	25	31.5	40	50	63	00
2	100	125	160	200	250	315	400	500	630	800
3	1,000	1,250	1,600	2,000	2,500	3,150	4,000	5,000	6,300	8,000

……………電気二重層コンデンサ……………

　静電誘導を利用した従来のコンデンサとは原理が異なるコンデンサも誕生している。その代表的な存在が**電気二重層コンデンサ**（電気二重層キャパシタ）だ。原理の説明は省略するが、静電誘導を利用したものに比べると、体積あたり1000倍以上の大きな静電容量を確保できる。そのため**二次電池**のようにも使える。当初は電子機器のバックアップ電源やソーラー腕時計の電池などで使われていたが、現在ではさらに大きな電力の貯蔵に用途が広がってきている。無停電電源装置、プリンターやコピー機の急速加熱用電源などに使われている。また、ハイブリッド自動車の一部でも、減速時のエネルギーを回収し一時的に貯蔵するシステムに使われていたりする。

[交流回路編]

Chapter 08

交流を知るための数学

Sec.01 ：角度と角速度 ・・・・・ 190
Sec.02 ：三角関数 ・・・・・・・ 192
Sec.03 ：ベクトル ・・・・・・・ 198
Sec.04 ：複素数 ・・・・・・・・ 204

[交流を知るための数学]
角度と角速度

Section 01

交流の解析では、角度を扱うことがある。その際には度数のほかに弧度法で角度を表現することもある。また、回転の速度は角速度で表現する。

▶度数法と弧度法

日常生活でも使われる**角度**の単位は[°（度）]だ。こうした表わし方を**度数法**というが、ほかにも**弧度法**という角度の表わし方があり、交流の計算ではよく使われる。単位には[rad]が使われる。弧度法では角度をπ（円周率）でも表現できるようになるため、特に量記号を使った数式では、スムーズに計算を進めることができる。

半径1の円（こうした円を**単位円**という）で考えると、円弧の長さが、弧度法による角度を表わしている。円の半径と円周の長さには比例関係がある。当然、扇形の一定の中心角に対応する円弧の長さも半径に比例するので、両者の関係で角度を表わせるわけだ。つまり、1[rad]とは、半径r[m]の円で、円弧の長さがr[m]になる角度のことだ。

半径r[m]で円弧の長さl[m]ならば、〈式01-03〉のように弧度法による角度θ[rad]を求めることができる。逆に〈式01-04〉のように半径r[m]に角度θ[rad]を掛ければ円弧の長さl[m]が求められる。

円周の長さは半径をrとすれば$2\pi r$で求められるので、360[°]は2π[rad]になる。このように、弧度法による角度は円周率πを含む形で表わさ

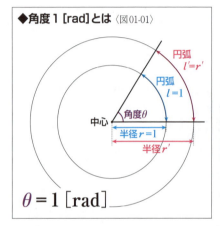

◆角度1[rad]とは 〈図01-01〉

$\theta = 1\,[\text{rad}]$

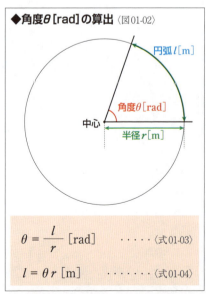

◆角度θ[rad]の算出 〈図01-02〉

$$\theta = \frac{l}{r}\,[\text{rad}] \quad \cdots\cdots \langle\text{式01-03}\rangle$$

$$l = \theta r\,[\text{m}] \quad \cdots\cdots \langle\text{式01-04}\rangle$$

◆度数と弧度の対応と換算 〈表01-05〉

度数法	0[°]	1[°]	30[°]	45[°]	60[°]	90[°]	180[°]	270[°]	360[°]
弧度法	0[rad]	$\dfrac{\pi}{180}$[rad]	$\dfrac{\pi}{6}$[rad]	$\dfrac{\pi}{4}$[rad]	$\dfrac{\pi}{3}$[rad]	$\dfrac{\pi}{2}$[rad]	π[rad]	$\dfrac{3\pi}{2}$[rad]	2π[rad]

$$x[°] = \frac{180[°] \times y[\text{rad}]}{\pi[\text{rad}]} \quad \cdots \langle 式01\text{-}06\rangle \qquad y[\text{rad}] = \frac{x[°] \times \pi[\text{rad}]}{180[°]} \quad \cdots \langle 式01\text{-}07\rangle$$

れることが多い。よく使われる角度を度数法と弧度法で対応させると〈表01-05〉のようになる。また、度数法と弧度法の相互の換算式は〈式01-06〉と〈式01-07〉だ。

なお、弧度法は円弧の長さを半径の長さで割って求められるものなので、本来は単位をもたないものといえる。そのため[rad]は省略されることが多い。

▶角速度

回転運動の速さは、**回転数**で示されることが多く、1[s(秒)]あたりの回転回数[s^{-1}]や1[m(分)]あたりの回転数[m^{-1}]で示されるが、一般的には[rps(r/s)]や[rpm(r/m)]がよく使われる。さらに、角度を用いて回転運動の速さを表わしたい場合には、**角速度**が使われる。角速度は**角周波数**ともいい、量記号には「ω」、単位には[rad/s]が使われる。たとえば、〈図01-08〉のように直線O-Aが、Oを中心にして一定の速度で回転している時、時間t[s]の間にO-Bの位置まで回転して角度がθ[rad]変化したとすれば、角速度ω[rad/s]は〈式01-09〉によって求められる。この式を〈式01-10〉のように

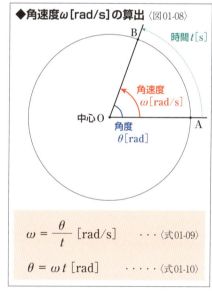

◆角速度ω[rad/s]の算出 〈図01-08〉

$$\omega = \frac{\theta}{t} \ [\text{rad/s}] \quad \cdots \langle 式01\text{-}09\rangle$$

$$\theta = \omega t \ [\text{rad}] \quad \cdots \langle 式01\text{-}10\rangle$$

変形すれば、角速度ωと時間tから変化した角度θを求めることができる。

こうした円運動は、1回転すると元の位置に戻る周期的な運動だ。そのため、1回転に要する時間を**周期**、1秒間の回転回数を**周波数**と考えることができる。1回転とは2π[rad]の回転なので、周波数をf[Hz]とすれば、角速度ωを〈式01-11〉のように表わせる。

$$\omega = 2\pi f \ [\text{rad/s}] \quad \cdots \cdots \cdots \cdots \cdots \cdots \cdots \cdots \cdots \cdots \cdots \cdots \langle 式01\text{-}11\rangle$$

三角関数

[交流を知るための数学]

Chapter 08 / Section 02

直角三角形の内角から各辺の比を求められるのが三角関数だが、直角以上の角度にも適用することで、さまざまな事象、特に回転する運動の解析に役立つ。

▶三角関数と逆三角関数

三角関数とは、〈図02-01〉のような直角三角形の3辺のうち2辺の長さの比を角度θの関数として扱うことをいう。3辺は底辺、対辺、斜辺といい、それぞれの長さをx、y、rとする。2辺の組み合わせには6通りあり、三角関数も6種類あるが、よく使われるのは正弦関数(サイン)、余弦関数(コサイン)、正接関数(タンジェント)の3種類で、底辺と斜辺のなす角度がθであれば、それぞれ$\sin\theta$、$\cos\theta$、$\tan\theta$と表現する。この関数により、角度が与えられれば、辺の比を求めることができ、さらにどれか1つの辺の長さがわかれば、他の辺の長さを求めることができる。角度の部分は、度数法で$\sin 45°$と表現されることもあれば、弧度法で$\sin\frac{\pi}{4}$と表現されることもある。前ページで説明したように[rad]は省略されることが多いので、[°]の単位記号がなければ、弧度法で表わされていると考えて問題ない。

三角関数では角度から辺の比が求められるが、これとは逆に辺の比から角度が求められる関数を逆三角関数という。先に説明した3種類の三角関数に対応したものはそれぞれ逆正弦関数(アークサイン)、逆余弦関数(アークコサイン)、逆正接関数(アークタンジェント)という。表記方法には各種あるが、本書では$\sin^{-1}$、$\cos^{-1}$、$\tan^{-1}$を使用する。逆三角関数を使えば、2辺の比もしくは2辺の長さから角度を求めることができる。

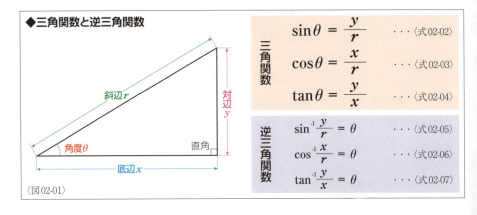

◆三角関数と逆三角関数

〈図02-01〉

三角関数
$\sin\theta = \dfrac{y}{r}$ ・・・〈式02-02〉
$\cos\theta = \dfrac{x}{r}$ ・・・〈式02-03〉
$\tan\theta = \dfrac{y}{x}$ ・・・〈式02-04〉

逆三角関数
$\sin^{-1}\dfrac{y}{r} = \theta$ ・・・〈式02-05〉
$\cos^{-1}\dfrac{x}{r} = \theta$ ・・・〈式02-06〉
$\tan^{-1}\dfrac{y}{x} = \theta$ ・・・〈式02-07〉

▶一般角の三角関数

三角関数は**直角三角形**の直角以外の内角θの関数であるため、本来は0°＜θ＜90°の範囲内のものだが、90°以上の大きな角度にも対応させている。これを**一般角の三角関数**という。

一般角の三角関数は2つの座標軸が直交している**直交座標**上で考える。直交座標は横軸をx軸、縦軸をy軸とすることが多いため**xy平面**ともいう。一般角の三角関数を直交座標上で考える場合、原点(2軸の交点)をOとし、X－X'軸(横軸)上において、xはO－X側でプラス、O－X'側でマイナスとし、Y－Y'軸(横軸)上において、yはO－Y側でプラス、O－Y'側でマイナスとする。角度θはO－Xを基準として、反時計回りの角度をプラス、時計回りの角度をマイナスとする。斜辺rの長さは角度θによらず常にプラスで扱う。また、0＜x、0＜yの領域を**第1象限**、0＞x、0＜yの領域を**第2象限**、0＞x、0＞yの領域を**第3象限**、0＜x、0＞yの領域を**第4象限**という。第2～4象限の三角関数をまとめると以下のようになる。

◆4象限の三角関数

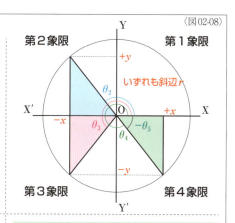

〈図02-08〉

第2象限

$$\sin\theta_2 = \frac{y}{r} \quad \text{〈式02-09〉}$$

$$\cos\theta_2 = \frac{-x}{r} = -\frac{x}{r} \quad \text{〈式02-10〉}$$

$$\tan\theta_2 = \frac{y}{-x} = -\frac{y}{x} \quad \text{〈式02-11〉}$$

本来(第1象限)の三角関数では斜辺と底辺にはさまれた内角を考えるが、第2～4象限では、基準の位置(O－X)から斜辺までの角度が対象になる。

第3象限

$$\sin\theta_3 = \frac{-y}{r} = -\frac{y}{r} \quad \text{〈式02-12〉}$$

$$\cos\theta_3 = \frac{-x}{r} = -\frac{x}{r} \quad \text{〈式02-13〉}$$

$$\tan\theta_3 = \frac{-y}{-x} = \frac{y}{x} \quad \text{〈式02-14〉}$$

第3象限では斜辺と底辺にはさまれた内角も含まれるが、θ_3は実際の内角にπ[rad](180°)を加えた角度になる。

第4象限

$$\sin\theta_4 = \frac{-y}{r} = -\frac{y}{r} \quad \text{〈式02-15〉}$$

$$\cos\theta_4 = \frac{x}{r} \quad \text{〈式02-16〉}$$

$$\tan\theta_4 = \frac{-y}{x} = -\frac{y}{x} \quad \text{〈式02-17〉}$$

第4象限では斜辺と底辺にはさまれた内角は、基準の位置から逆方向に斜辺まで回転させた角度になる。$\sin-\theta_5$、$\cos-\theta_5$、$\tan-\theta_5$と表現することもできる。

※逆三角関数の場合、象限に注意が必要だ。たとえば、$\sin^{-1}0.5$は30[°]と150[°]をとりうるが、関数電卓などの一般的な操作では30[°]のみが示される。自分で象限を考えて、角度を考え直したり操作方法をかえる必要がある。

◆よく使われる角度の三角関数 〈図02-18〉

θ [°]	0	30	45	60	90	180	270	360
θ [rad]	0	$\frac{\pi}{6}$	$\frac{\pi}{4}$	$\frac{\pi}{3}$	$\frac{\pi}{2}$	π	$\frac{3\pi}{2}$	2π
$\sin\theta$	0	$\frac{1}{2}$	$\frac{\sqrt{2}}{2}$	$\frac{\sqrt{3}}{2}$	1	0	-1	0
$\cos\theta$	1	$\frac{\sqrt{3}}{2}$	$\frac{\sqrt{2}}{2}$	$\frac{1}{2}$	0	-1	0	1
$\tan\theta$	0	$\frac{\sqrt{3}}{3}$	1	$\sqrt{3}$	∞	0	∞	0

▶特殊な角度の三角関数

〈表02-18〉はよく使われる角度の**三角関数**の値だ。現在では関数電卓を使えば三角関数の値は簡単に求められるが、この程度の値は覚えておきたい。表のなかで特に注意しておきたいのは、0°(0[rad])、90°($\frac{\pi}{2}$[rad])、180°(π[rad])、270°($\frac{3}{2}\pi$[rad])、360°(2π[rad])の値だ。これらの角度の時は、一般角の三角関数を表わした第1〜4象限でも三角形を描くことができない。では、どのようにして三角関数の値を決めたのだろうか。

斜辺の長さを1として考えてみると、頂点Pは原点Oを中心に**単位円**(半径1の円)を描くことになる。△POQと△P'OQ'は**相似**なので、〈式02-20〜22〉の関係が成立する。

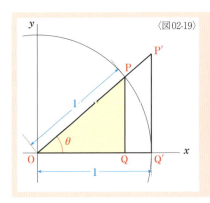

〈図02-19〉

$$\sin\theta = \frac{PQ}{OP} = PQ \qquad \cdots\cdots \text{〈式02-20〉}$$

$$\cos\theta = \frac{OQ}{OP} = OQ \qquad \cdots\cdots \text{〈式02-21〉}$$

$$\tan\theta = \frac{P'Q'}{OQ'} = P'Q' \qquad \cdots\cdots \text{〈式02-22〉}$$

ここで、θが小さくなっていき0°(0[rad])に近づいていくと、PQ→0、OQ→1、P'Q'→0になっていくと考えられるため、**sin0°=0、cos0°=1、tan0°=0**となる。いっぽう、θが大きくなって90°($\frac{\pi}{2}$[rad])に近づいていくと、PQ→1、OQ→0、P'Q'→∞になっていくと考えられるため、**sin90°=1、cos90°=0、tan90°=∞**となる。ただし、tan90°については数学的に証明されていないため、値なしとして扱われることもある。

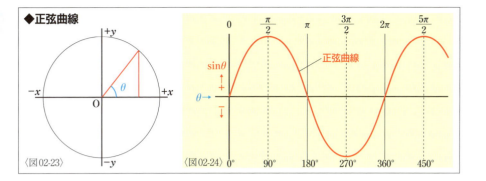

三角関数のグラフ

　θの関数である**三角関数**はその変化をグラフで表現することもできる。〈図02-23〉がsinθのグラフだ。このグラフが描くカーブを**正弦曲線**(**サインカーブ**)といい、その**波形**を**正弦波**(**サイン波**)という。360°($2\pi[\mathrm{rad}]$)で最初の位置に戻り、以降360°周期で繰り返す。

　いっぽう、cosθのグラフが描くカーブを**余弦曲線**(**コサインカーブ**)といい、その波形を**余弦波**(**コサイン波**)というが、余弦波と正弦波は位置がずれているだけでまったく同じ曲線を描く。そのため、cosθのグラフでも、正弦曲線(サインカーブ)や正弦波(サイン波)という表現を使うことが多い。こうした周期的な現象において1サイクル内の位置を**位相**という。そのため、正弦波の位相を90°($\frac{\pi}{2}[\mathrm{rad}]$)ずらしたものが余弦波だといえる。時間的に考えると、正弦波を90°($\frac{\pi}{2}[\mathrm{rad}]$)だけ未来にずらすことになるため、正弦波の位相を90°($\frac{\pi}{2}[\mathrm{rad}]$)進めたものが余弦波だといえる。ここでいう進めるとは、早く始めさせるという意味になる。

　なお、電気の分野では扱うことが少ないため、tanθのグラフは省略する。ちなみに、一般角の三角関数は、もはや直角三角形の内角を扱った関数とは考えにくい。斜辺の回転運動を扱う関数だと考えたほうがいい。

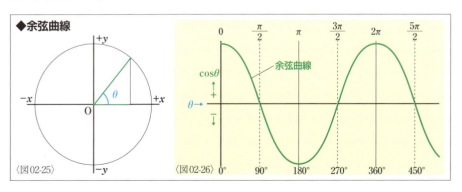

▶三角関数の公式と定理

三角関数にはさまざまな公式や定理が数多くある。ここに掲載してあるのは、おもなものだけだ。三角関数が登場することが多い交流の計算では、公式や定理を知っているとスムーズに計算を進めることができる。なお、**三角関数の累乗**は、$\sin\theta^2$とすると角度θの2乗になってしまうため、$(\sin\theta)^2$の場合は$\sin^2\theta$と表記する。

■相互関係

$\tan\theta = \dfrac{\sin\theta}{\cos\theta}$	$\cos\theta = \dfrac{\sin\theta}{\tan\theta}$	$\sin\theta = \cos\theta\,\tan\theta$
$\sin^2\theta + \cos^2\theta = 1$	$1 + \tan^2\theta = \dfrac{1}{\cos^2\theta}$	$1 + \dfrac{1}{\tan^2\theta} = \dfrac{1}{\sin^2\theta}$

■反角公式

$\sin(-\theta) = -\sin\theta$	$\cos(-\theta) = \cos\theta$	$\tan(-\theta) = -\tan\theta$

■補角公式

$\sin(\pi - \theta) = \sin\theta$	$\cos(\pi - \theta) = -\cos\theta$	$\tan(\pi - \theta) = -\tan\theta$

■余角公式

$\sin\left(\dfrac{\pi}{2} - \theta\right) = \cos\theta$	$\cos\left(\dfrac{\pi}{2} - \theta\right) = \sin\theta$	$\tan\left(\dfrac{\pi}{2} - \theta\right) = \dfrac{1}{\tan\theta}$

■±π/2に関する公式

$\sin\left(\theta + \dfrac{\pi}{2}\right) = \cos\theta$	$\cos\left(\theta + \dfrac{\pi}{2}\right) = -\sin\theta$	$\tan\left(\theta + \dfrac{\pi}{2}\right) = -\dfrac{1}{\tan\theta}$
$\sin\left(\theta - \dfrac{\pi}{2}\right) = -\cos\theta$	$\cos\left(\theta - \dfrac{\pi}{2}\right) = \sin\theta$	$\tan\left(\theta - \dfrac{\pi}{2}\right) = -\dfrac{1}{\tan\theta}$

■加法定理

$\sin(\alpha + \beta) = \sin\alpha\cos\beta + \cos\alpha\sin\beta$	$\sin(\alpha - \beta) = \sin\alpha\cos\beta - \cos\alpha\sin\beta$
$\cos(\alpha + \beta) = \cos\alpha\cos\beta - \sin\alpha\sin\beta$	$\cos(\alpha - \beta) = \cos\alpha\cos\beta + \sin\alpha\sin\beta$
$\tan(\alpha + \beta) = \dfrac{\tan\alpha + \tan\beta}{1 - \tan\alpha\tan\beta}$	$\tan(\alpha - \beta) = \dfrac{\tan\alpha - \tan\beta}{1 + \tan\alpha\tan\beta}$

■倍角公式

$$\sin 2\theta = 2\sin\theta\cos\theta = \frac{2\tan\theta}{1+\tan^2\theta}$$

$$\tan 2\theta = \frac{2\tan\theta}{1-\tan^2\theta}$$

$$\cos 2\theta = \cos^2\theta - \sin^2\theta = 2\cos^2\theta - 1 = 1 - 2\sin^2\theta = \frac{1-\tan^2\theta}{1+\tan^2\theta}$$

■累乗の公式(2乗)

$$\sin^2\theta = \frac{1-\cos 2\theta}{2} \qquad \cos^2\theta = \frac{1+\cos 2\theta}{2}$$

■半角公式

$$\sin^2\frac{\theta}{2} = \frac{1-\cos\theta}{2} \qquad \cos^2\frac{\theta}{2} = \frac{1+\cos\theta}{2} \qquad \tan^2\frac{\theta}{2} = \frac{1-\cos\theta}{1+\cos\theta}$$

■積和公式

$$\sin\alpha\cos\beta = \frac{1}{2}\{\sin(\alpha+\beta)+\sin(\alpha-\beta)\}$$

$$\cos\alpha\sin\beta = \frac{1}{2}\{\sin(\alpha+\beta)-\sin(\alpha-\beta)\}$$

$$\cos\alpha\cos\beta = \frac{1}{2}\{\cos(\alpha+\beta)+\cos(\alpha-\beta)\}$$

$$\sin\alpha\sin\beta = -\frac{1}{2}\{\cos(\alpha+\beta)-\cos(\alpha-\beta)\}$$

■和積公式

$$\sin\alpha + \sin\beta = 2\sin\frac{\alpha+\beta}{2}\cos\frac{\alpha-\beta}{2}$$

$$\sin\alpha - \sin\beta = 2\cos\frac{\alpha+\beta}{2}\sin\frac{\alpha-\beta}{2}$$

$$\cos\alpha + \cos\beta = 2\cos\frac{\alpha+\beta}{2}\cos\frac{\alpha-\beta}{2}$$

$$\cos\alpha - \cos\beta = -2\sin\frac{\alpha+\beta}{2}\sin\frac{\alpha-\beta}{2}$$

……………… 三平方の定理 …………………

三平方の定理は、図形に関する定理や公式のなかでも基本中の基本といえるものだ。本書の読者なら理解していると思われるが、三角関数同様に**直角三角形**に関する定理なので、念のためにここで簡単に説明しておく。三平方の定理は**ピタゴラスの定理**ともいい、直角三角形の3辺の長さの関係を示したものだ。図のように、**底辺**をx、**対辺**をy、**斜辺**をrとした場合、3辺の長さには〈式①〉の関係が成立する。これが三平方の定理の基本式だ。この式を変形したものが〈式②～④〉であり、これらの式によって直角三角形の2辺の長さから、残る1辺の長さを求めることができる。交流の解析では〈式④〉が多用される。

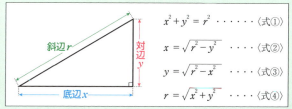

$$x^2 + y^2 = r^2 \quad \cdots\cdots \langle 式①\rangle$$

$$x = \sqrt{r^2 - y^2} \quad \cdots\cdots \langle 式②\rangle$$

$$y = \sqrt{r^2 - x^2} \quad \cdots\cdots \langle 式③\rangle$$

$$r = \sqrt{x^2 + y^2} \quad \cdots\cdots \langle 式④\rangle$$

Chapter 08 Section 03 ［交流を知るための数学］
ベクトル

ベクトルとは大きさと方向をもった量だ。このベクトルを利用すると、交流の電圧と電流の関係や、抵抗、インダクタンス、静電容量の関係を示しやすい。

▶ベクトルとその表示

　電圧や電流、長さや時間といった**物理量**は、**大きさ**だけで表わすことができるが、力や速度、加速度といった物理量では大きさと同時に方向も欠かせないものだ。こうした**大きさと方向をもった量**を**ベクトル**という。対して、大きさだけの量を**スカラー**という。

　ベクトルは数学や物理学では、$\vec{A}$ のように記号の上に「→」をつけて表わすが、電気の分野では$\dot{A}$のように上に「・(ドット)」をつけて表わすのが一般的だ。これで「ベクトルA」と読むが、「ドットA」と「Aドット」と読む人もいる。また、大きさだけを表わす場合は、$|\vec{A}|$や$|\dot{A}|$のようにベクトルの絶対値であることを示すが、単にAと表記することも多い。

　ベクトルを平面上で表現する場合は、矢印のついた線を使う。線の長さが大きさ、矢印の向きが方向を表わす。線の矢印のない側の端を**始点**、矢印のある側の端を**終点**という。

　実際には基準となるものがなければベクトルの大きさや方向が明確にならない。表示方法には各種あるが、**ベクトルの直交座標表示**では**直交座標**である**xy平面**上で表現される。**直交座標表示**では、〈図03-01〉のように始点を座標の原点に置き、**終点の座標で大きさと方向を表わす**。ベクトル$\dot{A}$の終点のX座標がx、Y座標がyなら、$\dot{A}=(x, y)$だ。

　また、基準となる軸を定め、**角度と大きさで表わすベクトルの極座標表示**もある。**極座**

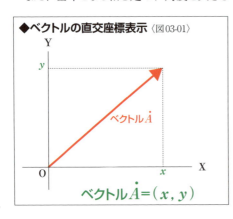

◆ベクトルの直交座標表示〈図03-01〉

ベクトル$\dot{A}=(x, y)$

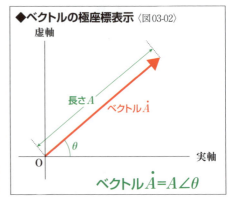

◆ベクトルの極座標表示〈図03-02〉

ベクトル$\dot{A}=A\angle\theta$

標表示の場合もxy平面が使われるのが一般的だ。〈図03-02〉のように始点を原点に置き、ベクトルの大きさは長さ（原点からの距離）で示し、方向は基準の軸からの角度で示す。基準の軸はX軸のプラス側を使うのが一般的だ。ベクトル$\dot{A}$の基準の軸からの角度がθなら、$\dot{A}=A\angle\theta$といった具合に表示される。この角度を**偏角**という。

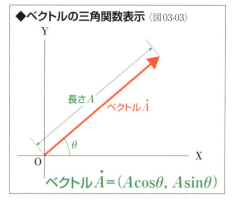

極座標表示と同じように、基準の軸からの角度と長さでベクトルを表現する方法には、**ベクトルの三角関数表示**もある。直交座標表示では終点の位置を座標で示すわけだが、**三角関数表示**では三角関数で**座標を表示する**。たとえば、〈図03-03〉ならば、X軸の座標は**コサイン**、Y軸の座標は**サイン**で求められるので、$\dot{A}=(A\cos\theta,\ A\sin\theta)$といった具合に表示される。使っている物理量は極座標表示と同じなので、三角関数表示は極座標表示を直交座標表示に変換した結果ともいえる。そのため、三角関数表示は直交座標表示の一種であるといえる。

直交座標表示を極座標表示に変換したい場合は**三平方の定理**と**逆三角関数**の**アークタンジェント**を使用する。たとえば、ベクトル$\dot{B}=(\alpha,\ \beta)$の時、ベクトルを直角三角形の**斜辺**と考えれば、X座標は底辺の長さ、Y座標は対辺の長さといえるので、〈式03-09〉のようにしてベクトル$\dot{B}$の大きさBを求めることができ、〈式03-10〉のようにして基準の軸からの角度ϕをアークタンジェントで求められる。この値で三角関数表示も可能だ。

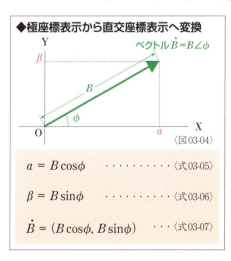

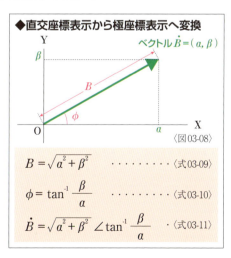

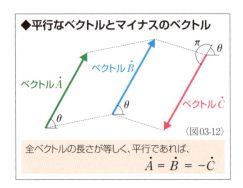
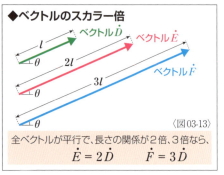

▶ベクトルの平行、正負、スカラー倍

ベクトルは大きさと方向が同一なら、同じベクトルだといえる。そのため、離れた位置にあっても、ベクトル$\dot{A}$とベクトル$\dot{B}$の長さが同じで**平行なベクトル**ならば、$\dot{A}=\dot{B}$と表現できる。つまり、ベクトルは平行移動させても、まったく問題ない。

マイナスのベクトル(負のベクトル)とは方向が逆のベクトルのことだ。**始点**と**終点**を入れ替えたものといえる。ベクトル$\dot{A}$のマイナスのベクトルは$-\dot{A}$となる。**直交座標表示**であれば、(x, y)のマイナスのベクトルは$(-x, -y)$になる。方向が逆ということは$\pi\,[\mathrm{rad}]$($180°$)回転させたものといえるので、**極座標表示**であれば$A\angle\theta$のマイナスのベクトルは$A\angle\theta+\pi$になる。

また、ベクトルはその大きさを2倍にしたり3倍にしたりできる。これを**ベクトルのスカラー倍**という。ベクトル$\dot{D}$をk倍したのであれば、$k\dot{D}$と表示される。2倍ならば、$2\dot{D}$となる。

▶ベクトルの合成

複数のベクトルは合成することが可能で、合成されたベクトルを**合成ベクトル**という。平面上の2つの**ベクトルの合成**には**平行四辺形法**と**三角形法**の2種類がある。

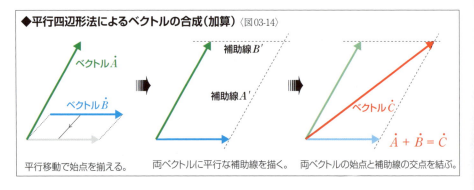

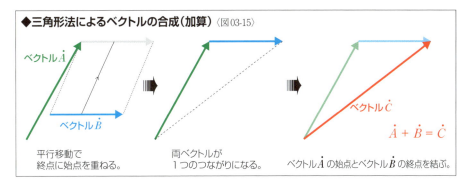

ベクトル$\dot{A}$と$\dot{B}$を平行四辺形法で合成する場合、まずベクトルを平行移動させて両ベクトルの始点を同じ位置にする。この位置が合成ベクトルの始点になる。次にベクトル$\dot{A}$の終点を通り、ベクトル$\dot{B}$に平行な**補助線**を描く。同様にベクトル$\dot{B}$の終点を通り、ベクトル$\dot{A}$に平行な補助線を描く。この2本の補助線の交点が合成ベクトルの終点になる。補助線と元の2つのベクトルが平行四辺形を描くことになり、その対角線が合成ベクトルになる。

ベクトルの合成は、**ベクトルの加算**だと考えられる。そのため、合成ベクトルを$\dot{C}$とすれば、ベクトル$\dot{A}$と$\dot{B}$の和として、$\dot{A}+\dot{B}=\dot{C}$と式に表わすことができる。

ベクトル$\dot{A}$と$\dot{B}$を三角形法で合成する場合、どちらかのベクトルを平行移動させて、一方のベクトルの始点ともう一方のベクトルの終点を同じ位置にする。たとえば、ベクトル$\dot{A}$の終点にベクトル$\dot{B}$の始点を合わせた場合、ベクトル$\dot{A}$の始点が合成ベクトル$\dot{C}$の始点になり、ベクトル$\dot{B}$の終点が合成ベクトル$\dot{C}$の終点になる。3つのベクトルが三角形を描くことになる。

ベクトルの合成が加算であるなら、マイナスのベクトルを合成することで**ベクトルの減算**が行える。つまり、$\dot{A}+(-\dot{B})=\dot{A}-\dot{B}=\dot{D}$となり、ベクトル$\dot{A}$と$\dot{B}$の差として合成ベクトル$\dot{D}$を表わせる。平行四辺形法の場合、始点の位置を合わせたうえで、始点を中心にベクトル$\dot{B}$をπ[rad]（180°）回転させてベクトル$-\dot{B}$としてから合成を行えばいい。

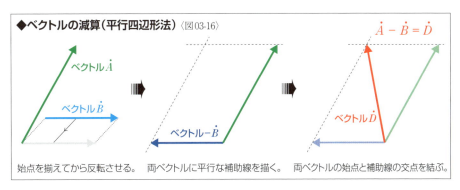

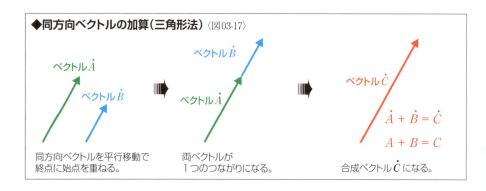

▶同方向のベクトルと逆方向のベクトル

　同方向のベクトルの**合成ベクトル**は平行四辺形法では描くことができないが、**三角形法**ならば簡単だ。たとえば、〈図03-17〉のように同方向のベクトル$\dot{A}$と$\dot{B}$を三角形法で合成すると、方向は同じまま、両ベクトルの大きさを加算したものが合成ベクトル$\dot{C}$になる。

　同じように、逆方向の**ベクトルの合成**も三角形法ならば直感的に結果がわかるだろう。たとえば、〈図03-18〉のように逆方向になっているベクトル$\dot{D}$と$\dot{E}$の合成ベクトル$\dot{F}$の大きさは両ベクトルの大きさの差になり、大きさが大きいほうのベクトルの方向になる。

　ベクトルの合成はベクトルの加算なので、逆方向のベクトルの合成は**ベクトルの減算**と考えることもできる。ベクトル$\dot{E}$と$\dot{G}$が、$-\dot{E}=\dot{G}$の関係にあるとすれば、〈図03-19〉のようにベクトル$\dot{D}-\dot{G}$は合成ベクトル$\dot{F}$になる。

　では、同じ大きさで逆方向のベクトルを合成したらどうなるだろうか。両者の合成ベクトルは**始点**と**終点**が同じ位置になるので、ベクトルとして存在しなくなる。この状態を**零ベクトル**や**0ベクトル**といい、大きさがなくなった時点で方向もなくなると考える。表記の方法はさまざまにあるが、本書では「$\dot{0}$」を使用する。つまりベクトルの減算では、$\dot{A}-\dot{A}=\dot{0}$のようになる。

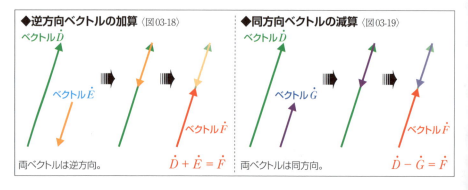

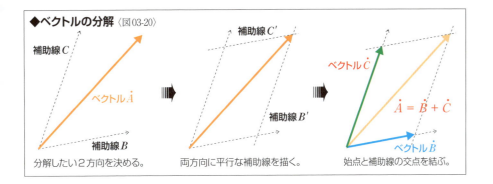

ベクトルの分解

　合成することができるベクトルは分解することもできる。任意の2つの方向に分解するのであれば、〈図03-20〉のように平行四辺形法と同じ考え方で分解することができる。最初に分解したいベクトルの方向を決める必要がある。元のベクトルの**始点**から、分解したいそれぞれのベクトルの方向に**補助線**を描き、さらに元のベクトルの終点から各補助線に対して平行な補助線を描けば、それぞれの大きさが判明する。元のベクトルの始点と、それぞれの補助線の**交点**に向けてベクトルを描けば、**ベクトルの分解**が行える。

　こうしたベクトルの分解は、**直交座標**に対して行われることが多い。この場合、内角がすべて直角の平行四辺形、つまり長方形(正方形も含む)を使えばいい。直交座標であるxy**平面**上で分解する場合、元のベクトルの始点を**原点**として直交座標を描く。次に元のベクトルの終点から、それぞれの**座標軸**に対して**垂線**を下ろす。この垂線と座標軸の交点が分解したベクトルの終点になる。このようにして分解したX軸上のベクトルをベクトル$\dot{A}$の**X軸成分**、Y軸上のベクトルをベクトル$\dot{A}$の**Y軸成分**という。

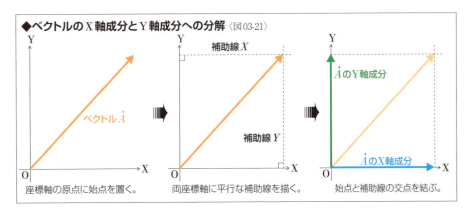

Chapter 08 [交流を知るための数学]
Section 04 複素数

数学上で考え出された数である虚数を含んだ複素数は、各種の交流の計算を簡単にしてくれる。2乗すると−1になる虚数単位 j が複素数のポイントだ。

▶虚数

交流の解析や計算では、**複素数**というものを使うと効率よく進めることができる。複素数が何かを理解するためには、**数**について考える必要がある。数とは量や順番を表わす概念だ。

もっとも原始的な数といえるのが**自然数**で、1、2、3…といった個数や順番を表わす。この自然数の加算と減算で現れる数を**整数**という。つまり、プラス/マイナスの自然数と0が整数だ。さらに、整数を0以外の整数で割った除算の商として現れる数を**有理数**という。要するに、**分数**で表わすことができる数であり、整数も含まれる。有理数は**小数**で表わすと、どこかで終わりのある小数(**有限小数**)か、ある桁から先で同じ数字の列が無限に繰り返される小数(**循環小数**)になる。しかし、循環もせずどこまでも続いて終わりがない小数もあり、こうした数は分数で表わすことができない。代表的なものはπだ。こうした分数で表わせない数を**無理数**という。有利数に無理数を加えたものを**実数**という。直線上に数を対応させて表わす時、この直線を**数直線**というが、実数全体で数直線上のすべての点を表わす。

数にはこのほかに**虚数**というものもある。虚数は数学上で考え出された数といえるものだ。虚数は**虚数単位**というもので表わされる。数学では虚数単位に i を使うが、電気の分野では電流と区別するために「j」が使われる。虚数単位 j は2乗すると−1になる。つまり、−1の平方根を意味する。虚数単位はこの定義により、累乗すると1乗、2乗、3乗、4乗…で、j、−1、−j、1…が繰り返し現れる。また、1を虚数単位 j で割ると−j になる。

虚数単位の定義

$$j = \sqrt{-1} \quad \text{〈式04-01〉}$$

$$j^2 = -1 \quad \text{〈式04-02〉}$$

$$j^3 = j^2 \times j = -1 \times j = -j \quad \text{〈式04-03〉}$$

$$j^4 = j^2 \times j^2 = -1 \times -1 = 1 \quad \text{〈式04-04〉}$$

$$j^5 = j^3 \times j^2 = -j \times -1 = j \quad \text{〈式04-05〉}$$

$$j^6 = j^3 \times j^3 = -j \times -j = -1 \quad \text{〈式04-06〉}$$

$$\frac{1}{j} = \frac{1}{j} \times \frac{j}{j} \quad \text{〈式04-07〉}$$

$$= \frac{j}{-1} \quad \text{〈式04-08〉}$$

$$= -j \quad \text{〈式04-09〉}$$

▶複素数とガウス平面

実数と虚数で表わせる数を**複素数**という。複素数は〈式04-10〉のように表わされ、xを**実部**または**実数部**や**実数成分**といい、yを**虚部**または**虚数部**や**虚数成分**という（jyを虚部ということもある）。虚部が0でない（$y \neq 0$）複素数を虚数といい、実部が0である（$x=0$、$y \neq 0$）である複素数を**純虚数**という。なお、複素数には$3-j2$といった数もある。この数は、$3+j(-2)$であり、虚部が-2を意味している。実部についても同様だ。そのため、実部と虚部はそれぞれの+/−の記号までを含めて考えたほうがいい。実部と虚部を単独で表現する場合には、実部はRealを略して**Re**、虚部はImaginaryを略して**Im**の記号で表現する。

複素数
$\dot{Z} = x + jy$ 　　〈式04-10〉 　　　⎿実部 ⎿虚部 $\mathrm{Re}(\dot{Z}) = x$ 　　　〈式04-11〉 $\mathrm{Im}(\dot{Z}) = y$ 　　　〈式04-12〉

実数と区別するために、電気の分野では$\dot{Z}$のように上に「・(ドット)」をつけて複素数を表わすことが多い。これで「複素数Z」とも読む。この表現方法はベクトル（P198）と同じだ。

では、なぜベクトルと同じ表現になるのだろうか。実数は**数直線**で表わすことができるが、複素数は表わせない。そのため、**直交座標**で表現する。通常、横軸で実部を表わし、縦軸で虚部を表わす。この直交座標平面を**ガウス平面**や**複素平面**といい、横軸を**実軸**または**実数軸**、縦軸を**虚軸**または**虚数軸**という。

複素数はガウス平面上の1点の座標を表わしているので、原点からその1点に向かうベクトルとしても表現することが可能だ。この複素数を表わす**ベクトル**を**複素ベクトル**という。このように複素数はベクトルとして表現できるため、同じように「・(ドット)」をつけて表現するわけだ。

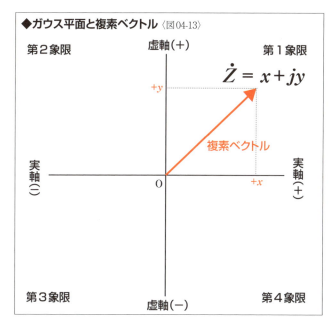

◆ガウス平面と複素ベクトル〈図04-13〉

▶複素数の表示方法

複素数は**複素ベクトル**として表現できるので、**ベクトル**と同じようにさまざまな表示方法がある。これらの表示方法は、本来は複素ベクトルの表示方法だが、複素数と複素ベクトルは同じものであると考えられるので、複素数の表示方法としても扱われる。

複素数の直交座標表示は、$\dot{Z} = x + jy$のように複素数の式そのものだ。そのため、**直交座標表示**を**複素数表示**ということもある。**実部**と**虚部**が**実軸**と**虚軸**の座標を表わす。

複素数の極座標表示では、その**大きさ**と基準の軸からの**角度**で複素ベクトルを表示する。基準の軸には実軸を使用し、角度を**偏角**という。**極座標表示**では、大きさは$|\dot{Z}|$のように示すが、単にZと表記することが多い。大きさをZ、偏角をθとすれば、$\dot{Z} = Z\angle\theta$のようになる。

複素ベクトルの大きさと偏角から**三角関数**で座標が求められるので、**複素数の三角関数表示**では$\dot{Z} = Z\cos\theta + jZ\sin\theta$と表現される場合と、$\dot{Z} = Z(\cos\theta + j\sin\theta)$と表現される場合がある。**三角関数表示**は直交座標表示の一種だとする考え方もある。

これら3種類の表示方法の相互関係もベクトルの場合と同じなので、**三平方の定理**と**逆三角関数**の**アークタンジェント**によって表示を変換することができる。

さて、複素数の極座標表示は、**ガウス平面上**の複素ベクトルをわかりやすく表わしているが、実は$\angle\theta$の部分には演算規則が定義されていないので、このままでは各種計算を行うことができない。そこで使われるのが**複素数の指数関数表示**だ。**指数関数表示**は、複素数の指数関数と三角関数を結びつけた**オイラーの公式**に基づいている。オイラーの公式とは〈式04-20〉であり、「e」を**自然対数の底**という。2.71828…と桁が無限に続く**無理数**だ。このeを用いて複素ベクトルの大きさと偏角によって複素数を$\dot{Z} = Ze^{j\theta}$のように表わす。

指数関数やオイラーの公式について興味がわいたのであれば、各自で調べてもらいたい

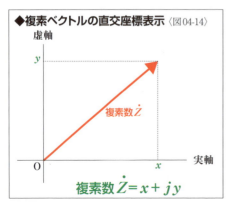

◆複素ベクトルの直交座標表示〈図04-14〉
複素数 $\dot{Z} = x + jy$

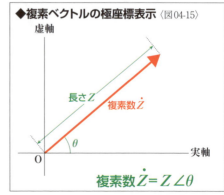

◆複素ベクトルの極座標表示〈図04-15〉
複素数 $\dot{Z} = Z\angle\theta$

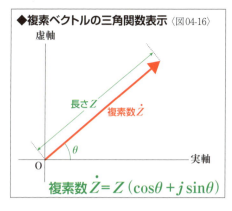

◆複素ベクトルの三角関数表示 〈図04-16〉

複素数 $\dot{Z} = Z(\cos\theta + j\sin\theta)$

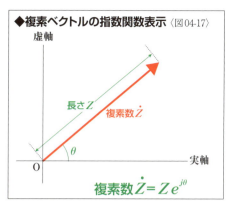

◆複素ベクトルの指数関数表示 〈図04-17〉

複素数 $\dot{Z} = Ze^{j\theta}$

が、ここでは複素数の指数関数表示と極座標表示がどのような関係になるかを覚えておけばいい。〈図04-21〉のようにガウス平面に半径が1の**単位円**を描いてみるとわかりやすい。$e^{j\theta}$ の大きさは常に1になり、単位円の

◆大きさ、偏角と座標の関係

$Z = \sqrt{x^2 + y^2}$ ・・・・・・〈式04-18〉

$\theta = \tan^{-1}\dfrac{y}{x}$ ・・・・・・〈式04-19〉

円周上に座標をもつので、θ を変化させると $e^{j\theta}$ は単位円の円周上を移動する。この性質により、$e^{j\theta}$ はガウス平面上で偏角を表現することができる。また、$e^{j\theta}$ は実数の累乗と同じような演算規則があるので、複素数の指数関数表示では演算を行うことができる。

なお、複素ベクトルの指数関数表示は、極座標表示を演算可能な表示方法に置換したものといえるので、指数関数表示を極座標表示と呼ぶこともある。

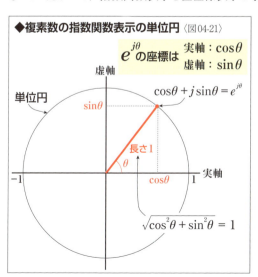

◆複素数の指数関数表示の単位円 〈図04-21〉

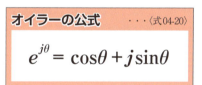

オイラーの公式 ・・・〈式04-20〉

$$e^{j\theta} = \cos\theta + j\sin\theta$$

◆$e^{j\theta}$ の演算規則

$e^{ja}e^{jb} = e^{j(a+b)}$ ・・・・・〈式04-22〉

$e^{x+j\theta} = e^x e^{j\theta}$ ・・・・・〈式04-23〉

$\qquad = e^x(\cos\theta + j\sin\theta)$ 〈式04-24〉

$e^{-ja} = \dfrac{1}{e^{ja}}$ ・・・・・〈式04-25〉

$\dfrac{e^{ja}}{e^{jb}} = e^{j(a-b)}$ ・・・・・〈式04-26〉

▶複素数の加算と減算

直交座標表示の複素数は実数と同じように計算することができる。〈図04-27〉のような座標の複素数 $\dot{Z}_1$ と $\dot{Z}_2$ は以下のようにして**複素数の加算**と**減算**を行うことができる。

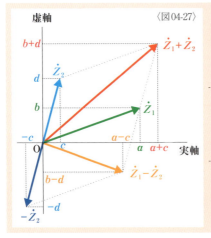

〈図04-27〉

$$\dot{Z}_1 = a+jb \quad \cdots \text{〈式04-28〉}$$
$$\dot{Z}_2 = c+jd \quad \cdots \text{〈式04-29〉}$$

$$\dot{Z}_1 + \dot{Z}_2 = (a+jb)+(c+jd) \quad \text{〈式04-30〉}$$
$$= (a+c)+j(b+d) \quad \text{〈式04-31〉}$$

$$\dot{Z}_1 - \dot{Z}_2 = (a+jb)-(c+jd) \quad \text{〈式04-32〉}$$
$$= (a-c)+j(b-d) \quad \text{〈式04-33〉}$$

直交座標表示であれば、加減算は非常に簡単だ。計算結果は座標を表わしているので、ガウス平面上の加算や減算の結果である合成の**複素ベクトル**も簡単に描くことができる。

では、〈図04-34〉のように複素ベクトルが**大きさ**と**偏角**で表わされている**極座標表示**や**指数関数表示**ではどうだろうか。実は、これらの表示では加減算が行えないため、まずは〈式04-39〉と〈式04-40〉のように**三角関数表示**に置き換える必要がある。そのうえで加算を行えば、〈式04-42〉のように整理でき、$\dot{Z}_1 + \dot{Z}_2$ の**実部**と**虚部**が判明する。

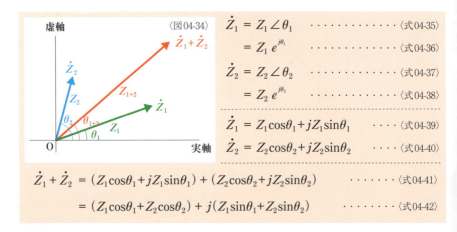

〈図04-34〉

$$\dot{Z}_1 = Z_1 \angle \theta_1 \quad \cdots \text{〈式04-35〉}$$
$$= Z_1 e^{j\theta_1} \quad \cdots \text{〈式04-36〉}$$

$$\dot{Z}_2 = Z_2 \angle \theta_2 \quad \cdots \text{〈式04-37〉}$$
$$= Z_2 e^{j\theta_2} \quad \cdots \text{〈式04-38〉}$$

$$\dot{Z}_1 = Z_1 \cos\theta_1 + jZ_1 \sin\theta_1 \quad \cdots \text{〈式04-39〉}$$
$$\dot{Z}_2 = Z_2 \cos\theta_2 + jZ_2 \sin\theta_2 \quad \cdots \text{〈式04-40〉}$$

$$\dot{Z}_1 + \dot{Z}_2 = (Z_1\cos\theta_1 + jZ_1\sin\theta_1) + (Z_2\cos\theta_2 + jZ_2\sin\theta_2) \quad \cdots \text{〈式04-41〉}$$
$$= (Z_1\cos\theta_1 + Z_2\cos\theta_2) + j(Z_1\sin\theta_1 + Z_2\sin\theta_2) \quad \cdots \text{〈式04-42〉}$$

ここで求めた加算の結果は三角関数表示だ。直交座標表示の値だともいえる。もし求められているのが極座標表示であるのならば、さらに**三平方の定理**と**逆三角関数**の**アークタンジェント**によって$\dot{Z}_1+\dot{Z}_2$の大きさZ_{1+2}と偏角θ_{1+2}を求める必要がある。この結果から、〈式04-45〉のように$\dot{Z}_1+\dot{Z}_2$を極座標表示にすることができる。

$$Z_{1+2} = \sqrt{(Z_1\cos\theta_1+Z_2\cos\theta_2)^2+(Z_1\sin\theta_1+Z_2\sin\theta_2)^2} \qquad 〈式04\text{-}43〉$$

$$\theta_{1+2} = \tan^{-1}\frac{(Z_1\sin\theta_1+Z_2\sin\theta_2)}{(Z_1\cos\theta_1+Z_2\cos\theta_2)} \qquad 〈式04\text{-}44〉$$

$$\dot{Z}_1+\dot{Z}_2 = \sqrt{(Z_1\cos\theta_1+Z_2\cos\theta_2)^2+(Z_1\sin\theta_1+Z_2\sin\theta_2)^2} \angle \tan^{-1}\frac{(Z_1\sin\theta_1+Z_2\sin\theta_2)}{(Z_1\cos\theta_1+Z_2\cos\theta_2)}$$
$$〈式04\text{-}45〉$$

極座標表示の減算の場合も加算と手順は同じだ。いったん、三角関数表示に置き換えたうえで計算を行い、必要に応じて極座標表示に置換することになる。置換の際には、三平方の定理と逆三角関数を使用する。

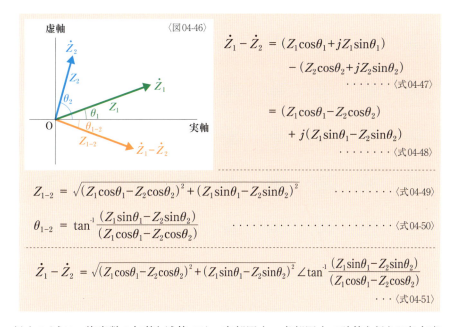

〈図04-46〉

$$\dot{Z}_1-\dot{Z}_2 = (Z_1\cos\theta_1+jZ_1\sin\theta_1)$$
$$\qquad -(Z_2\cos\theta_2+jZ_2\sin\theta_2) \qquad 〈式04\text{-}47〉$$

$$= (Z_1\cos\theta_1-Z_2\cos\theta_2)$$
$$\qquad +j(Z_1\sin\theta_1-Z_2\sin\theta_2) \qquad 〈式04\text{-}48〉$$

$$Z_{1-2} = \sqrt{(Z_1\cos\theta_1-Z_2\cos\theta_2)^2+(Z_1\sin\theta_1-Z_2\sin\theta_2)^2} \qquad 〈式04\text{-}49〉$$

$$\theta_{1-2} = \tan^{-1}\frac{(Z_1\sin\theta_1-Z_2\sin\theta_2)}{(Z_1\cos\theta_1-Z_2\cos\theta_2)} \qquad 〈式04\text{-}50〉$$

$$\dot{Z}_1-\dot{Z}_2 = \sqrt{(Z_1\cos\theta_1-Z_2\cos\theta_2)^2+(Z_1\sin\theta_1-Z_2\sin\theta_2)^2} \angle \tan^{-1}\frac{(Z_1\sin\theta_1-Z_2\sin\theta_2)}{(Z_1\cos\theta_1-Z_2\cos\theta_2)}$$
$$〈式04\text{-}51〉$$

以上のように、複素数の加算と減算では、実部同士、虚部同士で計算を行える直交座標表示は簡単に計算することができる。いっぽう、極座標表示や指数関数表示ではいったん三角関数表示に変換する必要があるので手間がかかるし計算も面倒だ。

▶複素数の乗算

複素数の乗算の場合も、**直交座標表示**の複素数は**実数**と同じように計算することができる。〈図04-52〉のような座標の複素数 $\dot{Z}_1$ と $\dot{Z}_2$ の積は以下のように計算できる。注意すべきなのは「j^2」が現れた時だ。そのまま計算を進めず「-1」に置き換える必要がある。

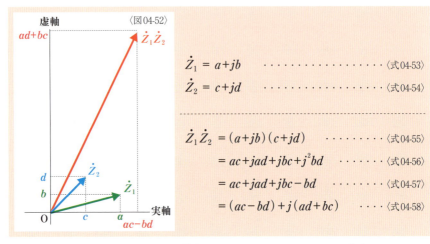

$$\dot{Z}_1 = a + jb \quad \text{〈式04-53〉}$$
$$\dot{Z}_2 = c + jd \quad \text{〈式04-54〉}$$

$$\dot{Z}_1\dot{Z}_2 = (a+jb)(c+jd) \quad \text{〈式04-55〉}$$
$$= ac + jad + jbc + j^2bd \quad \text{〈式04-56〉}$$
$$= ac + jad + jbc - bd \quad \text{〈式04-57〉}$$
$$= (ac - bd) + j(ad + bc) \quad \text{〈式04-58〉}$$

直交座標表示の乗算の場合、式を展開しなければならないので多少手間がかかるが、計算結果は座標を表わしているので、ガウス平面上に積を描くこともできる。

いっぽう、〈図04-59〉のように**極座標表示**の場合は演算規則がないので、**三角関数表示**に置き換えて計算する必要がある。

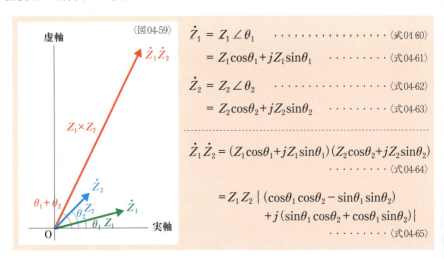

$$\dot{Z}_1 = Z_1 \angle \theta_1 \quad \text{〈式04-60〉}$$
$$= Z_1\cos\theta_1 + jZ_1\sin\theta_1 \quad \text{〈式04-61〉}$$
$$\dot{Z}_2 = Z_2 \angle \theta_2 \quad \text{〈式04-62〉}$$
$$= Z_2\cos\theta_2 + jZ_2\sin\theta_2 \quad \text{〈式04-63〉}$$

$$\dot{Z}_1\dot{Z}_2 = (Z_1\cos\theta_1 + jZ_1\sin\theta_1)(Z_2\cos\theta_2 + jZ_2\sin\theta_2)$$
$$\text{〈式04-64〉}$$
$$= Z_1Z_2\{(\cos\theta_1\cos\theta_2 - \sin\theta_1\sin\theta_2) + j(\sin\theta_1\cos\theta_2 + \cos\theta_1\sin\theta_2)\}$$
$$\text{〈式04-65〉}$$

〈式04-65〉は$\dot{Z}_1$と$\dot{Z}_2$の積を表わしている。現実の数値であれば、これで座標が求められる。三平方の定理と逆三角関数を使えば、極座標表示にも置換できるが、実は〈式04-65〉には三角関数の加法定理（P196参照）が適用できる。すると、〈式04-66〉のようにシンプルに表わすことができ、座標も簡単に求められる。さらに、この式は三角関数表示の基本の書式そのものなので、〈式04-67〉のように極座標表示にすぐに置き換えることができる。

$$\dot{Z}_1\dot{Z}_2 = Z_1Z_2\{(\cos\theta_1\cos\theta_2 - \sin\theta_1\sin\theta_2) + j(\sin\theta_1\cos\theta_2 + \cos\theta_1\sin\theta_2)\} \quad \cdots \langle 式04\text{-}65\rangle$$

$$= Z_1Z_2\{\cos(\theta_1+\theta_2) + j\sin(\theta_1+\theta_2)\} \quad \cdots \langle 式04\text{-}66\rangle$$

$$= Z_1Z_2 \angle (\theta_1+\theta_2) \quad \cdots \langle 式04\text{-}67\rangle$$

〈式04-67〉から、**2つの複素ベクトルの乗算は大きさが両ベクトルの大きさの積、偏角が両ベクトルの偏角の和になる**ことがわかる。

では、同じように大きさと偏角で表わす**指数関数表示**の乗算の場合はどうだろうか。複素数$\dot{Z}_1$と$\dot{Z}_2$を指数関数表示すれば、〈式04-68〉と〈式04-69〉になる。実際の乗算は〈式04-70〉のように各項を整理していくという感じで、最終的に〈式04-71〉が導かれる。この指数関数表示を極座標表示に置き換えれば〈式04-72〉になり、当然〈式04-67〉と同じになる。〈式04-66〉の｛｝でくくられた部分にオイラーの公式を適用することでも、〈式04-71〉が導ける。

$$\dot{Z}_1 = Z_1 e^{j\theta_1} \quad \cdots \langle 式04\text{-}68\rangle$$

$$\dot{Z}_2 = Z_2 e^{j\theta_2} \quad \cdots \langle 式04\text{-}69\rangle$$

$$\dot{Z}_1\dot{Z}_2 = Z_1 e^{j\theta_1} Z_2 e^{j\theta_2} = (Z_1Z_2)(e^{j\theta_1}e^{j\theta_2}) = Z_1Z_2 e^{j\theta_1+j\theta_2} \quad \cdots \langle 式04\text{-}70\rangle$$

$$= Z_1Z_2 e^{j(\theta_1+\theta_2)} \quad \cdots \langle 式04\text{-}71\rangle$$

$$= Z_1Z_2 \angle (\theta_1+\theta_2) \quad \cdots \langle 式04\text{-}72\rangle$$

以上のように、指数関数表示であれば複素数の乗算は非常に簡単だ。なお、実際には複素数の極座標表示に演算規則はないのだが、2つのベクトルの積は各ベクトルの大きさの積と偏角の和になるという演算規則があるものとして、以下のように式が展開されることもある。

$$Z_1 \angle \theta_1 \times Z_2 \angle \theta_2 = Z_1Z_2 \angle (\theta_1+\theta_2) \quad \cdots \langle 式04\text{-}73\rangle$$

実用上、こうした使い方をしても問題はないが、その背景にオイラーの公式による指数関数表示があることや、〈式04-64〜66〉のようにして三角関数表示で説明できることを覚えておくべきだ。

▶複素数の除算

直交座標表示の複素数の除算では、分母に虚数単位 j が残ると実部と虚部を分離して表示できないため、**共役複素数**（P216参照）を使った**分母の有理化**を行う。共役複素数とは虚部のプラス/マイナスの記号を入れ替えたものだ。〈式04-78〉のように分母の $c+jd$ の共役複素数である $c-jd$ を分母と分子に掛けることで、分母を**実数**にできる。

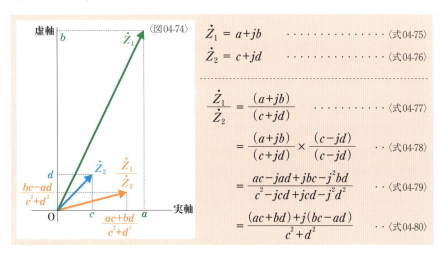

〈図04-74〉

$$\dot{Z}_1 = a+jb \quad \langle式04\text{-}75\rangle$$
$$\dot{Z}_2 = c+jd \quad \langle式04\text{-}76\rangle$$

$$\frac{\dot{Z}_1}{\dot{Z}_2} = \frac{(a+jb)}{(c+jd)} \quad \langle式04\text{-}77\rangle$$
$$= \frac{(a+jb)}{(c+jd)} \times \frac{(c-jd)}{(c-jd)} \quad \langle式04\text{-}78\rangle$$
$$= \frac{ac-jad+jbc-j^2bd}{c^2-jcd+jcd-j^2d^2} \quad \langle式04\text{-}79\rangle$$
$$= \frac{(ac+bd)+j(bc-ad)}{c^2+d^2} \quad \langle式04\text{-}80\rangle$$

以上のように除算では**有理化**という手間がかかるため、直交座標表示では計算が面倒だ。では、**複素ベクトル**を大きさと**偏角**で表わす表示方法のうち、演算規則がある**指数関数表示**の除算はどうだろうか。

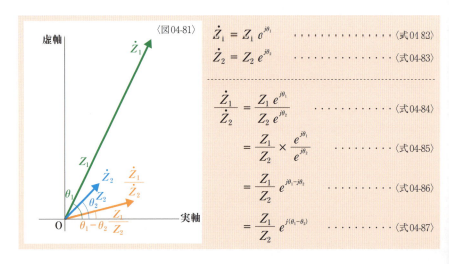

〈図04-81〉

$$\dot{Z}_1 = Z_1 e^{j\theta_1} \quad \langle式04\text{-}82\rangle$$
$$\dot{Z}_2 = Z_2 e^{j\theta_2} \quad \langle式04\text{-}83\rangle$$

$$\frac{\dot{Z}_1}{\dot{Z}_2} = \frac{Z_1 e^{j\theta_1}}{Z_2 e^{j\theta_2}} \quad \langle式04\text{-}84\rangle$$
$$= \frac{Z_1}{Z_2} \times \frac{e^{j\theta_1}}{e^{j\theta_2}} \quad \langle式04\text{-}85\rangle$$
$$= \frac{Z_1}{Z_2} e^{j\theta_1-j\theta_2} \quad \langle式04\text{-}86\rangle$$
$$= \frac{Z_1}{Z_2} e^{j(\theta_1-\theta_2)} \quad \langle式04\text{-}87\rangle$$

〈式04-87〉から、**2つの複素ベクトルの除算は大きさが両ベクトルの大きさの商、偏角が両ベクトルの偏角の差になる**ことがわかる。計算も非常に簡単だ。

極座標表示の除算の場合も、いったん指数関数表示にすれば簡単に計算することができるが、ここでは**三角関数表示**にして置き換えたうえで、計算過程を確かめてみよう。

$$\dot{Z}_1 = Z_1 \angle \theta_1 \quad \cdots \cdots \cdots \cdots \cdots \cdots \cdots \cdots \langle 式04\text{-}88\rangle$$

$$= Z_1 \cos\theta_1 + jZ_1 \sin\theta_1 \quad \cdots \cdots \cdots \cdots \langle 式04\text{-}88\rangle$$

$$\dot{Z}_2 = Z_2 \angle \theta_2 \quad \cdots \cdots \cdots \cdots \cdots \cdots \cdots \cdots \langle 式04\text{-}89\rangle$$

$$= Z_2 \cos\theta_2 + jZ_2 \sin\theta_2 \quad \cdots \cdots \cdots \cdots \langle 式04\text{-}89\rangle$$

$$\frac{\dot{Z}_1}{\dot{Z}_2} = \frac{Z_1 \cos\theta_1 + jZ_1 \sin\theta_1}{Z_2 \cos\theta_2 + jZ_2 \sin\theta_2} \quad \cdots \cdots \cdots \cdots \langle 式04\text{-}90\rangle$$

$$= \frac{Z_1}{Z_2} \times \frac{(\cos\theta_1 + j\sin\theta_1)}{(\cos\theta_2 + j\sin\theta_2)} \times \frac{(\cos\theta_2 - j\sin\theta_2)}{(\cos\theta_2 - j\sin\theta_2)} \quad \cdots \langle 式04\text{-}91\rangle$$

$$= \frac{Z_1}{Z_2} \times \frac{(\cos\theta_1 \cos\theta_2 + \sin\theta_1 \sin\theta_2) + j(\sin\theta_1 \cos\theta_2 - \cos\theta_1 \sin\theta_2)}{\cos^2\theta_2 + \sin^2\theta_2} \quad \langle 式04\text{-}92\rangle$$

$$= \frac{Z_1}{Z_2} \{\cos(\theta_1 - \theta_2) + j\sin(\theta_1 - \theta_2)\} \quad \cdots \cdots \langle 式04\text{-}93\rangle$$

$$= \frac{Z_1}{Z_2} \angle (\theta_1 - \theta_2) \quad \cdots \cdots \cdots \cdots \cdots \cdots \langle 式04\text{-}94\rangle$$

極座標表示を三角関数表示に変換したうえでの除算でも指数関数表示の除算と同じ結果が得られるが、計算はかなり面倒だ。〈式04-91〉では有理化のために共役複素数を使っているし、〈式04-92〉の分母では三角関数の相互関係、分子では**加法定理**（P196参照）を適用している。面倒な計算になるので、指数関数表示のありがたさがよくわかる。

また、乗算の場合と同じように、実際には複素数の極座標表示に演算規則はないのだが、2つのベクトルの商は各ベクトルの大きさの商と偏角の差になるという演算規則があるものとして、以下のように式が展開されることもある。実用上は、この使い方でも問題ない。

$$\frac{Z_1 \angle \theta_1}{Z_2 \angle \theta_2} = \frac{Z_1}{Z_2} \angle (\theta_1 - \theta_2) \quad \cdots \cdots \cdots \cdots \langle 式04\text{-}95\rangle$$

以上のように、**乗算と除算では極座標表示や指数関数表示で計算したほうが有利**であり、**加算と減算では直交座標表示で計算したほうが有利**だ。どの表示方法でも計算できるようにすべきだが、実作業では表示方法を選択したほうが計算をスムーズに進められる。

▶複素数と j および $-j$ の関係

複素数を使った交流の計算では、複素数に**虚数単位**jを掛けることがよく行われる。その意味を考えてみよう。〈図04-96〉のような複素数$\dot{Z}$にjを掛けると、以下のようになる。

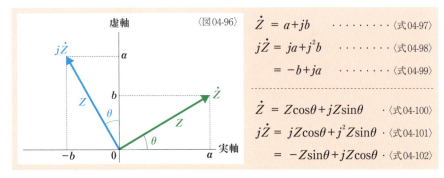

〈図04-96〉

$$\dot{Z} = a+jb \quad \langle 式04\text{-}97\rangle$$
$$j\dot{Z} = ja+j^2b \quad \langle 式04\text{-}98\rangle$$
$$= -b+ja \quad \langle 式04\text{-}99\rangle$$

$$\dot{Z} = Z\cos\theta + jZ\sin\theta \quad \langle 式04\text{-}100\rangle$$
$$j\dot{Z} = jZ\cos\theta + j^2Z\sin\theta \quad \langle 式04\text{-}101\rangle$$
$$= -Z\sin\theta + jZ\cos\theta \quad \langle 式04\text{-}102\rangle$$

結論からいうと複素数にjを掛けると複素ベクトルの大きさはかわらず、偏角が$\frac{\pi}{2}$(90°)大きくなる。ベクトルを反時計方向に$\frac{\pi}{2}$(90°)回転させるともいえる。**三角関数表示**の〈式04-102〉は**実部**がsin、**虚部**がcosであるため$j\dot{Z}$の角度θは虚軸が基準といえるが、三角関数の公式を利用すると、〈式04-103〉のように表わせ、$\frac{\pi}{2}$(90°)回転していることがわかる。

$$j\dot{Z} = -Z\sin\theta + jZ\cos\theta \quad \langle 式04\text{-}102\rangle$$
$$= Z\cos(\theta + \frac{\pi}{2}) + jZ\sin(\theta + \frac{\pi}{2}) \quad \langle 式04\text{-}103\rangle$$

次に**指数関数表示**で考えてみよう。jは〈式04-104〉のように実部が0、虚部1の複素数として**直交座標表示**で表現できる。この座標から、**三平方の定理**と逆三角関数の**アークタンジェント**を使って複素ベクトルの**大きさ**と**偏角**を求めると、大きさは1、偏角は$\frac{\pi}{2}$になる。結果、jを指数関数表示すると〈式04-107〉になる。

$$j = 0+j(1) \quad \langle 式04\text{-}104\rangle$$
$$\sqrt{0^2+1^2} = 1 \quad \langle 式04\text{-}105\rangle$$
$$\tan^{-1}\frac{1}{0} = \frac{\pi}{2} \quad \langle 式04\text{-}106\rangle$$
$$j = e^{j\frac{\pi}{2}} \quad \langle 式04\text{-}107\rangle$$

複素数の指数関数表示には演算規則があるので、複素数$\dot{Z} = Ze^{j\theta}$に指数関数表示したjを掛けると、以下のように計算され、やはり偏角が$\frac{\pi}{2}$(90°)大きくなっていることがわかる。

$$j\dot{Z} = Ze^{j\theta} \times e^{j\frac{\pi}{2}} \quad \cdots\cdots\cdots\cdots\cdots\cdots\cdots\cdots\cdots\cdots\cdots\cdots \langle 式04\text{-}108 \rangle$$
$$= Ze^{j(\theta+\frac{\pi}{2})} \quad \cdots\cdots\cdots\cdots\cdots\cdots\cdots\cdots\cdots\cdots\cdots\cdots\cdots \langle 式04\text{-}109 \rangle$$

　複素数に虚数単位jを掛けると、複素ベクトルの大きさはかわらず偏角が$\frac{\pi}{2}$（90°）大きくなるということは、jを2度掛ければ偏角がπ（180°）大きくなり、jを3度掛ければ$\frac{3}{2}\pi$（270°）大きくなり、jを4度掛ければ2π（360°）大きくなって元の複素ベクトルに戻ることになる。$j^2=-1$なので、jを2度掛けるとは、-1を掛けることになる。$j^3=-j$なので、jを3度掛けるとは、$-j$を掛けることになる。$j^4=1$なので、jを4度掛けると元に戻るのは当たり前のことだ。

　また、204ページの〈式04-07〜09〉で説明したように、$-j$を掛けることと、jで割ることは同じ意味になる。jの乗算と同じように、複素数をjで割って検証してみると、以下のようになる。

$$\dot{Z} = a+jb = Z\cos\theta + jZ\sin\theta = Ze^{j\theta} \quad \cdots\cdots\cdots\cdots\cdots \langle 式04\text{-}110 \rangle$$
$$\frac{\dot{Z}}{j} = b-ja = Z\cos(\theta-\frac{\pi}{2}) + jZ\sin(\theta-\frac{\pi}{2}) = Ze^{j(\theta-\frac{\pi}{2})} \quad \cdots\cdots \langle 式04\text{-}111 \rangle$$

　結果、**複素数をjで割ると、複素ベクトルの大きさはかわらず、偏角が$\frac{\pi}{2}$（90°）小さくな**ることがわかる。ベクトルを時計方向に$\frac{\pi}{2}$（90°）回転させるともいえる。もちろん、偏角を$\frac{3}{2}\pi$（270°）大きくすると考えても問題ない。

　以上のことから、虚数単位jは複素ベクトルをどちら方向にも$\frac{\pi}{2}$（90°）ずつ回転させるものとして利用できるわけだ。この回転が、**正弦波交流**の**位相**を操作するのに役立つことになる。

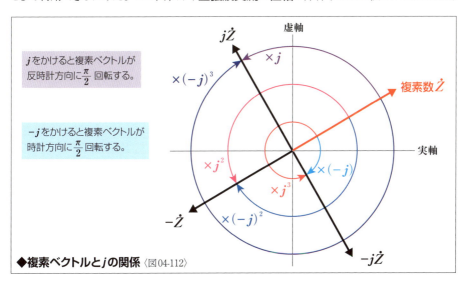

◆**複素ベクトルとjの関係**〈図04-112〉

▶共役複素数

　共役複素数とは〈式04-114〉と〈式04-115〉のように**直交座標表示**で**虚部**のプラス/マイナスの記号を入れ替えたものだ。複素数$\dot{Z}$の共役複素数は$\bar{Z}$のように上に「−」を加えて表わす。共役複素数は相互の関係なので、$\bar{Z}$の共役複素数は$\dot{Z}$であるともいえる。$\dot{Z}$と$\bar{Z}$を**ガウス平面**上に描いてみると以下のようになる。

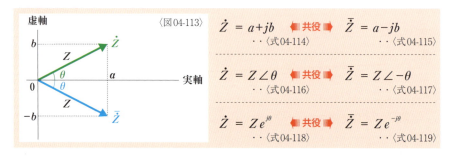

　〈図04-113〉のように**共役な複素数は実軸に対称な複素ベクトル**になる。複素数$\dot{Z}$の**大きさ**がZ、**偏角**がθなら、**極座標表示**や**指数関数表示**では、共役複素数$\bar{Z}$は〈式04-117〉や〈式04-119〉のように表わすことができ、偏角の違いから**線対称**であることがよくわかる。

　こうした、線対称の関係にあるため、共役な複素数を掛け合わせると、**実数**になる。〈式04-121〉のように指数関数表示の乗算で考えてみればすぐにわかるはずだ。その積の大きさは元の複素数の大きさの2乗になり、偏角は0になる。直交座標表示で計算しても、同じように確認できる。この共役複素数の性質を利用して、**分母の有理化**が行われるわけだ。なお、分母が**純虚数**の場合は虚数単位jを掛けるだけでも**有理化**できる。

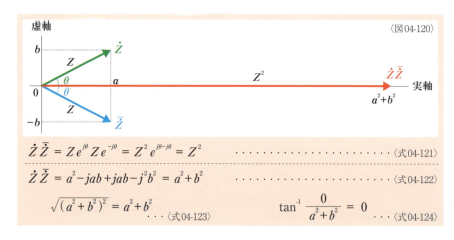

[交流回路編]

Chapter 09
交流の基礎知識

Sec.01：正弦波交流起電力 ・・・・・ 218
Sec.02：正弦波交流の大きさ ・・・・ 220
Sec.03：正弦波交流の位相と位相差 ・ 226
Sec.04：正弦波交流のベクトル表示 ・ 228
Sec.05：正弦波交流の複素数表示 ・・ 230

Chapter 09 [交流の基礎知識]
Section 01 正弦波交流起電力

交流発電機は磁界のなかで導体を回転させることで電気を生み出す。回転位置によって磁界を横切る速度が変化するため、起電力は正弦関数で求められる。

▶交流発電機

交流発電機にはさまざまな構造のものがあるが、もっとも単純な構造のものは〈図01-01〉のように永久磁石の**磁界**のなかで1巻の**コイル**を回転させるものだ。回転するコイルとの接続には円筒形の端子である**スリップリング**と、そこに押しつける**ブラシ**という端子が使われる。

図のような四角形のコイルを**方形コイル**という。コイルが回転すると磁界のなかを**導体**が移動するため、**電磁誘導作用**でコイルに**誘導起電力**が生じる。この時、実際に起電力が生じるのはコイルのa−b間とc−d間だけだ。これが**有効導体長**になる。〈図01-02〉のような方向で見ると、**フレミングの右手の法則**で説明されるようにa−b間は下から上へ**誘導電流**が流れc−d間は上から下へ流れるので、コイル全体で同じ方向に電流が流れる。磁束密度をB[T]、a−b間（=c−d間）の長さをl[m]、移動速度をv[m/s]とすれば、〈図01-03〉の瞬間の誘導起電力e_1[V]は**ファラデーの法則**によって〈式01-04〉のようになる。

しかし、コイルは回転している。ファラデーの法則は磁界の方向に対して**直角**に速度vで移動する時の起電力を求めるものだ。〈図01-05〉のような状態の時には導体が直角に磁界を横切らない。そのため、速度vのうち磁界に直角な速度を求める必要がある。図のように基準の位置を決めると、角度θ[rad]回転した時の磁界に直角な速度は$v\sin\theta$で求めることが

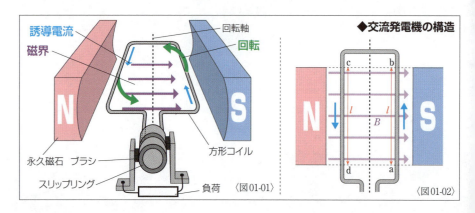

〈図01-01〉　〈図01-02〉

………クロスマークとドットマーク………

電流の方向の図示には通常は矢印が使われるが、導線が紙面に対して垂直な場合は矢印では表現できない。こうした際には右ネジの法則から考え出されたといわれる**クロスマーク**と**ドットマーク**が使われる。円のなかに十字を描いたクロスマークはプラス溝のネジの頭をイメージしたもので、ネジの進行方向、つまり紙面の手前から奥へ電流が流れることを意味する。円のなかに黒丸を描いたドットマークは、ネジの先端をイメージしたもので、紙面の奥から手前に電流が流れることを意味する。

⊗ =クロスマーク　　⊙ =ドットマーク

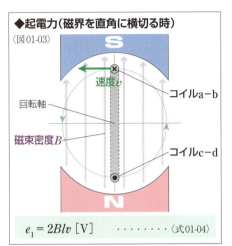

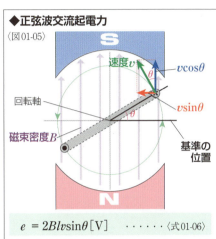

できるので、誘導起電力e [V]は〈式01-06〉になる。この式でコイルがどの位置にある時でも起電力を求められる。もちろん、〈図01-03〉の瞬間も$\sin\frac{\pi}{2}=1$なので〈式01-06〉で表わせる。

このように交流発電機の起電力は**正弦関数**で表わすことができるため、この**交流**を**正弦波交流**という。**正弦波交流起電力**の変化をグラフに表わせば当然、**正弦曲線(サインカーブ)** を描く。コイルのa−b部分の位置とグラフを対応させると、〈図01-07〜08〉のようになる。

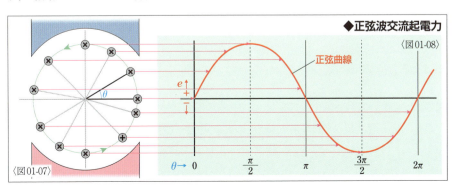

［交流の基礎知識］
正弦波交流の大きさ

Chapter 09 Section 02

正弦波交流の電圧や電流の大きさは、時とともに変化していく瞬時値のほかに、最大値、平均値、実効値などで表わすことができる。

▶正弦波交流の最大値と瞬時値

右ページのグラフは**正弦波交流起電力**e[V]の変化を表わしたものだ。前ページでは交流発電機から考察して、**起電力**eを**磁束密度**B[T]、**有効導体長**l[m]（実際には$2l$が発電に使われる）、**移動速度**v[m/s]、コイルの回転位置θ[rad]で、〈式01-06〉のように求めている。このうち、磁束密度と有効導体長は発電機固有のものなので一定と考えられる。また、交流発電機は目的の**周波数**の交流を得るために一定速度で回転させるので、移動速度も一定だといえる。そのため、起電力eは〈式02-01〉のように表わすことができる。

$$e = 2Blv\sin\theta \quad \cdots\cdots\cdots\cdots\cdots\cdots \langle\text{式01-06}\rangle$$
$$ = E_m\sin\theta \text{ [V]} \quad \cdots\cdots\cdots\cdots\cdots\cdots \langle\text{式02-01}\rangle$$

式中のE_m[V]は起電力の**正の最大値**を意味している。これに対して起電力eは、瞬間瞬間の起電力の大きさなので起電力の**瞬時値**という。

正弦波交流起電力の**最大値**は**波高値**や**ピーク値**、**振幅**ともいい、正の最大値と**負の最大値**があり、どちらも同じ大きさだ。$\sin\theta$は-1から1の間で値が変化する関数なので（$-1 \leq \sin\theta \leq 1$）、$\sin\theta = 1$になる$\theta = \frac{\pi}{2}$で正の最大値になり、$\sin\theta = -1$になる$\theta = \frac{3}{2}\pi$で負の最大値になる。〈式01-06〉で考えると、最大値を〈式02-02〉と〈式02-03〉のように表わせる。

$$E_m = 2Blv\sin\frac{\pi}{2} = 2Blv \text{ [V]} \quad \cdots\cdots\cdots\cdots\cdots\cdots \langle\text{式02-02}\rangle$$

$$-E_m = 2Blv\sin\frac{3\pi}{2} = -2Blv\text{[V]} \quad \cdots\cdots\cdots\cdots\cdots\cdots \langle\text{式02-03}\rangle$$

同様にして考えれば、$\sin\theta = 0$になる$\theta = 0$と$\theta = \pi$の時に瞬時値が0になることがわかる。

なお、正の最大値から負の最大値までの大きさを**ピークトゥピーク値**や**ピークピーク値**といい、E_{p-p}[V]で表わす。また、瞬時値や最大値、ピークトゥピーク値の表現は正弦波交流の電流でも使用し、それぞれi[A]、I_m[A]、I_{p-p}[A]で表わされる。

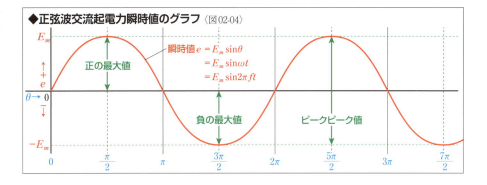

▶正弦波交流の周波数と角速度

　発電機のコイルの1回転によって生じる正弦波交流の波形の山と谷のセットを**サイクル**といい、1サイクルに要する時間を**周期** T [sec]、1秒間のサイクル回数を**周波数** f [Hz]という。周期と周波数には〈式02-05〉の関係がある。

　正弦波交流の電圧や電流をグラフにする場合、初心者向けには**時間** t [s]を横軸にすることが多いが、電気を専門的に扱う場合には**弧度法**の角度 θ [rad]を横軸にすることが多い。

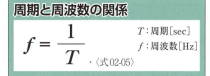

横軸を角度にする場合は、時間あたりの角度の変化を表わす**角速度** ω [rad/s]を使用する。Chapter08の「角度と角速度（P190参照）」で説明したように、角速度 ω や周波数 f には上のような関係があるため、角速度と時間で角度を表わせば正弦波交流起電力の瞬時値は〈式02-08〉のようになり、周波数と時間で表わせば〈式02-09〉のようになる。

$$e = E_m \sin\theta \qquad \langle 式02\text{-}01\rangle$$
$$ = E_m \sin\omega t \ [V] \qquad \langle 式02\text{-}08\rangle$$
$$ = E_m \sin 2\pi f t \ [V] \qquad \langle 式02\text{-}09\rangle$$

　横軸が時間の場合、周波数が変化すると1サイクルの幅が変化するが、横軸が角度ならどんな周波数でも1サイクルの幅が同じになるため、周波数を意識することなく正弦波交流を扱える。基礎的な電気回路の解析では異なった周波数を同時に扱うことはほとんどないので、周波数を含まないほうが解析がスムーズだ。後で説明する**位相**についても、把握しやすくなる。

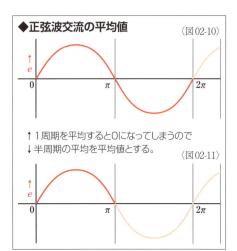
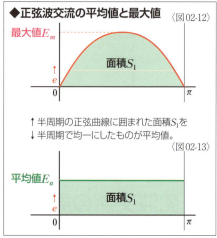

▶正弦波交流の平均値

　正弦波交流の大きさの表わし方には、瞬時値や最大値のほかに**平均値**と**実効値**がある。平均値とは、いうまでもなく電圧や電流を平均した値だ。ただし、正弦曲線は正の領域と負の領域が同じ形状であるため、1周期を平均すると0になってしまう。そのため、正弦波交流では、〈図02-11〉のような半周期の平均を平均値として扱う。交流電圧の平均値はE_a[V]やE_{av}[V]で表わされることが多く、電流ではI_a[A]やI_{av}[A]が使われる。

　正弦波交流起電力の平均値E_aは、〈図02-12〉の正弦曲線に囲まれた面積S_1を求めて、その周期で割れば求められるが、ここでは発電機内の導体が半周期、つまり半回転の間に横切った磁束から求めてみよう。直線導体の移動による誘導起電力（P163参照）を求めた時

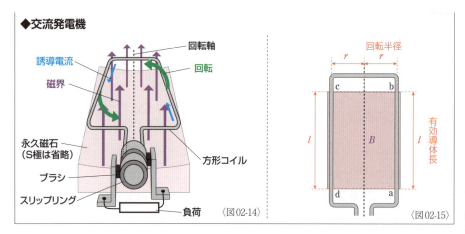

と同じように、横切った磁束をその所要時間で割れば、平均の起電力が求められる。

〈図02-14〜15〉のような**方形コイル**の発電機で、a−b間とc−d間の**有効導体長**をそれぞれl[m]、**回転半径**をr[m]、**移動速度**をv[m/s]、**磁束密度**をB[T]とすれば、方形コイルのa−b間が半回転する間に横切る磁束Φ[Wb]は、a、b、c、dに囲まれた面積に磁束密度を掛ければ〈式02-16〉のように求められる。また、半回転の所要時間t[s]は方形コイルのa−b間が移動する半円周の距離を速度で割れば〈式02-17〉のように求められる。

$$\Phi = 2rlB \ [\text{Wb}] \quad \langle\text{式02-16}\rangle$$
$$t = \frac{\pi r}{v} \ [\text{s}] \quad \langle\text{式02-17}\rangle$$

〈式02-16〉で求めた磁束は方形コイルのa−b間が横切ったものだが、同時にc−d間も同じだけの磁束を横切っている。そこで半周期の起電力の平均値E_aは、この磁束Φを2倍したものを所要時間tで割ればよいので、以下のように求められる。

$$E_a = \frac{2\Phi}{t} = \frac{2 \times 2Brl}{\frac{\pi r}{v}} = \frac{4Brl \times v}{\pi r} \quad \langle\text{式02-18}\rangle$$
$$= \frac{4}{\pi} Blv \ [\text{V}] \quad \langle\text{式02-19}\rangle$$

いっぽう、この発電機の起電力の最大値E_mは〈式02-20〉で求められる。この式を〈式02-19〉に代入することで、平均値E_aを最大値E_mで表わすことができる。

$$E_m = 2Blv \ [\text{V}] \quad \langle\text{式02-20}\rangle$$
$$E_a = \frac{2}{\pi} E_m \ [\text{V}] \quad \langle\text{式02-21}\rangle$$

結果、平均値E_aは最大値E_mの$\frac{2}{\pi}$倍、約0.64倍になる。電流の場合も同様だ。

積分で証明

本書は基本的に微積分を使わずに電気回路を説明しているが、微積分ができる人なら積分を利用することでも平均値を求められる。計算過程は省略するが、考え方は以下の通りだ。

左ページの〈図2-12〉の半周期の面積S_1は〈式①〉のように積分で求められる。半周期の横軸の長さはπなので、〈式①〉をπで割れば〈式②〉のように平均値を求めることができる。

$$S_1 = \int_0^\pi E_m \sin\theta \, d\theta \quad \cdots \langle\text{式①}\rangle \qquad E_a = \frac{S_1}{\pi} = \frac{1}{\pi} \int_0^\pi E_m \sin\theta \, d\theta = \frac{2}{\pi} E_m \quad \cdots \langle\text{式②}\rangle$$

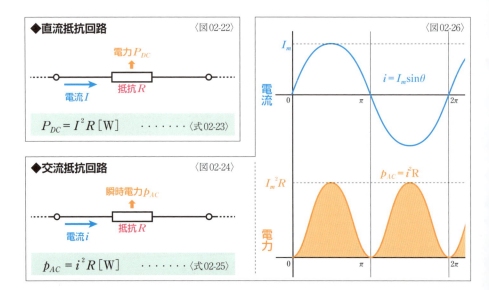

▶正弦波交流の実効値

　正弦波交流の大きさでもっともよく使われているのが**実効値**だ。家庭などに供給されている**商用電源**は交流100[V]として知られているが、これも実効値で表わされている。交流電圧の実効値にはE_{RMS}[V]やE_e[V]、電流にはI_{RMS}[A]やI_e[A]といった表記が使われる。

　抵抗は直流でも交流でも**電気エネルギー**を**ジュール熱**に変換するが、たとえば、ある抵抗を直流100[V]につないだ時と、交流100[V]につないだ時で、変換される**熱エネルギー**の量が異なったのでは、取り扱いが面倒になる。そこで考え出されたのが交流の実効値だ。交流の実効値とは、直流の電力と実効的に等価であることを意味している。

　〈図02-22〉のように抵抗R[Ω]を電流I[A]が流れている時の抵抗の電力P_{DC}[W]は〈式02-23〉のように表わすことができる。いっぽう、〈図02-24〉のように同じ抵抗Rを**瞬時値**i[A]の交流が流れている時の抵抗の**瞬時電力**p_{AC}[W]は〈式02-25〉のように表わせる。この電流が$i=I_m\sin\theta$[A]であるとすれば、p_{AC}は〈式02-29〉のように表わせる。

$$p_{AC} = (I_m\sin\theta)^2 R = RI_m^2\sin^2\theta \qquad 〈式02\text{-}27〉$$

$$= \frac{1}{2}I_m^2 R(1-\cos2\theta) \qquad 〈式02\text{-}28〉$$

$$= \frac{1}{2}I_m^2 R - \frac{1}{2}I_m^2 R\cos2\theta \qquad 〈式02\text{-}29〉$$

　瞬時電力p_{AC}は変動する値なので、平均した電力P_{AC}[W]を求める必要がある。面倒な

計算になりそうだが、実際には簡単だ。〈式02-29〉の第2項(マイナス記号以降の部分)は余弦関数(cos)なので正弦関数(sin)と同じように1周期を平均すると0になる。残る第1項には関数が含まれないため、平均電力 P_{AC} は〈式02-30〉で表わすことができる。

$$P_{AC} = \frac{1}{2} I_m^2 R \quad \cdots \quad \langle 式02\text{-}30 \rangle$$

直流と交流の電力が等価であるとは、〈式02-31〉のように P_{DC} と P_{AC} が等しいことを意味する。この式に、〈式02-23〉と〈式02-30〉を代入して整理すると、〈式02-34〉の関係が得られる。

$$P_{DC} = P_{AC} \quad \cdots \quad \langle 式02\text{-}31 \rangle$$

$$I^2 R = \frac{1}{2} I_m^2 R \quad \cdots \quad \langle 式02\text{-}32 \rangle$$

$$I^2 = \frac{1}{2} I_m^2 \quad \cdots \quad \langle 式02\text{-}33 \rangle$$

$$I = \frac{I_m}{\sqrt{2}} \quad \cdots \quad \langle 式02\text{-}34 \rangle$$

この I の大きさが、電流 $i = I_m \sin\theta$ の交流電流の実効値 I_{RMS} の大きさに相当するので、I_{RMS} は〈式02-35〉のように表わすことができる。

$$I_{RMS} = \frac{I_m}{\sqrt{2}} \quad \cdots \quad \langle 式02\text{-}35 \rangle$$

ここでは電流で検証を行ったが、電圧についても最大値と実効値の関係は同じになるので、E_{RMS} は以下のように表わすことができる。

$$E_{RMS} = \frac{E_m}{\sqrt{2}} \quad \cdots \quad \langle 式02\text{-}36 \rangle$$

最初にも説明したが、交流回路では実効値が多用される。そのため、実効値は単に E [V] や I [A] で表わされることも多い。また、ここまでは瞬時値は最大値を使って表現してきたが、瞬時値についても以下のように実効値で表わされることが多い(実効値を V と I で表示)。

$$v = \sqrt{2} \, V \sin\theta \quad \cdots \quad \langle 式02\text{-}37 \rangle$$

$$i = \sqrt{2} \, I \sin\theta \quad \cdots \quad \langle 式02\text{-}38 \rangle$$

［交流の基礎知識］
正弦波交流の位相と位相差

Chapter 09 / Section 03

正弦波交流の1サイクル内の時間的な位置を位相という。位相差を表現すれば、複数の正弦波交流の関係を明白にすることができる。

▶位相

正弦波交流の電圧や電流などの**1サイクル**内の時間的な位置を**位相**という。たとえば、〈図03-01〉のような $e = E_m \sin \omega t$ で表わされる**正弦波交流起電力**であれば、**瞬時値** e_a、e_b、e_c の大きさの時間的な位置を決める ωt_a、ωt_b、ωt_c が位相である。もちろん、位相が**角度**で示されることもある。

ここまでで取り上げた正弦波交流の電圧や電流のグラフは、$e = E_m \sin \omega t$ のように正弦曲線が**原点**を通るものばかりだが、実際の**解析**では原点を通らない正弦波交流を扱うこともある。こうした場合には $e = E_m \sin(\omega t + \theta)$ のように正弦波交流を表わす。たとえば、〈図03-03〉の正弦波交流起電力であれば、瞬時値 e_d、e_e、e_f の大きさの時間的な位置を決める $\omega t_d + \theta$、$\omega t_e + \theta$、$\omega t_f + \theta$ が位相である。式中の θ を**初期位相**または**初位相**という。$i = I_m \sin(\omega t - \theta)$ のように $-\theta$ が初期位相になることもある。こうした**初期位相**は、$-\pi \leq \theta < \pi$ **の範囲で表現する**のが一般的だ。

この初期位相を含めることで、どのような正弦波交流も表現することができるので、右ページのような式を正弦波交流の一般式という。この式では電圧を瞬時値 e [V]、最大値 E_m [V]、実効値 E [V]で表現しているが、直流の場合と同じように電源や起電力以外の電圧では、瞬時値 v [V]、最大値 V_m [V]、実効値 V [V]が使われることが多い。

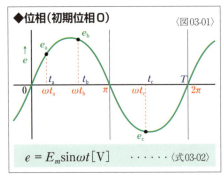

◆位相（初期位相0）　〈図03-01〉

$e = E_m \sin \omega t$ [V] ······〈式03-02〉

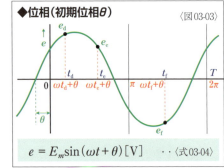

◆位相（初期位相θ）　〈図03-03〉

$e = E_m \sin(\omega t + \theta)$ [V] ··〈式03-04〉

正弦波交流の一般式

$$e = E_m \sin(\omega t + \theta) \quad \langle 式03\text{-}05\rangle \qquad e = \sqrt{2}\,E\sin(\omega t + \theta) \quad \langle 式03\text{-}06\rangle$$

$$i = I_m \sin(\omega t + \theta) \quad \langle 式03\text{-}07\rangle \qquad i = \sqrt{2}\,I\sin(\omega t + \theta) \quad \langle 式03\text{-}08\rangle$$

e：電圧(瞬時値)[V]　E_m：電圧(最大値)[V]　E：電圧(実効値)[V]　ω：角速度[rad/s]　t：時間[s]
i：電流(瞬時値)[A]　I_m：電流(最大値)[A]　I：電流(実効値)[A]　θ：初期位相[rad]

▶位相差

　交流回路の解析では、**初期位相**が異なる複数の電圧を扱ったり、電圧と電流で初期位相が異なることがある。こうした初期位相の差を**位相差**という。位相差は基準とする正弦波交流の初期位相から考える必要がある。たとえば、〈図03-09〉のように瞬時値v_0、v_1、v_2の3種類の正弦波交流電圧がある場合、v_0を基準とすればv_1との位相差は$-\theta_1-(-\theta_0)=\theta_0-\theta_1$になり、$v_2$との位相差は$\theta_2-(-\theta_0)=\theta_2+\theta_0$になる。なお、位相差0の場合は**同相**という。

　また、位相差は時間的な前後を明確にするために**位相の進み**と**位相の遅れ**で表現することが多い。たとえばv_0を基準とすればv_1は位相が$\theta_0-\theta_1$遅れているとなり、v_2は位相が$\theta_0+\theta_2$進んでいるとなる。波形の山の頂点で**進み**と**遅れ**を考えてみると、v_1はv_0より後に頂点が訪れるので遅れていることになり、v_2はv_0より先に頂点が訪れているので進んでいることになる。v_1はv_0より位相が$2\pi-(\theta_0-\theta_1)$進んでいると考えられないこともないが、$-\pi\leq$**位相差**$<\pi$**の範囲**で表現するのが一般的だ。

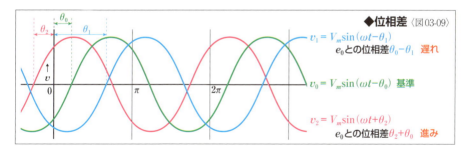

◆位相差 〈図03-09〉

$v_1 = V_m \sin(\omega t - \theta_1)$　e_0との位相差$\theta_0-\theta_1$　**遅れ**

$v_0 = V_m \sin(\omega t - \theta_0)$　**基準**

$v_2 = V_m \sin(\omega t + \theta_2)$　e_0との位相差$\theta_2+\theta_0$　**進み**

・・・・・・・・・・・ 位相角 ・・・・・・・・・・・

　位相に関連する表現では**位相角**という用語が使われることがあるが、この用語には2通り解釈がある。
　1つは位相角と位相が同義とするもので、左ページのθを初期位相角や初位相角とも表現する。もう1つは、本書で初期位相と表現しているものを位相角と呼ぶものだ。両者の意味は大きく異なるので位相角という表現がある際には注意を要する。混乱を避けるため本書では位相角という用語は用いない。

Sec.
03
正弦波交流の位相と位相差

［交流の基礎知識］
正弦波交流のベクトル表示

Chapter 09 Section 04

回転運動から生み出される正弦波交流を回転ベクトルで表示するのは容易なことだ。すべての周波数が同じなら静止ベクトルとして相互関係を明白にできる。

▶回転ベクトル

正弦波交流は**ベクトル**で表わすことも可能だ。正弦波交流の**瞬時値**は**正弦関数**で表わされている。そのため、計算が求められる状況では手間がかかる。また、グラフ化しても複数の正弦波交流の関係がわかりにくい。しかし、正弦波交流をベクトルで表現すると、複数の正弦波交流の関係を把握しやすくなるうえ、計算を比較的容易にできる可能性が生じる。

正弦波交流の瞬時値は、たとえば〈式04-01〉のような交流電圧であれば〈図04-02〉のようなグラフで表わせる。いっぽう、〈図04-03〉のように、xy**平面**上で**大きさ**E_m、基準の軸からの**角度**（**偏角**）θのベクトルが原点を中心にして**角速度**ωで回転しているとすれば、グラフと同じ現象を表わしていることになる。ベクトルのY座標の値をyとすれば、〈式04-04〉のように表わせ、瞬時値の式と同じ式になる。こうしたベクトルを正弦波交流の**回転ベクトル**という。回転ベクトルは、グラフの場合と同じように複数の正弦波交流を同時に扱うことも可能だ。

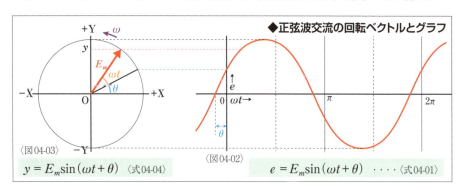

◆正弦波交流の回転ベクトルとグラフ

〈図04-03〉　　〈図04-02〉

$y = E_m \sin(\omega t + \theta)$　〈式04-04〉　　$e = E_m \sin(\omega t + \theta)$ ‥‥〈式04-01〉

▶静止ベクトルとフェーザ

交流回路に使われる素子には、**周波数**を増減させるような素子はない。また、電気回路の解析で、異なる周波数の電源を同時に扱うことはない（電子回路では複数の周波数の信号を同時に扱うことがある）。そのため、複数の正弦波交流を**回転ベクトル**で表わした場合、

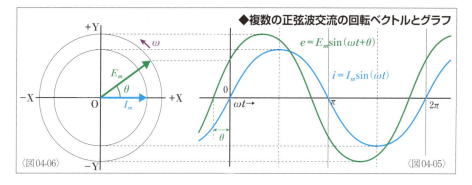

〈図04-06〉 〈図04-05〉

どのベクトルも同じ**角速度**で回転する。

　たとえば、大きな円板上に回転ベクトルを描いたものを見ていても、複数のベクトルの関係を見いだすことは難しいが、いずれかのベクトルのうえに乗ったとしたらどうだろうか。すべてのベクトルが同じ角速度で回転しているのだから、すべてのベクトルが静止しているように見えるはずだ。つまり、複数の正弦波交流の関係は、時間に関係なく一定であるといえる。こうした時間による変化を除外して考えたものが正弦波交流の**静止ベクトル**だ。

　正弦波交流の静止ベクトルは、角速度を除外しているので**大きさ**と**偏角**だけで表わすことになる。大きさについては**実効値**が使われることが多い。偏角については**度数法**が使われることが多いが、**弧度法**が使われることもある。こうした静止ベクトルを**フェーザ**といい、図示したものを**フェーザ図**という。フェーザはベクトルであるため、$\dot{E}$や$\dot{I}$のように上に「・(ドット)」をつけて表わす。瞬時値は小文字だが、フェーザは変化する値ではないので大文字を使う。実際の数式は**フェーザ表示**といい、**極座標表示**と同じ形式になる。

　複数の正弦波交流をフェーザで表現する場合、いずれかを基準のフェーザとして偏角0で描くのが一般的だ。このように表現したほうが関係がわかりやすくなるし、計算も容易になる。都合のよい瞬間を選んで解析しているようだが、そもそも定常状態の解析であり、それが周期的に繰り返されているのだから、どの瞬間であっても問題ないわけだ。

　〈図04-07〉と〈図04-08〉は、〈図04-06〉の回転ベクトルをフェーザ図にしたものだ。

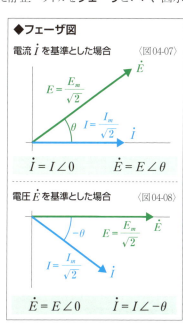

[交流の基礎知識]
正弦波交流の複素数表示

正弦波交流の静止ベクトルを複素ベクトルとして扱うことで、さまざまな計算が容易に進められるようになる。こうした複素数で取り扱う方法を記号法という。

▶複素記号法

　前ページで説明したように**正弦波交流**は**静止ベクトル**（**フェーザ**）で表わすことができる。この静止ベクトルを**複素数**による**ガウス平面**上の**複素ベクトル**として表現すれば、計算が比較的容易に行えるようになる。また、少し複雑な回路になってくると静止ベクトルの図示（**フェーザ図**）が難しくなるが、ベクトルを図上で示さず複素ベクトルの数式で表現すれば、計算結果を明確に知ることができる。このように、正弦波交流の静止ベクトルを複素数で取り扱う方法を、**複素記号法**や単に**記号法**という。

　複素ベクトルによる記号法の表示と、**瞬時値表示**の関係をまとめたものが右ページの図だ。記号法では正弦波交流の大きさに**実効値**を使うのが一般的なので、ここでは〈式05-05〉のように**瞬時値**も実効値で表示している。

　記号法の基本形といえる表示方法は、実効値による**大きさ**と、**初期位相**を表わす**偏角**による**極座標表示**だ。実際には〈式05-06〉のようになる。静止ベクトルの表示方法と同じなので**フェーザ表示**ともいう。ただし、Chapter08の「複素数（P206参照）」で説明したように極座標表示には演算規則が定義されていないため、実際の計算の際には〈式05-07〉のような**指数関数表示**などに置き換える必要がある。なお、「複素数」のページでも説明したように、指数関数表示という呼称を使わず、〈式05-06〉と〈式05-07〉の双方を極座標表示と呼ぶこともある。また、極座標表示に演算規則があるものとして計算が行われることもある。

　大きさと偏角で表わす極座標表示に対して、正弦波交流の複素ベクトルを**実軸**の座標と**虚軸**の座標で表わす方法を**直交座標表示**という。瞬時値表示や極座標表示から直交座標表示に変換する際には、〈式05-08〉と〈式05-09〉のように大きさと偏角から**三角関数**で実軸と虚軸の座標を求める必要がある。結果、直交座標表示は〈式05-10〉のようになる。この表示方法は複素数の式と同じであるため、**複素数表示**ともいう。

　もっとも、〈式05-08〉と〈式05-09〉を立てずに、〈式05-11〉のように表示することもできる。これが**三角関数表示**だ。ただし、これも「複素数」のページで説明したが、三角関数表示は直

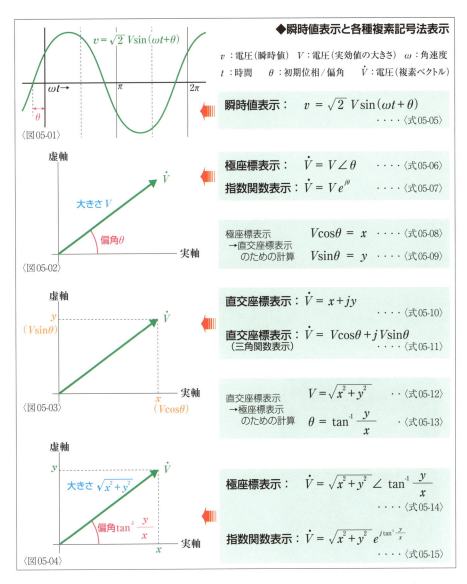

座標表示と同じことを表わしているだけなので、記号法では直交座標表示として扱われることが多い。本書でも以降は三角関数表示という呼称は使わず直交座標表示にまとめる。

いっぽう、〈式05-10〉のような直交座標表示を極座標表示に変換したい場合は、**三平方の定理**と**逆三角関数**の**アークタンジェント**を利用する。実軸と虚軸の座標から、〈式05-12〉のように三平方の定理で複素ベクトルの大きさを求めることができ、〈式05-13〉のようにアークタンジェントで偏角を求めることができる。結果、極座標表示は〈式05-14〉のようになる。

関数電卓

電気の学習や研究、実務において、**関数電卓**は必要不可欠なものだ。**三角関数**や**複素数**による**記号法**の計算を簡単に行える。仮に、記号法を用いないとしても、関数電卓なら三角関数や逆三角関数を容易に求められる。関数電卓が活躍するのは、関数の計算が必要な交流回路の解析ばかりではない。直流回路の計算でも、並列接続の合成抵抗では**逆数**による計算が面倒だが、関数電卓を使えば簡単だ。たとえば、R_1, R_2, R_3の並列の合成抵抗は、**逆数キー**を使うと、〈R_1〉〈逆数キー〉〈+〉〈R_2〉〈逆数キー〉〈+〉〈R_3〉〈逆数キー〉〈=〉〈逆数キー〉〈=〉といった具合に計算できる(実際の操作手順はメーカーや機種によって異なる)。

以前の関数電卓は、独特の入力方法や数式表示を採用していたためわかりにくいこともあったが、現在では通常使っている数式通りに入力でき、そのまま表示される機種も多いので、違和感なく使い始めることができる。

関数電卓には、さまざまな機種があるが、電気回路の計算に使用するなら、複素数計算が可能なものを選べばいい(三角関数、逆三角関数はほぼすべての機種が搭載している)。なお、電気の世界では複素数の**虚数単位**に j を用いるが、一般的には i が用いられているので、関数電卓での表示も i だ。

関数電卓というと、普通の電卓に比べて高価そうに思うかもしれない。確かに高機能で高額なものもあるが、1000円台で電気回路の計算に必要な機能を備えているものもある。また、スマートフォンやタブレットのアプリにも関数電卓があり、なかには無料のものもある。機能も十分に備わっている。ただし、関数電卓持込可の試験でも、アプリとなると「?」なので、事前に確認する必要がある。

←カシオ計算機 fx-375ES

→カシオ計算機 fx-JP500

[交流回路編]

Chapter 10
交流回路の基本

Sec.01：交流回路の素子と電源　・・・　234
Sec.02：交流抵抗回路　・・・・・・・　236
Sec.03：交流コイル回路　・・・・・・　238
Sec.04：交流コンデンサ回路　・・・・　244
Sec.05：交流回路素子　・・・・・・・　250

Chapter 10 [交流回路の基本]
Section 01 交流回路の素子と電源

交流回路で解析を行う素子は抵抗、コイル、コンデンサの3種類だが、さまざまな組み合わせと接続がある。理想の交流電源には定電圧源と定電流源がある。

▶交流回路の回路素子

　本書の**交流回路**で取り上げる**回路素子**には、**抵抗**、**コイル**、**コンデンサ**の3種類がある。本書で解析を行うのは、すべて**理想の素子**だ。抵抗は交流に対しても電流を妨げる素子として作用する。直流に対してコンデンサは**開放**、コイルは**短絡**になるが、交流に対してはどちらも電流を妨げる素子として作用するうえ、電圧と電流の**位相**をずらす作用もある。

　交流回路でも、それぞれの素子が単独で電源に接続されたものが基本形であり、**交流抵抗回路**、**交流コイル回路**、**交流コンデンサ回路**の3種類がある。もちろん、異なった種類の素子が接続された回路もあるので、さまざまな組み合わせを解析する必要がある。なお、ここまででは**直列接続**や**並列接続**といった表現は同じ種類の素子や電源で使用したが、異なった種類の素子の接続でも直列や並列といった表現が使われる。

　素子である**抵抗器**は単に抵抗と呼ばれることが多く、物理量も抵抗なので、「抵抗R」といったように表わすことができるが、コイルの場合は物理量が**インダクタンス**なので、本来であれば「インダクタンスLのコイル」と示さなければならない。しかし、これでは表記が長くなってしまうので、本書では素子名と物理量を同義として扱う。つまりコイルとインダクタンスは同義として扱い、コイルに対して「**インダクタンスL**」といった表記も使用する。コンデンサの場合も同様に、コンデンサと**静電容量**を同義と扱い、コンデンサに対して「**静電容量C**」のような表

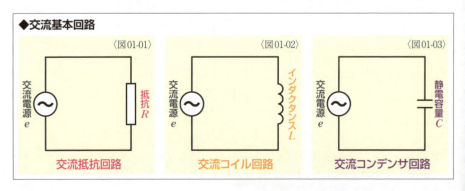

◆交流基本回路

〈図01-01〉交流抵抗回路　〈図01-02〉交流コイル回路　〈図01-03〉交流コンデンサ回路

記も使用する。さらに簡略化して、抵抗とコンデンサを直列接続した回路を物理量だけで表現して「RC直列回路」といった具合に表記することもある。

▶交流回路の電源

　本書で解析を行う**交流電源**はすべて**理想の電源**で、**理想交流電圧源**である**交流定電圧源**と**理想交流電流源**である**交流定電流源**がある。本書で扱う交流電源は**正弦波交流電源**だ。これらの**電源**にも**直列接続**と**並列接続**がある。

　交流定電圧源は、**周波数**が同じであれば電圧や位相が異なっていても直列接続でき、正弦波交流電圧が得られる。同様に、交流定電流源も、周波数が同じであれば電流や位相が異なっていても並列接続でき、正弦波交流電流が得られる。

　交流定電圧源の並列接続の場合は、直流定電圧源と同じように必須条件があり、電圧、位相、周波数のすべてが同じ電源を接続しなければならない。交流定電流源の直列接続の場合も同じように、電流、位相、周波数のすべてを揃える必要がある。この条件以外では直流電源の場合と同じように矛盾が生じてしまう。

　しかし、そもそも理想の電源は仮定によって成り立っているものなので、矛盾が生じるような状態で使われることはないし、複数の電源を接続するぐらいなら設定の数値をかえればよい。これは直流の理想の電源の場合と同じだ。結果、交流でも理想の電源の直列接続や並列接続が行われることは基本的にない。ただし、これも直流電源の場合と同様に、電源同士の間に抵抗などの負荷が存在する回路は解析の対象にすることがある。

　なお、発電所の発電機のような**現実の交流電源**では、複数の発電機の周波数や位相がずれないように厳密に管理された状態で運用されている。また、現実の直流電源に内部抵抗があるように、現実の交流電源には**内部インピーダンス**（P354参照）というものがあり、負荷の大きさや配置によって電圧や電流を変動させる。

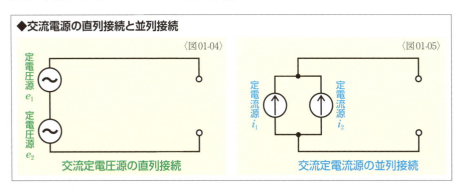

◆交流電源の直列接続と並列接続

〈図01-04〉交流定電圧源の直列接続

〈図01-05〉交流定電流源の並列接続

交流抵抗回路

[交流回路の基本]

Chapter 10 Section 02

交流回路であっても、素子が抵抗だけの回路であればオームの法則によって解析することができる。電圧と電流は同相になるので、扱いも非常に簡単だ。

▶交流抵抗回路の電圧と電流

交流電源と**抵抗**だけで構成された回路を**交流抵抗回路**という。交流回路においても、電気の基本法則である**オームの法則**は成り立つ。

正弦波交流電源に抵抗 R [Ω]をつないだ〈図02-01〉の回路で、電源電圧の**瞬時値** e [V] が、〈式02-02〉のように**最大値** V_m [V]、**角速度** ω [rad/s]、**時間** t [s]で表わされるとすると、抵抗 R の**電圧降下**の瞬時値 v [V]は、〈式02-03〉のように電圧 e に等しい。流れる電流の瞬時値 i [A]はオームの法則によって〈式02-04〉のように表わすことができる。e と v は等しいので、〈式02-04〉の v に〈式02-02〉を代入すると、電流 i を〈式02-05〉のように表わすことができる。

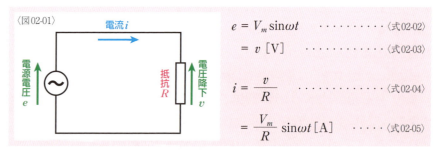

〈式02-05〉から、**交流抵抗回路では電圧 e と電流 i が同相になる**ことがよくわかる。電圧 e が0であれば電流 i も0になり、e が増加すれば i も増加し、e が減少すれば i も減少する。また、〈式02-05〉のsinより前の部分が電流 i の最大値 I_m [A]を意味していることがわかるので、〈式02-06〉のように、電圧と電流の最大値 V_m と I_m にもオームの法則が成立することがわかる。結果、電流 i を〈式02-07〉のように表わすことができる。

$$I_m = \frac{V_m}{R} \ [\text{A}] \quad \cdots \text{〈式02-06〉}$$

$$i = I_m \sin\omega t \ [\text{A}] \quad \cdots \text{〈式02-07〉}$$

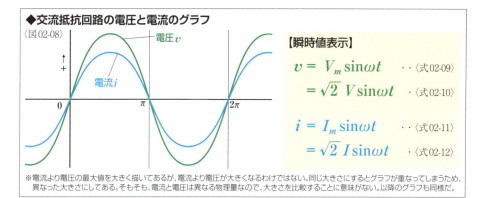

◆交流抵抗回路の電圧と電流のグラフ 〈図02-08〉

【瞬時値表示】

$v = V_m \sin\omega t$ ･･〈式02-09〉
$ = \sqrt{2}\,V\sin\omega t$ ･〈式02-10〉

$i = I_m \sin\omega t$ ･･〈式02-11〉
$ = \sqrt{2}\,I\sin\omega t$ ･〈式02-12〉

※電流より電圧の最大値を大きく描いてあるが、電流より電圧が大きくなるわけではない。同じ大きさにするとグラフが重なってしまうため、異なった大きさにしてある。そもそも、電流と電圧は異なる物理量なので、大きさを比較することに意味がない。以降のグラフも同様だ。

　この交流抵抗回路における電圧と電流の関係を示したグラフが〈図02-08〉だ。もちろん瞬時値を実効値V[V]やI[A]で表わすこともできる。

　ここまでの例では**初期位相**0の交流電圧を取り上げているが、電圧と電流は同相になるので、もし電圧の初期位相がθ[rad]であれば、電流の初期位相もθ[rad]になる。

▶交流抵抗回路のフェーザとフェーザ表示

　交流抵抗回路では電圧の**フェーザ**$\dot{V}$[V]と電流のフェーザ$\dot{I}$[A]は同相なので、**フェーザ図**は極めて簡単なものだ。

　また、オームの法則が成り立つので、これをフェーザ表示に当てはめると以下のようになる。電圧と電流は同相なので、どちらを基準にしてもよいのだが、以降で説明する交流コイル回路や交流コンデンサ回路と比較しやすいように双方の基準で掲載している。

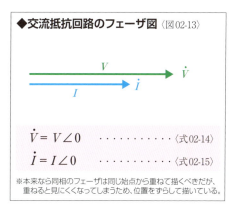

◆交流抵抗回路のフェーザ図 〈図02-13〉

$\dot{V} = V\angle 0$ ･････〈式02-14〉
$\dot{I} = I\angle 0$ ･････〈式02-15〉

※本来なら同相のフェーザは同じ始点から重ねて描くべきだが、重ねると見にくくなってしまうため、位置をずらして描いている。

◆交流抵抗回路のフェーザ表示

【電圧基準】

$\dot{V} = V\angle 0$ ･･････〈式02-16〉

$\dot{I} = \dfrac{V}{R}\angle 0$ ････〈式02-17〉

【電流基準】

$\dot{I} = I\angle 0$ ･･････〈式02-18〉

$\dot{V} = RI\angle 0$ ･･････〈式02-19〉

Chapter 10 [交流回路の基本]
Section 03 交流コイル回路

交流コイル回路では、自己インダクタンスが電流に対して電圧の位相を90°進める。インダクタンスによる誘導リアクタンスが交流電流の流れを妨げる。

▶交流コイル回路の電流と電圧

交流電源と**コイル**だけで構成された回路を**交流コイル回路**や**交流インダクタンス回路**という。コイルには**自己インダクタンス**（以降は**インダクタンス**と表記）があるため、常に電流の大きさが変化する交流が流れると、**誘導起電力**（**逆起電力**）が生じ続けることになる。

正弦波交流電源にインダクタンスL [H]をつないだ〈図03-01〉の回路を、〈式03-02〉のように**最大値**I_m [A]、**角速度**ω [rad/s]、**時間**t [s]で表わされる**瞬時値**i [A]の交流電流が流れるとすると、インダクタンスLには瞬時値v_L [V]の逆起電力が生じる。**キルヒホッフの電圧則**で考えると、回路を一定の方向にたどった時、その電圧の総和は0になるはずなので、電源電圧の瞬時値e [V]と逆起電力v_Lには〈式03-03〉の関係になる。また、コイルの端子電圧の瞬時値v [V]は〈式03-04〉のように電源電圧の瞬時値eと等しいはずだ。結果、コイルの端子電圧vと逆起電力v_Lは〈式03-05〉の関係になる。

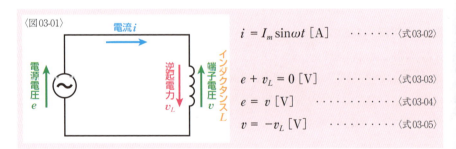

回路図にe、v、v_Lという3つの電圧の矢印が表示されているので、誤解を招きそうだが、実際の関係はeとv、もしくはeとv_Lの関係を考えればいい。インダクタンスLの逆起電力v_Lは、Chapter06の「**自己誘導作用**（P164参照）」で説明したように、以下の式で求められる。

$$v_L = -L\frac{\Delta i}{\Delta t} \text{ [V]} \qquad \cdots\cdots\cdots \langle 式03\text{-}06\rangle$$

〈式03-06〉は時間 t の変化に対する電流 i の変化で逆起電力を表わしている。電流 i の微小時間 Δt [s]における変化 Δi [A]は〈式03-07〉のように求めることができ、**三角関数の加法定理**（P196参照）で展開すると〈式03-08〉になる。また、角度 $\Delta\theta$ が十分に小さい時は、$\sin\Delta\theta \fallingdotseq \Delta\theta$、$\cos\Delta\theta \fallingdotseq 1$ という近似値が成立するので、Δt が非常に小さい時間であるとすると、$\sin\omega\Delta t \fallingdotseq \omega\Delta t$、$\cos\omega\Delta t \fallingdotseq 1$ と見なすことができる。この近似値を〈式03-08〉に代入して整理すると〈式03-10〉が求められる。

$$\Delta i = I_m \sin(\omega t + \omega\Delta t) - I_m \sin\omega t \quad \cdots \langle 式03\text{-}07\rangle$$

$$= I_m \sin\omega t \cos\omega\Delta t + I_m \cos\omega t \sin\omega\Delta t - I_m \sin\omega t \quad \cdots \langle 式03\text{-}08\rangle$$

$$\fallingdotseq I_m \sin\omega t + \omega\Delta t\, I_m \cos\omega t - I_m \sin\omega t \quad \cdots \langle 式03\text{-}09\rangle$$

$$= \omega\Delta t\, I_m \cos\omega t \ [\text{A}] \quad \cdots \langle 式03\text{-}10\rangle$$

端子電圧 v と逆起電力 v_L には〈式03-05〉の関係があるので、この式に〈式03-06〉を代入し、さらに〈式03-10〉を代入することで端子電圧 v が〈式03-13〉のように求められる。この式は**余弦関数**（cos）で表わされているが、正弦波交流は**正弦関数**（sin）で表わしたほうが都合がよいので、**三角関数の公式**を利用して正弦関数に置き換えると〈式03-14〉になる。

$$v = L\frac{\Delta i}{\Delta t} \quad \cdots \langle 式03\text{-}11\rangle$$

$$= L\frac{\omega\Delta t\, I_m \cos\omega t}{\Delta t} \quad \cdots \langle 式03\text{-}12\rangle$$

$$= \omega L\, I_m \cos\omega t \quad \cdots \langle 式03\text{-}13\rangle$$

$$= \omega L\, I_m \sin\left(\omega t + \frac{\pi}{2}\right) [\text{V}] \quad \cdots \langle 式03\text{-}14\rangle$$

〈式03-14〉から、**交流コイル回路では電圧 v は電流 i より位相が $\frac{\pi}{2}$ [rad]進む**ことがわかる。また、sinより前の部分が電圧 v の最大値 V_m [V]を意味していることがわかるので、〈式03-15〉の関係が成立し、電圧 v を〈式03-16〉のように表わすことができる。

$$V_m = \omega L\, I_m \ [\text{V}] \quad \cdots \langle 式03\text{-}15\rangle$$

$$v = V_m \sin\left(\omega t + \frac{\pi}{2}\right)[\text{V}] \quad \cdots \langle 式03\text{-}16\rangle$$

交流コイル回路の電流と電圧の関係は〈式03-02〉と〈式03-16〉で表わされることになる。グラフやフェーザ図などの関係は次ページで説明する。

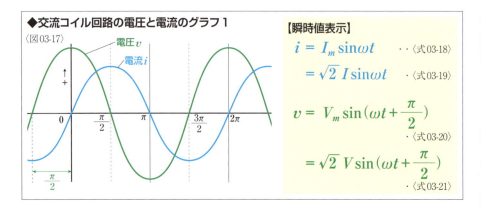

▶交流コイル回路のグラフとフェーザ

前ページの**交流コイル回路**における電流と電圧の関係を示したグラフが〈図03-17〉だ。**瞬時値**を電圧と電流の**実効値** V[V]とI[A]で表わした式も併記してある。電流i[A]が増加から減少に転じる$\frac{\pi}{2}$[rad]と、減少から増加に転じる$\frac{3}{2}\pi$では**逆起電力**v_L[V]が0になるので、対応する電圧v[V]も0になっていることがわかる。この付近はiの変化の割合が小さい(グラフの傾斜が小さい)のでvが小さいが、角度0と2π付近はiの変化の割合が大きい(グラフの傾斜が大きい)のでvが大きくなり、0と2πで最大値を示す。これにより電圧vは電流iより位相が$\frac{\pi}{2}$進むことがよくわかる。

フェーザ図では、電流のフェーザ$\dot{I}$と電圧のフェーザ$\dot{V}$は直角の関係だ。電流を基準にして描けば〈図03-22〉になり、位相が$\frac{\pi}{2}$進んでいる電圧は、基準の電流の位置より反時計回りに$\frac{\pi}{2}$回転した位置になる。

ここまでは**初期位相**0の電流iを基準に考えてきたが、実際の電気回路の**解析**では、初期位相が0とは限らないし、電圧を基準にすることもある。

初期位相0の電圧v_1[V]の交流コイル回路の電圧と電流のグラフが〈図03-25〉だ。〈図03-17〉と比べると違いがよくわかる。電圧v_1を基準にすれば、電流i_1[A]は位相が

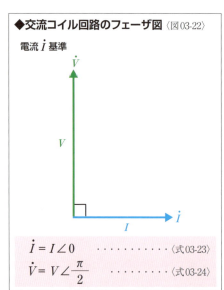

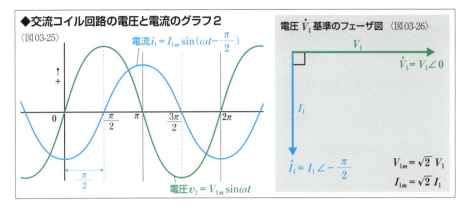

$\frac{\pi}{2}$ 遅れているわけだ。フェーザ図についても、時計方向に $\frac{\pi}{2}$ 回転したものになる。ただし、位相の進みや遅れについては、初期位相0のものを基準にすると決まっているわけではない。左ページのグラフでも電圧 v を基準にすれば、電流 i は位相が $\frac{\pi}{2}$ 遅れていると表現できる。

また、初期位相が θ [rad] の電流 i_2 [A] が流れる交流コイル回路の電圧と電流のグラフが〈図03-27〉だ。この場合、電圧 v_2 [V] の初期位相は $\theta + \frac{\pi}{2}$ になる。フェーザ図には水平なフェーザがなくなるが、電流と電圧の関係はあくまでも直角だ。

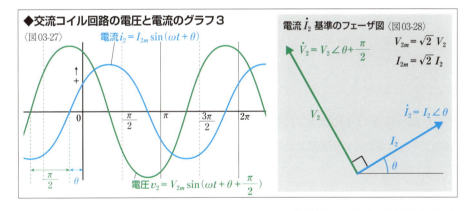

……………… 微分で証明 ………………

交流コイル回路の電流と電圧の関係の説明では、三角関数の近似値が使われている。近似値を使い式の途中に「≒」の部分があったのでは、本当に正確かどうか不安に感じる人がいるかもしれない。現実には、まったく問題ないのだが、微分でもまったく同じ結論を導くことができるので安心してほしい。微分で解く場合は、〈式03-11〉を微分することになり、以下のように同じ結果になる。

$$v = L\frac{di}{dt} = L\frac{d}{dt}I_m \sin\omega t = \omega L I_m \cos\omega t = \omega L I_m \sin(\omega t + \frac{\pi}{2}) \cdots\cdots\cdots 〈式①〉$$

▶インダクタンスによる誘導リアクタンス

239ページの〈式03-15〉は**交流コイル回路**を流れる電流と電圧の比率を表わしている数式といえる。この式を、**実効値**で表現すると〈式03-29〉になる。

$$V = \omega L I \ [\mathrm{V}] \quad \cdots\cdots\cdots\cdots\cdots\cdots\cdots\cdots\cdots\cdots\cdots\cdots\cdots\cdots\cdots\cdots \langle 式03\text{-}29 \rangle$$

この式は、**オームの法則**の式 $V=IR$ と同じ構造になっている。つまり、ωL は交流コイル回路において電流の流れを妨げる作用があり、抵抗回路の抵抗 R に相当するといえる。交流回路におけるこうした**交流電流を妨げる物理量をリアクタンス**という。量記号には「X」が使われる。電圧と電流の**比例定数**なので、単位には抵抗と同じ[Ω]が使われる。

リアクタンスは次のSectionで説明するコンデンサにもあるため、コイルの**インダクタンス** L[H]によって生じるリアクタンス X[Ω]は、**誘導リアクタンス**や**誘導性リアクタンス**という。区別するために量記号には「X_L」が使われる。〈式03-29〉を X_L[Ω]で表わせば、〈式03-30〉になり、当然のごとく変形した〈式03-31〉と〈式03-02〉も成り立ち、交流コイル回路でも誘導リアクタンス X_L によってオームの法則が成り立つことがわかる。

$$V = X_L I \ [\mathrm{V}] \quad \cdots\cdots\cdots\cdots\cdots\cdots\cdots\cdots\cdots\cdots\cdots\cdots\cdots\cdots \langle 式03\text{-}30 \rangle$$

$$I = \frac{V}{X_L} \ [\mathrm{A}] \quad \cdots\cdots\cdots\cdots\cdots\cdots\cdots\cdots\cdots\cdots\cdots\cdots\cdots \langle 式03\text{-}31 \rangle$$

$$X_L = \frac{V}{I} \ [\Omega] \quad \cdots\cdots\cdots\cdots\cdots\cdots\cdots\cdots\cdots\cdots\cdots\cdots\cdots \langle 式03\text{-}32 \rangle$$

いっぽう、誘導リアクタンス X_L は〈式03-33〉のように**角速度** ω とインダクタンス L で表わすことができる。角速度 ω を**正弦波交流**の**周波数** f[Hz]で表わせば〈式03-34〉になる。

$$X_L = \omega L \quad \cdots\cdots\cdots\cdots\cdots\cdots\cdots\cdots\cdots\cdots\cdots\cdots\cdots\cdots\cdots \langle 式03\text{-}33 \rangle$$

$$ = 2\pi f L \ [\Omega] \quad \cdots\cdots\cdots\cdots\cdots\cdots\cdots\cdots\cdots\cdots\cdots\cdots \langle 式03\text{-}34 \rangle$$

これらの式から、誘導リアクタンス X_L は正弦波交流の角速度 ω とインダクタンス L に比例することがわかり、当然、周波数 f にも比例する。つまり、インダクタンス L が大きくなるほど電流が流れにくくなり、周波数 f が高くなるほど電流が流れにくくなる。直流は周波数 $f=0$ の状態の時と考えられるので $X_L=0$ になる。そのため、コイルは直流に対しては電流を妨げる作用がなく、**短絡**と考えられるわけだ。次に、〈式03-31〉に〈式03-34〉を代入すると、電流に対するインダクタンス L と周波数 f の関係を表わせる。

$$I = \frac{V}{2\pi f L} \text{ [A]} \quad \cdots\cdots\cdots\cdots\cdots\cdots\cdots\cdots\cdots\cdots\cdots\cdots \langle 式03\text{-}35\rangle$$

　この式から、交流コイル回路を流れる電流は、インダクタンスLと周波数fに反比例することがわかる。これらの周波数に対する関係をグラフにすると、以下のようになる。

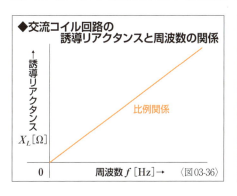

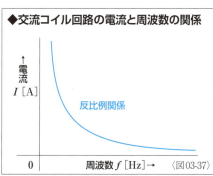

〈図03-36〉　〈図03-37〉

▶交流コイル回路のフェーザ表示

　左のページでは電圧と電流の**実効値**VとIの間に、**誘導リアクタンス**X_Lによって**オームの法則**が成り立つことを説明したが、これを**フェーザ表示**に当てはめると以下のようになる。これも左ページで説明したように、誘導リアクタンスX_Lは**インダクタンス**Lと**角速度**ωで表わすことも可能だ。位相の関係は、電圧を基準に考えれば、電流の位相が$\frac{\pi}{2}$遅れていることになり、逆に電流を基準に考えれば、電圧の位相が$\frac{\pi}{2}$進んでいることになる。**位相差**が$\frac{\pi}{2}$であることは簡単に覚えられるはずだが、重要なのは進むか、遅れるかということだ。次に説明する交流コンデンサ回路との関係も重要になる。

◆交流コイル回路のフェーザ表示

【電圧基準】

$$\dot{V} = V\angle 0 \quad \cdots\cdots\cdots\cdots \langle 式03\text{-}38\rangle$$

$$\dot{I} = \frac{V}{X_L} \angle -\frac{\pi}{2} \quad \cdots\cdots \langle 式03\text{-}39\rangle$$

$$= \frac{V}{\omega L} \angle -\frac{\pi}{2} \quad \cdots\cdots \langle 式03\text{-}40\rangle$$

【電流基準】

$$\dot{I} = I\angle 0 \quad \cdots\cdots\cdots\cdots \langle 式03\text{-}41\rangle$$

$$\dot{V} = X_L I \angle \frac{\pi}{2} \quad \cdots\cdots \langle 式03\text{-}42\rangle$$

$$= \omega L I \angle \frac{\pi}{2} \quad \cdots\cdots \langle 式03\text{-}43\rangle$$

[交流回路の基本]
交流コンデンサ回路

Section 04

交流コンデンサ回路では、静電容量が電圧に対して電流の位相を90°進める。また、静電容量による容量リアクタンスが交流電流の流れを妨げる。

▶交流コンデンサ回路の電流と電圧

　交流電源とコンデンサだけで構成された回路を**交流コンデンサ回路**や**交流静電容量回路**、**交流キャパシタンス回路**という。コンデンサには**静電容量**があるため、常に電流の大きさが変化する交流が流れると、**充電**と**放電**を繰り返すことになる。

　電源電圧の**瞬時値** e[V]が〈式04-02〉のように**最大値** V_m[V]、**角速度** ω[rad/s]、**時間** t[s]で表わされる**正弦波交流電源**に静電容量 C[F]のコンデンサをつないだ〈図04-01〉の回路を瞬時値 i[A]の交流電流が流れるとする。この時、静電容量 C の端子電圧の瞬時値 v[V]は〈式04-03〉のように常に電源電圧 e に等しくなる。また、Chapter07の「コンデンサと静電容量(P178参照)」で説明したように、静電容量 C を流れる電流 i は電圧 v の変化の速さ(式の分数部分)に比例して流れるので、電流 i は〈式04-04〉で表わすことができる。

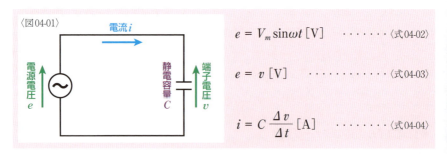

　〈式04-04〉は時間 t の変化に対する電圧 v の変化で電流 i を表わしている。電圧 v の微小時間 Δt[s]における変化 Δv[V]は〈式04-05〉のように求めることができる。この式を、**三角関数**の**加法定理**(P196参照)で展開すると〈式04-06〉になる。また、交流コイル回路の**逆起電力**を求める際にも使用したが、角度 $\Delta\theta$ が十分に小さい時は、$\sin\Delta\theta\fallingdotseq\Delta\theta$、$\cos\Delta\theta\fallingdotseq 1$ という近似値が成立するので、Δt が非常に小さい時間であるとすると、$\sin\omega\Delta t\fallingdotseq\omega\Delta t$、$\cos\omega\Delta t\fallingdotseq 1$ と見なすことができる。この近似値を〈式04-06〉に代入し、さらに整理すると〈式04-08〉が求められる。

$$\Delta v = V_m \sin(\omega t + \omega \Delta t) - V_m \sin\omega t \quad \cdots \quad \langle式04\text{-}05\rangle$$

$$= V_m \sin\omega t \cos\omega \Delta t + V_m \cos\omega t \sin\omega \Delta t - V_m \sin\omega t \quad \cdots \quad \langle式04\text{-}06\rangle$$

$$\fallingdotseq V_m \sin\omega t + \omega \Delta t\, V_m \cos\omega t - V_m \sin\omega t \quad \cdots \quad \langle式04\text{-}07\rangle$$

$$= \omega \Delta t\, V_m \cos\omega t \ [\text{V}] \quad \cdots \quad \langle式04\text{-}08\rangle$$

ここで求められた、微小時間Δt[s]における電圧変化Δvを〈式04-04〉に代入すると、〈式04-10〉が得られる。この式は**余弦関数**(cos)で表わされているが、正弦波交流は**正弦関数**(sin)で表わしたほうが都合がよいので、三角関数の公式を利用して正弦関数に置き換えると〈式04-11〉になる。

$$i = C\frac{\omega \Delta t\, V_m \cos\omega t}{\Delta t} \quad \cdots \quad \langle式04\text{-}09\rangle$$

$$= \omega C V_m \cos\omega t \quad \cdots \quad \langle式04\text{-}10\rangle$$

$$= \omega C V_m \sin\left(\omega t + \frac{\pi}{2}\right)[\text{V}] \quad \cdots \quad \langle式04\text{-}11\rangle$$

〈式04-11〉から、**交流コンデンサ回路では電流iは電圧vより位相が$\frac{\pi}{2}$[rad]進む**ことがわかる。また、sinより前の部分が電流iの最大値I_m[A]を意味していることがわかるので、〈式04-12〉の関係が成立し、電流iを〈式04-13〉のように表わすことができる。

$$I_m = \omega C V_m \ [\text{A}] \quad \cdots \quad \langle式04\text{-}12\rangle$$

$$i = I_m \sin\left(\omega t + \frac{\pi}{2}\right)[\text{A}] \quad \cdots \quad \langle式04\text{-}13\rangle$$

交流コイル回路の電流と電圧の関係は〈式04-02〉と〈式04-13〉で表わされることになる。電流を中心に考えれば、交流コンデンサ回路では、電圧vは電流iより位相が$\frac{\pi}{2}$遅れると考えることもできる。グラフやフェーザ図などの関係は次ページで説明する。

・・・・・・・・・ 微分で証明 ・・・・・・・・・

交流コンデンサ回路の電流と電圧の関係の説明では、交流コイル回路の場合と同じように三角関数の近似値が使われている。近似値を使い、式中に「$\fallingdotseq$」の部分があっても、現実にはまったく問題ないのだが、微分でもまったく同じ結果になるので大丈夫だ。微分を使って解く場合は、〈式04-04〉を微分することになり、以下のように同じ結論を導くことができる。

$$i = C\frac{dv}{dt} = C\frac{d}{dt}V_m \sin\omega t = \omega C V_m \cos\omega t = \omega C V_m \sin\left(\omega t + \frac{\pi}{2}\right) \quad \cdots \quad \langle式①\rangle$$

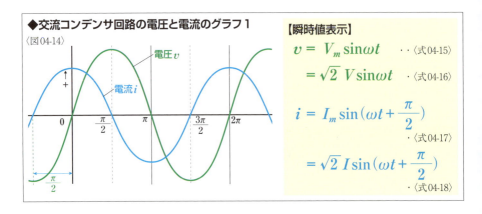

◆交流コンデンサ回路の電圧と電流のグラフ1
〈図04-14〉

【瞬時値表示】
$$v = V_m \sin\omega t \quad \cdots \text{〈式04-15〉}$$
$$= \sqrt{2}\, V \sin\omega t \quad \cdots \text{〈式04-16〉}$$
$$i = I_m \sin(\omega t + \frac{\pi}{2}) \quad \cdots \text{〈式04-17〉}$$
$$= \sqrt{2}\, I \sin(\omega t + \frac{\pi}{2}) \quad \cdots \text{〈式04-18〉}$$

▶交流コンデンサ回路のグラフとフェーザ

前ページの**交流コンデンサ回路**における電圧と電流の関係を示したグラフが〈図04-14〉だ。**瞬時値**を電圧と電流の**実効値**V[V]とI[A]で表わした式も併記してある。

電圧v[V]が0からプラス側に増加していくとコンデンサを**充電**する電流i[A]が流れ、vが低下に転じる$\frac{\pi}{2}$[rad]まで充電が続く。角度0付近はvの変化の割合が大きい（グラフの傾斜が大きい）のでiが大きいが、$\frac{\pi}{2}$に近づくにつれてvの変化の割合が小さく（グラフの傾斜が小さく）なっていくのでiも小さくなる。$\frac{\pi}{2}$を超えて、vが低下するとコンデンサから**放電**の電流iが流れ、πまで放電が続く。πを超えると、今度はvがマイナス側に増加していくため、$\frac{3}{2}\pi$まで充電が続く。この時、充電される**電荷**は0～πの期間とは**電極**と電荷のプラス/マイナスが逆になる。$\frac{3}{2}\pi$を超えると、今度は放電が開始され2πまで続く。以上のように、交流コンデンサ回路では交流の1サイクルの間に充電-放電-充電-放電を繰り返す。これにより実際にはコンデンサを電流が通過していないのに、交流が流れているように見えるわけだ。

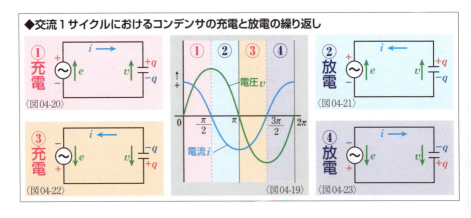

◆交流1サイクルにおけるコンデンサの充電と放電の繰り返し

〈図04-20〉 ①充電
〈図04-21〉 ②放電
〈図04-22〉 ③充電
〈図04-23〉 ④放電
〈図04-19〉

交流コンデンサ回路の**フェーザ図**は、電圧のフェーザ$\dot{V}$と電流のフェーザ$\dot{I}$が直角の関係だ。電圧を基準にして描けば〈図04-24〉になり、位相が$\frac{\pi}{2}$進んでいる電流は、基準の電流の位置より半時計回りに$\frac{\pi}{2}$回転した位置になる。

比較のために**初期位相**0の電流i_1の交流コンデンサ回路の電圧と電流のグラフ〈図04-27〉を見てみよう。電流i_1を基準に考えれば、電圧v_1は位相が$\frac{\pi}{2}$遅れているわけだ。フェーザ図は時計方向に$\frac{\pi}{2}$回転している。

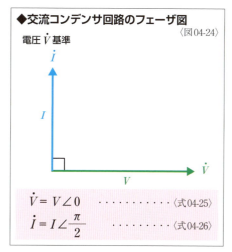

◆交流コンデンサ回路のフェーザ図　〈図04-24〉

電圧$\dot{V}$基準

$\dot{V} = V\angle 0$ ・・・・・・・・・・〈式04-25〉
$\dot{I} = I\angle \frac{\pi}{2}$ ・・・・・・・・・・〈式04-26〉

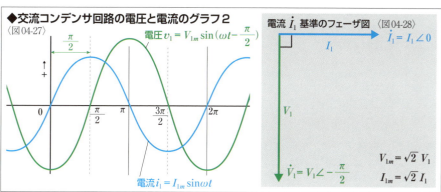

また、電源の初期位相がθ[rad]の電圧v_2の交流コンデンサ回路の電圧と電流のグラフが〈図04-29〉だ。この場合、電流i_2の初期位相は$\theta+\frac{\pi}{2}$になる。

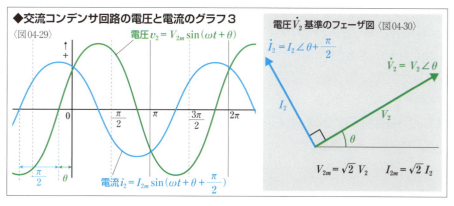

▶静電容量による容量リアクタンス

245ページの〈式04-12〉は**交流コンデンサ回路**を流れる電流と電圧の比率を表わしている数式といえる。この式を、**実効値**で表現すると〈式04-31〉になる。

$$V = \frac{1}{\omega C} I \ [\text{V}] \quad \cdots\cdots\cdots\cdots\cdots\cdots\cdots\cdots\cdots\cdots\cdots \langle 式04\text{-}31 \rangle$$

この式の分数部分は、交流コンデンサ回路において電流の流れを妨げる作用の大きさである。これを**リアクタンス**というが、交流コイル回路にも同様の作用があるため**静電容量**Cによって生じるものは**容量リアクタンス**や**容量性リアクタンス**という。量記号には「X_C」が使われ、単位には[Ω]が使われる。〈式04-31〉をX_C[Ω]で表わせば〈式04-32〜34〉になり、交流コンデンサ回路でも容量リアクタンスX_Cによってオームの法則が適用できることがわかる。

$$V = X_C I \ [\text{V}] \quad \cdots\cdots\cdots\cdots\cdots\cdots\cdots\cdots\cdots\cdots\cdots \langle 式04\text{-}32 \rangle$$

$$I = \frac{V}{X_C} \ [\text{A}] \quad \cdots\cdots\cdots\cdots\cdots\cdots\cdots\cdots\cdots\cdots\cdots \langle 式04\text{-}33 \rangle$$

$$X_C = \frac{V}{I} \ [\Omega] \quad \cdots\cdots\cdots\cdots\cdots\cdots\cdots\cdots\cdots\cdots\cdots \langle 式04\text{-}34 \rangle$$

いっぽう、容量リアクタンスX_Cは〈式04-35〉のように**角速度**ωと静電容量Cで表わされるものだ。この式の角速度ωを**正弦波交流**の**周波数**f[Hz]で表わせば〈式04-36〉になる。

$$X_C = \frac{1}{\omega C} \quad \cdots\cdots\cdots\cdots\cdots\cdots\cdots\cdots\cdots\cdots\cdots \langle 式04\text{-}35 \rangle$$

$$= \frac{1}{2\pi f C} \ [\Omega] \quad \cdots\cdots\cdots\cdots\cdots\cdots\cdots\cdots\cdots \langle 式04\text{-}36 \rangle$$

これらの式から、容量リアクタンスX_Cは正弦波交流の角速度ωと静電容量Cに**反比例**することがわかり、当然、周波数fにも反比例する。つまり、静電容量Cが大きくなるほど電流が流れやすくなり、周波数fが高くなるほど電流が流れやすくなる。直流は周波数$f=0$の状態の時と考えられる。0で割るという計算(0除算)の解は数学的に説明されていないが、一般的には∞(無限大)になるとされる。そのため、コンデンサは直流に対しては電流を妨げる作用が無限に大きく、**開放**と考えられるわけだ。

次に、〈式04-33〉に〈式04-36〉を代入すると、電流に対する静電容量Cと周波数fの関係を表わせる。

$$I = \frac{V}{\dfrac{1}{2\pi fC}} \ [\text{A}] \qquad \cdots\cdots\cdots\cdots\cdots\cdots\cdots\cdots \langle 式04\text{-}37\rangle$$

$$= V2\pi fC \qquad \cdots\cdots\cdots\cdots\cdots\cdots\cdots\cdots \langle 式04\text{-}38\rangle$$

〈式04-38〉から、交流コンデンサ回路を流れる電流は、静電容量Cと周波数fに比例することがわかる。これらの周波数に対する関係をグラフにすると、以下のようになる。

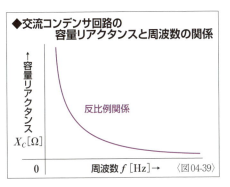

◆交流コンデンサ回路の容量リアクタンスと周波数の関係 〈図04-39〉

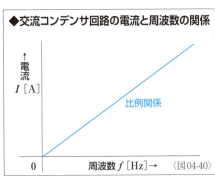

◆交流コンデンサ回路の電流と周波数の関係 〈図04-40〉

▶交流コンデンサ回路のフェーザ表示

左のページでは電圧と電流の**実効値**VとIの間に、**容量リアクタンス**X_Cによって**オームの法則**が成り立つことを説明したが、これを**フェーザ表示**に当てはめると以下のようになる。もちろん、容量リアクタンスX_Cを**静電容量**Cと**角速度**ωで表わすことも可能だ。**位相**の関係は、電圧を基準に考えれば、電流の位相が$\frac{\pi}{2}$進んでいることになり、逆に電流を基準に考えれば、電圧の位相が$\frac{\pi}{2}$遅れていることになる。交流コイル回路とは、進み/遅れの関係が逆になっている。

◆交流コンデンサ回路のフェーザ表示

【電圧基準】

$$\dot{V} = V\angle 0 \qquad \cdots\cdots \langle 式04\text{-}41\rangle$$

$$\dot{I} = \frac{V}{X_C} \angle \frac{\pi}{2} \qquad \cdots\cdots \langle 式04\text{-}42\rangle$$

$$= \omega CV \angle \frac{\pi}{2} \qquad \cdots\cdots \langle 式04\text{-}43\rangle$$

【電流基準】

$$\dot{I} = I\angle 0 \qquad \cdots\cdots \langle 式04\text{-}44\rangle$$

$$\dot{V} = X_C I \angle -\frac{\pi}{2} \qquad \cdots\cdots \langle 式04\text{-}45\rangle$$

$$= \frac{I}{\omega C} \angle -\frac{\pi}{2} \qquad \cdots\cdots \langle 式04\text{-}46\rangle$$

［交流回路の基本］
交流回路素子

Section 05

交流回路は電圧と電流の関係ばかりでなく位相も変化するが、基本になるのは素子単独の動作だ。

▶交流回路素子の動作

交流基本回路を順に確認してきたが、並べて表示してみると、違いがよくわかる。**電圧** $\dot{V}$ [V]を基準にした**フェーザ図**と**電流** $\dot{I}$ [A]は以下のようになる。

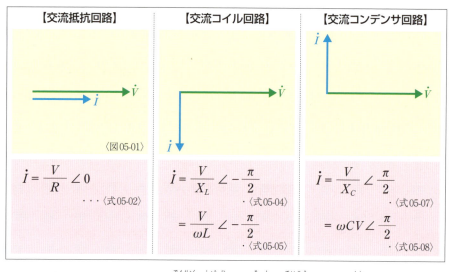

〈図05-01〉

$$\dot{I} = \frac{V}{R} \angle 0 \quad \cdots \langle 式05\text{-}02 \rangle$$

$$\dot{I} = \frac{V}{X_L} \angle -\frac{\pi}{2} \quad \langle 式05\text{-}04 \rangle$$

$$= \frac{V}{\omega L} \angle -\frac{\pi}{2} \quad \langle 式05\text{-}05 \rangle$$

$$\dot{I} = \frac{V}{X_C} \angle \frac{\pi}{2} \quad \cdot \langle 式05\text{-}07 \rangle$$

$$= \omega C V \angle \frac{\pi}{2} \quad \langle 式05\text{-}08 \rangle$$

なお、交流回路において実際に**電力**を消費する**素子**は**抵抗**だけだ。詳しくはChapter13の「瞬時電力と有効電力（P316参照）」で説明するが、コイルとコンデンサは、電源から送られてきた電力を蓄えたり放出して電源に戻したりしているだけで、電力は**消費**しない。

次のChapter11では**記号法**を使わないで（**ベクトル法**で）3種類の素子が直列／並列接続された回路の解析を行う。Chapter12では同じ回路を記号法で解析する。**複素数**や**正弦波交流**の複素数表示がスムーズに理解できた人ならば、Chapter11を飛ばしてChapter12に進んでもなんとかなる。過去に記号法を含めて電気回路を学んだことのある人が復習のために読んでいるような場合もChapter12に進んで大丈夫だ。しかし、時間に余裕があるのなら、Chapter11も読んでほしい。交流回路の理解に役立つはずだ。

[交流回路編]

Chapter 11

合成インピーダンス回路

Sec.01 : *RL* 直列回路 ・・・・・ 252
Sec.02 : インピーダンス ・・・・ 256
Sec.03 : *RC* 直列回路 ・・・・・ 258
Sec.04 : *RLC* 直列回路 ・・・・・ 262
Sec.05 : *RL* 並列回路 ・・・・・ 268
Sec.06 : アドミタンス ・・・・・ 272
Sec.07 : *RC* 並列回路 ・・・・・ 274
Sec.08 : *RLC* 並列回路 ・・・・ 278

Chapter 11 [合成インピーダンス回路]
Section 01 RL直列回路

電流に対して電圧の位相を進ませる作用があるインダクタンスに抵抗を直列接続することで、電圧や電流の大きさと位相をかえることができる回路が構成される。

▶RL直列回路の電圧と電流の関係

抵抗と**コイル**を**直列接続**して**交流電源**につないだ回路を*RL*直列回路という。本書では記号法の概略(P230参照)をすでに説明しているが、まずは記号法を使わずに回路を解析してみよう。

〈図01-01〉のように直列接続にしたR[Ω]の抵抗と**インダクタンス**L[H]のコイルを**角速度**ω[rad/s]の交流電源$\dot{E}$[V]につないだ回路を電流$\dot{I}$[A]が流れているとする。直列接続全体の**端子電圧**$\dot{V}$[V]は〈式01-02〉のように電源電圧$\dot{E}$とつり合う。電流$\dot{I}$が〈式01-03〉で表わされるとすれば、Chapter10の「交流抵抗回路(P236参照)」で説明したように、抵抗Rの端子電圧$\dot{V}_R$[V]は〈式01-04〉で表わすことができる。いっぽう、インダクタンスLの端子電圧$\dot{V}_L$[V]は、Chapter10の「交流コイル回路(P238参照)」で説明したように、〈式01-05〉で表わすことができ、ωLのかわりに**誘導リアクタンス**X_L[Ω]を使って〈式01-06〉で表わすことも可能だ。

直列接続の回路では**分圧**が生じるので、それぞれの素子の端子電圧$\dot{V}_R$と$\dot{V}_L$を**加算**したものが、直列接続全体の端子電圧$\dot{V}$になる。その関係は、〈式01-07〉のように示すことができる。

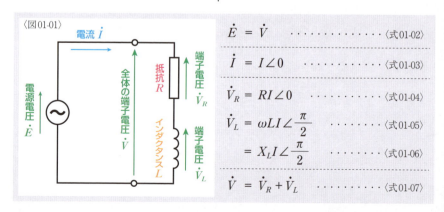

〈図01-01〉

$\dot{E} = \dot{V}$ 〈式01-02〉

$\dot{I} = I\angle 0$ 〈式01-03〉

$\dot{V}_R = RI\angle 0$ 〈式01-04〉

$\dot{V}_L = \omega LI \angle \dfrac{\pi}{2}$ 〈式01-05〉

$\phantom{\dot{V}_L} = X_L I \angle \dfrac{\pi}{2}$ 〈式01-06〉

$\dot{V} = \dot{V}_R + \dot{V}_L$ 〈式01-07〉

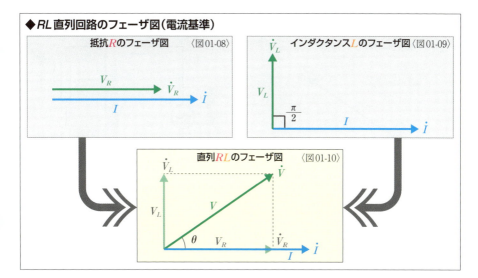

次に電圧$\dot{V}$の**大きさ**V[V]と**位相差**θ[rad]を求めてみよう。その際には**フェーザ図**で考えることになる。直列接続では電流が共通になるので、電流を基準にするのが合理的だ。端子電圧$\dot{V}_R$は電流$\dot{I}$と同相になるのでフェーザ図が〈図01-08〉になり、**インダクタンスLの端子電圧$\dot{V}_L$は電流$\dot{I}$より位相が$\frac{\pi}{2}$[rad]進んでいる**ので〈図01-09〉になる。2つのフェーザ図を合成したものが〈図01-10〉だ。**電圧$\dot{V}$は電流$\dot{I}$より位相が進んでいる**のがわかる。

電圧$\dot{V}_R$の大きさV_R[V]は〈式01-11〉で表わすことができ、$\dot{V}_L$の大きさV_L[V]は〈式01-12〉もしくは〈式01-13〉で表わすことができるので、**三平方の定理**によって電圧$\dot{V}$の大きさV[V]が〈式01-17〉もしくは〈式01-18〉のように導かれる。いっぽう、位相差θはV_RとV_Lから、**逆三角関数**によって求めることができ、〈式01-21〉もしくは〈式01-22〉になる。

$$V_R = RI \quad \text{〈式01-11〉}$$

$$V_L = \omega L I \quad \text{〈式01-12〉}$$
$$= X_L I \quad \text{〈式01-13〉}$$

$$V = \sqrt{V_R^2 + V_L^2} \quad \text{〈式01-14〉}$$
$$= \sqrt{(RI)^2 + (\omega L I)^2} \quad \text{〈式01-15〉}$$
$$= \sqrt{R^2 I^2 + (\omega L)^2 I^2} \quad \text{〈式01-16〉}$$
$$= I\sqrt{R^2 + (\omega L)^2} \quad \text{〈式01-17〉}$$
$$= I\sqrt{R^2 + X_L^2} \quad \text{〈式01-18〉}$$

$$\theta = \tan^{-1}\frac{V_L}{V_R} \quad \text{〈式01-19〉}$$
$$= \tan^{-1}\frac{\omega L I}{RI} \quad \text{〈式01-20〉}$$
$$= \tan^{-1}\frac{\omega L}{R} \quad \text{〈式01-21〉}$$
$$= \tan^{-1}\frac{X_L}{R} \quad \text{〈式01-22〉}$$

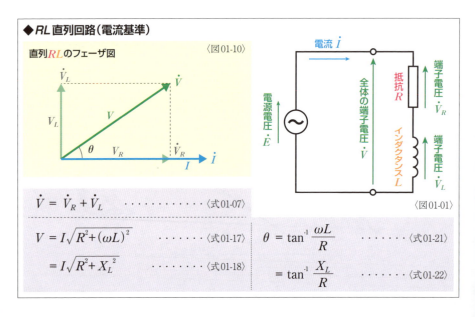

▶ *RL* 直列回路のフェーザ

前ページでの解析をまとめると上のようになる。この結果から、電流を基準にして電流 $\dot{I}$ と電圧 $\dot{V}$ を式に表わすと以下のようになる。

$$\dot{I} = I\angle 0 \quad \cdots \langle \text{式}01\text{-}03\rangle$$

$$\dot{V} = V\angle \theta \quad \cdots \langle \text{式}01\text{-}23\rangle$$

$$= I\sqrt{R^2+(\omega L)^2}\angle \tan^{-1}\frac{\omega L}{R} \quad \cdots \langle \text{式}01\text{-}24\rangle$$

$$= I\sqrt{R^2+X_L^2}\angle \tan^{-1}\frac{X_L}{R} \quad \cdots \langle \text{式}01\text{-}25\rangle$$

交流の直列回路ではフェーザ図ではなく、**電圧三角形**で考察することも多い。電圧三角形では**底辺**の長さを**抵抗** R の**端子電圧**の大きさ V_R、**対辺**の長さを**リアクタンス** X の端子電圧の大きさ V_L とする。これにより**斜辺**の長さが全体の端子電圧の大きさ V になる。実際に電圧三角形を描くと〈図01-26〉になる。

フェーザ図上での**フェーザ**（**静止ベクトル**）の合成では**平行四辺形法**が使われることが多いが、電圧三角形は**三角形法**による

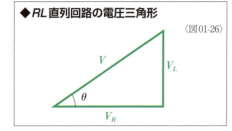

ベクトルの合成を行っているといえる。直角三角形を描いているので、**三平方の定理**によって斜辺の長さが求められることがストレートにイメージできる。

▶電圧を基準にすると

電圧$\dot{V}$の大きさVを求めた〈式01-17〉もしくは〈式01-18〉を変形すると、以下のように電流$\dot{I}$の大きさI[A]を電圧Vで表わすことができる。

$$I = \frac{V}{\sqrt{R^2+(\omega L)^2}} \qquad \text{〈式01-27〉}$$

$$= \frac{V}{\sqrt{R^2+X_L^2}} \qquad \text{〈式01-28〉}$$

電圧を基準にして$\dot{V}$と$\dot{I}$を考える場合、〈図01-10〉のフェーザ図を回転させて電圧のフェーザ$\dot{V}$が基準の位置である水平にすればよい。図を見れば明らかなように、時計方向にθだけ回転させることになる。ここで注意したいのは、〈図01-29〉では$\dot{V}$と$\dot{I}$の角度がθだが、$\dot{V}$を基準に考える場合、電流の**位相**は$-\theta$になるということだ。こうして得られた電流の大きさと位相により電圧と電流のフェーザ$\dot{V}$と$\dot{I}$を式に表わすと以下のようになる。

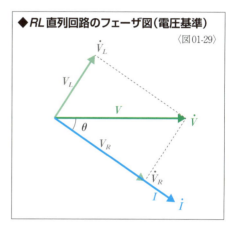

◆ *RL* 直列回路のフェーザ図(電圧基準)
〈図01-29〉

$$\dot{V} = V\angle 0 \qquad \text{〈式01-30〉}$$

$$\dot{I} = I\angle -\theta \qquad \text{〈式01-31〉}$$

$$= \frac{V}{\sqrt{R^2+(\omega L)^2}} \angle -\tan^{-1}\frac{\omega L}{R} \qquad \text{〈式01-32〉}$$

$$= \frac{V}{\sqrt{R^2+X_L^2}} \angle -\tan^{-1}\frac{X_L}{R} \qquad \text{〈式01-33〉}$$

253ページでθを求めた際には、電流$\dot{I}$を基準とした電圧$\dot{V}$の位相として求めたが、θは$\dot{I}$と$\dot{V}$の**位相差**の大きさと考えられるものだ。もし、**初期位相**のある電流から電圧を導かなければならないのなら、その初期位相との位相差を求めればよい。注意したいのは、位相差がプラスになるのかマイナスになるかということだ。

Chapter 11 Section 02 [合成インピーダンス回路] インピーダンス

交流回路の電流と電圧の比をインピーダンスという。インピーダンスを使えば、オームの法則によって電流や電圧の大きさが求められる。

▶ RL 直列回路の合成インピーダンス

前のSectionでは、**RL直列回路**の直列接続全体の端子電圧 $\dot{V}$ [V]の大きさ V [V]を、電流 $\dot{I}$ [A]の大きさ I [A]から求めた。式に表わすと以下のようになる。

$$V = I\sqrt{R^2 + X_L^2} \quad \cdots\cdots\cdots\cdots\cdots\cdots\cdots\cdots\cdots\cdots\cdots\cdots\cdots\cdots\cdots \langle 式01\text{-}18\rangle$$

この式は、**オームの法則**の式 $V=IR$ と同じ構造になっている。つまり、$\sqrt{R^2 + X_L^2}$ は RL 直列回路において電流の流れを妨げる作用であり、直流抵抗回路の抵抗 R に相当するといえる。こうした**交流電流を妨げる物理量をインピーダンス**という。量記号には「Z」が使われる。電圧と電流の**比例定数**なので、単位には抵抗と同じ[Ω]が使われる。なお、複数の素子で構成されるインピーダンスを**合成インピーダンス**という。

この回路のインピーダンスを Z [Ω]とすれば、〈式02-01〉で表わすことができ、電流 I と電圧 V の関係はオームの法則と同じように〈式02-02〉で表わすことができる。

$$Z = \sqrt{R^2 + X_L^2} \quad \cdots\cdots\cdots\cdots\cdots\cdots\cdots\cdots\cdots\cdots\cdots\cdots\cdots\cdots \langle 式02\text{-}01\rangle$$
$$V = IZ \quad \cdots\cdots\cdots\cdots\cdots\cdots\cdots\cdots\cdots\cdots\cdots\cdots\cdots\cdots\cdots\cdots\cdots\cdots\cdots \langle 式02\text{-}02\rangle$$

〈式02-01〉の構造から、インピーダンス Z は**三平方の定理**によって求められる**斜辺**の大きさであることがわかる。この時、抵抗 R [Ω]を**底辺**、**誘導リアクタンス** X_L [Ω]を**対辺**とすると、**電圧三角形**と相似の直角三角形ができる。これを**インピーダンス三角形**という。

〈式02-02〉に示したように電圧三角形の斜辺である直列接続全体の端子電圧の大きさは $V=IZ$ [V]だ。また、前のSectionで確認したように、電圧三角形の底辺である抵抗の端子電圧の大きさは $V_R=IR$ [V]であり、対辺であるコイルの端子電圧の大きさは $V_L=IX_L$ [V]である。この3辺の大きさをそれぞれ I で割れば、インピーダンス三角形の各辺の大きさになる。

電圧三角形では、底辺と斜辺にはさまれた角が電圧と電流の**位相差**になるが、インピーダンス三角形ではこの角を**インピーダンス角**という。

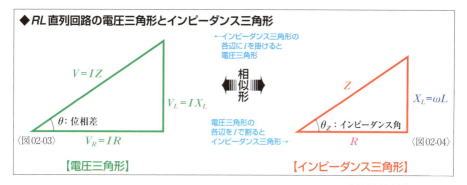

抵抗Rと誘導リアクタンスX_Lからインピーダンス角を求める場合は、**逆三角関数**を使うことになる。〈式02-05〉のようにRとX_Lの比からインピーダンス角θ_Z[rad]が求められる。

$$\theta_Z = \tan^{-1} \frac{X_L}{R} \qquad 〈式02\text{-}05〉$$

前のSectionで行ったRL直列回路の解析では、抵抗の端子電圧の大きさV_Rとコイルの端子電圧の大きさV_Lを算出したうえで、これらから全体の端子電圧の大きさVと、電流$\dot{I}$との位相差θを求めたが、先にインピーダンスの大きさZとインピーダンス角θを算出したうえで、電圧$\dot{V}$を求めることもできるわけだ。電圧$\dot{V}$から電流$\dot{I}$を導くような場合には、インピーダンスを先に求めるほうがスムーズに計算できる。

もちろん、誘導リアクタンスは$X_L = \omega L$の関係があるので、**角速度**ω[rad/s]と**インダクタンス**L[H]でインピーダンスを表わすことも可能だ。

$$Z = \sqrt{R^2 + (\omega L)^2} \qquad 〈式02\text{-}06〉 \qquad \theta_Z = \tan^{-1} \frac{\omega L}{R} \qquad 〈式02\text{-}07〉$$

▶交流回路のインピーダンス

ここではRL直列回路を例にして**インピーダンス**を説明したが、インピーダンスは電圧と電流の比例定数なので、すべての交流回路に適用できるものだ。**インピーダンス三角形**の底辺の長さが**抵抗**の成分、対辺の長さが**リアクタンス**の成分だと考えればよい。ただし、**コイル**の**インダクタンス**による**誘導リアクタンス**と、コンデンサの**静電容量**による**容量リアクタンス**では、位相に与える影響が逆になるため、インピーダンス三角形の概形が異なったものになる。詳しくは次のSectionで説明する。

[合成インピーダンス回路]
RC直列回路
Section 03 · Chapter 11

電圧に対して電流の位相を進ませる作用がある静電容量に抵抗を直列接続することで、電圧や電流の大きさと位相をかえることができる回路が構成される。

▶RC直列回路の電圧と電流の関係

抵抗とコンデンサを直列接続して交流電源につないだ回路をRC直列回路という。先にインピーダンスを説明したが、まずはインピーダンスを使わずに解析してみよう。

〈図03-01〉のように直列接続にした$R\,[\Omega]$の抵抗と静電容量$C\,[\mathrm{F}]$のコンデンサを角速度$\omega\,[\mathrm{rad/s}]$の交流電源$\dot{E}\,[\mathrm{V}]$につないだ回路を電流$\dot{I}\,[\mathrm{A}]$が流れているとする。直列接続全体の端子電圧の$\dot{V}\,[\mathrm{V}]$は〈式03-02〉のように電源電圧$\dot{E}$とつり合う。電流$\dot{I}$が〈式03-03〉で表わされるとすれば、Chapter10の「交流抵抗回路(P236参照)」で説明したように、抵抗Rの端子電圧$\dot{V}_R\,[\mathrm{V}]$は〈式03-04〉で表わすことができる。いっぽう、静電容量Cの端子電圧$\dot{V}_C\,[\mathrm{V}]$は、Chapter10の「交流コンデンサ回路(P244参照)」で説明したように、〈式03-05〉で表わすことができ、$\dfrac{1}{\omega C}$のかわりに容量リアクタンス$X_C\,[\Omega]$を使って〈式03-06〉で表わすことも可能だ。直列接続の回路では分圧が起こるので、それぞれの素子の端子電圧$\dot{V}_R$と$\dot{V}_C$を加算したものが、直列接続全体の端子電圧$\dot{V}$になるので、その関係は〈式03-07〉のように示すことができる。

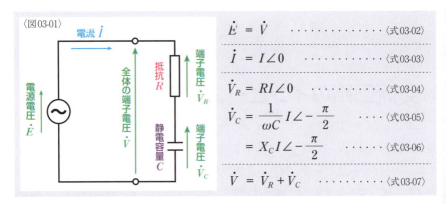

〈図03-01〉

$\dot{E} = \dot{V}$ 〈式03-02〉

$\dot{I} = I\angle 0$ 〈式03-03〉

$\dot{V}_R = RI\angle 0$ 〈式03-04〉

$\dot{V}_C = \dfrac{1}{\omega C} I\angle -\dfrac{\pi}{2}$ 〈式03-05〉

$\quad\; = X_C I\angle -\dfrac{\pi}{2}$ 〈式03-06〉

$\dot{V} = \dot{V}_R + \dot{V}_C$ 〈式03-07〉

次にフェーザ図を描いて電圧$\dot{V}$の大きさ$V\,[\mathrm{V}]$と位相差$\theta\,[\mathrm{rad}]$を考えてみよう。ここでも各素子共通の電流を基準にするのが合理的だ。端子電圧$\dot{V}_R$は電流$\dot{I}$と同相になるので

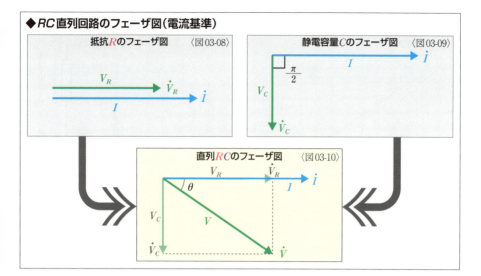

フェーザ図が〈図03-08〉になり、静電容量Cの端子電圧$\dot{V}_C$は電流$\dot{I}$より位相が$\frac{\pi}{2}$[rad]遅れているのでフェーザ図が〈図03-09〉になる。この2つのフェーザ図を合成したものが〈図03-10〉だ。**電圧$\dot{V}$は電流$\dot{I}$より位相が遅れている**のがわかる。

電圧$\dot{V}_R$の大きさV_R[V]は〈式03-11〉で表わせ、$\dot{V}_C$の大きさV_C[V]は〈式03-12〉もしくは〈式03-13〉で表わせるので、**三平方の定理**によって電圧$\dot{V}$の大きさV[V]が〈式03-17〉もしくは〈式03-18〉のように導かれる。いっぽう、**位相差**θはV_RとV_Cから、**逆三角関数**で求めることができるが、フェーザ図による考察から電圧の位相が遅れることが判明しているので〈式03-21〉もしくは〈式03-22〉のように**アークタンジェント**の前にマイナスをつける必要がある。

$V_R = RI$ 〈式03-11〉

$V_C = \dfrac{1}{\omega C}I$ 〈式03-12〉

$\quad = X_C I$ 〈式03-13〉

$V = \sqrt{V_R^2 + V_C^2}$ 〈式03-14〉

$\quad = \sqrt{(RI)^2 + \left(\dfrac{1}{\omega C}I\right)^2}$ 〈式03-15〉

$\quad = \sqrt{R^2 I^2 + \left(\dfrac{1}{\omega C}\right)^2 I^2}$ 〈式03-16〉

$\quad = I\sqrt{R^2 + \left(\dfrac{1}{\omega C}\right)^2}$ 〈式03-17〉

$\quad = I\sqrt{R^2 + X_C^2}$ 〈式03-18〉

$\theta = -\tan^{-1}\dfrac{V_C}{V_R}$ 〈式03-19〉

$\quad = -\tan^{-1}\left(\dfrac{1}{\omega C}I \times \dfrac{1}{RI}\right)$ 〈式03-20〉

$\quad = -\tan^{-1}\dfrac{1}{\omega CR}$ 〈式03-21〉

$\quad = -\tan^{-1}\dfrac{X_C}{R}$ 〈式03-22〉

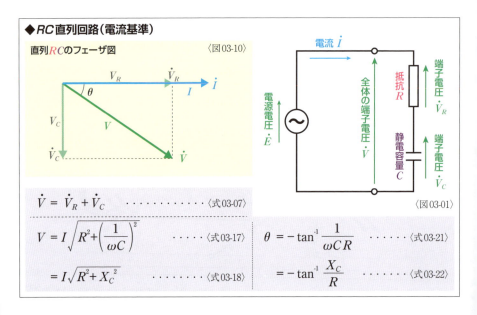

▶RC 直列回路のフェーザ

前ページでの解析をまとめると上のようになる。この結果から、電流を基準にして電流 $\dot{I}$ と電圧 $\dot{V}$ を式に表わすと以下のようになる。

$$\dot{I} = I\angle 0 \quad \cdots \langle 式03\text{-}03 \rangle$$
$$\dot{V} = V\angle -\theta \quad \cdots \langle 式03\text{-}23 \rangle$$
$$= I\sqrt{R^2+\left(\frac{1}{\omega C}\right)^2} \angle -\tan^{-1}\frac{1}{\omega CR} \quad \cdots \langle 式03\text{-}24 \rangle$$
$$= I\sqrt{R^2+X_C^{\,2}} \angle -\tan^{-1}\frac{X_C}{R} \quad \cdots \langle 式03\text{-}25 \rangle$$

ここで注意したいのは θ の扱いだ。〈式03-21〉もしくは〈式03-22〉のように**アークタンジェントの前にはマイナスがついている**。この記号も忘れずにフェーザの式に含めるようにしたい。

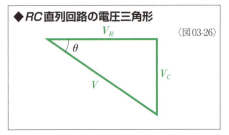

電圧三角形を描いてみると、〈図03-26〉になる。底辺の長さが抵抗 R の端子電圧 $\dot{V}_R$ の大きさ V_R、対辺の長さを静電容量 C の端子電圧 $\dot{V}_C$ の大きさ V_C にすることで、斜辺の長さが全体の端子電圧 $\dot{V}$ の大きさ V を示してくれる。

▶RC直列回路の合成インピーダンス

ここまでの解析結果から、RC直列回路の**合成インピーダンス**を考えてみよう。**インピーダンス**は交流回路の電圧と電流の比例定数なので、〈式03-17〉と〈式03-18〉から、この回路のインピーダンスZ[Ω]は、〈式03-27〉もしくは〈式03-28〉で表わせることがわかる。いっぽう、**インピーダンス角**θ_Z[rad]の大きさは電圧と電流の**位相差**θに等しいので、〈式03-21〉もしくは〈式03-22〉と同じ内容になる。

$$Z = \sqrt{R^2 + \left(\frac{1}{\omega C}\right)^2} \quad \cdots \cdots \langle 式03\text{-}27\rangle$$

$$= \sqrt{R^2 + X_C^{\,2}} \quad \cdots \cdots \langle 式03\text{-}28\rangle$$

$$\theta_Z = -\tan^{-1}\frac{1}{\omega CR} \quad \cdots \cdots \langle 式03\text{-}29\rangle$$

$$= -\tan^{-1}\frac{X_C}{R} \quad \cdots \cdots \langle 式03\text{-}30\rangle$$

ここまでの解析結果を利用しなくても、**抵抗**Rと**容量リアクタンス**$X_C = \frac{1}{\omega C}$から求めることができる（もちろん求められる式は同じ結果になる）。その場合、インピーダンスZは、Rと$X_C = \frac{1}{\omega C}$の大きさから**三平方の定理**で求めていることになる。いっぽう、インピーダンス角θ_Zは、Rと$X_C = \frac{1}{\omega C}$の比から**逆三角関数**のアークタンジェントによって求めていることになるが、電圧を遅れさせる作用があるため、マイナスをつける必要があるわけだ。

この関係は、すでに電流を基準とした電圧のフェーザを導いた際に考えているので、理解できるだろう。位相差を求めた際にも、アークタンジェントの前にマイナスをつけている。

インピーダンス三角形の形状もインピーダンス角θ_Zによって決まる。インピーダンス角θ_Zは、底辺を基準とした斜辺の角度だといえる。インピーダンス角θ_Zがマイナスの値であれば、底辺より下に斜辺が存在することになる。当然、インピーダンス三角形と電圧三角形は相似の関係になる。

前のSectionで説明したように、インピーダンス三角形は底辺の長さを抵抗の成分、対辺の長さを**リアクタンス**の成分とすることで、斜辺にインピーダンスが現れる。この対辺のリアクタンスの成分の描き方が、**誘導リアクタンス**と容量リアクタンスで異なるといえる。電流に対して電圧を$\frac{\pi}{2}$進める作用がある誘導リアクタンスでは、底辺から上に向かってリアクタンスの大きさを描くが、電流に対して電圧を$\frac{\pi}{2}$遅れさせる作用がある容量リアクタンスでは、底辺から下に向かってリアクタンスの大きさを描くことになる。

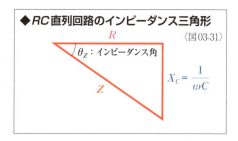

◆RC直列回路のインピーダンス三角形 〈図03-31〉

θ_Z：インピーダンス角
$X_C = \frac{1}{\omega C}$

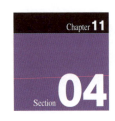

RLC直列回路

[合成インピーダンス回路]

Chapter 11 Section 04

抵抗、コイル、コンデンサを直列に接続した交流回路は、誘導リアクタンスと容量リアクタンスの大小によって性格の異なった回路になる。

▶RLC直列回路の電圧と電流の関係

抵抗、コイル、コンデンサを**直列接続**して**交流電源**につないだ回路を**RLC直列回路**という。交流の**回路素子**すべてが直列接続された回路だ。

直列接続の抵抗R[Ω]、**インダクタンス**L[H]、**静電容量**C[F]を**角速度**ω[rad/s]の交流電源$\dot{E}$[V]につないだ回路を電流$\dot{I}$[A]が流れているとする。直列接続全体の**端子電圧**$\dot{V}$[V]は電源電圧$\dot{E}$とつり合う。電流$\dot{I}$が〈式04-03〉で表わされるとすれば、素子それぞれの端子電圧$\dot{V}_R$, $\dot{V}_L$, $\dot{V}_C$[V]と、直列接続全体の端子電圧$\dot{V}$との関係は以下のように表わせる。なお、ここまででは**誘導リアクタンス**X_LをωとLで表わした式、**容量リアクタンス**X_CをωとCで表わした式も掲載しているが、ここではX_LとX_Cだけで表現する。もちろん、いずれの式においても〈式04-08〉と〈式04-09〉の関係が成立する。

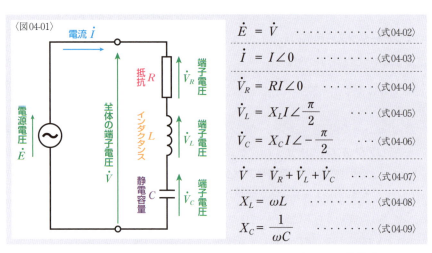

〈図04-01〉

$$\dot{E} = \dot{V} \quad \langle 式04\text{-}02 \rangle$$

$$\dot{I} = I\angle 0 \quad \langle 式04\text{-}03 \rangle$$

$$\dot{V}_R = RI\angle 0 \quad \langle 式04\text{-}04 \rangle$$

$$\dot{V}_L = X_L I\angle \frac{\pi}{2} \quad \langle 式04\text{-}05 \rangle$$

$$\dot{V}_C = X_C I\angle -\frac{\pi}{2} \quad \langle 式04\text{-}06 \rangle$$

$$\dot{V} = \dot{V}_R + \dot{V}_L + \dot{V}_C \quad \langle 式04\text{-}07 \rangle$$

$$X_L = \omega L \quad \langle 式04\text{-}08 \rangle$$

$$X_C = \frac{1}{\omega C} \quad \langle 式04\text{-}09 \rangle$$

ここでも**フェーザ図**を描いて3つのフェーザを合成して電圧$\dot{V}$の大きさと**位相差**θを考えることになる。まずは、$\dot{V}_L$と$\dot{V}_C$を合成してから、その結果を$\dot{V}_R$と合成する。

$\dot{V}_L$と$\dot{V}_C$は位相差がπ[rad]の関係、つまりまったく逆方向のフェーザなので、大きさが小

◆ $X_L > X_C$ の RLC 直列回路のフェーザ図（電流基準）

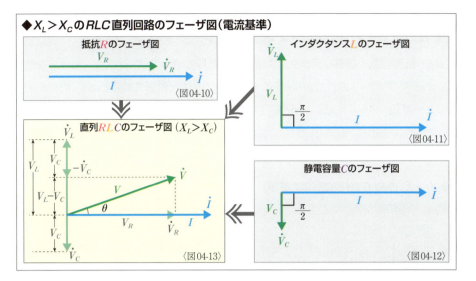

さいほうのフェーザが、大きさが大きいほうのフェーザの一部を打ち消す。そのため、V_L と V_C の大きさの関係によって回路の性格が異なったものになる。〈式04-05〉と〈式04-06〉を比較すればわかるように V_L と V_C は、誘導リアクタンス X_L と容量リアクタンス X_C の大きさの関係によって決まる。X_L と X_C の関係は ① $X_L > X_C$、② $X_L < X_C$、③ $X_L = X_C$ の3通りが考えられる。フェーザ図を描いてみると、① $X_L > X_C$ の場合は〈図04-13〉のようなパターン、② $X_L < X_C$ の場合は〈図04-17〉のようなパターンになる。なお、③ $X_L = X_C$ の場合は、特殊な状態といえるため Chapter14 の「直列共振回路（P332参照）」で説明する。

◆ $X_L < X_C$ の RLC 直列回路のフェーザ図（電流基準）

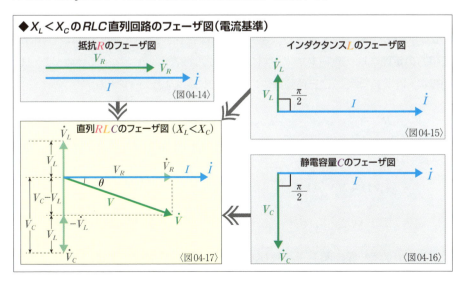

▶RLC直列回路のフェーザ① $X_L > X_C$

　RLC直列回路で**誘導リアクタンス**X_Lが**容量リアクタンス**X_Cより大きい場合、全体としては誘導リアクタンスの性格が現れるため、こうした回路を**誘導性回路**という。前ページでの**フェーザ図**による考察をまとめると以下のようになる。電圧$\dot{V}_L$と$\dot{V}_C$を合成した電圧を$\dot{V}_{LC}$[V]とすると、電圧$\dot{V}$を〈式04-21〉のように表わすことができる。また、**電圧三角形**は〈図04-19〉のようになる。

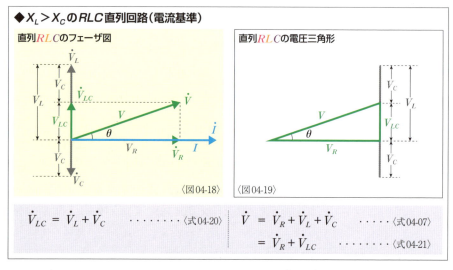

◆ $X_L > X_C$ のRLC直列回路（電流基準）

直列RLCのフェーザ図　〈図04-18〉

直列RLCの電圧三角形　〈図04-19〉

$$\dot{V}_{LC} = \dot{V}_L + \dot{V}_C \quad \cdots\cdots \langle 式04\text{-}20\rangle$$

$$\dot{V} = \dot{V}_R + \dot{V}_L + \dot{V}_C \quad \cdots \langle 式04\text{-}07\rangle$$
$$= \dot{V}_R + \dot{V}_{LC} \quad \cdots\cdots \langle 式04\text{-}21\rangle$$

　電圧$\dot{V}_R$の大きさV_R[V]は〈式04-22〉で表わせ、電圧$\dot{V}_{LC}$の大きさV_{LC}[V]は〈式04-23〉で表わすことができる。リアクタンスは大きいほう(X_L)から小さいほう(X_C)を引けばいい。結果、**三平方の定理**によって電圧$\dot{V}$の大きさV[V]が〈式04-27〉のように導かれる。いっぽう、**位相差**θはV_RとV_{LC}から、**逆三角関数**によって〈式04-30〉のように求められる。

$$V_R = RI \quad \cdots\cdots \langle 式04\text{-}22\rangle$$

$$V_{LC} = (X_L - X_C)I \quad \cdots\cdots \langle 式04\text{-}23\rangle$$

$$V = \sqrt{V_R^2 + V_{LC}^2} \quad \cdots\cdots \langle 式04\text{-}24\rangle$$
$$= \sqrt{(RI)^2 + \{(X_L - X_C)I\}^2} \quad \langle 式04\text{-}25\rangle$$
$$= \sqrt{R^2 I^2 + (X_L - X_C)^2 I^2} \quad \langle 式04\text{-}26\rangle$$
$$= I\sqrt{R^2 + (X_L - X_C)^2} \quad \cdots \langle 式04\text{-}27\rangle$$

$$\theta = \tan^{-1} \frac{V_{LC}}{V_R} \quad \cdots\cdots \langle 式04\text{-}28\rangle$$
$$= \tan^{-1} \frac{(X_L - X_C)I}{RI} \quad \cdots\cdots \langle 式04\text{-}29\rangle$$
$$= \tan^{-1} \frac{X_L - X_C}{R} \quad \cdots\cdots \langle 式04\text{-}30\rangle$$

求められた電圧$\dot{V}$の大きさVと位相差θから、電流を基準にして電流$\dot{I}$と電圧$\dot{V}$を式に表わすと以下のようになる。

$$\dot{I} = I\angle 0 \quad \cdots\langle式04\text{-}03\rangle$$

$$\dot{V} = V\angle \theta \quad \cdots\langle式04\text{-}31\rangle$$

$$= I\sqrt{R^2+(X_L-X_C)^2} \angle \tan^{-1}\frac{X_L-X_C}{R} \quad \cdots\langle式04\text{-}32\rangle$$

いっぽう、電圧$\dot{V}$の大きさVを求めた〈式04-27〉を変形すると、以下のように電流$\dot{I}$の大きさI[A]を電圧Vで表わすことができる。

$$I = \frac{V}{\sqrt{R^2+(X_L-X_C)^2}} \quad \cdots\langle式04\text{-}33\rangle$$

▶RLC直列回路の合成インピーダンス① $X_L > X_C$

RLC直列回路で**誘導リアクタンス**X_Lが**容量リアクタンス**X_Cより大きい場合の**合成インピーダンス**Z_{LC}[Ω]は、電圧と電流の比を示している〈式04-27〉から、〈式04-34〉もしくは〈式04-35〉で表わせることがわかる。いっぽう、**インピーダンス角**θ_{ZLC}[rad]は電圧と電流の**位相差**θに等しいので、〈式04-30〉から〈式04-36〉もしくは〈式04-37〉のように表わせる。

$$Z_{LC} = \sqrt{R^2+(X_L-X_C)^2} \quad \cdots\langle式04\text{-}34\rangle$$

$$= \sqrt{R^2+\left(\omega L-\frac{1}{\omega C}\right)^2} \quad \cdots\langle式04\text{-}35\rangle$$

$$\theta_{ZLC} = \tan^{-1}\frac{X_L-X_C}{R} \quad \cdots\langle式04\text{-}36\rangle$$

$$= \tan^{-1}\frac{\omega L-\frac{1}{\omega C}}{R} \quad \cdots\langle式04\text{-}37\rangle$$

インピーダンス三角形は、フェーザ図による考察もしくは電圧三角形から、〈図04-38〉のように描くことができる。このように誘導リアクタンスが容量リアクタンスより大きく、電流に対して電圧の**位相**を進める作用があるインピーダンスを**誘導性インピーダンス**という。同じようにRL直列回路のインピーダンスも誘導性であるといえる。

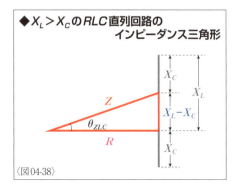

◆ $X_L > X_C$ のRLC直列回路のインピーダンス三角形

〈図04-38〉

▶RLC直列回路のフェーザ② $X_L < X_C$

RLC直列回路で**容量リアクタンス** X_C が**誘導リアクタンス** X_L より大きい場合、全体としては容量リアクタンスの性格が現れるため、こうした回路を**容量性回路**という。263ページでの**フェーザ図**による考察をまとめると以下のようになる。電圧 $\dot{V}_L$ と $\dot{V}_C$ を合成した電圧を $\dot{V}_{CL}$ [V]とすると電圧 $\dot{V}$ を〈式04-42〉のように表わせる。**電圧三角形**は〈図04-40〉のようになる。

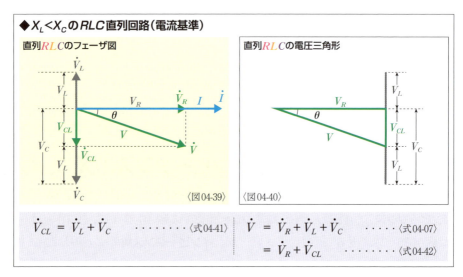

◆ $X_L < X_C$ の**RLC**直列回路（電流基準）

直列 RLC のフェーザ図　　　直列 RLC の電圧三角形

〈図04-39〉　〈図04-40〉

$$\dot{V}_{CL} = \dot{V}_L + \dot{V}_C \quad \cdots\cdots \langle\text{式}04\text{-}41\rangle$$

$$\dot{V} = \dot{V}_R + \dot{V}_L + \dot{V}_C \quad \cdots\cdot \langle\text{式}04\text{-}07\rangle$$
$$= \dot{V}_R + \dot{V}_{CL} \quad \cdots\cdots \langle\text{式}04\text{-}42\rangle$$

電圧 $\dot{V}_R$ の大きさ V_R [V]は〈式04-43〉で表わせ、電圧 $\dot{V}_{CL}$ の大きさ V_{CL} [V]は〈式04-44〉で表わせる。ここでもリアクタンスは大きいほう（X_C）から小さいほう（X_L）を引くことになる。結果、**三平方の定理**によって電圧 $\dot{V}$ の大きさ V [V]が〈式04-48〉のように導かれる。いっぽう、**位相差** θ は V_R と V_{CL} から**逆三角関数**によって求めることになるが、容量性回路であるため〈式04-51〉のようにアークタンジェントの前にマイナスをつける必要がある。

$$V_R = RI \quad \cdots\cdots \langle\text{式}04\text{-}43\rangle$$

$$V_{CL} = (X_C - X_L)I \quad \cdots\cdots \langle\text{式}04\text{-}44\rangle$$

$$V = \sqrt{V_R^2 + V_{CL}^2} \quad \cdots\cdots \langle\text{式}04\text{-}45\rangle$$
$$= \sqrt{(RI)^2 + \{(X_C - X_L)I\}^2} \quad \langle\text{式}04\text{-}46\rangle$$
$$= \sqrt{R^2 I^2 + (X_C - X_L)^2 I^2} \quad \cdot \langle\text{式}04\text{-}47\rangle$$
$$= I\sqrt{R^2 + (X_C - X_L)^2} \quad \cdots \langle\text{式}04\text{-}48\rangle$$

$$\theta = -\tan^{-1}\frac{V_{CL}}{V_R} \quad \cdots\cdots \langle\text{式}04\text{-}49\rangle$$
$$= -\tan^{-1}\frac{(X_C - X_L)I}{RI} \quad \cdots \langle\text{式}04\text{-}50\rangle$$
$$= -\tan^{-1}\frac{X_C - X_L}{R} \quad \cdots\cdot \langle\text{式}04\text{-}51\rangle$$

求められた電圧 $\dot{V}$ の大きさ V と位相差 θ から、電流を基準にして電流 $\dot{I}$ と電圧 $\dot{V}$ を式に表わすと以下のようになる。

$$\dot{I} = I \angle 0 \qquad \langle 式04\text{-}03 \rangle$$

$$\dot{V} = V \angle -\theta \qquad \langle 式04\text{-}52 \rangle$$

$$= I\sqrt{R^2+(X_C-X_L)^2} \angle -\tan^{-1}\frac{X_C-X_L}{R} \qquad \langle 式04\text{-}53 \rangle$$

いっぽう、電圧 $\dot{V}$ の大きさ V を求めた〈式04-48〉を変形すると、以下のように電流 $\dot{I}$ の大きさ I[A]を電圧 V で表わすことができる。

$$I = \frac{V}{\sqrt{R^2+(X_C-X_L)^2}} \qquad \langle 式04\text{-}54 \rangle$$

▶RLC直列回路の合成インピーダンス② $X_L < X_C$

RLC 直列回路で**容量リアクタンス** X_C が**誘導リアクタンス** X_L より大きい場合の**合成インピーダンス** Z_{CL}[Ω]も、**インピーダンス角** θ_{ZCL}[rad]の大きさも $X_L > X_C$ の場合とまったく同じようにして求められる。ただし、この場合は**フェーザ図**による考察によって容量性回路であることが確認されているので、インピーダンス角をマイナスにする必要がある。

$$Z_{CL} = \sqrt{R^2+(X_C-X_L)^2} \quad \cdot\cdot \langle 式04\text{-}55 \rangle \qquad \theta_{ZCL} = -\tan^{-1}\frac{X_C-X_L}{R} \quad \cdots \langle 式04\text{-}57 \rangle$$

$$= \sqrt{R^2+\left(\frac{1}{\omega C}-\omega L\right)^2} \quad \cdot \langle 式04\text{-}56 \rangle \qquad = -\tan^{-1}\frac{\frac{1}{\omega C}-\omega L}{R} \quad \cdot\cdot \langle 式04\text{-}58 \rangle$$

実際に**インピーダンス三角形**を描くと〈図04-59〉のようになる。いうまでもなく、左ページの電圧三角形と相似の関係だ。

なお、このように容量リアクタンスのほうが大きく、電流に対して電圧の**位相**を遅れさせる作用があるインピーダンスを**容量性インピーダンス**という。RC 直列回路のインピーダンスも容量性であるといえる。

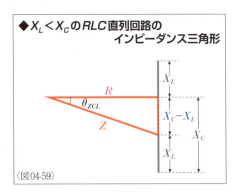

◆ $X_L < X_C$ の RLC 直列回路のインピーダンス三角形

〈図04-59〉

[合成インピーダンス回路]
RL 並列回路

Chapter 11 Section 05

電流に対して電圧の位相を進ませる作用があるインダクタンスに抵抗を並列接続することでも、電圧や電流の大きさと位相をかえることができる回路が構成される。

▶RL 並列回路の電流と電圧の関係

今度は**回路素子**が**並列接続**された回路を解析してみよう。**抵抗**と**コイル**を並列接続して**交流電源**につないだ回路を *RL* **並列回路**という。

〈図05-01〉のように並列接続にした R [Ω]の抵抗と**インダクタンス** L [H]のコイルを**角速度** ω [rad/s]の交流電源 $\dot{E}$ [V]につないだ回路では、各素子の**端子電圧** $\dot{V}$ [V]は共通で、〈式05-02〉のように電源電圧 $\dot{E}$ とつり合う。この電圧 $\dot{V}$ が〈式05-03〉で表わされるとすると、抵抗 R を流れる電流 $\dot{I}_R$ [A]は〈式05-04〉で表わすことができる。いっぽう、インダクタンス L を流れる電流 $\dot{I}_L$ [A]は〈式05-05〉で表わすことができる。ωL のかわりに**誘導リアクタンス** X_L を使って〈式05-06〉で表わすことも可能だ。並列接続の回路では**分流**が起こるので、それぞれの素子を流れる電流 $\dot{I}_R$ と $\dot{I}_L$ を加算したものが、回路全体の電流 $\dot{I}$ [A]になるので、その関係は〈式05-07〉のように示すことができる。

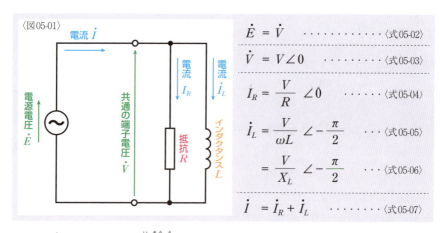

この電流 $\dot{I}$ の大きさ I [A]と**位相差** θ [rad]を求めるために、**フェーザ図**を描いてみよう。並列接続では各素子の端子電圧が共通になるので、電圧を基準にするのが合理的だ。電流 $\dot{I}_R$ は電圧 $\dot{V}$ と**同相**になり、電流 $\dot{I}_L$ は電圧 $\dot{V}$ より位相が $\frac{\pi}{2}$ [rad]遅れることになる。

◆ RL並列回路のフェーザ図（電圧基準）

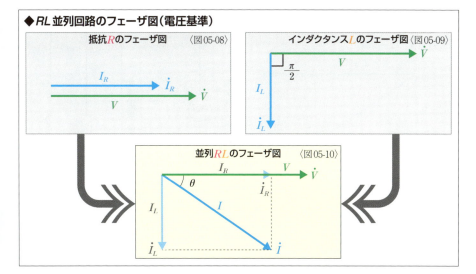

合成したフェーザ図が〈図05-10〉だ。**電流 $\dot{I}$ は電圧 $\dot{V}$ より位相が遅れている**のがわかる。電流 $\dot{I}_R$ の大きさ I_R [A] は〈式05-11〉で表わせ、$\dot{I}_L$ の大きさ I_L [A] は〈式05-12〉もしくは〈式05-13〉で表わせるので、**三平方の定理**によって電流 $\dot{I}$ の大きさ I [A] が〈式05-17〉もしくは〈式05-18〉のように導かれる。いっぽう、位相差 θ は I_R と I_L から、**逆三角関数**によって求められるが、電流の位相が遅れているのでアークタンジェントの前にマイナスをつける必要がある。

$$I_R = \frac{V}{R} \qquad \text{〈式05-11〉}$$

$$I_L = \frac{V}{\omega L} \qquad \text{〈式05-12〉}$$

$$= \frac{V}{X_L} \qquad \text{〈式05-13〉}$$

$$I = \sqrt{I_R^{\,2} + I_L^{\,2}} \qquad \text{〈式05-14〉}$$

$$= \sqrt{\left(\frac{V}{R}\right)^2 + \left(\frac{V}{\omega L}\right)^2} \qquad \text{〈式05-15〉}$$

$$= \sqrt{V^2\left\{\left(\frac{1}{R}\right)^2 + \left(\frac{1}{\omega L}\right)^2\right\}} \qquad \text{〈式05-16〉}$$

$$= V\sqrt{\left(\frac{1}{R}\right)^2 + \left(\frac{1}{\omega L}\right)^2} \qquad \text{〈式05-17〉}$$

$$= V\sqrt{\left(\frac{1}{R}\right)^2 + \left(\frac{1}{X_L}\right)^2} \qquad \text{〈式05-18〉}$$

$$\theta = -\tan^{-1}\frac{I_L}{I_R} \qquad \text{〈式05-19〉}$$

$$= -\tan^{-1}\left(\frac{V}{\omega L} \times \frac{R}{V}\right) \qquad \text{〈式05-20〉}$$

$$= -\tan^{-1}\frac{R}{\omega L} \qquad \text{〈式05-21〉}$$

$$= -\tan^{-1}\frac{R}{X_L} \qquad \text{〈式05-22〉}$$

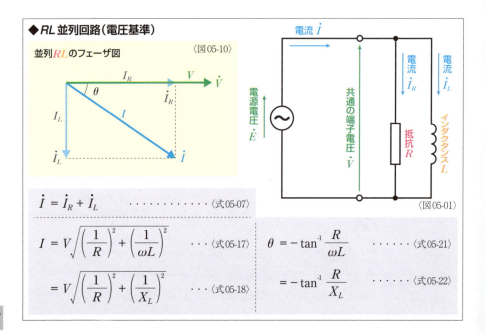

$$\dot{I} = \dot{I}_R + \dot{I}_L \quad \cdots \text{〈式05-07〉}$$

$$I = V\sqrt{\left(\frac{1}{R}\right)^2 + \left(\frac{1}{\omega L}\right)^2} \quad \cdots \text{〈式05-17〉}$$

$$= V\sqrt{\left(\frac{1}{R}\right)^2 + \left(\frac{1}{X_L}\right)^2} \quad \cdots \text{〈式05-18〉}$$

$$\theta = -\tan^{-1}\frac{R}{\omega L} \quad \cdots \text{〈式05-21〉}$$

$$= -\tan^{-1}\frac{R}{X_L} \quad \cdots \text{〈式05-22〉}$$

▶ RL 並列回路のフェーザ

前ページでの解析をまとめると上のようになる。この結果から、電圧を基準にして電圧 $\dot{V}$ と電流 $\dot{I}$ を式に表わすと以下のようになる。

$$\dot{V} = V \angle 0 \quad \cdots \text{〈式05-03〉}$$

$$\dot{I} = I \angle -\theta \quad \cdots \text{〈式05-23〉}$$

$$= V\sqrt{\left(\frac{1}{R}\right)^2 + \left(\frac{1}{\omega L}\right)^2} \angle -\tan^{-1}\frac{R}{\omega L} \quad \cdots \text{〈式05-24〉}$$

$$= V\sqrt{\left(\frac{1}{R}\right)^2 + \left(\frac{1}{X_L}\right)^2} \angle -\tan^{-1}\frac{R}{X_L} \quad \cdots \text{〈式05-25〉}$$

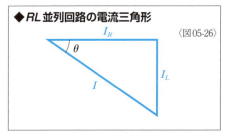

電流を基準にすることが多い交流の直列回路ではフェーザ図のかわりに電圧三角形を使うことがあるが、電圧を基準にすることが多い並列回路では、**電流三角形**を描いて考察することがある。電流三角形では**底辺**の長さを**抵抗** R を流れる電流の大きさ I_R 、

対辺の長さを**インダクタンス**Lを流れる電流の大きさI_Lとする。これにより**斜辺**の長さが全体を流れる電流の大きさIになる。解析した回路の電圧三角形を描くと〈図05-26〉になる。

いっぽう、電流$\dot{I}$の大きさIを求めた〈式05-17〉もしくは〈式05-18〉を変形すると、以下のように電圧の大きさ$V[\mathrm{V}]$を電流Iで表わすことができる。

$$V = \frac{I}{\sqrt{\left(\frac{1}{R}\right)^2 + \left(\frac{1}{\omega L}\right)^2}} \quad \cdots \text{〈式05-27〉}$$

$$= \frac{I}{\sqrt{\left(\frac{1}{R}\right)^2 + \left(\frac{1}{X_L}\right)^2}} \quad \cdots \text{〈式05-28〉}$$

▶ RL 並列回路の合成インピーダンス

ここまでの解析結果から、**RL並列回路**の**合成インピーダンス**を考えてみよう。**インピーダンス**は交流回路の電圧と電流の**比例定数**なので、〈式05-27〉もしくは〈式05-28〉から、この回路のインピーダンス$Z[\Omega]$は、〈式05-29〉もしくは〈式05-32〉で表わすことができる。これらの式のままでもいいが、それぞれ式を**展開**すると、〈式05-31〉もしくは〈式05-34〉のように表わすことも可能だ。

$$Z = \frac{1}{\sqrt{\left(\frac{1}{R}\right)^2 + \left(\frac{1}{\omega L}\right)^2}} \quad \cdot \text{〈式05-29〉}$$

$$= \frac{1}{\sqrt{\frac{R^2 + (\omega L)^2}{R^2(\omega L)^2}}} \quad \cdot \cdot \text{〈式05-30〉}$$

$$= \frac{R\omega L}{\sqrt{R^2 + (\omega L)^2}} \quad \cdot \cdot \text{〈式05-31〉}$$

$$Z = \frac{1}{\sqrt{\left(\frac{1}{R}\right)^2 + \left(\frac{1}{X_L}\right)^2}} \quad \cdot \text{〈式05-32〉}$$

$$= \frac{1}{\sqrt{\frac{R^2 + X_L^2}{R^2 X_L^2}}} \quad \cdot \cdot \text{〈式05-33〉}$$

$$= \frac{R X_L}{\sqrt{R^2 + X_L^2}} \quad \cdot \cdot \text{〈式05-34〉}$$

いっぽう、**インピーダンス角**$\theta_Z[\mathrm{rad}]$は電流を基準とした電圧との**位相差**θに等しいので、〈式05-21〉もしくは〈式05-22〉と同じ大きさになる。

$$\theta_Z = \tan^{-1} \frac{R}{\omega L} \quad \cdots \text{〈式05-35〉}$$

$$= \tan^{-1} \frac{R}{X_L} \quad \cdots \text{〈式05-36〉}$$

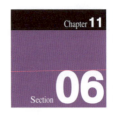

[合成インピーダンス回路]
アドミタンス
Chapter 11 Section 06

インピーダンスの逆数がアドミタンスだ。アドミタンスでもオームの法則によって交流回路の電流や電圧の大きさが求められる。特に並列接続の回路で有効だ。

▶ RL 並列回路のアドミタンス

ここまでの回路の解析では**インピーダンス三角形**を提示したが、前のSectionの**RL並列回路**では提示していない。これは三角形を描くのが難しいためだ。事実、前ページのインピーダンスを求めた式はどれも**三平方の定理**の式にはなっていない。しかし、これらの式のうち、たとえば〈式05-32〉を変形して〈式06-01〉にすると、三平方の定理の式の構造になる。つまり、インピーダンスZ[Ω]の**逆数**、**抵抗**R[Ω]の逆数、**誘導リアクタンス**X_L[Ω]の逆数が三平方の定理にあてはまることになる。もちろん、〈式06-02〉のように誘導リアクタンスを**インダクタンス**L[H]と**角速度**ω[rad/s]で表わしてもあてはまる。

$$Z = \frac{1}{\sqrt{\left(\frac{1}{R}\right)^2 + \left(\frac{1}{X_L}\right)^2}} \quad \cdot \langle 式05\text{-}32\rangle$$

$$\left(\frac{1}{Z}\right)^2 = \left(\frac{1}{R}\right)^2 + \left(\frac{1}{X_L}\right)^2 \quad \cdot\cdot \langle 式06\text{-}01\rangle$$

$$= \left(\frac{1}{R}\right)^2 + \left(\frac{1}{\omega L}\right)^2 \quad \cdot\cdot \langle 式06\text{-}02\rangle$$

すでに説明したように、抵抗Rの逆数の物理量として**コンダクタンス**(P72参照)があり、量記号には「G」、単位には[S]が使われる。同様に、インピーダンスやリアクタンスにも逆数の物理量がある。インピーダンスの逆数は**アドミタンス**といい量記号「Y」で示され、**リアクタンス**の逆数は**サセプタンス**といい量記号「B」で示される。いずれも、コンダクタンスと同じ電圧と電流の比なので単位は[S]だ。また、誘導リアクタンスX_Lの逆数は**誘導サセプタンス**または**誘導性サセプタンス**といい量記号「B_L」で示され、**容量リアクタンス**X_Cの逆数は**容量サセプタンス**または**容量性サセプタンス**といい量記号「B_C」で示される。

$$G = \frac{1}{R} \quad \cdot\cdot \langle 式06\text{-}03\rangle$$
$$B = \frac{1}{X} \quad \cdot\cdot \langle 式06\text{-}04\rangle$$
$$B_L = \frac{1}{X_L} \quad \cdot\cdot \langle 式06\text{-}05\rangle$$
$$B_C = \frac{1}{X_C} \quad \cdot\cdot \langle 式06\text{-}06\rangle$$
$$Y = \frac{1}{Z} \quad \cdot\cdot \langle 式06\text{-}07\rangle$$

前のSectionのRL並列回路のアドミタンスY[S]を式に表わすと〈式06-08〉になる。ただし、必ずしもGやB_Lで式を表わす必要はない。既知の情報として与えられることが多いの

は抵抗であったり、インダクタンスであったりすることが多いので、〈式06-09〉や〈式06-10〉のように逆数で示し、アドミタンスの考え方で作業を進めていることを意識しておくだけでも十分だ。

$$Y = \sqrt{G^2 + B_L^2} \quad \cdots \text{〈式06-08〉}$$

$$\frac{1}{Z} = \sqrt{\left(\frac{1}{R}\right)^2 + \left(\frac{1}{X_L}\right)^2} \quad \cdots \text{〈式06-09〉}$$

$$= \sqrt{\left(\frac{1}{R}\right)^2 + \left(\frac{1}{\omega L}\right)^2} \quad \cdots \text{〈式06-10〉}$$

アドミタンスの図示には**アドミタンス三角形**を使う。**底辺**をコンダクタンスG、**対辺**を誘導サセプタンスB_Lとすると、**斜辺**がアドミタンスYになる。これは**電流三角形**の各辺の大きさをそれぞれ電圧$V[\text{V}]$で割ったものに相当するので、相似の関係になる。

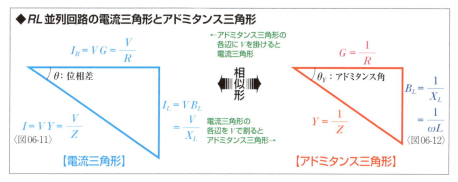

アドミタンス三角形の底辺と斜辺にはさまれた角は**アドミタンス角**という。この回路のアドミタンス角を$\theta_Y[\text{rad}]$とすると、底辺と対辺の比から**アークタンジェント**によって大きさが求められるが、**フェーザ図**による考察からマイナスにする必要があるわけだ。

$$\theta_Y = -\tan^{-1}\frac{B_L}{G} \quad = -\tan^{-1}\frac{\frac{1}{X_L}}{\frac{1}{R}} \quad = -\tan^{-1}\frac{R}{X_L} \quad = -\tan^{-1}\frac{R}{\omega L}$$

・〈式06-13〉　・〈式06-14〉　・〈式06-15〉　・〈式06-16〉

▶交流回路のアドミタンス

アドミタンスもすべての交流回路に適用できるものだ。ただし、**容量サセプタンス**と**誘導サセプタンス**では**位相**に与える影響が逆なので、**フェーザ図**による考察から**アドミタンス角**がプラス/マイナスどちらになるかを判断しなければならない。これにより**アドミタンス三角形**の概形が決まる。なお、複数の素子で構成されるアドミタンスを**合成アドミタンス**という。

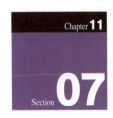

RC並列回路

[合成インピーダンス回路]

Chapter 11 Section 07

電圧に対して電流の位相を進ませる作用がある静電容量に抵抗を並列接続することでも、大きさと位相をかえることができる回路が構成される。

▶RC並列回路の電流と電圧の関係

抵抗と**コンデンサ**を**並列接続**して**交流電源**につないだ回路を **RC並列回路**という。前のSectionで**アドミタンス**を説明したが、まずはアドミタンスを使わずに解析してみよう。

〈図07-01〉のように並列接続にした R [Ω]の抵抗と**静電容量** C [F]のコンデンサを**角速度** ω [rad/s]の交流電源 $\dot{E}$ [V]につないだ回路では、**各素子の端子電圧** $\dot{V}$ [V]は共通で、〈式07-02〉のように電源電圧 $\dot{E}$ とつり合う。この電圧 $\dot{V}$ が〈式07-03〉で表わされるとすると、抵抗 R を流れる電流 $\dot{I}_R$ [A]は〈式07-04〉で表わすことができる。いっぽう、静電容量 C を流れる電流 $\dot{I}_C$ [A]は〈式07-05〉で表わすことができる。$\dfrac{1}{\omega C}$ のかわりに**容量リアクタンス** X_C を使って〈式07-06〉で表わすことも可能だ。並列接続の回路では**分流**が起こるので、それぞれの素子を流れる電流 $\dot{I}_R$ と $\dot{I}_C$ を加算したものが、回路全体の電流 $\dot{I}$ [A]になるので、その関係は〈式07-07〉のように示すことができる。

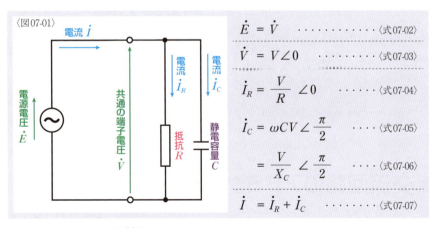

〈図07-01〉

$$\dot{E} = \dot{V} \quad \langle 式07\text{-}02\rangle$$
$$\dot{V} = V\angle 0 \quad \langle 式07\text{-}03\rangle$$
$$\dot{I}_R = \dfrac{V}{R}\angle 0 \quad \langle 式07\text{-}04\rangle$$
$$\dot{I}_C = \omega CV \angle \dfrac{\pi}{2} \quad \langle 式07\text{-}05\rangle$$
$$= \dfrac{V}{X_C} \angle \dfrac{\pi}{2} \quad \langle 式07\text{-}06\rangle$$
$$\dot{I} = \dot{I}_R + \dot{I}_C \quad \langle 式07\text{-}07\rangle$$

電流 $\dot{I}$ の大きさ I [A]と**位相差** θ [rad]を求めるために、**フェーザ図**を描いてみよう。並列接続では各素子の端子電圧が共通になるので、電圧を基準にする。**電流** $\dot{I}_R$ は電圧 $\dot{V}$ と**同相**になり、電流 $\dot{I}_C$ は電圧 $\dot{V}$ より位相が $\dfrac{\pi}{2}$ [rad]進むことになる。

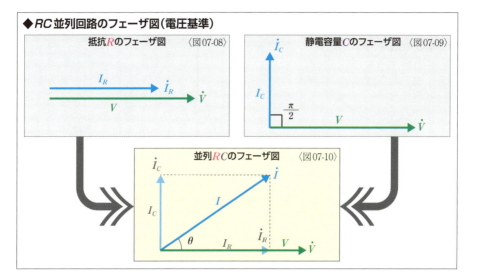

合成したフェーザ図が〈図07-10〉だ。**電流 $\dot{I}$ は電圧 $\dot{V}$ より位相が進んでいるのがわかる。**電流 $\dot{I}_R$ の大きさ I_R [A] は〈式07-11〉で表わすことができ、$\dot{I}_C$ の大きさ I_C [A] は〈式07-12〉もしくは〈式07-13〉で表わすことができるので、**三平方の定理**によって電流 $\dot{I}$ の大きさ I [A] が〈式07-17〉もしくは〈式07-18〉のように導かれる。いっぽう、位相差 θ は I_R と I_C から、**逆三角関数**によって求めることができ、〈式07-21〉もしくは〈式07-22〉になる

$$I_R = \frac{V}{R} \quad \cdots \langle 式07\text{-}11 \rangle \qquad I_C = \omega CV \quad \cdots \langle 式07\text{-}12 \rangle$$

$$= \frac{V}{X_C} \quad \cdots \langle 式07\text{-}13 \rangle$$

$$I = \sqrt{I_R^2 + I_C^2} \quad \cdots \langle 式07\text{-}14 \rangle \qquad \theta = \tan^{-1}\frac{I_C}{I_R} \quad \cdots \langle 式07\text{-}19 \rangle$$

$$= \sqrt{\left(\frac{V}{R}\right)^2 + (\omega CV)^2} \quad \cdots \langle 式07\text{-}15 \rangle \qquad \theta = \tan^{-1}\left(\omega CV \times \frac{R}{V}\right) \quad \cdots \langle 式07\text{-}20 \rangle$$

$$= \sqrt{V^2\left\{\left(\frac{1}{R}\right)^2 + (\omega C)^2\right\}} \quad \langle 式07\text{-}16 \rangle \qquad = \tan^{-1}\omega CR \quad \cdots \langle 式07\text{-}21 \rangle$$

$$= V\sqrt{\left(\frac{1}{R}\right)^2 + (\omega C)^2} \quad \cdot \langle 式07\text{-}17 \rangle \qquad = \tan^{-1}\frac{R}{X_C} \quad \cdots \langle 式07\text{-}22 \rangle$$

$$= V\sqrt{\left(\frac{1}{R}\right)^2 + \left(\frac{1}{X_C}\right)^2} \quad \cdot \langle 式07\text{-}18 \rangle$$

◆**RC並列回路（電圧基準）**

〈図07-10〉
並列**RC**のフェーザ図

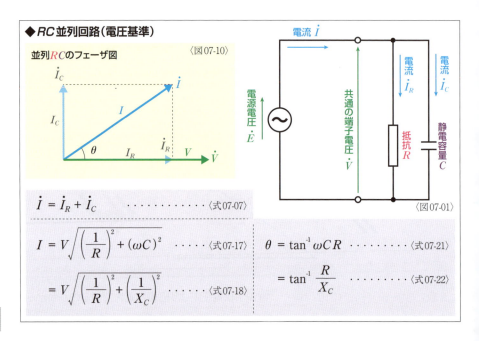

〈図07-01〉

$$\dot{I} = \dot{I}_R + \dot{I}_C \quad \cdots\cdots\cdots 〈式07\text{-}07〉$$

$$I = V\sqrt{\left(\frac{1}{R}\right)^2 + (\omega C)^2} \quad \cdots 〈式07\text{-}17〉$$

$$= V\sqrt{\left(\frac{1}{R}\right)^2 + \left(\frac{1}{X_C}\right)^2} \quad \cdots 〈式07\text{-}18〉$$

$$\theta = \tan^{-1}\omega CR \quad \cdots\cdots 〈式07\text{-}21〉$$

$$= \tan^{-1}\frac{R}{X_C} \quad \cdots\cdots 〈式07\text{-}22〉$$

▶*RC*並列回路のフェーザ

前ページでの解析をまとめると上のようになる。この結果から、電圧を基準にして電圧$\dot{V}$と位相が進んでいる電流$\dot{I}$を式に表わすと以下のようになる。

$$\dot{V} = V\angle 0 \quad \cdots\cdots\cdots\cdots 〈式07\text{-}03〉$$

$$\dot{I} = I\angle\theta \quad \cdots\cdots\cdots\cdots 〈式07\text{-}23〉$$

$$= V\sqrt{\left(\frac{1}{R}\right)^2 + (\omega C)^2} \angle \tan^{-1}\omega CR \quad \cdots 〈式07\text{-}24〉$$

$$= V\sqrt{\left(\frac{1}{R}\right)^2 + \left(\frac{1}{X_C}\right)^2} \angle \tan^{-1}\frac{R}{X_C} \quad \cdots 〈式07\text{-}25〉$$

◆**RC並列回路の電流三角形**

〈図07-26〉

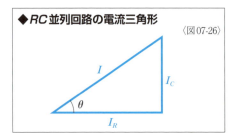

電流三角形を描いてみると、〈図07-26〉になる。底辺の長さが抵抗Rを流れる電流$\dot{I}_R$の大きさI_R、対辺の長さを静電容量Cを流れる電流$\dot{I}_C$の大きさI_Cにすることで、斜辺の長さが全体を流れる電流$\dot{I}$の大きさIを示してくれる。

いっぽう、電流 $\dot{I}$ の大きさ I を求めた〈式07-17〉もしくは〈式07-18〉を変形すると、以下のように電圧の大きさ V[V]を電流 I で表わすことができる。

$$V = \frac{I}{\sqrt{\left(\frac{1}{R}\right)^2 + (\omega C)^2}} \quad \cdots \text{〈式07-27〉} \qquad = \frac{I}{\sqrt{\left(\frac{1}{R}\right)^2 + \left(\frac{1}{X_C}\right)^2}} \quad \cdots \text{〈式07-28〉}$$

▶ RC並列回路の合成アドミタンス

　RC並列回路の**合成アドミタンス** Y[S]は〈式07-27〉と〈式07-28〉から、〈式07-29〉もしくは〈式07-30〉のように表わすことができる。基本的に**逆数**の形の式にしているが、**静電容量** C と**角速度** ω で表わした部分は逆数のように見えない。これは、**容量リアクタンス** $X_L = \frac{1}{\omega C}$ であるので、逆数にすると ωC になるためだ。ちなみに、**合成インピーダンス** Z[Ω]は〈式07-31〉もしくは〈式07-32〉で表わすことができる。

$$Y = \sqrt{\left(\frac{1}{R}\right)^2 + (\omega C)^2} \quad \cdots \text{〈式07-29〉} \qquad Z = \frac{1}{\sqrt{\left(\frac{1}{R}\right)^2 + (\omega C)^2}} \quad \cdots \text{〈式07-31〉}$$

$$= \sqrt{\left(\frac{1}{R}\right)^2 + \left(\frac{1}{X_C}\right)^2} \quad \cdots \text{〈式07-30〉} \qquad = \frac{1}{\sqrt{\left(\frac{1}{R}\right)^2 + \left(\frac{1}{X_C}\right)^2}} \quad \cdots \text{〈式07-32〉}$$

　いっぽう、**アドミタンス角** θ_Y[rad]は電圧と電流の**位相差** θ に等しく、**フェーザ図**による考察からプラスの値と判断できるので、〈式07-21〉もしくは〈式07-22〉と同じ内容になる。

$$\theta_Y = \tan^{-1} \omega C R \qquad \cdots \text{〈式07-33〉}$$

$$= \tan^{-1} \frac{R}{X_C} \qquad \cdots \text{〈式07-34〉}$$

　アドミタンス三角形を描いてみると、〈図07-35〉になる。**底辺**の長さが**コンダクタンス** G、**対辺**の長さを**容量サセプタンス** B_C とすることで斜辺がアドミタンス Y になる。この三角形は、左ページの電流三角形と相似の関係にある。

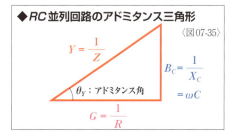

◆ RC並列回路のアドミタンス三角形　〈図07-35〉

$Y = \frac{1}{Z}$　θ_Y：アドミタンス角　$G = \frac{1}{R}$　$B_C = \frac{1}{X_C} = \omega C$

[合成インピーダンス回路]
RLC並列回路
Chapter 11 Section 08

抵抗、コイル、コンデンサを並列に接続した交流回路は、誘導リアクタンスと容量リアクタンスの大小によって性格の異なった回路になる。

▶RLC並列回路の電流と電圧の関係

抵抗、**コイル**、**コンデンサ**を**並列接続**して**交流電源**につないだ回路を **RLC並列回路** という。この回路もまずは電圧と電流の**フェーザ**で解析してみよう。

〈図08-01〉のように並列接続にした抵抗 $R\,[\Omega]$、**インダクタンス** $L\,[\mathrm{H}]$、**静電容量** $C\,[\mathrm{F}]$ を**角速度** $\omega\,[\mathrm{rad/s}]$ の交流電源 $\dot{E}\,[\mathrm{V}]$ につないだ回路では、各素子の端子電圧 $\dot{V}\,[\mathrm{V}]$ は共通で、〈式08-02〉のように電源電圧 $\dot{E}$ とつり合う。この電圧 $\dot{V}$ が〈式08-03〉で表わされるとすると、抵抗 R を流れる電流 $\dot{I}_R\,[\mathrm{A}]$、インダクタンス L を流れる電流 $\dot{I}_L\,[\mathrm{A}]$、静電容量 C を流れる電流 $\dot{I}_C\,[\mathrm{A}]$ は〈式08-04〜06〉で表わせる。並列回路では**分流**が生じるので、電流 $\dot{I}_R$、$\dot{I}_L$、$\dot{I}_C$ を加算したものが、回路全体の電流 $\dot{I}\,[\mathrm{A}]$ になるので、〈式08-07〉のように示すことができる。なお、ここまででは**誘導リアクタンス** X_L を ω と L で表わした式や、**容量リアクタンス** X_C を ω と C で表わした式も掲載しているが、ここでは X_L と X_C だけで表現する。もちろん、いずれの式においても〈式08-08〉と〈式08-09〉の関係が成立する。

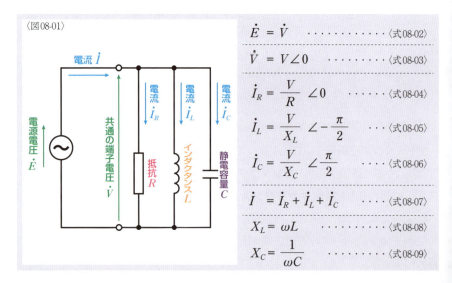

〈図08-01〉

$\dot{E} = \dot{V}$ 〈式08-02〉

$\dot{V} = V \angle 0$ 〈式08-03〉

$\dot{I}_R = \dfrac{V}{R} \angle 0$ 〈式08-04〉

$\dot{I}_L = \dfrac{V}{X_L} \angle -\dfrac{\pi}{2}$ 〈式08-05〉

$\dot{I}_C = \dfrac{V}{X_C} \angle \dfrac{\pi}{2}$ 〈式08-06〉

$\dot{I} = \dot{I}_R + \dot{I}_L + \dot{I}_C$ 〈式08-07〉

$X_L = \omega L$ 〈式08-08〉

$X_C = \dfrac{1}{\omega C}$ 〈式08-09〉

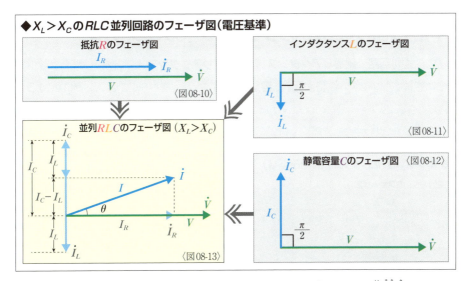

　ここでもフェーザ図を描いて3つのフェーザを合成して電流$\dot{I}$の大きさと**位相差**θを考えることになる。$\dot{I}_L$と$\dot{I}_C$はまったく逆方向なので、大きさが小さいほうのフェーザが打ち消される。そのため、I_LとI_Cの大きさの関係によって回路の性格が異なる。〈式08-05〉と〈式08-06〉を比較すればわかるようにI_LとI_Cは、誘導リアクタンスX_Lと容量リアクタンスX_Cの大きさの関係によって決まる。X_LとX_Cの関係は①$X_L > X_C$、②$X_L < X_C$、③$X_L = X_C$の3通りが考えられる。①と②のフェーザ図は〈図08-13〉と〈図08-17〉のようなパターンになる。なお、③$X_L = X_C$の場合は、特殊な状態といえるためChapter14の「並列共振回路(P338参照)」で説明する。

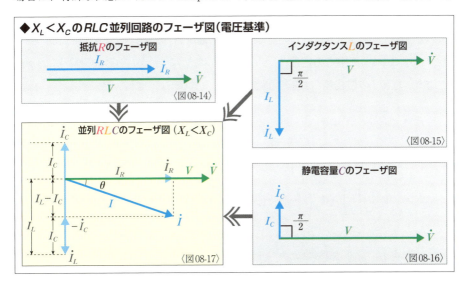

▶RLC並列回路のフェーザ① $X_L > X_C$

RLC並列回路で**誘導リアクタンス**X_Lが**容量リアクタンス**X_Cより大きい場合、全体としては容量リアクタンスの性格が現れ、**容量性回路**になる。前ページでのフェーザ図による考察をまとめると以下のようになる。電流$\dot{I}_L$と$\dot{I}_C$を合成した電流を$\dot{I}_{LC}$[A]とすると、電流$\dot{I}$を〈式08-21〉のように表わすことができる。また、**電流三角形**は〈図08-19〉のようになる。

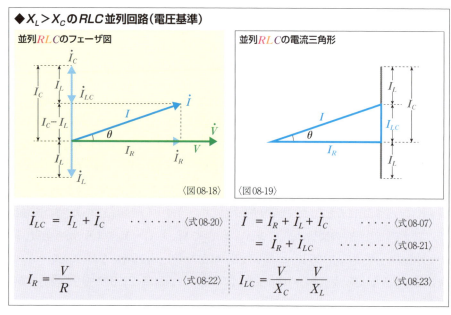

◆ $X_L > X_C$ のRLC並列回路（電圧基準）

並列RLCのフェーザ図 〈図08-18〉

並列RLCの電流三角形 〈図08-19〉

$$\dot{I}_{LC} = \dot{I}_L + \dot{I}_C \quad \cdots \cdots \langle 式08\text{-}20\rangle$$

$$\dot{I} = \dot{I}_R + \dot{I}_L + \dot{I}_C \quad \cdots \cdots \langle 式08\text{-}07\rangle$$
$$= \dot{I}_R + \dot{I}_{LC} \quad \cdots \cdots \langle 式08\text{-}21\rangle$$

$$I_R = \frac{V}{R} \quad \cdots \cdots \langle 式08\text{-}22\rangle$$

$$I_{LC} = \frac{V}{X_C} - \frac{V}{X_L} \quad \cdots \cdots \langle 式08\text{-}23\rangle$$

電流$\dot{I}_R$の大きさI_R[A]は〈式08-22〉で表わせ、電流$\dot{I}_{LC}$の大きさI_{LC}[A]は〈式08-23〉で表わせる。ここから**三平方の定理**によって電流$\dot{I}$の大きさI[A]が〈式08-28〉のように導かれる。また、電流$\dot{I}$の**位相差**θは**逆三角関数**によって〈式08-31〉のように求められる。

$$I = \sqrt{I_R^2 + I_{LC}^2} \quad \cdots \cdots \langle 式08\text{-}24\rangle$$

$$= \sqrt{\left(\frac{V}{R}\right)^2 + \left(\frac{V}{X_C} - \frac{V}{X_L}\right)^2} \quad \cdots \cdots \langle 式08\text{-}25\rangle$$

$$= \sqrt{V^2\left(\frac{1}{R}\right)^2 + V^2\left(\frac{1}{X_C} - \frac{1}{X_L}\right)^2} \quad \cdots \langle 式08\text{-}26\rangle$$

$$= \sqrt{V^2\left\{\left(\frac{1}{R}\right)^2 + \left(\frac{1}{X_C} - \frac{1}{X_L}\right)^2\right\}} \quad \cdots \langle 式08\text{-}27\rangle$$

$$= V\sqrt{\left(\frac{1}{R}\right)^2 + \left(\frac{1}{X_C} - \frac{1}{X_L}\right)^2} \quad \cdots \cdots \langle 式08\text{-}28\rangle$$

$$\theta = \tan^{-1} \frac{I_{LC}}{I_R} \quad \cdots\cdots\cdots\cdots\cdots\cdots\cdots\cdots\cdots\cdots\cdots\cdots \langle 式08\text{-}29 \rangle$$

$$= \tan^{-1} \frac{\dfrac{V}{X_C} - \dfrac{V}{X_L}}{\dfrac{V}{R}} \quad \cdots \langle 式08\text{-}30 \rangle \qquad = \tan^{-1} \frac{\dfrac{1}{X_C} - \dfrac{1}{X_L}}{\dfrac{1}{R}} \quad \cdots \langle 式08\text{-}31 \rangle$$

求められた電流 $\dot{I}$ の大きさ I と位相差 θ から、電圧を基準にして電圧 $\dot{V}$ と電流 $\dot{I}$ を式に表わすと以下のようになる。

$$\dot{V} = V \angle 0 \quad \cdots\cdots\cdots\cdots\cdots\cdots\cdots\cdots\cdots\cdots\cdots\cdots\cdots\cdots \langle 式08\text{-}03 \rangle$$
$$\dot{I} = I \angle \theta \quad \cdots\cdots\cdots\cdots\cdots\cdots\cdots\cdots\cdots\cdots\cdots\cdots\cdots \langle 式08\text{-}32 \rangle$$

$$= V \sqrt{\left(\frac{1}{R}\right)^2 + \left(\frac{1}{X_C} - \frac{1}{X_L}\right)^2} \angle \tan^{-1} \frac{\dfrac{1}{X_C} - \dfrac{1}{X_L}}{\dfrac{1}{R}} \quad \cdots\cdots \langle 式08\text{-}33 \rangle$$

さて、〈式08-33〉の逆三角関数の部分は分母も分子も分数という面倒な式になっているし、ルートのなかももう少し整理できそうだ。少なくとも、〈式08-34〉のようには式をまとめることが多い。(括弧) の内部をもう少し展開することもあるかもしれない。

$$\dot{I} = V \sqrt{\frac{1}{R^2} + \left(\frac{1}{X_C} - \frac{1}{X_L}\right)^2} \angle \tan^{-1} R \left(\frac{1}{X_C} - \frac{1}{X_L}\right) \quad \cdots\cdots\cdots \langle 式08\text{-}34 \rangle$$

しかし、実は〈式08-33〉のほうが式の構造がわかりやすい。数式に使われている量記号は**抵抗**と**リアクタンス**だが、**逆数**の状態を保つことで、**コンダクタンスとサセプタンス**として捉えているわけだ。RL 並列回路と RC 並列回路では式がさほど複雑ではないので説明しなかったが、これらの解析でも逆数の状態を保ったままにしてある。これは、**抵抗ーリアクタンスーインピーダンス**という系列ではなく、**コンダクタンスーサセプタンスーアドミタンス**という系列で考えているということだ。並列回路の解析では、アドミタンスの系列で考えたほうが、式の構造がわかりやすく、計算がスムーズに進むことが多い。実際に〈式08-33〉をコンダクタンスとサセプタンスで表わすと〈式08-35〉のようにシンプルな式になる。しかし、必ずしも量記号を置き換えたほうがいいとも限らない。使う量記号が増えると、かえって混乱することもある。

$$\dot{I} = V \sqrt{G^2 + (B_C - B_L)^2} \angle \tan^{-1} \frac{B_C - B_L}{G} \quad \cdots\cdots\cdots\cdots\cdots \langle 式08\text{-}35 \rangle$$

▶RLC並列回路のフェーザ② $X_L < X_C$

RLC並列回路で**誘導リアクタンス** X_L が**容量リアクタンス** X_C より小さい場合、全体としては誘導リアクタンスの性格が現れ、**誘導性回路**になる。279ページでの**フェーザ図**による考察をまとめると以下のようになる。電流 $\dot{I}_L$ と $\dot{I}_C$ を合成した電流を $\dot{I}_{CL}$ [A]とすると、電流 $\dot{I}$ を〈式08-39〉のように表わせる。また、**電流三角形**は〈図08-37〉のようになる。

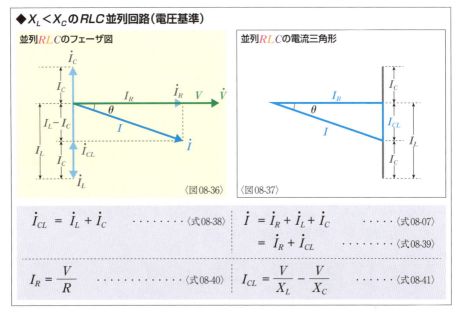

◆ $X_L < X_C$ のRLC並列回路（電圧基準）

並列 RLC のフェーザ図　〈図08-36〉

並列 RLC の電流三角形　〈図08-37〉

$$\dot{I}_{CL} = \dot{I}_L + \dot{I}_C \quad \text{〈式08-38〉}$$

$$\dot{I} = \dot{I}_R + \dot{I}_L + \dot{I}_C \quad \text{〈式08-07〉}$$
$$= \dot{I}_R + \dot{I}_{CL} \quad \text{〈式08-39〉}$$

$$I_R = \frac{V}{R} \quad \text{〈式08-40〉}$$

$$I_{CL} = \frac{V}{X_L} - \frac{V}{X_C} \quad \text{〈式08-41〉}$$

電流 $\dot{I}_R$ の大きさ I_R [A]、電流 $\dot{I}_{CL}$ の大きさ I_{CL} [A]から**三平方の定理**と**逆三角関数**で電流 $\dot{I}$ の大きさ I [A]と**位相差** θ が求められる。この場合も、電流の位相が遅れているので、アークタンジェントの前にマイナスをつける必要がある。

$$I = \sqrt{I_R^2 + I_{CL}^2} \quad \text{〈式08-42〉}$$

$$= \sqrt{\left(\frac{V}{R}\right)^2 + \left(\frac{V}{X_L} - \frac{V}{X_C}\right)^2} \quad \text{〈式08-43〉}$$

$$= \sqrt{V^2 \left(\frac{1}{R}\right)^2 + V^2 \left(\frac{1}{X_L} - \frac{1}{X_C}\right)^2} = \sqrt{V^2 \left\{\left(\frac{1}{R}\right)^2 + \left(\frac{1}{X_L} - \frac{1}{X_C}\right)^2\right\}}$$
$$\text{〈式08-44〉} \quad \text{〈式08-45〉}$$

$$= V\sqrt{\left(\frac{1}{R}\right)^2 + \left(\frac{1}{X_L} - \frac{1}{X_C}\right)^2} \quad \text{〈式08-46〉}$$

$$\theta = -\tan^{-1}\frac{I_{CL}}{I_R} \quad \cdots\cdots\cdots\cdots\cdots\cdots\cdots\cdots\cdots\cdots\cdots \langle \text{式}08\text{-}47\rangle$$

$$= -\tan^{-1}\frac{\dfrac{V}{X_L} - \dfrac{V}{X_C}}{\dfrac{V}{R}} \quad = -\tan^{-1}\frac{\dfrac{1}{X_L} - \dfrac{1}{X_C}}{\dfrac{1}{R}}$$

$$\cdots\langle\text{式}08\text{-}48\rangle \qquad\qquad\qquad \cdots\langle\text{式}08\text{-}49\rangle$$

　求められた電流$\dot{I}$の大きさIと位相差θから、電圧を基準にして電圧$\dot{V}$と電流$\dot{I}$を式に表わすと以下のようになる。この場合も逆三角関数のアークタンジェントの前のマイナスを転記することを忘れないようにしたい。

$$\dot{V} = V\angle 0 \quad \cdots\cdots\cdots\cdots\cdots\cdots\cdots\cdots\cdots\cdots\cdots\cdots\cdots\cdots \langle\text{式}08\text{-}03\rangle$$
$$\dot{I} = I\angle\theta \quad \cdots\cdots\cdots\cdots\cdots\cdots\cdots\cdots\cdots\cdots\cdots\cdots\cdots\cdots \langle\text{式}08\text{-}50\rangle$$

$$= V\sqrt{\left(\frac{1}{R}\right)^2 + \left(\frac{1}{X_L} - \frac{1}{X_C}\right)^2}\angle -\tan^{-1}\frac{\dfrac{1}{X_L} - \dfrac{1}{X_C}}{\dfrac{1}{R}} \quad \cdots\cdots \langle\text{式}08\text{-}51\rangle$$

▶RLC並列回路の①$X_L > X_C$と②$X_L < X_C$の比較

　誘導リアクタンスX_Lと**容量リアクタンス**X_Cの関係を考えてみよう。RLC直列回路では$X_L > X_C$の時に誘導リアクタンスの性格が現れ**誘導性回路**になり、$X_L < X_C$の時に容量リアクタンスの性格が現れ**容量性回路**になる。大きいほうのリアクタンスの性格が現れるのだから、非常にわかりやすい。ところが、**RLC並列回路**では逆の関係になる。$X_L > X_C$の時に容量リアクタンスの性格が現れ容量性回路になり、$X_L < X_C$の時に誘導リアクタンスの性格が現れ誘導性回路になる。

　並列回路の場合、回路への素子の影響が**逆数**として現れると考えればわかりやすいかもしれない。数値の大きさの関係は、逆数にすると逆転する。$X_L > X_C$であれば$\dfrac{1}{X_L} < \dfrac{1}{X_C}$になり、$X_L < X_C$であれば$\dfrac{1}{X_L} > \dfrac{1}{X_C}$になる。そのため、小さなリアクタンス（逆数が大きなリアクタンス）の性格が現れるわけだ。RLC直列回路の解析では、大きなリアクタンスから小さなリアクタンスを引くことがさまざまな数式での約束事だが、RLC並列回路では小さなリアクタンスの逆数から大きなリアクタンスの逆数を引くことが約束事になる。やはり、並列回路では**抵抗－リアクタンス－インピーダンス**という系列ではなく、**コンダクタンス－サセプタンス－アドミタンス**という系列のほうが都合がよいということだ。

▶RLC並列回路の合成アドミタンス

最後にRLC並列回路の**合成アドミタンス**を求めてみよう。$X_L > X_C$の場合は**アドミタンス**をY_{LC}[S]、**アドミタンス角**をθ_{YLC}[rad]として〈式08-28〉と〈式08-31〉から導き、$X_L < X_C$の場合のアドミタンスをY_{CL}[S]、アドミタンス角をθ_{YCL}[rad]として〈式08-46〉と〈式08-49〉から導いている。リアクタンスの大きさによる違いが見比べやすいように、左右に並べている。

【$X_L > X_C$】

$$Y_{LC} = \sqrt{\left(\frac{1}{R}\right)^2 + \left(\frac{1}{X_C} - \frac{1}{X_L}\right)^2}$$
・〈式08-52〉

$$= \sqrt{\left(\frac{1}{R}\right)^2 + \left(\omega C - \frac{1}{\omega L}\right)^2}$$
・〈式08-53〉

$$\theta_{YLC} = \tan^{-1} \frac{\dfrac{1}{X_C} - \dfrac{1}{X_L}}{\dfrac{1}{R}}$$ ・〈式08-54〉

$$= \tan^{-1} \frac{\omega C - \dfrac{1}{\omega L}}{\dfrac{1}{R}}$$ ・〈式08-55〉

【$X_L < X_C$】

$$Y_{CL} = \sqrt{\left(\frac{1}{R}\right)^2 + \left(\frac{1}{X_L} - \frac{1}{X_C}\right)^2}$$
・〈式08-56〉

$$= \sqrt{\left(\frac{1}{R}\right)^2 + \left(\frac{1}{\omega L} - \omega C\right)^2}$$
・〈式08-57〉

$$\theta_{YCL} = -\tan^{-1} \frac{\dfrac{1}{X_L} - \dfrac{1}{X_C}}{\dfrac{1}{R}}$$ 〈式08-58〉

$$\theta_{YCL} = -\tan^{-1} \frac{\dfrac{1}{\omega L} - \omega C}{\dfrac{1}{R}}$$ 〈式08-59〉

基本的に左右の列の式は同じ構造だが、リアクタンスの**逆数**が大きなほうから小さなほうを引いている。**インダクタンス**Lもしくは**静電容量**Cと**角速度**ωで表わした場合も同じだ。注意したいのは、$X_L < X_C$の場合のアドミタンス角だ。**誘導性回路**なのでマイナスにする必要がある。それぞれの**アドミタンス三角形**は以下のようになる。

◆RLC並列回路のアドミタンス三角形

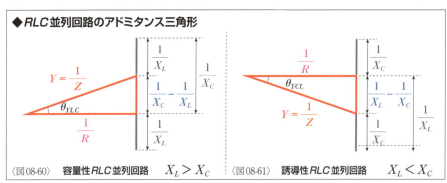

〈図08-60〉 **容量性**RLC並列回路 $X_L > X_C$ 〈図08-61〉 **誘導性**RLC並列回路 $X_L < X_C$

[交流回路編]

Chapter 12

記号法による解析

Sec.01 ：記号法と複素インピーダンス・ 286
Sec.02 ：インピーダンスの合成 ・・・ 292
Sec.03 ：複素アドミタンス・・・・・・ 294
Sec.04 ：*R, L, C* の直列回路 ・・・・ 296
Sec.05 ：*R, L, C* の並列回路 ・・・・ 302
Sec.06 ：記号法による計算 ・・・・・ 310

Chapter 12 [記号法による解析]
Section 01 記号法と複素インピーダンス

ここまでで説明した電圧と電流の記号法に複素インピーダンスを加えると、交流回路にオームの法則が適用できるようになり簡単に計算できるようになる。

▶ベクトル法と記号法

　Chapter11では**記号法**を使わないで交流回路を解析した。こうした方法を記号法に対して**ベクトル法**という。ベクトル法でもすべての交流回路を解析することができるが、**位相**を考える際に**フェーザ図**が不可欠だ。Chapter11で取り上げたようなシンプルな回路なら、頭のなかでフェーザ図を考えることも可能かもしれないが、回路素子の数が増え、直並列など回路の構成が複雑になってくると、フェーザ図を描くことすら難しくなっていく。

　いっぽう、ベクトル法を発展させた**複素記号法**では数式のなかに位相の情報が組み込まれているので、**フェーザ図を併用することなく大きさと位相を求めることができる**。また、これまでは電圧と電流しか**記号法**で扱ってこなかったが、**インピーダンス**や**アドミタンス**も記号法で扱うことができる。すると、直流回路で電圧−電流−抵抗の関係を**オームの法則**で示すことができるように、交流回路では電圧−電流−インピーダンスの関係をオームの法則で示すことができるようになる。さらに、重ねの定理やテブナンの定理などChapter04で学んだ複雑な直流回路の解析方法を、そのまま交流回路で使えるようになる。

　確かに、初めて出会った人にとって**複素数**は難しいと感じられるものかもしれない。しかし、微分や積分に比べれば簡単なものだ(といわれている)。$j^2=-1$ということだけを覚えたうえで、数多くの数式を見たり、実際に計算してみたりすることで、次第に扱えるようになっていくはずだ。まだ、記号法を十分に理解できていない人は、もう一度、Chapter08の「複素数(P204参照)」とChapter09の「正弦波交流の複素数表示(P230参照)」を見返してから先に進んでほしい。

▶複素インピーダンス

　前のChapterでは**インピーダンス**と**インピーダンス角**を説明した。**インピーダンス三角形**を描いていることから、すでに気づいている人もいるかもしれないが、インピーダンスも電圧や電流のフェーザと同じく**ベクトル**として扱えるものだ。つまり、インピーダンス$\dot{Z}$と表現でき

る。大きさを$Z[\Omega]$、インピーダンス角を$\theta[\text{rad}]$とすれば、$\dot{Z} = Z\angle\theta$と表わすことができるわけだ。このインピーダンスのベクトルを**記号法**で扱えるように**ガウス平面上**で考えたものが**複素インピーダンス**だが、これも通常は単にインピーダンスという。

インピーダンスにはこうした**極座標表示**が使われるほか、計算の際には同じように大きさとインピーダンス角で表わす**指数関数表示**

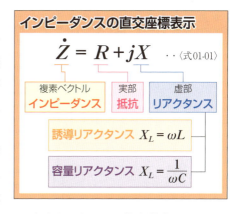

も使われる。もちろん、**直交座標表示**も使われる。直交座標表示は、**複素数表示**ともいう。

ガウス平面上の**複素ベクトル**で表わした場合、直交座標表示の**実部**が**抵抗**$R[\Omega]$の大きさを表わし、**虚部**が**リアクタンス**$X[\Omega]$の大きさを表わす。リアクタンスには**コイルのインダクタンス**による**誘導リアクタンス**$X_L[\Omega]$と、**コンデンサ**の**静電容量**による**容量リアクタンス**$X_C[\Omega]$がある。詳しくは次ページ以降で確認するが、誘導リアクタンスX_Lは虚軸のプラス側の成分になり、容量リアクタンスX_Cは虚軸のマイナス側の成分になる。

また、**三角関数**を利用して大きさZとインピーダンス角θによって直交座標表示をすることも可能だ。これは極座標表示を直交座標表示に**変換**する作業だといえる。この表示は**三角関数表示**ともいうが、先に説明したように本書では三角関数表示という呼称は使わず直交座標表示にまとめている。逆に、直交座標表示を極座標表示などに変換する場合は、**三平方の定理**と**逆三角関数**を利用する。〈式01-01〉のインピーダンス$\dot{Z}$の大きさZとインピーダンス角θは以下のように〈式01-03〉と〈式01-04〉で求めることができる。

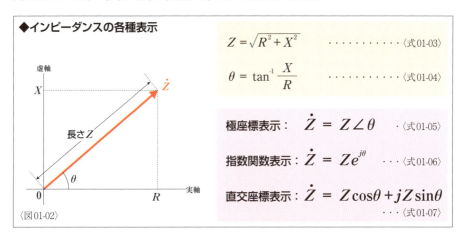

▶記号法による交流回路のオームの法則

先に説明したように記号法においては、電圧$\dot{V}$[V]、電流$\dot{I}$[A]、インピーダンス$\dot{Z}$[Ω]の間にオームの法則が成立する。数式に表わせば以下のようになる。

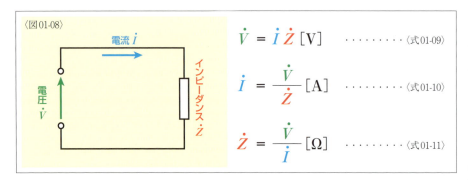

〈図01-08〉

$$\dot{V} = \dot{I}\dot{Z} \ [\text{V}] \quad \cdots\cdots \langle 式01\text{-}09\rangle$$

$$\dot{I} = \frac{\dot{V}}{\dot{Z}} \ [\text{A}] \quad \cdots\cdots \langle 式01\text{-}10\rangle$$

$$\dot{Z} = \frac{\dot{V}}{\dot{I}} \ [\Omega] \quad \cdots\cdots \langle 式01\text{-}11\rangle$$

なお、インピーダンスの図記号には抵抗の図記号が使われることが多い。これは、インピーダンスは交流回路の負荷と考えることができるため、直流回路で負荷を表わす抵抗の図記号を適用しているといえる。抵抗とインピーダンスは単位も同じ[Ω]なので、回路図を見る際には抵抗を表わしているのかインピーダンスを表わしているのかに注意する必要がある。

インピーダンスを直交座標表示にした際に、抵抗の成分である実部と、リアクタンスの成分である虚部の双方がある場合、それは単独の素子ではないことを意味している（理想の素子の場合）。等価変換によって回路図では1つの素子として描かれているが、実際には複数の素子で構成されているわけだ。つまり、合成インピーダンスだといえる。

実部と虚部のどちらかが0のこともある。たとえば、単体の抵抗をインピーダンスで表現することも可能であり、虚部が0になる。単体のコイルをインピーダンスで表現したり、単体のコンデンサをインピーダンスで表現したりすることもでき、これらの場合は実部が0になる。ただし、解析の結果、そのインピーダンスには実部しかないと判明したとしても、それが単体の抵抗だとは限らない。コイルとコンデンサの双方が含まれていて、互いに作用を打ち消し合っていることもある。もちろん、複数の抵抗で構成されていることもあるわけだ。

こうした可能性を考え始めればきりがなくなるが、あまり深く考える必要はない。回路図にインピーダンスと表示されていれば、そこに仮想のインピーダンスという素子があると考えればいい。そのインピーダンスは大きさとインピーダンス角で示された通りの作用をする。

まずは、もっとも基本的な交流回路である交流抵抗回路、交流コイル回路、交流コンデンサ回路について、記号法による表記とインピーダンスについて解析していこう。

▶交流抵抗回路の記号法表示

　236ページで考察した**交流抵抗回路**の電圧$\dot{V}$[V]と電流$\dot{I}$[A]を**記号法**で表わすと以下のようになる。**電圧と電流は同相**なので、どちらを基準にしてもよく、**極座標表示**の**偏角**はともに0[rad]になる。**直交座標表示**では、sin0＝0なので**虚部**は0になり、cos0＝1の**実部**だけになる。〈式01-17〉と〈式01-20〉は電圧を基準と考え、電流を電圧で表わしたものだ。

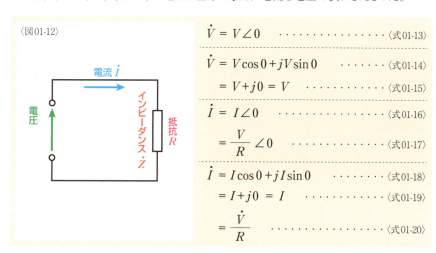

〈図01-12〉

$\dot{V} = V\angle 0$ 　　　　　　　〈式01-13〉

$\dot{V} = V\cos 0 + jV\sin 0$ 　〈式01-14〉

　　$= V + j0 = V$ 　　　　　〈式01-15〉

$\dot{I} = I\angle 0$ 　　　　　　　〈式01-16〉

　　$= \dfrac{V}{R}\angle 0$ 　　　　　　　〈式01-17〉

$\dot{I} = I\cos 0 + jI\sin 0$ 　〈式01-18〉

　　$= I + j0 = I$ 　　　　　〈式01-19〉

　　$= \dfrac{\dot{V}}{R}$ 　　　　　　　〈式01-20〉

　インピーダンスは電圧と電流の比で**定義**されている。そのため、交流抵抗回路の抵抗R[Ω]のインピーダンス$\dot{Z}$[Ω]は、〈式01-11〉に示したように**オームの法則**によって電圧$\dot{V}$を電流$\dot{I}$で割れば求められる。記号法による複素数の除算なので、**指数関数表示**が簡単といいたいところだが、先に確認したようにどちらも実部しかないので、直交座標表示のままでも簡単に計算できる。次ページ以降で説明する交流コイル回路と交流コンデンサ回路でも、直交座標表示のまま簡単に計算できる。

　〈式01-20〉に示したように交流抵抗回路の電流$\dot{I}$は電圧$\dot{V}$と抵抗Rで表わすことができる。この式をインピーダンス$\dot{Z}$を求める式に代入して整理すると、〈式01-22〉のように交流抵抗回路の抵抗Rのインピーダンス$\dot{Z}$は、実部のRのみであることがわかる。極座標表示にすれば〈式01-23〉になり、**大きさはR**、**インピーダンス角**は0だ。

$\dot{Z} = \dfrac{\dot{V}}{\dot{I}} = \dfrac{\dot{V}}{\dfrac{\dot{V}}{R}}$ 　　〈式01-21〉　　$\dot{Z} = R\angle 0$ 　　〈式01-23〉

　　$= R + j0 = R$ 　　〈式01-22〉

▶交流コイル回路の記号法表示

238ページで考察した**交流コイル回路**の電流$\dot{I}$[A]を電圧$\dot{V}$[V]を基準にして**記号法**で表わすと以下のようになる。基準である電圧$\dot{V}$は交流抵抗回路とまったく同じだ。**電流$\dot{I}$**は**電圧$\dot{V}$**より位相が$\frac{\pi}{2}$[rad]遅れているので**極座標表示**では**偏角**が$-\frac{\pi}{2}$になる。電流$\dot{I}$の大きさI[A]は、電圧$\dot{V}$の大きさV[V]と**コイル**の**インダクタンス**L[H]、交流の**角速度**ω[rad/s]で表わすことができ、**誘導リアクタンス**X_L[Ω]にも置き換えられる。**直交座標表示**では**三角関数**で〈式01-31〉のように表わせるが、$\cos\left(-\frac{\pi}{2}\right)=0$なので**実部**は0になり、$\sin\left(-\frac{\pi}{2}\right)=-1$の**虚部**だけになる。こちらもインダクタンスやリアクタンスで表わすことも可能だ。

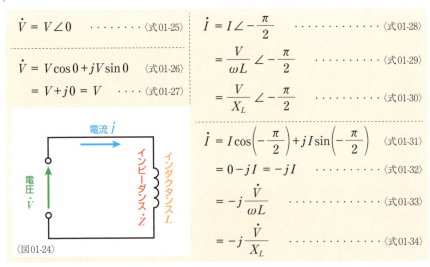

$\dot{V} = V\angle 0$ ……〈式01-25〉

$\dot{V} = V\cos 0 + jV\sin 0$ 〈式01-26〉

$\quad = V + j0 = V$ ……〈式01-27〉

〈図01-24〉

$\dot{I} = I\angle -\frac{\pi}{2}$ ……〈式01-28〉

$\quad = \frac{V}{\omega L}\angle -\frac{\pi}{2}$ ……〈式01-29〉

$\quad = \frac{V}{X_L}\angle -\frac{\pi}{2}$ ……〈式01-30〉

$\dot{I} = I\cos\left(-\frac{\pi}{2}\right) + jI\sin\left(-\frac{\pi}{2}\right)$ 〈式01-31〉

$\quad = 0 - jI = -jI$ ……〈式01-32〉

$\quad = -j\frac{\dot{V}}{\omega L}$ ……〈式01-33〉

$\quad = -j\frac{\dot{V}}{X_L}$ ……〈式01-34〉

このコイルの**インピーダンス**$\dot{Z}$[Ω]は、電圧$\dot{V}$を電流$\dot{I}$で割ることで求められる。この式に〈式01-33〉を代入し、分母にあるjを**有理化**するために分母と分子にjを掛けて整理すると、〈式01-36〉のようにインピーダンス$\dot{Z}$の直交座標表示は虚部のωLのみになる。〈式01-37〉のように誘導リアクタンスX_Lでもインピーダンスを表現できる。これらの表示を**極座標表示**にすれば〈式01-38〉と〈式01-39〉になる。**大きさ**は$\omega L = X_L$で、**インピーダンス角**は$\frac{\pi}{2}$だ。

$\dot{Z} = \frac{\dot{V}}{\dot{I}} = \frac{\dot{V}}{-j\frac{\dot{V}}{\omega L}}$ ‥〈式01-35〉

$\quad = j\omega L$ ……〈式01-36〉

$\quad = jX_L$ ……〈式01-37〉

$\dot{Z} = \omega L \angle \frac{\pi}{2}$ ……〈式01-38〉

$\quad = X_L \angle \frac{\pi}{2}$ ……〈式01-39〉

▶交流コンデンサ回路の記号法表示

244ページで考察した**交流コンデンサ回路**の電流$\dot{I}$[A]を電圧$\dot{V}$[V]を基準にして**記号法**で表わすと以下のようになる。基準である電圧$\dot{V}$は交流抵抗回路とまったく同じだ。**電流$\dot{I}$は電圧$\dot{V}$より位相**が$\frac{\pi}{2}$[rad]**進んでいる**ので、**極座標表示**では**偏角**が$\frac{\pi}{2}$になる。電流$\dot{I}$の大きさI[A]は、電圧$\dot{V}$の大きさV[V]と**コンデンサ**の**静電容量**C[H]と**角速度**ω[rad/s]で表わすことができ、**容量リアクタンス**X_L[Ω]にも置き換えられる。**直交座標表示**では**三角関数**で〈式01-47〉のように表わせるが、$\cos\frac{\pi}{2}=0$なので**実部**は0になり、$\sin\frac{\pi}{2}=1$の**虚部**だけになる。こちらもインダクタンスやリアクタンスで表わすことができる。

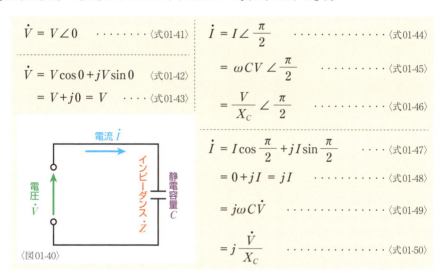

$$\dot{V} = V\angle 0 \qquad \cdots \cdots \text{〈式01-41〉}$$

$$\dot{V} = V\cos 0 + jV\sin 0 \quad \text{〈式01-42〉}$$

$$= V + j0 = V \quad \cdots \text{〈式01-43〉}$$

$$\dot{I} = I\angle \frac{\pi}{2} \qquad \cdots \cdots \text{〈式01-44〉}$$

$$= \omega CV \angle \frac{\pi}{2} \qquad \cdots \cdots \text{〈式01-45〉}$$

$$= \frac{V}{X_C} \angle \frac{\pi}{2} \qquad \cdots \cdots \text{〈式01-46〉}$$

$$\dot{I} = I\cos\frac{\pi}{2} + jI\sin\frac{\pi}{2} \quad \cdots \text{〈式01-47〉}$$

$$= 0 + jI = jI \qquad \cdots \cdots \text{〈式01-48〉}$$

$$= j\omega C\dot{V} \qquad \cdots \cdots \text{〈式01-49〉}$$

$$= j\frac{\dot{V}}{X_C} \qquad \cdots \cdots \text{〈式01-50〉}$$

〈図01-40〉

このコンデンサの**インピーダンス**$\dot{Z}$[Ω]は、電圧$\dot{V}$を電流$\dot{I}$で割ることで求められる。この式に〈式01-49〉を代入し、分母のjを**有理化**して整理すると、〈式01-52〉のようにインピーダンス$\dot{Z}$の直交座標表示は虚部の$-\frac{1}{\omega C}$のみになる。〈式01-53〉のように容量リアクタンスX_Cでもインピーダンスを表現できる。これらの表示を**極座標表示**にすれば〈式01-54〉と〈式01-55〉になる。**大きさ**は$\frac{1}{\omega C} = X_C$で、**インピーダンス角**は$-\frac{\pi}{2}$だ。

$$\dot{Z} = \frac{\dot{V}}{\dot{I}} = \frac{\dot{V}}{j\omega C\dot{V}} \quad \cdots \text{〈式01-51〉}$$

$$= -j\frac{1}{\omega C} \quad \cdots \cdots \text{〈式01-52〉}$$

$$= -jX_C \qquad \cdots \cdots \text{〈式01-53〉}$$

$$\dot{Z} = \frac{1}{\omega C} \angle -\frac{\pi}{2} \quad \cdots \cdots \text{〈式01-54〉}$$

$$= X_C \angle -\frac{\pi}{2} \quad \cdots \cdots \text{〈式01-55〉}$$

[記号法による解析]
インピーダンスの合成

Section 02

記号法の複素インピーダンスでは、直列接続と並列接続の合成インピーダンスを公式によって求めることができる。公式の構造は合成抵抗の場合と同じだ。

▶インピーダンスの直列接続

記号法の複素インピーダンスにはオームの法則が適用できるので、複数のインピーダンスを接続した合成インピーダンスを求める公式の構造は、合成抵抗の場合とまったく同じになる。直列接続ではすべてのインピーダンスを同じ電流が流れ分圧が起こる。直列接続のインピーダンス$\dot{Z}_1$、$\dot{Z}_2$[Ω]に電圧$\dot{V}$[V]がかけられ、電流$\dot{I}$[A]が流れている時、$\dot{Z}_1$と$\dot{Z}_2$の端子電圧$\dot{V}_1$と$\dot{V}_2$[V]は〈式02-02〉と〈式02-03〉で表わせる。いっぽう、合成インピーダンスを$\dot{Z}_{12}$[Ω]とすると、〈式02-04〉で表わせる。また、分圧が起こっているので電圧には〈式02-05〉の関係がある。この式の両辺にこれまでの式を代入して整理すると、〈式02-07〉になる。

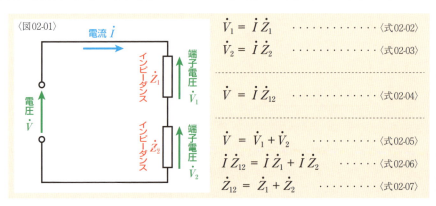

〈図02-01〉

$\dot{V}_1 = \dot{I}\dot{Z}_1$ ……〈式02-02〉
$\dot{V}_2 = \dot{I}\dot{Z}_2$ ……〈式02-03〉

$\dot{V} = \dot{I}\dot{Z}_{12}$ ……〈式02-04〉

$\dot{V} = \dot{V}_1 + \dot{V}_2$ ……〈式02-05〉
$\dot{I}\dot{Z}_{12} = \dot{I}\dot{Z}_1 + \dot{I}\dot{Z}_2$ ……〈式02-06〉
$\dot{Z}_{12} = \dot{Z}_1 + \dot{Z}_2$ ……〈式02-07〉

結果、2つのインピーダンスを**直列接続した合成インピーダンスは加算で求められる**ことがわかる。3つ以上の場合も同様にして導くことができるので、以下の公式が成立する。また、インピーダンスの直列接続では**分圧式**を利用することも可能だ。

インピーダンスの直列接続の公式 ・・・〈式02-08〉

直列接続された$\dot{Z}_1$、$\dot{Z}_2$、$\dot{Z}_3$…$\dot{Z}_n$のn個のインピーダンスの合成インピーダンスを$\dot{Z}_0$とすると

$$\dot{Z}_0 = \dot{Z}_1 + \dot{Z}_2 + \dot{Z}_3 + \cdots + \dot{Z}_n$$

▶並列接続の合成インピーダンス

インピーダンスの並列接続では、すべてのインピーダンスに同じ電圧がかかり、分流が起こる。並列接続された2つのインピーダンス$\dot{Z}_1$、$\dot{Z}_2$ [Ω]に電圧$\dot{V}$ [V]がかけられ、全体を電流$\dot{I}$ [A]が流れている時、$\dot{Z}_1$と$\dot{Z}_2$の電流$\dot{I}_1$と$\dot{I}_2$ [A]は〈式02-10〉と〈式02-11〉で表わせる。いっぽう、この回路の**合成インピーダンス**を$\dot{Z}_{12}$ [Ω]とすると、〈式02-12〉で表わせる。また、分流が起こっているので、電流には〈式02-13〉の関係がある。この式の両辺に〈式02-10～12〉を代入したうえで整理していくと、〈式02-15〉が得られる。

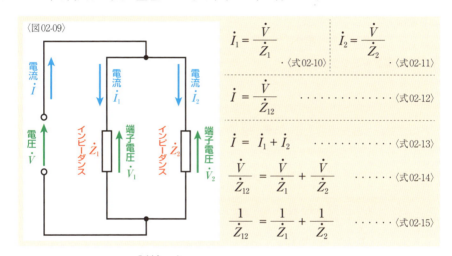

結果、各インピーダンスの逆数の和が、合成インピーダンスの逆数になっているのがわかる。3つ以上のインピーダンスを並列接続した合成インピーダンスの場合も同様にして導くことができるので、以下の公式のように**並列接続されたそれぞれのインピーダンスの逆数の和が、合成インピーダンスの逆数になる**と説明できる。この公式の構造も合成抵抗の場合とまったく同じだ。また、インピーダンスの並列接続では**分流式**を使うことができる。さらに、2つのインピーダンスの並列接続であれば**和分の積の式**も成立する。和分の積の式の便利さは、十分にわかっているだろう。

インピーダンスの並列接続の公式　　　　　　　　　　　　　　　・・・〈式02-16〉

並列接続された$\dot{Z}_1$、$\dot{Z}_2$、$\dot{Z}_3$…$\dot{Z}_n$のn個のインピーダンスの合成インピーダンスを$\dot{Z}_0$とすると

$$\frac{1}{\dot{Z}_0} = \frac{1}{\dot{Z}_1} + \frac{1}{\dot{Z}_2} + \frac{1}{\dot{Z}_3} + \cdots + \frac{1}{\dot{Z}_n}$$

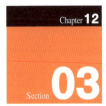

Chapter 12 [記号法による解析]
Section 03 複素アドミタンス

複素インピーダンスの逆数が複素アドミタンスであり、これも記号法で利用できる。インピーダンスの並列接続は計算が面倒だが、アドミタンスなら簡単だ。

▶複素インピーダンスの逆数

複素インピーダンスと同じように記号法では、アドミタンスを複素ベクトルとして捉えた複素アドミタンスが使われるが、これも単にアドミタンスということが多い。アドミタンス$\dot{Y}$[S]はいうまでもなくインピーダンス$\dot{Z}$

アドミタンスとインピーダンスの関係 〈式03-01〉
$$\dot{Y} = \frac{1}{\dot{Z}}$$
$\dot{Y}$：アドミタンス[S]
$\dot{Z}$：インピーダンス[Ω]

[Ω]の逆数だ。直交座標表示(複素数表示)でアドミタンスを表わすと、実部がコンダクタンスG[S]の大きさ、虚部がサセプタンスB[S]の大きさになる。サセプタンスのうちコイルのインダクタンスによる誘導サセプタンスB_L[S]は虚軸のマイナス側の成分になり、コンデンサの静電容量による容量サセプタンスB_C[S]は虚軸のプラス側の成分になる。

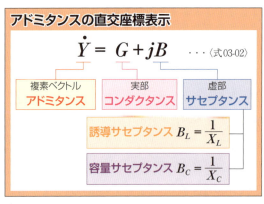

アドミタンスの直交座標表示
$$\dot{Y} = G + jB \quad \cdots 〈式03\text{-}02〉$$
複素ベクトル：アドミタンス
実部：コンダクタンス
虚部：サセプタンス
誘導サセプタンス $B_L = \dfrac{1}{X_L}$
容量サセプタンス $B_C = \dfrac{1}{X_C}$

極座標表示や指数関数表示も使われる。アドミタンスの場合は、偏角をアドミタンス角という。三角関数を利用して大きさとアドミタンス角で直交座標表示することも可能だ。アドミタンス$\dot{Y}$の大きさがY[S]、アドミタンス角がθ[rad]であれば以下のようになる。何度も登場しているので計算式は省略するが、直交座標表示を極座標表示に変換する場合は三平方の定理と逆三角関数を使う。

極座標表示： $\dot{Y} = Y\angle\theta$ ・・・・・・・・・・・・・・・・・・・・・・・・・・・・〈式03-03〉
指数関数表示： $\dot{Y} = Ye^{j\theta}$ ・・・・・・・・・・・・・・・・・・・・・・・・・・・・〈式03-04〉
直交座標表示： $\dot{Y} = Y\cos\theta + jY\sin\theta$ ・・・・・・・・・・・・・・・〈式03-05〉

当然のごとく、電圧$\dot{V}$[V]、電流$\dot{I}$[A]、インピーダンス$\dot{Z}$の間で成立する交流の**オームの法則**は、アドミタンス$\dot{Y}$でも成立し、以下のような式で表わすことができる。

〈図03-06〉

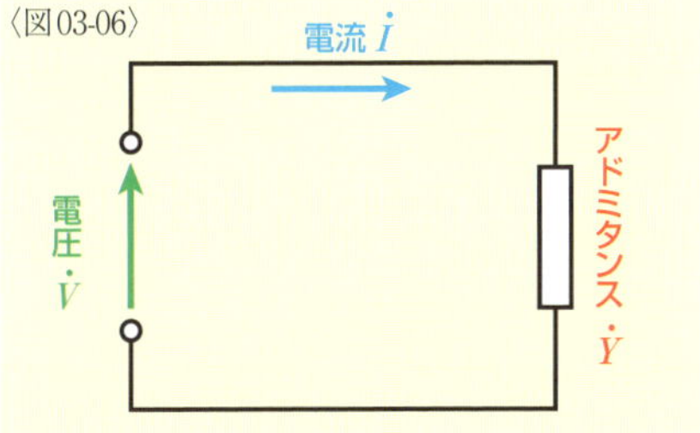

電流 $\dot{I}$
電圧 $\dot{V}$
アドミタンス $\dot{Y}$

$$\dot{V} = \frac{\dot{I}}{\dot{Y}} \text{[V]} \quad \cdots\cdots \text{〈式03-07〉}$$

$$\dot{I} = \dot{V}\dot{Y} \text{[A]} \quad \cdots\cdots \text{〈式03-08〉}$$

$$\dot{Y} = \frac{\dot{I}}{\dot{V}} \text{[S]} \quad \cdots\cdots \text{〈式03-09〉}$$

▶並列接続の合成アドミタンス

複数の**アドミタンス**を1つのアドミタンスに見なしたものを**合成アドミタンス**という。合成の計算における抵抗とコンダクタンスの関係と同じように、インピーダンスとアドミタンスでも**直列接続**の計算式と**並列接続**の計算式の構造が逆になる。つまり、アドミタンスでは、並列接続のほうが計算が簡単で、直列接続のほうが面倒だ。検証のための計算式は掲載しないが、〈式03-08〉を利用して各アドミタンスに全体の電流が**分流**することから計算すれば、**並列接続の合成アドミタンスは加算で求められる**ことがわかるはずだ。

アドミタンスの並列接続の公式 ・・・〈式03-10〉

並列接続された$\dot{Y}_1$、$\dot{Y}_2$、$\dot{Y}_3$…$\dot{Y}_n$のn個のアドミタンスの合成アドミタンスを$\dot{Y}_0$とすると

$$\dot{Y}_0 = \dot{Y}_1 + \dot{Y}_2 + \dot{Y}_3 + \cdots + \dot{Y}_n$$

▶直列接続の合成アドミタンス

直列接続についても検証のための計算式は掲載しないが、〈式03-07〉を利用して各**アドミタンス**に全体の電圧が**分圧**されることから計算すれば、**直列接続されたそれぞれのアドミタンスの逆数の和が、合成アドミタンスの逆数になる**ことがわかるはずだ。

アドミタンスの直列接続の公式 ・・・〈式03-11〉

直列接続された$\dot{Y}_1$、$\dot{Y}_2$、$\dot{Y}_3$…$\dot{Y}_n$のn個のアドミタンスの合成アドミタンスを$\dot{Y}_0$とすると

$$\frac{1}{\dot{Y}_0} = \frac{1}{\dot{Y}_1} + \frac{1}{\dot{Y}_2} + \frac{1}{\dot{Y}_3} + \cdots + \frac{1}{\dot{Y}_n}$$

Chapter 12 ［記号法による解析］
Section 04　R, L, C の直列回路

回路素子が直列に接続された交流回路は電流を基準にして解析を行うのが基本だ。記号法であれば位相も含めて容易に計算を行うことができる。

▶記号法による RL 直列回路の解析

　RL 直列回路を記号法で解析してみよう。この回路は、Chapter11の「*RL* 直列回路（P252参照）」でベクトル法で解析している。まったく同じように各素子共通の電流を基準にして、電流 $\dot{I}$ [A]と電圧 $\dot{V}$ [V]の関係を求めてみると、以下のようになる。ベクトル法でもドットがついた $\dot{V}$ や $\dot{I}$ を使ってきたが、それらは状態を表わしたものだといえる。いっぽう、記号法で扱う場合はその背景に**複素ベクトル**があり、**位相**を含めた計算を容易に行うことができる。

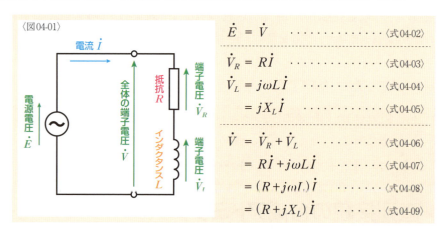

〈図04-01〉

$$\dot{E} = \dot{V} \quad \text{〈式04-02〉}$$
$$\dot{V}_R = R\dot{I} \quad \text{〈式04-03〉}$$
$$\dot{V}_L = j\omega L\dot{I} \quad \text{〈式04-04〉}$$
$$\phantom{\dot{V}_L} = jX_L\dot{I} \quad \text{〈式04-05〉}$$
$$\dot{V} = \dot{V}_R + \dot{V}_L \quad \text{〈式04-06〉}$$
$$\phantom{\dot{V}} = R\dot{I} + j\omega L\dot{I} \quad \text{〈式04-07〉}$$
$$\phantom{\dot{V}} = (R + j\omega L)\dot{I} \quad \text{〈式04-08〉}$$
$$\phantom{\dot{V}} = (R + jX_L)\dot{I} \quad \text{〈式04-09〉}$$

　ベクトル法による252〜253ページの数式とよく見比べてほしい。同じように、**抵抗** R [Ω]の端子電圧 $\dot{V}_R$ [V]と**インダクタンス** L [H]の端子電圧 $\dot{V}_L$ [V]の和として直列接続全体の端子電圧 $\dot{V}$ [V]を求めているが、ベクトル法の場合は、フェーザ図や電圧三角形を利用して、$\dot{V}$ の大きさ V [V]や**位相差** θ [rad]を求める式を立てる必要がある。しかし、記号法では**虚数単位** j によって、位相が数式に組み込まれているといえるため、そのまま計算できる。

　たとえば、電流 $\dot{I}$ が〈式04-10〉で与えられたとすれば、電圧 $\dot{V}$ は〈式04-13〉もしくは〈式04-15〉で求められるわけだ。なお、〈式04-11〉は複素数であることを明示するために $+j0$ も記述している。

$$\dot{I} = I\angle 0 \quad \text{〈式04-10〉}$$
$$= I + j0 \quad \text{〈式04-11〉}$$

$$\dot{V} = (R + j\omega L)\dot{I} \quad \text{〈式04-08〉}$$
$$= (R + j\omega L)(I + j0) \quad \text{〈式04-12〉}$$
$$= IR + jI\omega L \quad \text{〈式04-13〉}$$

$$\dot{V} = (R + jX_L)\dot{I} \quad \text{〈式04-09〉}$$
$$= (R + jX_L)(I + j0) \quad \text{〈式04-14〉}$$
$$= IR + jIX_L \quad \text{〈式04-15〉}$$

こうした物理量で示した数式ではピンとこないかもしれないが、実際の数値の計算で関数電卓が使えるのであれば簡単だ。導かれた電圧$\dot{V}$の大きさVと位相差θを求めたり、**極座標表示**にする場合は、〈式04-13〉もしくは〈式04-15〉の**実部**と**虚部**から**三平方の定理**と**逆三角関数**によって以下のように式を立てることになる。以降の計算は253ページと同じだ。

$$V = \sqrt{(IR)^2 + (I\omega L)^2} \quad \text{〈式01-16〉}$$
$$= \sqrt{(IR)^2 + (IX_L)^2} \quad \text{〈式01-17〉}$$

$$\theta = \tan^{-1}\frac{I\omega L}{IR} \quad \text{〈式01-18〉}$$
$$= \tan^{-1}\frac{IX_L}{IR} \quad \text{〈式01-19〉}$$

▶合成インピーダンスを使った*RL*直列回路の解析

左ページの解析では、素子ごとの端子電圧から全体の電圧を求めているが、両素子の**合成インピーダンス**を最初に求めれば、素子ごとの端子電圧を求めることなく、全体の電圧を求められる。抵抗RとインダクタンスLの**インピーダンス**をそれぞれ$\dot{Z}_R$、$\dot{Z}_L$[Ω]、合成インピーダンスを$\dot{Z}$[Ω]とすると、直列接続の合成インピーダンスは加算で求められるので、以下のように電圧$\dot{V}$が求められる。

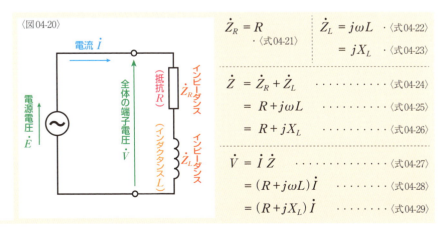

〈図04-20〉

$$\dot{Z}_R = R \quad \text{〈式04-21〉}$$

$$\dot{Z}_L = j\omega L \quad \text{〈式04-22〉}$$
$$= jX_L \quad \text{〈式04-23〉}$$

$$\dot{Z} = \dot{Z}_R + \dot{Z}_L \quad \text{〈式04-24〉}$$
$$= R + j\omega L \quad \text{〈式04-25〉}$$
$$= R + jX_L \quad \text{〈式04-26〉}$$

$$\dot{V} = \dot{I}\dot{Z} \quad \text{〈式04-27〉}$$
$$= (R + j\omega L)\dot{I} \quad \text{〈式04-28〉}$$
$$= (R + jX_L)\dot{I} \quad \text{〈式04-29〉}$$

▶記号法による*RC*直列回路の解析

*RC*直列回路も記号法で解析してみよう。ベクトル法による解析はChapter11の「*RC*直列回路（P258参照）」で行っているので比較してみてほしい。解析の考え方はまったく同じだ。各素子共通の電流$\dot{I}$[A]を基準にして、電圧$\dot{V}$[V]との関係を求めている。

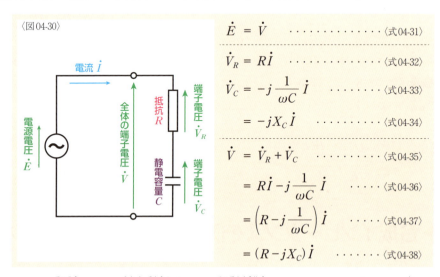

〈図04-30〉

$$\dot{E} = \dot{V} \quad \langle式04\text{-}31\rangle$$

$$\dot{V}_R = R\dot{I} \quad \langle式04\text{-}32\rangle$$

$$\dot{V}_C = -j\frac{1}{\omega C}\dot{I} \quad \langle式04\text{-}33\rangle$$

$$= -jX_C\dot{I} \quad \langle式04\text{-}34\rangle$$

$$\dot{V} = \dot{V}_R + \dot{V}_C \quad \langle式04\text{-}35\rangle$$

$$= R\dot{I} - j\frac{1}{\omega C}\dot{I} \quad \langle式04\text{-}36\rangle$$

$$= \left(R - j\frac{1}{\omega C}\right)\dot{I} \quad \langle式04\text{-}37\rangle$$

$$= (R - jX_C)\dot{I} \quad \langle式04\text{-}38\rangle$$

ここでも、**抵抗**R[Ω]の端子電圧$\dot{V}_R$[V]と**静電容量**C[F]の端子電圧$\dot{V}_C$[V]の和として直列接続全体の端子電圧$\dot{V}$[V]を求めている。静電容量には電流より電圧の位相を$\frac{\pi}{2}$[rad]遅れさせる作用があるため、式には$-j$が現れている。たとえば、電流$\dot{I}$が〈式04-39〉もしくは〈式04-40〉で与えられたとすれば、電圧$\dot{V}$は〈式01-42〉もしくは〈式01-44〉で求められる。数式を見るだけではベクトル法と同じように面倒そうに見えるかもしれないが、フェーザ図を描く必要もなく、実際の数値であれば関数電卓で簡単に計算できる。

$$\dot{I} = I\angle 0 \quad \langle式04\text{-}39\rangle$$

$$= I + j0 \quad \langle式04\text{-}40\rangle$$

$$\dot{V} = \left(R - j\frac{1}{\omega C}\right)\dot{I} \quad \langle式04\text{-}37\rangle$$

$$= \left(R - j\frac{1}{\omega C}\right)(I + j0) \quad \langle式04\text{-}41\rangle$$

$$= IR - jI\frac{1}{\omega C} \quad \langle式04\text{-}42\rangle$$

$$\dot{V} = (R - jX_C)\dot{I} \quad \langle式04\text{-}38\rangle$$

$$= (R - jX_C)(I + j0) \quad \langle式04\text{-}43\rangle$$

$$= IR - jIX_C \quad \langle式04\text{-}44\rangle$$

電圧$\dot{V}$を極座標表示で示す必要がある場合や、電圧$\dot{V}$の大きさ$V[\mathrm{V}]$と位相差$\theta[\mathrm{rad}]$を示す必要がある場合には、〈式04-42〉もしくは〈式04-44〉の実部と虚部から三平方の定理と逆三角関数によって、以下のような式を立てて求めることになる。

$$V = \sqrt{(IR)^2 + \left(I\frac{1}{\omega C}\right)^2} \quad \cdots 〈式04\text{-}45〉$$

$$= \sqrt{(IR)^2 + (IX_C)^2} \quad \cdots 〈式04\text{-}46〉$$

$$\theta = \tan^{-1}\frac{I\dfrac{1}{\omega C}}{IR} \quad \cdots\cdots 〈式04\text{-}47〉$$

$$= \tan^{-1}\frac{IX_C}{IR} \quad \cdots\cdots 〈式04\text{-}48〉$$

▶合成インピーダンスを使ったRC直列回路の解析

左ページでは抵抗と容量リアクタンスを別々のものとして扱ったが、抵抗とリアクタンスをまとめて取り扱うことができる合成インピーダンスでも回路を解析できる。抵抗Rと静電容量Cのインピーダンスをそれぞれ$\dot{Z}_R$、$\dot{Z}_C[\Omega]$、合成インピーダンスを$\dot{Z}[\Omega]$とすると、直列接続の合成インピーダンスは加算で求められるので、以下のように電圧$\dot{V}$が求められる。

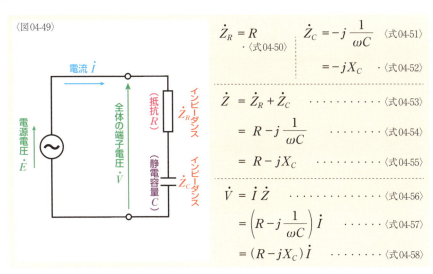

〈図04-49〉

$$\dot{Z}_R = R \quad \cdot 〈式04\text{-}50〉$$

$$\dot{Z}_C = -j\frac{1}{\omega C} \quad 〈式04\text{-}51〉$$

$$= -jX_C \quad \cdot 〈式04\text{-}52〉$$

$$\dot{Z} = \dot{Z}_R + \dot{Z}_C \quad \cdots\cdots 〈式04\text{-}53〉$$

$$= R - j\frac{1}{\omega C} \quad \cdots\cdots 〈式04\text{-}54〉$$

$$= R - jX_C \quad \cdots\cdots 〈式04\text{-}55〉$$

$$\dot{V} = \dot{I}\dot{Z} \quad \cdots\cdots 〈式04\text{-}56〉$$

$$= \left(R - j\frac{1}{\omega C}\right)\dot{I} \quad \cdots\cdots 〈式04\text{-}57〉$$

$$= (R - jX_C)\dot{I} \quad \cdots\cdots 〈式04\text{-}58〉$$

今度は、逆に左ページの解析結果から、この回路の合成インピーダンス$\dot{Z}$を考えてみよう。〈式04-37〉もしくは〈式04-38〉は電圧$\dot{V}$と電流$\dot{I}$の比を示した式なので、それぞれ(括弧)にくくられた部分が$\dot{Z}$であることがわかる。

$$\dot{Z} = R - j\frac{1}{\omega C} \quad \cdots\cdots 〈式04\text{-}59〉$$

$$\dot{Z} = R - jX_C \quad \cdots\cdots 〈式04\text{-}60〉$$

▶記号法による*RLC*直列回路の解析

*RLC*直列回路の記号法による解析も、Chapter11の「*RLC*直列回路（P262参照）」で行ったベクトル法による解析と比較してみよう。抵抗R[Ω]、**インダクタンス**L[H]、静電容量C[F]の端子電圧をそれぞれ$\dot{V}_R$、$\dot{V}_L$、$\dot{V}_C$[V]とし、直列接続全体の端子電圧$\dot{V}$[V]を電流$\dot{I}$[A]で表わすと以下のようになる。

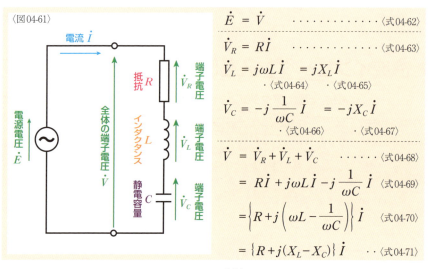

〈図04-61〉

$\dot{E} = \dot{V}$ 〈式04-62〉

$\dot{V}_R = R\dot{I}$ 〈式04-63〉

$\dot{V}_L = j\omega L\dot{I} = jX_L\dot{I}$
・〈式04-64〉 ・〈式04-65〉

$\dot{V}_C = -j\dfrac{1}{\omega C}\dot{I} = -jX_C\dot{I}$
・〈式04-66〉 ・〈式04-67〉

$\dot{V} = \dot{V}_R + \dot{V}_L + \dot{V}_C$ 〈式04-68〉

$= R\dot{I} + j\omega L\dot{I} - j\dfrac{1}{\omega C}\dot{I}$ 〈式04-69〉

$= \left\{R + j\left(\omega L - \dfrac{1}{\omega C}\right)\right\}\dot{I}$ 〈式04-70〉

$= \{R + j(X_L - X_C)\}\dot{I}$ 〈式04-71〉

記号法による計算なので、フェーザ図を描いて位相を考える必要はない。もちろん、$X_L = \omega L$と$X_C = \dfrac{1}{\omega C}$の大きさを比較する必要もない。そのまま計算を進めていける。たとえば、電流$\dot{I}$が〈式04-72〉もしくは〈式04-73〉で与えられたとすれば、電圧$\dot{V}$は〈式04-75〉もしくは〈式04-77〉のように求められる。

$\dot{I} = I\angle 0$ 〈式04-72〉

$= I + j0$ 〈式04-73〉

$\dot{V} = \left\{R + j\left(\omega L - \dfrac{1}{\omega C}\right)\right\}\dot{I}$ ・・〈式04-70〉

$= \left\{R + j\left(\omega L - \dfrac{1}{\omega C}\right)\right\}(I + j0)$ 〈式04-74〉

$= IR + jI\left(\omega L - \dfrac{1}{\omega C}\right)$ ・・〈式04-75〉

$\dot{V} = \{R + j(X_L - X_C)\}\dot{I}$ ・・〈式04-71〉

$= \{R + j(X_L - X_C)\}(I + j0)$ ・・〈式04-76〉

$= IR + jI(X_L - X_C)$ ・・〈式04-77〉

電圧$\dot{V}$の大きさV[V]と位相差θ[rad]が必要な場合には、〈式04-75〉もしくは〈式04-77〉の実部と虚部から三平方の定理と逆三角関数によって以下の式を立てて求めることになる。

$$V = \sqrt{(IR)^2 + \left\{I\left(\omega L - \frac{1}{\omega C}\right)\right\}^2} \quad \cdots \text{〈式04-78〉}$$

$$= \sqrt{(IR)^2 + \{I(X_L - X_C)\}^2} \quad \cdots \text{〈式04-79〉}$$

$$\theta = \tan^{-1}\frac{I\left(\omega L - \frac{1}{\omega C}\right)}{IR} \quad \cdots \text{〈式04-80〉}$$

$$= \tan^{-1}\frac{I(X_L - X_C)}{IR} \quad \cdots \text{〈式04-81〉}$$

ここで**誘導性回路**と**容量性回路**について考えてみよう。容量性回路で$X_L < X_C$の場合、$X_L - X_C$が負の値になるが、〈式04-79〉では2乗しているので、問題なく大きさVが求められる。位相差θを求める〈式04-81〉ではRは常に正の値だ。$X_L - X_C$が負の値になると、θも負の値になる。これにより電流$\dot{I}$より電圧$\dot{V}$の位相が遅れていることがわかる。誘導性回路では、$X_L - X_C$が正の値なのでθも正の値になり、電圧$\dot{V}$の位相が進んでいることがわかる。

▶合成インピーダンスを使ったRLC直列回路の解析

今度は最初に**合成インピーダンス**を求めてみよう。抵抗R、インダクタンスL、静電容量Cのインピーダンスを$\dot{Z}_R$、$\dot{Z}_L$、$\dot{Z}_C$[Ω]、合成インピーダンスを$\dot{Z}$[Ω]とすると、直列接続の合成インピーダンスは加算で求められるので、以下のように電圧$\dot{V}$が求められる。

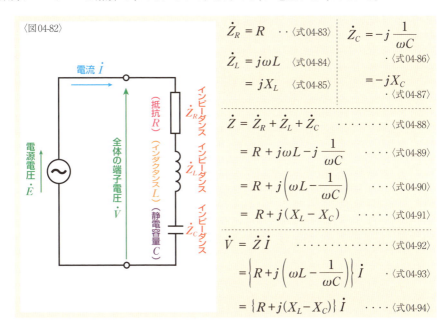

〈図04-82〉

$\dot{Z}_R = R \quad \cdots \text{〈式04-83〉}$

$\dot{Z}_L = j\omega L \quad \text{〈式04-84〉}$

$\quad = jX_L \quad \text{〈式04-85〉}$

$\dot{Z}_C = -j\frac{1}{\omega C} \quad \text{〈式04-86〉}$

$\quad = -jX_C \quad \text{〈式04-87〉}$

$\dot{Z} = \dot{Z}_R + \dot{Z}_L + \dot{Z}_C \quad \cdots \text{〈式04-88〉}$

$\quad = R + j\omega L - j\frac{1}{\omega C} \quad \cdots \text{〈式04-89〉}$

$\quad = R + j\left(\omega L - \frac{1}{\omega C}\right) \quad \cdots \text{〈式04-90〉}$

$\quad = R + j(X_L - X_C) \quad \cdots \text{〈式04-91〉}$

$\dot{V} = \dot{Z}\dot{I} \quad \cdots \text{〈式04-92〉}$

$\quad = \left\{R + j\left(\omega L - \frac{1}{\omega C}\right)\right\}\dot{I} \quad \cdots \text{〈式04-93〉}$

$\quad = \{R + j(X_L - X_C)\}\dot{I} \quad \cdots \text{〈式04-94〉}$

Chapter 12 ［記号法による解析］
Section 05　R, L, C の並列回路

回路素子が並列に接続された交流回路は電圧を基準にして解析を行うのが基本だ。インピーダンスよりアドミタンスを使ったほうがスムーズに計算できる。

▶記号法による RL 並列回路の解析

RL 並列回路を記号法で解析してみよう。Chapter11の「RL 並列回路（P268参照）」での解析と同じように各素子共通の端子電圧 $\dot{V}$ [V] を基準にして、抵抗 R [Ω] の電流 $\dot{I}_R$ [A] とインダクタンス L [H] の電流 $\dot{I}_L$ [A] の和として全体の電流 $\dot{I}$ [A] を求めている。

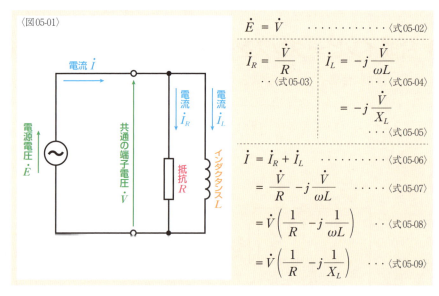

〈図05-01〉

$$\dot{E} = \dot{V} \qquad \langle 式05\text{-}02 \rangle$$

$$\dot{I}_R = \frac{\dot{V}}{R} \qquad \langle 式05\text{-}03 \rangle$$

$$\dot{I}_L = -j\frac{\dot{V}}{\omega L} \qquad \langle 式05\text{-}04 \rangle$$

$$= -j\frac{\dot{V}}{X_L} \qquad \langle 式05\text{-}05 \rangle$$

$$\dot{I} = \dot{I}_R + \dot{I}_L \qquad \langle 式05\text{-}06 \rangle$$

$$= \frac{\dot{V}}{R} - j\frac{\dot{V}}{\omega L} \qquad \langle 式05\text{-}07 \rangle$$

$$= \dot{V}\left(\frac{1}{R} - j\frac{1}{\omega L}\right) \qquad \langle 式05\text{-}08 \rangle$$

$$= \dot{V}\left(\frac{1}{R} - j\frac{1}{X_L}\right) \qquad \langle 式05\text{-}09 \rangle$$

たとえば、電圧 $\dot{V}$ が〈式05-10〉もしくは〈式05-11〉で与えられたとすれば、電流 $\dot{I}$ は〈式05-13〉もしくは〈式05-15〉のように表わすことができる。

$$\dot{V} = V\angle 0 \qquad \langle 式05\text{-}10 \rangle$$

$$= V + j0 \qquad \langle 式05\text{-}11 \rangle$$

$$\dot{I} = \dot{V}\left(\frac{1}{R} - j\frac{1}{\omega L}\right) = (V+j0)\left(\frac{1}{R} - j\frac{1}{\omega L}\right) = \frac{V}{R} - j\frac{V}{\omega L}$$

　〈式05-08〉　　　　　　　　　〈式05-12〉　　　　　　　〈式05-13〉

$$\dot{I} = \dot{V}\left(\frac{1}{R} - j\frac{1}{X_L}\right) \quad \cdots \langle 式05\text{-}09\rangle \qquad = (V+j0)\left(\frac{1}{R} - j\frac{1}{X_L}\right) \quad \cdots \langle 式05\text{-}14\rangle \qquad = \frac{V}{R} - j\frac{V}{X_L} \quad \cdots \langle 式05\text{-}15\rangle$$

これらの数式から、電流 $\dot{I}$ の大きさ I[A] と**位相差** θ[rad] を求める場合は、**実部と虚部**から**三平方の定理**と**逆三角関数**によって求めることになる(式は省略)。

▶合成インピーダンスを使った RL 並列回路の解析

今度は最初に**合成インピーダンス** $\dot{Z}$[Ω]を求めてみよう。**抵抗 R とインダクタンス L のインピーダンス**をそれぞれ $\dot{Z}_R$、$\dot{Z}_L$[Ω]とすると、以下のような関係が成立する。

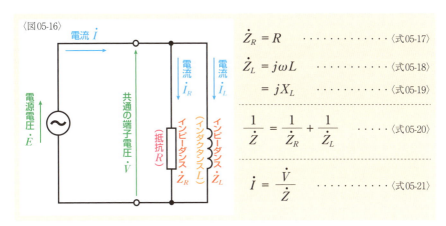

〈図05-16〉

$$\dot{Z}_R = R \qquad \cdots \langle 式05\text{-}17\rangle$$
$$\dot{Z}_L = j\omega L \qquad \cdots \langle 式05\text{-}18\rangle$$
$$\qquad = jX_L \qquad \cdots \langle 式05\text{-}19\rangle$$
$$\frac{1}{\dot{Z}} = \frac{1}{\dot{Z}_R} + \frac{1}{\dot{Z}_L} \qquad \cdots \langle 式05\text{-}20\rangle$$
$$\dot{I} = \frac{\dot{V}}{\dot{Z}} \qquad \cdots \langle 式05\text{-}21\rangle$$

ここでは、$\dot{Z}$ を求めず**逆数**のままにしてある。これは**記号法**による交流の**オーム法則**を示した〈式05-21〉が、〈式05-22〉のように表わせるためだ。この式に〈式05-20〉を代入することで、電流 $\dot{I}$ を求めることができる。

$$\dot{I} = \dot{V}\frac{1}{\dot{Z}} \qquad \cdots \langle 式05\text{-}22\rangle$$
$$\quad = \dot{V}\left(\frac{1}{\dot{Z}_R} + \frac{1}{\dot{Z}_L}\right) \qquad \cdots \langle 式05\text{-}23\rangle$$
$$\quad = \dot{V}\left(\frac{1}{R} + \frac{1}{j\omega L}\right) \qquad \cdots \langle 式05\text{-}24\rangle$$
$$\quad = \dot{V}\left(\frac{1}{R} - j\frac{1}{\omega L}\right) \qquad \cdots \langle 式05\text{-}25\rangle$$
$$\quad = \dot{V}\left(\frac{1}{R} - j\frac{1}{X_L}\right) \qquad \cdots \langle 式05\text{-}26\rangle$$

▶和分の積の式を活用すると

2つの素子の**並列接続**の**合成インピーダンス**は、**和分の積の式**という便利な式で求められる。前ページの合成インピーダンス$\dot{Z}$は〈式05-27〉で示すことができる。この式を〈式05-21〉に代入すると〈式05-28〉のように展開できるが、このままでは分母に**虚数単位**jが残ってしまう。電流$\dot{I}$を求めるためには、分母と分子にjを掛けて**有理化**する必要がある。

$$\dot{Z} = \frac{\dot{Z}_R\,\dot{Z}_L}{\dot{Z}_R+\dot{Z}_L} \quad \cdots\cdots\cdots \langle 式05\text{-}27\rangle$$

$$\dot{Z}_R = R \quad \cdots\cdots\cdots \langle 式05\text{-}17\rangle$$
$$\dot{Z}_L = j\omega L \quad \cdots\cdots\cdots \langle 式05\text{-}18\rangle$$
$$\quad = jX_L \quad \cdots\cdots\cdots \langle 式05\text{-}19\rangle$$

$$\dot{I} = \frac{\dot{V}}{\dot{Z}} \quad \cdots\cdots\cdots \langle 式05\text{-}21\rangle$$

$$= \dot{V} \div \frac{\dot{Z}_R\,\dot{Z}_L}{\dot{Z}_R+\dot{Z}_L} = \dot{V}\frac{\dot{Z}_R+\dot{Z}_L}{\dot{Z}_R\,\dot{Z}_L} = \dot{V}\frac{R+j\omega L}{R\times j\omega L} = \dot{V}\frac{R+j\omega L}{j\omega LR} \quad \cdot \langle 式05\text{-}28\rangle$$

$$= \dot{V}\frac{(R+j\omega L)\times j}{j\omega LR \times j} = \dot{V}\frac{jR-\omega L}{-\omega LR} = \dot{V}\left(\frac{\omega L}{\omega LR} - \frac{jR}{\omega LR}\right) \quad \cdot \langle 式05\text{-}29\rangle$$

$$= \dot{V}\left(\frac{1}{R} - j\frac{1}{\omega L}\right) = \dot{V}\left(\frac{1}{R} - j\frac{1}{X_L}\right)$$
$$\cdots \langle 式05\text{-}30\rangle \qquad \cdots \langle 式05\text{-}31\rangle$$

当然、結論は同じだが、複素数で和分の積の式を使うと、どうしても有理化という手間が生じてしまうため、計算が多少面倒になる。また、合成インピーダンス$\dot{Z}$を求めてから、電流$\dot{I}$を求めるという真面目な手順を踏むと、かえって手間のかかる計算になる。

$$\dot{Z} = \frac{\dot{Z}_R\,\dot{Z}_L}{\dot{Z}_R+\dot{Z}_L} \quad \cdots\cdots\cdots\cdots\cdots\cdots \langle 式05\text{-}32\rangle$$

$$= \frac{R\times jX_L}{R+jX_L} = \frac{(R\times jX_L)(R-jX_L)}{(R+jX_L)(R-jX_L)} = \frac{RX_L^{\,2}+jR^2X_L}{R^2+X_L^{\,2}} \quad \cdots \langle 式05\text{-}33\rangle$$

$$= \frac{RX_L^{\,2}}{R^2+X_L^{\,2}} + j\frac{R^2X_L}{R^2+X_L^{\,2}} \quad \cdots\cdots\cdots\cdots\cdots\cdots \langle 式05\text{-}34\rangle$$

有理化し**実部**と**虚部**を分けることまで行うと、結構な手間だ。多少は式がシンプルに見えるので、ωLではなくX_Lで式を表わしたが、それでも面倒そうな式だ。もちろん、合成インピーダンスを式で表わす必要があるのなら、この計算を行うことになる。しかし、ここで得られた〈式05-34〉で電圧$\dot{V}$を割って電流$\dot{I}$を求めようとすると、分母が複素数になるので、また有理化が必要で非常に面倒だ。ここには式を掲載しないが、挑戦したい人は試してみるといい。

▶合成アドミタンスを使った RL 並列回路の解析

ここまでの検証でわかったように、この回路の解析では303ページで行ったように**インピーダンス**$\dot{Z}$を$\frac{1}{Z}$の状態で扱ったほうが都合がよいということだ。$\frac{1}{Z}$とは$\dot{Z}$の**逆数**、つまり**アドミタンス**で扱うということだ。アドミタンスであれば、並列回路の合成アドミタンスを加算で求められるので、計算が簡単に進む。抵抗RとインダクタンスLのアドミタンスをそれぞれ$\dot{Y}_R$、$\dot{Y}_L$ [Ω]、**合成アドミタンスを**$\dot{Y}$ [Ω]とすると、以下のような関係が成立する。

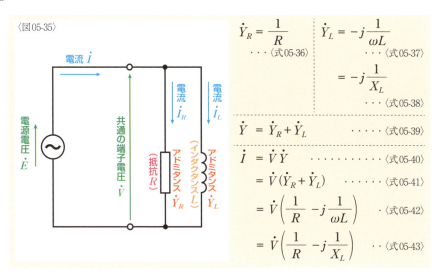

〈図05-35〉

$$\dot{Y}_R = \frac{1}{R} \quad \cdots 〈式05\text{-}36〉$$

$$\dot{Y}_L = -j\frac{1}{\omega L} \quad \cdots 〈式05\text{-}37〉$$

$$= -j\frac{1}{X_L} \quad \cdots 〈式05\text{-}38〉$$

$$\dot{Y} = \dot{Y}_R + \dot{Y}_L \quad \cdots 〈式05\text{-}39〉$$

$$\dot{I} = \dot{V}\dot{Y} \quad \cdots 〈式05\text{-}40〉$$

$$= \dot{V}(\dot{Y}_R + \dot{Y}_L) \quad \cdots 〈式05\text{-}41〉$$

$$= \dot{V}\left(\frac{1}{R} - j\frac{1}{\omega L}\right) \quad \cdots 〈式05\text{-}42〉$$

$$= \dot{V}\left(\frac{1}{R} - j\frac{1}{X_L}\right) \quad \cdots 〈式05\text{-}43〉$$

アドミタンスで解析すると、インピーダンスを逆数として扱った303ページとほとんど同じ式の流れになる。もちろん、〈式05-44〉と〈式05-45〉もしくは〈式05-46〉を立てて、抵抗Rの**コンダクタンス**G [S]とコイルCの**誘導サセプタンス**B_L [S]を設定すれば、〈式05-42〉もしくは〈式05-43〉を〈式05-47〉のようにシンプルな式で表わすことができる。

$$G = \frac{1}{R} \quad \cdot 〈式05\text{-}44〉$$

$$B_L = \frac{1}{\omega L} \quad \cdot 〈式05\text{-}45〉$$

$$= \frac{1}{X_L} \quad \cdot 〈式05\text{-}46〉$$

$$\dot{I} = \dot{V}(\dot{Y}_R + \dot{Y}_L) \quad \cdot 〈式05\text{-}41〉$$

$$= \dot{V}(G + jB_L) \quad \cdot 〈式05\text{-}47〉$$

インピーダンスを使うかアドミタンスを使うか、また、抵抗やリアクタンスを逆数のまま示すかコンダクタンスやサセプタンスで示すか、その判断は難しい。回路が複雑になり、直列接続/並列接続が混在すると、さらに悩ましい。どちらを選ぶかの感覚は、多くの回路を解析して身につけていくしかない。

▶記号法による *RC* 並列回路の解析

*RC*並列回路も記号法で解析してみよう。ベクトル法による解析はChapter11の「*RC*並列回路(P274参照)」で行っているので比較してみてほしい。解析方法はまったく同じだ。各素子共通の端子電圧$\dot{V}$ [V]を基準にして、抵抗R [Ω]を流れる電流$\dot{I}_R$ [A]と静電容量C [H]を流れる電流$\dot{I}_C$ [A]の和として全体の電流$\dot{I}$ [A]を求めている。

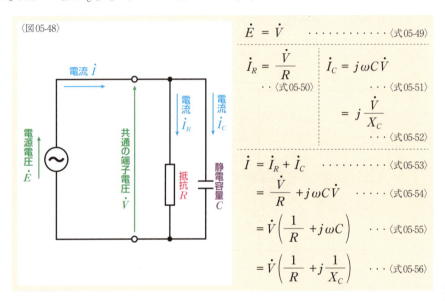

〈図05-48〉

$$\dot{E} = \dot{V} \quad \text{〈式05-49〉}$$

$$\dot{I}_R = \frac{\dot{V}}{R} \quad \text{〈式05-50〉}$$

$$\dot{I}_C = j\omega C \dot{V} \quad \text{〈式05-51〉}$$

$$= j\frac{\dot{V}}{X_C} \quad \text{〈式05-52〉}$$

$$\dot{I} = \dot{I}_R + \dot{I}_C \quad \text{〈式05-53〉}$$

$$= \frac{\dot{V}}{R} + j\omega C \dot{V} \quad \text{〈式05-54〉}$$

$$= \dot{V}\left(\frac{1}{R} + j\omega C\right) \quad \text{〈式05-55〉}$$

$$= \dot{V}\left(\frac{1}{R} + j\frac{1}{X_C}\right) \quad \text{〈式05-56〉}$$

これで、電流$\dot{I}$を求めることができるわけだ。たとえば、電圧$\dot{V}$が〈式05-57〉もしくは〈式05-58〉で与えられたとすれば、電流$\dot{I}$は〈式05-60〉もしくは〈式05-62〉のように求めることができる。電圧$\dot{V}$が基準であり、直交座標表示で実部しかない場合なら、複素数の計算も非常に簡単だ。

$$\dot{V} = V\angle 0 \quad \text{〈式05-57〉}$$

$$= V + j0 \quad \text{〈式05-58〉}$$

$$\dot{I} = \dot{V}\left(\frac{1}{R} + j\omega C\right) \quad \text{〈式05-55〉}$$

$$= (V+j0)\left(\frac{1}{R} + j\omega C\right) \quad \text{〈式05-59〉}$$

$$= \frac{V}{R} + j\omega CV \quad \text{〈式05-60〉}$$

$$\dot{I} = \dot{V}\left(\frac{1}{R} + j\frac{1}{X_C}\right) \quad \text{〈式05-56〉}$$

$$= (V+j0)\left(\frac{1}{R} + j\frac{1}{X_C}\right) \quad \text{〈式05-61〉}$$

$$= \frac{V}{R} + j\frac{V}{X_C} \quad \text{〈式05-62〉}$$

電流$\dot{I}$を**極座標表示**で示す必要がある場合や、電流$\dot{I}$の大きさI[A]と**位相差**θ[rad]を示す必要がある場合には、〈式05-60〉もしくは〈式05-62〉の実部と**虚部**から**三平方の定理**と**逆三角関数**によって、以下のような式を立てて求めることになる。

$$I = \sqrt{\left(\frac{V}{R}\right)^2 + (\omega C V)^2} \quad \cdots \text{〈式05-63〉}$$

$$= \sqrt{\left(\frac{V}{R}\right)^2 + \left(\frac{V}{X_C}\right)^2} \quad \cdots \text{〈式05-64〉}$$

$$\theta = \tan^{-1} \frac{\omega C V}{\frac{V}{R}} \quad \cdots \text{〈式05-65〉}$$

$$= \tan^{-1} \frac{\frac{V}{X_C}}{\frac{V}{R}} \quad \cdots \text{〈式05-66〉}$$

▶合成アドミタンスを使った*RC*並列回路の解析

今度は最初に**合成アドミタンス**を求めてみよう。**抵抗**Rと**静電容量**Cの**アドミタンス**をそれぞれ$\dot{Y}_R$、$\dot{Y}_C$[Ω]、合成アドミタンスを$\dot{Y}$[Ω]とすると、並列接続の合成アドミタンスは加算で求められるので、以下のような関係が成立する。

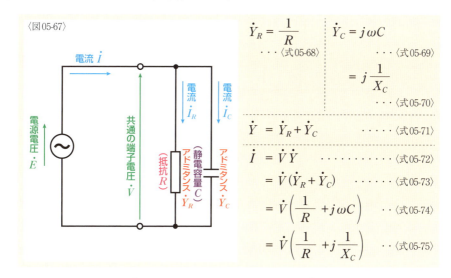

〈図05-67〉

$$\dot{Y}_R = \frac{1}{R} \quad \cdots \text{〈式05-68〉}$$

$$\dot{Y}_C = j\omega C \quad \cdots \text{〈式05-69〉}$$

$$= j\frac{1}{X_C} \quad \cdots \text{〈式05-70〉}$$

$$\dot{Y} = \dot{Y}_R + \dot{Y}_C \quad \cdots \text{〈式05-71〉}$$

$$\dot{I} = \dot{V}\dot{Y} \quad \cdots \text{〈式05-72〉}$$

$$= \dot{V}(\dot{Y}_R + \dot{Y}_C) \quad \cdots \text{〈式05-73〉}$$

$$= \dot{V}\left(\frac{1}{R} + j\omega C\right) \quad \cdots \text{〈式05-74〉}$$

$$= \dot{V}\left(\frac{1}{R} + j\frac{1}{X_C}\right) \quad \cdots \text{〈式05-75〉}$$

この場合も、これで電流$\dot{I}$を求めることができる。実際に電圧$\dot{V}$が与えられた場合の計算は左ページと同じだ。

もちろん、**合成インピーダンス**を使っても解析することができる。その場合、*RL*並列回路で説明したように、合成インピーダンスを**逆数**で表示した式をそのまま利用して展開したほうが、スムーズに計算を進めることができる。

▶記号法による*RLC*並列回路の解析

*RLC*並列回路の記号法による解析も、Chapter11の「*RLC*並列回路(P278参照)」で行ったベクトル法による解析と比較してみよう。**抵抗**R[Ω]、**インダクタンス**L[H]、**静電容量**C[F]それぞれの電流を$\dot{I}_R$、$\dot{I}_L$、$\dot{I}_C$[A]とし、全体の電流$\dot{I}$[A]を共通の端子電圧$\dot{V}$[V]で表わすと以下のようになる。

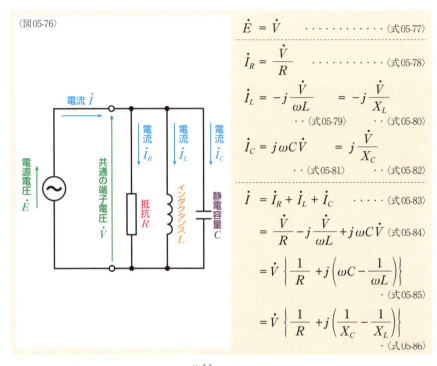

〈図05-76〉

$$\dot{E} = \dot{V} \quad \langle\text{式05-77}\rangle$$

$$\dot{I}_R = \frac{\dot{V}}{R} \quad \langle\text{式05-78}\rangle$$

$$\dot{I}_L = -j\frac{\dot{V}}{\omega L} = -j\frac{\dot{V}}{X_L} \quad \langle\text{式05-79}\rangle \langle\text{式05-80}\rangle$$

$$\dot{I}_C = j\omega C\dot{V} = j\frac{\dot{V}}{X_C} \quad \langle\text{式05-81}\rangle \langle\text{式05-82}\rangle$$

$$\dot{I} = \dot{I}_R + \dot{I}_L + \dot{I}_C \quad \langle\text{式05-83}\rangle$$

$$= \frac{\dot{V}}{R} - j\frac{\dot{V}}{\omega L} + j\omega C\dot{V} \quad \langle\text{式05-84}\rangle$$

$$= \dot{V}\left\{\frac{1}{R} + j\left(\omega C - \frac{1}{\omega L}\right)\right\} \quad \langle\text{式05-85}\rangle$$

$$= \dot{V}\left\{\frac{1}{R} + j\left(\frac{1}{X_C} - \frac{1}{X_L}\right)\right\} \quad \langle\text{式05-86}\rangle$$

これで、電流$\dot{I}$を求めることができる。**位相**が進みなのか遅れなのかを考える必要もない。たとえば、電圧$\dot{V}$が〈式05-87〉もしくは〈式05-88〉で与えられたとすれば、電流$\dot{I}$は〈式05-90〉もしくは〈式05-92〉のように求めることができる。

$$\dot{V} = V\angle 0 \quad \langle\text{式05-87}\rangle$$

$$= V + j0 \quad \langle\text{式05-88}\rangle$$

$$\dot{I} = \dot{V}\left\{\frac{1}{R} + j\left(\omega C - \frac{1}{\omega L}\right)\right\} = (V+j0)\left\{\frac{1}{R} + j\left(\omega C - \frac{1}{\omega L}\right)\right\} \quad \langle\text{式05-89}\rangle$$

$$= \frac{V}{R} + j\left(\omega CV - \frac{V}{\omega L}\right) \quad \langle\text{式05-90}\rangle$$

$$\dot{I} = \dot{V}\left\{\frac{1}{R} + j\left(\frac{1}{X_C} - \frac{1}{X_L}\right)\right\} = (V+j0)\left\{\frac{1}{R} + j\left(\frac{1}{X_C} - \frac{1}{X_L}\right)\right\} \quad \cdot \langle 式05\text{-}91\rangle$$

$$= \frac{V}{R} + j\left(\frac{V}{X_C} - \frac{V}{X_L}\right) \quad \cdots \langle 式05\text{-}92\rangle$$

これらの数式から、電流 $\dot{I}$ の大きさ I [A] と位相差 θ [rad] を求める場合は、実部と虚部から三平方の定理と逆三角関数によって計算すればいい（式は省略）。

▶ 合成アドミタンスを使った RLC 並列回路の解析

最後に合成アドミタンスを使って解析してみよう。抵抗 R、インダクタンス L、静電容量 C のアドミタンスをそれぞれ $\dot{Y}_R$、$\dot{Y}_L$、$\dot{Y}_C$ [Ω]、合成アドミタンスを $\dot{Y}$ [Ω] とすると、以下のような関係が成立する。

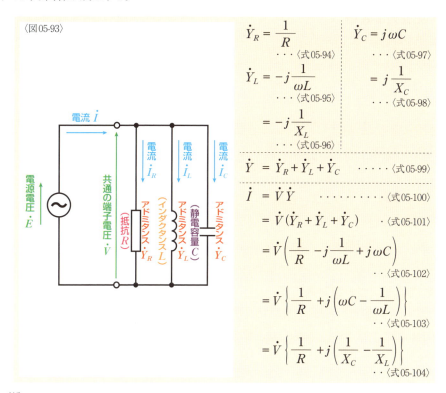

〈図05-93〉

導かれた〈式05-103〉と〈式05-104〉は左ページの〈式05-85〉と〈式05-86〉と同じだ。電流 $\dot{I}$ を求める計算も、当然のごとく同じになる。もし各素子を流れる電流を求める必要があるのなら、それぞれの素子のアドミタンスと電圧を掛け合わせれば算出できる。

[記号法による解析]
記号法による計算

Section 06

複素数の計算は見ているだけだと面倒そうに感じるかもしれないが、やってみれば簡単だと思えることも多い。まずはチャレンジしてみることだ。

▶直並列接続合成インピーダンス回路の解析

このChapterの最後では、実際に**抵抗**、**コイル**、**コンデンサ**が**直並列接続**された回路を解析してみよう。〈図06-01〉のような回路の各素子の端子電圧と素子を流れる電流を求めてみる。既知の情報として与えられているのは各素子の

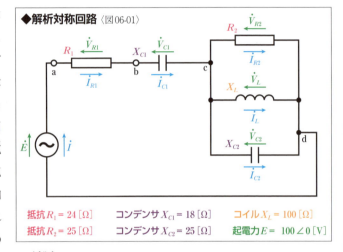

◆解析対称回路 〈図06-01〉

抵抗$R_1 = 24\,[\Omega]$　　コンデンサ$X_{C1} = 18\,[\Omega]$　　コイル$X_L = 100\,[\Omega]$
抵抗$R_2 = 25\,[\Omega]$　　コンデンサ$X_{C2} = 25\,[\Omega]$　　起電力$E = 100\angle 0\,[V]$

抵抗、**誘導リアクタンス**、**容量リアクタンス**の大きさと、**電源電圧**だ。資格試験などでは関数電卓持込不可のこともあるので、ここでは、基本的に**直交座標表示**で筆算を前提に説明する。**極座標表示**で表わす場合にのみ関数電卓を利用している(関数電卓持込不可の状況で極座標表示が求められることは少ない)。

▶合成インピーダンス

まずは、回路全体の電流$\dot{I}$を求めるために、回路全体の**合成インピーダンス**$\dot{Z}$を求める。実際にはここまでやる必要はないが、確認のためにすべての素子を**複素インピーダンス**で表わすと以下のようになる。

$\dot{Z}_{R1} = R_1 = 24 + j0\,[\Omega]$　　・・〈式06-02〉　　$\dot{Z}_{C1} = -jX_{C1} = 0 - j18\,[\Omega]$　〈式06-05〉

$\dot{Z}_{R2} = R_2 = 25 + j0\,[\Omega]$　　・・〈式06-03〉　　$\dot{Z}_{C2} = -jX_{C2} = 0 - j25\,[\Omega]$　〈式06-06〉

$\dot{Z}_L = jX_L = 0 + j100\,[\Omega]$　　〈式06-04〉

並列接続部分の合成インピーダンスを$\dot{Z}_{cd}$とすると、〈式06-07〉の関係が成立する。ここに、それぞれの素子の大きさを代入し、分母の**虚数単位j**を**有理化**して整理すると、〈式06-09〉になる。次の段階で**逆数**を求めることになるので、**実部**と**虚部**を分ける必要はない。非常に簡単な有理化だが、前のSectionでアドミタンスを求めた際に使った〈式05-96〉と〈式05-98〉を覚えていれば、これらの式にリアクタンスを代入することで有理化は不要になる。$\dot{Z}$は〈式06-09〉の分子と分母入れ替えて逆数にすれば求められる。ここでも有理化して整理すれば〈式06-11〉を導くことができる。

$$\frac{1}{\dot{Z}_{cd}} = \frac{1}{R_2} + \frac{1}{jX_L} + \frac{1}{-jX_{C2}} \quad \cdots\cdots \langle式06\text{-}07\rangle$$

$$= \frac{1}{25} + \frac{1}{j100} + \frac{1}{-j25} = \frac{1}{25} + \frac{1\times j}{j100\times j} + \frac{1\times j}{-j25\times j} \quad \cdots \langle式06\text{-}08\rangle$$

$$= \frac{4}{100} - j\frac{1}{100} + j\frac{4}{100} = \frac{4+j3}{100} \quad\cdots\cdots \langle式06\text{-}09\rangle$$

$$\dot{Z}_{cd} = \frac{100}{4+j3} = \frac{100}{4+j3} \times \frac{4-j3}{4-j3} = \frac{400-j300}{4^2+3^2} = \frac{400-j300}{25} \quad \langle式06\text{-}10\rangle$$

$$= 16 - j12\,[\Omega] \quad \cdots\cdots \langle式06\text{-}11\rangle$$

並列接続部分を1つの合成インピーダンスとして捉えれば、残る素子とは直列接続になるので、抵抗R_1とコンデンサC_1を複素インピーダンスとして表わしたうえで〈式06-12〉のように加算すればいい。

$$\dot{Z} = R_1 - jX_{C1} + \dot{Z}_{cd} \quad \cdots\cdots \langle式06\text{-}12\rangle$$

$$= 24 - j18 + (16 - j12) \quad \cdots\cdots \langle式06\text{-}13\rangle$$

$$= 40 - j30\,[\Omega] \quad \cdots\cdots \langle式06\text{-}14\rangle$$

この合成インピーダンス$\dot{Z}$を極座標表示で示すのであれば、**三平方の定理**で**大きさ**Z、**逆三角関数**（関数電卓使用）で**インピーダンス角**θ_Zを求めたうえで〈式06-19〉のように表わせばいい。

$$Z = \sqrt{40^2 + (-30)^2} \quad \cdots \langle式06\text{-}15\rangle \qquad \theta_Z = \tan^{-1}\frac{-30}{40} \quad \cdots\cdots \langle式06\text{-}17\rangle$$

$$= \sqrt{2500} = 50\,[\Omega] \quad \cdots \langle式06\text{-}16\rangle \qquad \fallingdotseq -36.87\,[°] \quad \cdots\cdots \langle式06\text{-}18\rangle$$

$$\dot{Z} = 50\angle -36.87°\,[\Omega] \quad \cdots\cdots\cdots\cdots \langle式06\text{-}19\rangle$$

▶全体の電流

電源電圧$\dot{E}$と回路全体の**合成インピーダンス**$\dot{Z}$から、〈式06-20〉のように全体の電流$\dot{I}$を求めることができる。**有理化**して整理すれば、算出できる。

$$\dot{I} = \frac{\dot{E}}{\dot{Z}} \quad \cdots\cdots\cdots\cdots \langle 式06\text{-}20\rangle$$

$$= \frac{100}{40-j30} = \frac{100}{40-j30} \times \frac{40+j30}{40+j30} = \frac{4000+j3000}{2500} \quad \cdots\cdots \langle 式06\text{-}21\rangle$$

$$= 1.6 + j1.2\,[\text{A}] \quad \cdots\cdots\cdots\cdots \langle 式06\text{-}22\rangle$$

電流$\dot{I}$を**極座標表示**で示すのであれば、〈式06-22〉の**実部**と**虚部**から**三平方の定理**で大きさI、**逆三角関数**(関数電卓使用)で**位相**θ_Iを求め、〈式06-27〉のように表わせばいい。

$$I = \sqrt{1.6^2 + 1.2^2} \quad \cdots\cdot \langle 式06\text{-}23\rangle \qquad \theta_I = \tan^{-1}\frac{1.2}{1.6} \quad \cdots\cdots \langle 式06\text{-}25\rangle$$

$$= \sqrt{4} = 2\,[\text{A}] \quad \cdots\cdot \langle 式06\text{-}24\rangle \qquad \fallingdotseq 36.87\,[°] \quad \cdots\cdots\cdots\cdots \langle 式06\text{-}26\rangle$$

$$\dot{I} = 2\angle 36.87°\,[\text{A}] \quad \cdots\cdots\cdots\cdots\cdots\cdots \langle 式06\text{-}27\rangle$$

ちなみに、〈式06-19〉で示した合成インピーダンス$\dot{Z}$の極座標表示で計算する場合は、〈式06-29〉のように**指数関数表示**に変換したうえで計算を行う。除算なので大きさの商と、**偏角**の差で求められる。結果は、当然のごとく同じだ。

$$\dot{I} = \frac{\dot{V}}{\dot{Z}} = \frac{100\angle 0°}{50\angle -36.87°} \quad \cdots\cdots\cdots\cdots \langle 式06\text{-}28\rangle$$

$$= \frac{100e^{j0°}}{50e^{j-36.87°}} = \frac{100}{50}e^{j\{0-(-36.87)\}} = 2\,e^{j36.87} \quad \cdots\cdots \langle 式06\text{-}29\rangle$$

$$= 2\angle 36.87°\,[\text{A}] \quad \cdots\cdots\cdots\cdots \langle 式06\text{-}30\rangle$$

▶各素子の端子電圧

全体の電流$\dot{I}$が判明すれば、各素子の端子電圧を求めることができる。抵抗R_1の端子電圧$\dot{V}_{R1}$であれば、電流$\dot{I}$と抵抗Rから〈式06-32〉のように計算される。

$$\dot{V}_{R1} = \dot{I}R_1 \quad \cdots\cdots\cdots\cdots \langle 式06\text{-}31\rangle$$

$$= (1.6+j1.2)\times 24 = 38.4 + j28.8\,[\text{V}] \quad \cdots\cdots \langle 式06\text{-}32\rangle$$

極座標表示が必要なら、〈式06-32〉の実部と虚部から三平方の定理と逆三角関数(関数電卓使用)を利用して、〈式06-36〉のように表わすことができる。

$$V_{R1} = \sqrt{38.4^2 + 28.8^2} \quad \cdots \cdots \langle 式06\text{-}33\rangle$$
$$= \sqrt{2304} = 48 \,[\mathrm{V}] \quad \cdots \langle 式06\text{-}34\rangle$$

$$\theta_{R1} = \tan^{-1}\frac{28.8}{38.4} \fallingdotseq 36.87\,[°] \quad \langle 式06\text{-}35\rangle$$

$$\dot{V}_{R1} = 48\angle 36.87°\,[\mathrm{V}] \quad \langle 式06\text{-}36\rangle$$

コンデンサ C_1 の端子電圧 $\dot{V}_{C1}$ の場合も計算は同様だ。

$$\dot{V}_{C1} = \dot{I}X_{C1} \quad \cdots \cdots \langle 式06\text{-}37\rangle$$
$$= (1.6 + j1.2) \times (-j18) \quad \langle 式06\text{-}38\rangle$$
$$= 21.6 - j28.8\,[\mathrm{V}] \quad \langle 式06\text{-}39\rangle$$
$$\dot{V}_{C1} = 36\angle -53.13°\,[\mathrm{V}] \quad \langle 式06\text{-}43\rangle$$

$$V_{C1} = \sqrt{21.6^2 + 28.8^2} \quad \cdots \cdots \langle 式06\text{-}40\rangle$$
$$= \sqrt{1296} = 36\,[\mathrm{V}] \quad \cdots \langle 式06\text{-}41\rangle$$
$$\theta_{C1} = \tan^{-1}\frac{-28.8}{21.6} \fallingdotseq -53.13\,[°] \quad \langle 式06\text{-}42\rangle$$

並列接続部分の素子の端子電圧 $\dot{V}_{R2}$、$\dot{V}_L$、$\dot{V}_{C2}$ は同じだ。これは合成インピーダンス $\dot{Z}_{cd}$ の端子電圧 $\dot{V}_{Zcd}$ と等しいので、以下のように導かれる。**直交座標表示**の計算結果は〈式06-47〉のように実部しかないので、極座標表示にすれば〈式06-48〉になる。

$$\dot{V}_{R2} = \dot{V}_L = \dot{V}_{C2} = \dot{V}_{Zcd} \quad \langle 式06\text{-}44\rangle$$
$$= \dot{I}\dot{Z}_{cd} \quad \langle 式06\text{-}45\rangle$$
$$= (1.6 + j1.2) \times (16 - j12) \quad \langle 式06\text{-}46\rangle$$
$$= 40 + j0\,[\mathrm{V}] \quad \langle 式06\text{-}47\rangle$$

$$\dot{V}_{Zcd} = 40\angle 0°\,[\mathrm{V}] \quad \langle 式06\text{-}48\rangle$$

ここで確認しておこう。直列接続である抵抗 R_1、コンデンサ C_1、合成インピーダンス $\dot{Z}_{cd}$ の端子電圧の合計は、電源電圧 $\dot{E}$ とつり合っているはずだ。実際に加算してみると、以下のように $\dot{V}_{R1}$、$\dot{V}_{C1}$、$\dot{V}_{Zcd}$ の合計と $\dot{E}$ が等しいことが確認できる。

$$\dot{V}_{R1} + \dot{V}_{C1} + \dot{V}_{Zcd} = (38.4 + j28.8) + (21.6 - j28.8) + (40 + j0) \quad \cdots \langle 式06\text{-}49\rangle$$
$$= 100 + j0\,[\mathrm{V}] \quad \cdots \cdots \langle 式06\text{-}50\rangle$$
$$= \dot{E} \quad \cdots \cdots \langle 式06\text{-}51\rangle$$

これらの端子電圧の計算も、極座標表示を指数関数表示に変換して行うことができる。例として $\dot{V}_{C1}$ を計算すると、以下のようになる。

$$\dot{V}_{C1} = \dot{I}X_{C1} = (2\angle 36.87°) \times (18\angle -90°) \quad \cdots \cdots \langle 式06\text{-}52\rangle$$
$$= 2e^{j36.87} \times 18e^{j(-90)} = 36e^{j\{36.87+(-90)\}} = 36e^{j(-53.13)} \quad \cdots \cdots \langle 式06\text{-}53\rangle$$
$$= 36\angle -53.13°\,[\mathrm{V}] \quad \cdots \cdots \langle 式06\text{-}54\rangle$$

▶各素子の電流

最後に各素子を流れる電流を求めてみよう。直列接続である抵抗R_1とコンデンサC_1の電流$\dot{I}_{R1}$と$\dot{I}_{C1}$は、全体の電流$\dot{I}$と等しいので、以下のように表わすことができる。

$$\dot{I}_{R1} = \dot{I}_{C1} = \dot{I} \qquad \langle 式06\text{-}55 \rangle$$
$$= 1.6 + j1.2 \,[\text{A}] \qquad \langle 式06\text{-}56 \rangle$$
$$= 2 \angle 36.87° \,[\text{A}] \qquad \langle 式06\text{-}57 \rangle$$

並列接続部分の抵抗R_2、コイルL、コンデンサC_2では分流が生じる。判明している端子電圧とそれぞれのインピーダンスから、各素子の電流$\dot{I}_{R2}$、$\dot{I}_L$、$\dot{I}_{C2}$を求めることができる。これら共通の端子電圧は、初期位相が0°で、直交座標表示は実部しかないので割り算であっても簡単に計算できる。計算結果の電流も実部のみ、もしくは虚部のみになるので極座標表示への変換も容易に行うことができる。

$$\dot{I}_{R2} = \frac{\dot{V}_{R2}}{R_2} \quad \cdot \langle 式06\text{-}58 \rangle \qquad \dot{I}_L = \frac{\dot{V}_L}{jX_L} \quad \cdot \langle 式06\text{-}62 \rangle \qquad \dot{I}_{C2} = \frac{\dot{V}_{C2}}{-jX_{C2}} \quad \cdot \langle 式06\text{-}66 \rangle$$
$$= \frac{40}{25} \quad \cdot \langle 式06\text{-}59 \rangle \qquad = \frac{40}{j100} \quad \cdot \langle 式06\text{-}63 \rangle \qquad = \frac{40}{-j25} \quad \cdot \langle 式06\text{-}67 \rangle$$
$$= 1.6 + j0 \,[\text{A}] \qquad = 0 - j0.4 \,[\text{A}] \qquad = 0 + j1.6 \,[\text{A}]$$
$$\cdot \langle 式06\text{-}60 \rangle \qquad \qquad \cdot \langle 式06\text{-}64 \rangle \qquad \qquad \cdot \langle 式06\text{-}68 \rangle$$
$$= 1.6 \angle 0° \,[\text{A}] \qquad = 0.4 \angle -90° \,[\text{A}] \qquad = 1.6 \angle 90° \,[\text{A}]$$
$$\cdot \langle 式06\text{-}61 \rangle \qquad \qquad \cdot \langle 式06\text{-}65 \rangle \qquad \qquad \cdot \langle 式06\text{-}69 \rangle$$

最後に、分流された電流が正しく求められているかを確認してみよう。抵抗R_2、コイルL、コンデンサC_2の電流の合計は、全体の電流$\dot{I}$と等しいはずだ。実際に加算してみると、以下のように$\dot{I}_{R2}$、$\dot{I}_L$、$\dot{I}_{C2}$の合計と$\dot{I}$が等しいことが確認できる。

$$\dot{I}_{R2} + \dot{I}_L + \dot{I}_{C2} = (1.6 + j0) + (0 - j0.4) + (0 + j1.6) \qquad \langle 式06\text{-}70 \rangle$$
$$= 1.6 + j1.2 \,[\text{A}] \qquad \langle 式06\text{-}71 \rangle$$
$$= \dot{I} \qquad \langle 式06\text{-}72 \rangle$$

これですべての素子の端子電圧と流れる電流を求めることができたわけだ。確認のために極座標表示や、指数関数表示を利用した計算も掲載したが、求められているのが直交座標表示ならば手間はかかるかもしれないが、筆算でも可能だ。有理化という作業も慣れれば、難しくなくなるだろう。

[交流回路編]

Chapter 13

交流回路の電力

Sec.01：瞬時電力と有効電力 ・・ 316
Sec.02：皮相電力と無効電力 ・・ 322
Sec.03：力率 ・・・・・・・・・ 324
Sec.04：複素電力 ・・・・・・・ 326

Chapter 13 [交流回路の電力]
Section 01 瞬時電力と有効電力

交流回路の瞬間瞬間の電力を瞬時電力という。交流では負荷から電源に電気エネルギーが送り返されることもあるため、実際に消費される電力は有効電力という。

▶瞬時電力と平均電力

Chapter09の「正弦波交流の大きさ(P220参照)」の実効値の求め方で交流の**電力**について少し説明したが、ここでは交流の電力をじっくりと考えてみよう。直流の電力P[W]は電圧V[V]と電流I[A]の積($P=VI$)で求められるが、交流の電力p[W]も**電圧の瞬時値**v[V]と**電流の瞬時値**i[A]の積で〈式01-01〉のように求めることができる。

$$p = vi \qquad \text{〈式01-01〉}$$

電圧と電流の瞬時値から求められた電力pも瞬時値であり、**瞬時電力**といい、単位は当然のごとく[W]だ。直流回路の電力は常にプラスの値だが、交流回路では電圧と電流の**位相**にずれが生じることがあるため、電圧と電流の位相によっては、瞬時電力pがマイナスの値になることもある。マイナスの値の瞬時電力pとは、負荷の側から電源に電力が送られている状況だといえる。これは**電気エネルギー**を蓄えたり放出したりすることができる**コイルのインダクタンス**や**コンデンサ**の**静電容量**があるためだ(コイルの場合は**磁気エネルギー**に変換して蓄え、電気エネルギーに変換して放出する)。

瞬時電力pは変動する値なので、通常は瞬時電力の1周期を平均した値を**交流電力P**として扱う。この**平均電力**は単に交流の電力というほか、**有効電力**ということが多い。単位はやはり[W]だ。先に説明したように、交流回路では電力が負荷から電源に送られることがある。これは、電源から送られた電力の一部が使われずに電源に戻されるということだ。いっぽう、有効電力は実際に負荷で**熱エネルギー**など他の形態のエネルギーに変換されて有効に利用される電力だ。つまり、有効電力が負荷の**消費電力**になる。

▶交流抵抗回路の電力

交流抵抗回路の電圧と電流の**瞬時値**v[V]、i[A]が、それぞれ**実効値**V[V]、I[A]と**角速度**ω[rad/s]、**時間**t[s]で表わされるとすると、R[Ω]の**抵抗の瞬時電力**p_R[W]は

電圧 v と電流 i の積として〈式01-07〉のように示すことができるが、**正弦関数**が2乗のままでは扱いにくいので、**三角関数の累乗の公式**（P197参照）を利用して展開していくと、〈式01-09〉のように瞬時電力 p を表わすことができる。

〈図01-02〉

$$v = \sqrt{2}\,V\sin\omega t \quad \cdots \cdots \cdots \text{〈式01-03〉}$$
$$i = \sqrt{2}\,I\sin\omega t \quad \cdots \cdots \cdots \text{〈式01-04〉}$$
$$p_R = vi \quad \cdots \cdots \cdots \text{〈式01-05〉}$$
$$= \sqrt{2}\,V\sin\omega t \times \sqrt{2}\,I\sin\omega t \quad \cdots \text{〈式01-06〉}$$
$$= 2VI\sin^2\omega t \quad \cdots \cdots \cdots \text{〈式01-07〉}$$
$$= 2VI\frac{1-\cos 2\omega t}{2} \quad \cdots \cdots \cdots \text{〈式01-08〉}$$
$$= VI - VI\cos 2\omega t \quad \cdots \cdots \cdots \text{〈式01-09〉}$$
$$P_R = VI \quad \cdots \cdots \cdots \text{〈式01-10〉}$$

〈式01-09〉から瞬時電力 p_R は、**ピークトゥピーク値**が $2VI$、角速度が元の交流の2倍の負の**余弦関数**が、y 軸のプラス方向に VI ずれたものであることがわかる。角速度が2倍ということは**周波数**が2倍、**周期**が半分ということだ。**有効電力** $P_R[\mathrm{W}]$ は、瞬時電力 p_R の1周期を平均したものになるが、〈式01-09〉の VI の部分は時間 t を含まないので一定の値だ。いっぽう、$\cos 2\omega t$ は余弦関数なので1周期を平均すると0になる。結果、有効電力 P_R は〈式01-10〉のように、VI で表わすことができる。v、i、p_R のグラフは以下のようになる。

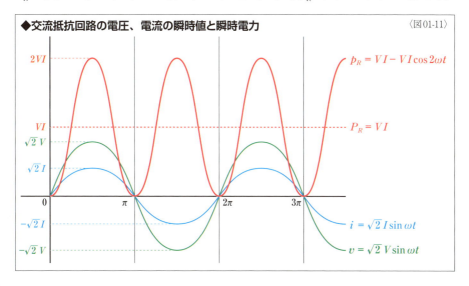

◆交流抵抗回路の電圧、電流の瞬時値と瞬時電力　〈図01-11〉

▶交流コイル回路の電力

交流コイル回路の電圧の瞬時値v[V]と電流の瞬時値i[A]が、実効値V[V]、I[A]と角速度ω[rad/s]、時間t[s]で表わされるとすると、インダクタンスL[H]の瞬時電力p_L[W]は以下のように求められる。ここでは、三角関数の$\frac{\pi}{2}$に関する公式と倍角公式(P196～197参照)を利用している。

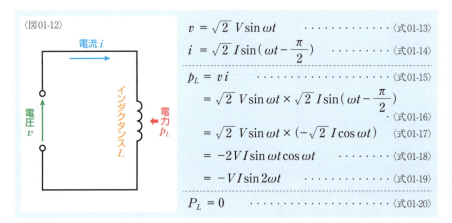

〈図01-12〉

$v = \sqrt{2}\,V\sin\omega t$ ・・・・・・・・〈式01-13〉

$i = \sqrt{2}\,I\sin(\omega t - \frac{\pi}{2})$ ・・・・・・〈式01-14〉

$p_L = vi$ ・・・・・・・・・・・・〈式01-15〉

$= \sqrt{2}\,V\sin\omega t \times \sqrt{2}\,I\sin(\omega t - \frac{\pi}{2})$ 〈式01-16〉

$= \sqrt{2}\,V\sin\omega t \times (-\sqrt{2}\,I\cos\omega t)$ 〈式01-17〉

$= -2VI\sin\omega t\cos\omega t$ ・・・・・・〈式01-18〉

$= -VI\sin 2\omega t$ ・・・・・・・・〈式01-19〉

$P_L = 0$ ・・・・・・・・・・・・〈式01-20〉

〈式01-19〉から瞬時電力p_Lは、**ピークトゥピーク値**が$2VI$、角速度が元の交流の2倍の負の**正弦関数**であることがわかる。**有効電力**P_L[W]は、瞬時電力p_Lの1周期を平均したものになるが、瞬時電力が正弦関数であるということは1周期を平均すると0になる。つまり、有効電力P_Lは0だ。v、i、p_Lのグラフは以下のようになる。p_Lがプラスの値の時はコイルに電力が送られ、マイナスの値の時にはコイルから電力が戻されている。x軸とグラフに囲まれた面積がプラス側とマイナス側で同じになるので、交流コイル回路の有効電力P_Lは0になる。

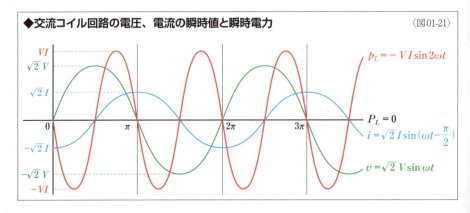

◆交流コイル回路の電圧、電流の瞬時値と瞬時電力 〈図01-21〉

▶交流コンデンサ回路の電力

交流コンデンサ回路の電圧の瞬時値v[V]と電流の瞬時値i[A]が、実効値V[V]、I[A]と角速度ω[rad/s]、時間t[s]で表わされるとすると、静電容量C[F]の瞬時電力p_C[W]は〈式01-29〉のように求められる。ここでも、$\frac{\pi}{2}$に関する公式と倍角公式を利用している。

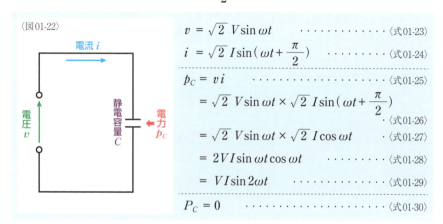

〈図01-22〉

$$v = \sqrt{2}\,V\sin\omega t \qquad \cdots \langle 式01\text{-}23 \rangle$$
$$i = \sqrt{2}\,I\sin\left(\omega t + \frac{\pi}{2}\right) \qquad \cdots \langle 式01\text{-}24 \rangle$$
$$p_C = vi \qquad \cdots \langle 式01\text{-}25 \rangle$$
$$= \sqrt{2}\,V\sin\omega t \times \sqrt{2}\,I\sin\left(\omega t + \frac{\pi}{2}\right) \qquad \cdots \langle 式01\text{-}26 \rangle$$
$$= \sqrt{2}\,V\sin\omega t \times \sqrt{2}\,I\cos\omega t \qquad \cdots \langle 式01\text{-}27 \rangle$$
$$= 2VI\sin\omega t\cos\omega t \qquad \cdots \langle 式01\text{-}28 \rangle$$
$$= VI\sin 2\omega t \qquad \cdots \langle 式01\text{-}29 \rangle$$
$$P_C = 0 \qquad \cdots \langle 式01\text{-}30 \rangle$$

〈式01-29〉から瞬時電力p_Cは、**ピークトゥピーク値**が$2VI$、角速度が元の交流の2倍の**正弦関数**であることがわかる。電流の**位相**が異なるため交流コイル回路とはプラス/マイナスが逆になっている。**有効電力**P_C[W]は、瞬時電力p_Cの1周期を平均したものだが、ここでも1周期の平均は0だ。つまり、有効電力P_Cは0になる。v、i、p_Cのグラフは以下のようになる。p_Cがプラスの値の時はコンデンサに電力が送られ、マイナスの値の時にはコンデンサから戻されている。同じように電圧の瞬時値を基準としている左ページの交流コイル回路のグラフと比べると、電力を蓄える期間と放出する期間が正反対になっているのがわかる。

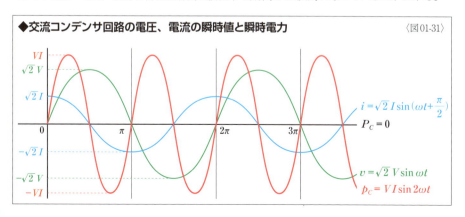

◆交流コンデンサ回路の電圧、電流の瞬時値と瞬時電力　〈図01-31〉

▶インピーダンスZの電力

抵抗、インダクタンス、静電容量の3種類の素子ごとに**交流電力**を考えてみたが、**有効電力**の一般式は**インピーダンス**で考えるべきだ。ここではインピーダンス$\dot{Z}$[Ω]に**瞬時値**v[V]の**電圧**を加えた時、**電流**i[A]が流れたとする。それぞれ**実効値**V[V]、I[A]と**角速度**ω[rad/s]、**時間**t[s]、電圧と電流の**位相差**θ[rad]で表わされるとすると、$\dot{Z}$の**瞬時電力**p[W]は以下のようになる。ここでは**三角関数**の**積和公式**(P197参照)を利用している。

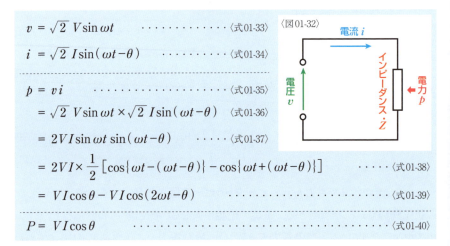

〈図01-32〉

$$v = \sqrt{2}\,V\sin\omega t \quad \text{〈式01-33〉}$$
$$i = \sqrt{2}\,I\sin(\omega t - \theta) \quad \text{〈式01-34〉}$$

$$p = vi \quad \text{〈式01-35〉}$$
$$= \sqrt{2}\,V\sin\omega t \times \sqrt{2}\,I\sin(\omega t - \theta) \quad \text{〈式01-36〉}$$
$$= 2VI\sin\omega t \sin(\omega t - \theta) \quad \text{〈式01-37〉}$$
$$= 2VI \times \frac{1}{2}\left[\cos\{\omega t - (\omega t - \theta)\} - \cos\{\omega t + (\omega t - \theta)\}\right] \quad \text{〈式01-38〉}$$
$$= VI\cos\theta - VI\cos(2\omega t - \theta) \quad \text{〈式01-39〉}$$

$$P = VI\cos\theta \quad \text{〈式01-40〉}$$

〈式01-39〉から瞬時電力pは、**ピークトゥピーク値**が$2VI$、角速度が元の交流の2倍の負の**余弦関数**が、y軸の正方向に$VI\cos\theta$ずれたものといえる。ここでも、$VI\cos(2\omega t-\theta)$の部分は1**周期**を平均すると0になるので、有効電力P[W]は〈式01-40〉のように、$VI\cos\theta$で表わすことができる。v、i、p_Rをグラフにすると以下のようになる。

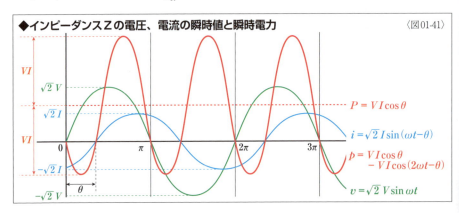

〈図01-41〉

左ページでは電圧と電流を瞬時値で扱ったが、フェーザで表わすと電圧$\dot{V}$[V]と電流$\dot{I}$[A]は〈式01-43〉と〈式01-44〉になる。電圧を基準にしてフェーザ図を描き、さらに電圧を抵抗成分の電圧V_R[V]とリアクタンス成分の電圧V_X[V]に分解すると〈図01-42〉のようになる。ここからV_Rが$V\cos\theta$で求められるのが分かる。この電圧V_Rと電流Iから抵抗成分の電力P_R[W]を求めると、以下のようになる。

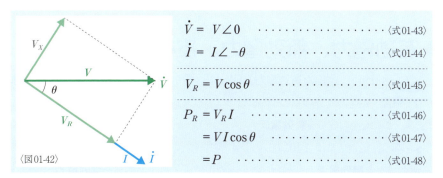

〈図01-42〉

$$\dot{V} = V\angle 0 \quad \cdots\cdots\cdots\cdots\cdots \text{〈式01-43〉}$$
$$\dot{I} = I\angle -\theta \quad \cdots\cdots\cdots\cdots\cdots \text{〈式01-44〉}$$
$$V_R = V\cos\theta \quad \cdots\cdots\cdots\cdots\cdots \text{〈式01-45〉}$$
$$P_R = V_R I \quad \cdots\cdots\cdots\cdots\cdots\cdots \text{〈式01-46〉}$$
$$ = VI\cos\theta \quad \cdots\cdots\cdots\cdots\cdots \text{〈式01-47〉}$$
$$ = P \quad \cdots\cdots\cdots\cdots\cdots\cdots\cdots \text{〈式01-48〉}$$

　求められた抵抗成分の電力P_Rはインピーダンス$\dot{Z}$の有効電力Pと等しくなる。結果、電力を消費しているのが抵抗Rだけであることが確認できる。交流コイル回路の電力や交流コンデンサ回路の電力で検証したように、リアクタンス成分Xを構成するインダクタンスLや静電容量Cは、蓄えたり放出したりするだけで、電力を消費することはないわけだ。

　なお、ここでは電圧より電流の位相が遅れる**誘導性回路**として検証したが、電圧より電流の位相が進む**容量性回路**の場合も、有効電力は同じように求めることができる。容量性のインピーダンス$\dot{Z}$として左ページの〈式01-33〜39〉と同じように式を展開して瞬時電力pを求めると〈式01-53〉のようになる。式の前半部分では**位相差**θの前にマイナスがつき、式の後半部分では位相差θの前のマイナスがプラスにかわる。この式から、有効電力Pを考えることになるが、瞬時電力pの式の後半部分は位相差がどう変化しようと、1周期を平均すれば0になる。また、$\cos(-\theta) = \cos\theta$なので、有効電力$P$は〈式01-54〉のように表わせる。結果、誘導性／容量性に関係なく有効電力Pは$VI\cos\theta$で求められる。

$$v = \sqrt{2}\,V\sin\omega t \quad \cdots\cdots \text{〈式01-49〉} \quad i = \sqrt{2}\,I\sin(\omega t+\theta) \quad \cdots \text{〈式01-50〉}$$
$$p = vi = \sqrt{2}\,V\sin\omega t \times \sqrt{2}\,I\sin(\omega t+\theta) = 2VI\sin\omega t \sin(\omega t+\theta) \quad \text{〈式01-51〉}$$
$$ = 2VI \times \frac{1}{2}[\cos\{\omega t-(\omega t+\theta)\} - \cos\{\omega t+(\omega t+\theta)\}] \quad \cdots\cdots \text{〈式01-52〉}$$
$$ = VI\cos(-\theta) - VI\cos(2\omega t+\theta) \quad \cdots\cdots\cdots\cdots \text{〈式01-53〉}$$
$$P = VI\cos(-\theta) = VI\cos\theta \quad \cdots\cdots\cdots\cdots\cdots\cdots \text{〈式01-54〉}$$

Sec. 01 瞬時電力と有効電力

[交流回路の電力]
皮相電力と無効電力

Section 02

交流の電力には実際に消費される有効電力のほかに、いったん電源から送り出されるが電源に戻されることになる無効電力と、見かけ上の電力である皮相電力がある。

▶有効電力、無効電力、皮相電力

前のSectionで説明した**有効電力**P[W]は、〈図02-01〉のように**電圧**$\dot{V}$[V]とそれと**同相**になる**電流**$\dot{I}$[A]の成分の積と考えることができる。〈式02-03〉のように表わせばわかりやすいだろう。この電流の成分を**有効電流**I_P[A]という。

いっぽう、電流$\dot{I}$には〈図02-05〉のように電圧$\dot{V}$との**位相差**が$\frac{\pi}{2}$になる成分もある。この電流の成分を**無効電流**I_Q[A]といい、無効電流I_Qと電圧Vの積を**無効電力**という。無効電力とは、電源から送り出された電力のうち、リアクタンスであるインダクタンスLや静電容量Cによっていったん蓄えられた後に電源に送り返される電力を意味している。有効に活用されなかったから無効なわけだ。無効電力は「Q」で表わされる場合と「P_Q」で表わされる場合がある。無効電力も電圧と電流の積によって求められるものだが、単位を有効電力と同じにすると誤認されるうえ、有効電力と加減算もできないため[var]という別の単位が使われる。無効電流I_Qは、$I\sin\theta$で表わすことができるため、無効電力は〈式02-08〉で表わされる。なお、以下の図は**誘導性回路**で表わしているが、**容量性回路**の場合も同じように考えられる。

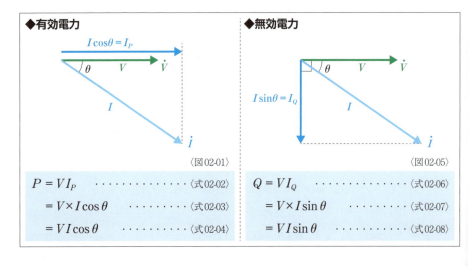

有効電力Pとして利用されずに送り返される無効電力Qがあるわけだが、無効電力Qもいったんは電源から送り出されている。その送り出されたすべての電力を見かけ上の電力という意味で**皮相電力**(ひそうでんりょく)という。皮相電力は電圧$\dot{V}$と電流$\dot{I}$それぞれの大きさVとIの積で表わされる。皮相電力は「S」で表わされる場合と「P_s」で表わされる場合がある。また、無効電力同様に別の単位、[**VA**](ボルトアンペア)が使われる。

　3種類の電力の関係を皮相電力$\dot{S}$、有効電力$\dot{P}$、無効電力$\dot{Q}$としてベクトルで表わすと〈図02-09〉のようになる。左ページの電流$\dot{I}$のフェーザそれぞれに電圧Vを掛けたものなので、3種類の電力も同じ関係になる。このベクトル図から皮相電力Sは、有効電力Pと無効電力Qから**三平方の定理**(さんへいほうのていり)で求められることがわかる。

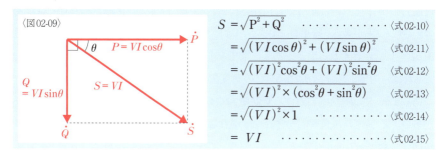

〈図02-09〉

$$S = \sqrt{P^2 + Q^2} \quad \langle 式02\text{-}10 \rangle$$
$$= \sqrt{(VI\cos\theta)^2 + (VI\sin\theta)^2} \quad \langle 式02\text{-}11 \rangle$$
$$= \sqrt{(VI)^2\cos^2\theta + (VI)^2\sin^2\theta} \quad \langle 式02\text{-}12 \rangle$$
$$= \sqrt{(VI)^2 \times (\cos^2\theta + \sin^2\theta)} \quad \langle 式02\text{-}13 \rangle$$
$$= \sqrt{(VI)^2 \times 1} \quad \langle 式02\text{-}14 \rangle$$
$$= VI \quad \langle 式02\text{-}15 \rangle$$

▶電力とインピーダンス

　この回路の**インピーダンス**を$Z[\Omega]$とすると、電圧$V[V]$と電流$I[A]$を〈式02-17〉のように表わすことができる。また、**インピーダンス角**θから、**抵抗**(ていこう)$R[\Omega]$とリアクタンス$X[\Omega]$によって$\cos\theta$と$\sin\theta$を〈式02-18〉と〈式02-19〉のように表わすことができる。これらの式を3種類の電力を求める式に**代入**(だいにゅう)すると、それぞれを電流Iと抵抗R、リアクタンスX、インピーダンスZで表わすことができる。

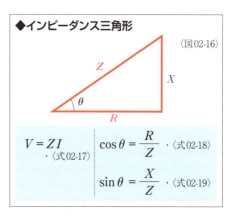

◆インピーダンス三角形 　〈図02-16〉

$$V = ZI \quad \langle 式02\text{-}17 \rangle$$
$$\cos\theta = \frac{R}{Z} \quad \langle 式02\text{-}18 \rangle$$
$$\sin\theta = \frac{X}{Z} \quad \langle 式02\text{-}19 \rangle$$

$$P = VI\cos\theta \quad \langle 式02\text{-}20 \rangle$$
$$= ZI \times I \times \frac{R}{Z} \quad \langle 式02\text{-}21 \rangle$$
$$= I^2 R \quad \langle 式02\text{-}22 \rangle$$

$$Q = VI\sin\theta \quad \langle 式02\text{-}23 \rangle$$
$$= ZI \times I \times \frac{X}{Z} \quad \langle 式02\text{-}24 \rangle$$
$$= I^2 X \quad \langle 式02\text{-}25 \rangle$$

$$S = VI \quad \langle 式02\text{-}26 \rangle$$
$$= ZI \times I \quad \langle 式02\text{-}27 \rangle$$
$$= I^2 Z \quad \langle 式02\text{-}28 \rangle$$

Chapter 13 [交流回路の電力]
Section 03
力率

皮相電力に対する有効電力の割合を力率という。理想回路では無効電力による損失は生じないが現実の回路では無効電流を減らす力率の改善が重要になる。

▶力率と無効率

皮相電力S[VA]に対する有効電力P[W]の割合を**力率**という。つまり、いったん送られた電力のうち、どれだけが有効に活用されるかを意味している。力率は「Pf」もしくは「pf」で表わされることが多く、無単位で$0 \leq Pf \leq 1$の数値で表わされる場合と、100を掛けて百分率として[%]が使われる場合がある。電圧$\dot{V}$[V]と電流$\dot{I}$[A]の位相差の大きさがθ[rad]であれば、力率Pfは$\cos\theta$になる。この角度θを**力率角**という。

いっぽう、皮相電力Sに対する**無効電力**Qの割合を**無効率**といい、「rf」で表わされることが多い。こちらも無単位か百分率で表わされる。電圧$\dot{V}$と電流$\dot{I}$の位相差の大きさがθであれば、無効率rfは$\sin\theta$になる。

$$Pf = \frac{P}{S} \qquad \langle式03\text{-}01\rangle$$
$$= \frac{VI\cos\theta}{VI} \qquad \langle式03\text{-}02\rangle$$
$$= \cos\theta \qquad \langle式03\text{-}03\rangle$$

$$rf = \frac{Q}{S} \qquad \langle式03\text{-}04\rangle$$
$$= \frac{VI\sin\theta}{VI} \qquad \langle式03\text{-}05\rangle$$
$$= \sin\theta \qquad \langle式03\text{-}06\rangle$$

前ページで説明したように$\cos\theta$と$\sin\theta$は**インピーダンス、抵抗、リアクタンス**それぞれの大きさZ、R、X[Ω]で表わせるので、これらでも以下のように力率と無効率を表わせる。

$$Pf = \frac{R}{Z} \qquad \langle式03\text{-}07\rangle$$

$$rf = \frac{X}{Z} \qquad \langle式03\text{-}08\rangle$$

厳密な規定はないが、一般的に力率が80%(もしくは85%)より低いと力率が悪いと表現される。特定の負荷だけの力率を考える場合は、位相差の大きさだけを考えればよい。$\cos\theta$と$\cos(-\theta)$は同じ値になるからだ。しかし、多数の負荷が混在する場合は、位相が進みか遅れかを考慮する必要がある。この場合、電流の位相が遅れる**誘導性回路**の力率は**遅れ力率**、電流の位相が進む**容量性回路**の力率は**進み力率**という。

▶力率の改善

理想回路の場合、**無効電力**が電源と負荷の間を行ったり来たりしてもエネルギーの損失があるわけではないが、現実の回路では無効電力が問題になる。特に電力会社からの送電や配電では大きな問題だ。送配電の電線には抵抗率の低い素材が使われるが、抵抗が0ではない。**無効電流**が流れると電線の抵抗によって**熱エネルギー**に変換され**電力損失**となる。また、送配電の途中で**変圧**を行う**トランス**（**変圧器**）も、**皮相電力**に耐えられるものにする必要があるので、大きく重くなってしまう。そのため、電力会社は力率によって電力料金をかえるなどして**力率の改善**を求めている。

工場の生産現場では大きな出力が得られる交流モータが使われることが多いが、モータはコイルを使用しているため**遅れ力率**になる。また、蛍光灯も点灯回路に安定器というコイルを使っているため遅れ力率になるなど、電気機器は遅れ力率のものが多い。そのため、一般的に力率の改善といった場合は、コンデンサを利用して電流の位相を進めることが行われる。そのために使われるコンデンサを**進相用コンデンサ**や**力率改善用コンデンサ**という。

下図のように、遅れ電流によって遅れ力率になる負荷に対して、並列に配した進相用コンデンサに進み電流を流すことで、全体としての力率を改善することができる。

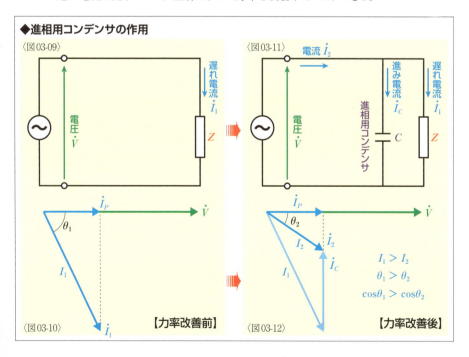

◆進相用コンデンサの作用
〈図03-09〉〈図03-10〉【力率改善前】
〈図03-11〉〈図03-12〉【力率改善後】

$I_1 > I_2$
$\theta_1 > \theta_2$
$\cos\theta_1 > \cos\theta_2$

Chapter 13 [交流回路の電力]
Section 04 複素電力

記号法でももちろん3種の電力を求めることができるが、単純に電圧と電流の複素ベクトルを掛けても求められない。電圧を共役複素数にする必要がある。

▶記号法による電力

記号法による複素ベクトルで表現された皮相電力$\dot{S}$[VA]を、**複素電力**という。複素電力$\dot{S}$は〈式04-02〉のように、**直交座標表示（複素数表示）** の**実部**が**有効電力**P[W]、**虚部**が**無効電力**Q[bar]を表わし、虚部の記号が「-」であれば**誘導性回路**、「+」であれば**容量性回路**であることを示していることになる。複素電力$\dot{S}$を**極座標表示**にすると〈式04-03〉のようになり、S[W]が皮相電力の大きさ、θ[rad]が**力率角**になる。

非常に便利なものとして説明してきた記号法なので、複素ベクトル表示の電圧$\dot{V}$[V]と電流$\dot{I}$[A]を掛ければ複素電力$\dot{S}$が求められそうだが、残念ながら限られた場合にしか求められない。通常、複素電力の場合は〈式04-06〉のように電圧$\dot{V}$の**共役複素数**と電流$\dot{I}$の積で求める。たとえば、電圧$\dot{V}$と電流$\dot{I}$が〈式04-04〉と〈式04-05〉で与えられた場合、複素電力$\dot{S}$は〈式04-08〉のように求められ、有効電力Pと無効電力Qが判明する。ここから皮相電力Sを求めたい場合は、PとQから**三平方の定理**によって求めることができる。

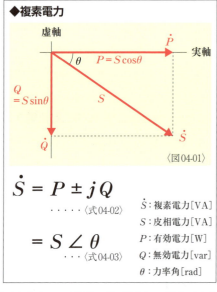

◆複素電力

〈図04-01〉

$$\dot{S} = P \pm jQ \quad \text{〈式04-02〉}$$
$$= S \angle \theta \quad \text{〈式04-03〉}$$

$\dot{S}$：複素電力[VA]
S：皮相電力[VA]
P：有効電力[W]
Q：無効電力[var]
θ：力率角[rad]

$$\dot{V} = a + jb \quad \text{〈式04-04〉} \qquad \dot{I} = c + jd \quad \text{〈式04-05〉}$$
$$\dot{S} = \bar{V}\dot{I} \quad \text{〈式04-06〉} \qquad P = ac + bd \quad \text{〈式04-09〉}$$
$$\quad = (a - jb)(c + jd) \quad \text{〈式04-07〉} \qquad Q = bc - ad \quad \text{〈式04-10〉}$$
$$\quad = (ac + bd) + j(bc - ad) \quad \text{〈式04-08〉} \qquad S = \sqrt{(ac + bd)^2 + (bc - ad)^2} \quad \text{〈式04-11〉}$$

[交流回路編]

Chapter 14

共振回路

Sec.01：交流回路の周波数特性 ・ 328
Sec.02：直列共振回路 ・・・・・ 332
Sec.03：並列共振回路 ・・・・・ 338

[共振回路]
交流回路の周波数特性

インダクタンスや静電容量を含む回路は、交流の周波数が変化すると、回路の作用が変化する。こうした周波数による変化を周波数特性という。

▶周波数による回路の作用の変化

コイルや**コンデンサ**を含む回路では、**周波数**が変化すると**リアクタンス**が変化し、回路の作用が変化する。こうした周波数による変化を示したものが**周波数特性**だ。Chapter10では、**誘導リアクタンス**（P242参照）と**容量リアクタンス**（P248参照）の周波数による変化を示したが、ここではさまざまな回路を同じ基準で比較するために、**インピーダンス**$\dot{Z}$と**アドミタンス**$\dot{Y}$を基準にしている。それぞれ**大きさ**Zで**インピーダンス角**θ_Z、**大きさ**Yで**アドミタンス角**θ_Yとしている。周波数特性のグラフの概形は縦軸をインピーダンスの大きさZもしくはアドミタンスの大きさYとし、横軸を**角速度**ωとしている。なお、インピーダンスのグラフは、電流を一定とした時の周波数変化による電圧の変化を表わしているといえ、アドミタンスのグラフは電圧を一定とした時の周波数変化による電流の変化を表わしているといえる。また、このChapterはすべて**記号法**で説明していく。

▶交流抵抗回路の周波数特性

抵抗Rのみで構成される**交流抵抗回路**はインピーダンスおよびアドミタンスの式にωを含まないため、周波数特性をもたないが、他の素子との比較、また他の素子との組み合わせの基本となるため、同一視点のグラフを掲載しておく。

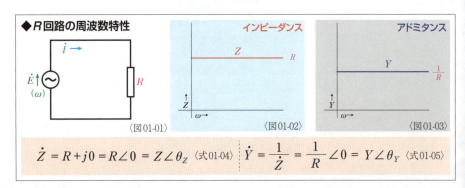

◆R回路の周波数特性　〈図01-01〉　インピーダンス〈図01-02〉　アドミタンス〈図01-03〉

$$\dot{Z} = R + j0 = R\angle 0 = Z\angle\theta_Z \quad \langle式01\text{-}04\rangle$$

$$\dot{Y} = \frac{1}{\dot{Z}} = \frac{1}{R}\angle 0 = Y\angle\theta_Y \quad \langle式01\text{-}05\rangle$$

▶交流コイル回路の周波数特性

インダクタンスLのみで構成される**交流コイル回路**では、〈式01-09〉のようにωが分子にある（式は分数構造ではないが分母1の分子と考えられる）ため、**インピーダンス$\dot{Z}$の大きさZはωに比例**し、グラフは直線を描く。インピーダンス角θ_Zは常に$\frac{\pi}{2}$だ。**アドミタンス$\dot{Y}$**は、〈式01-10〉のように分母にωがあるため、その大きさYはωに反比例し、グラフは反比例の曲線を描く。**アドミタンス角**θ_Yは常に$-\frac{\pi}{2}$だ。

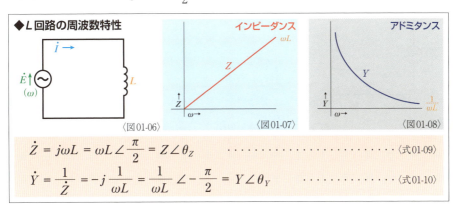

◆L回路の周波数特性 〈図01-06〉〈図01-07〉〈図01-08〉

$$\dot{Z} = j\omega L = \omega L \angle \frac{\pi}{2} = Z \angle \theta_Z \qquad \text{〈式01-09〉}$$

$$\dot{Y} = \frac{1}{\dot{Z}} = -j\frac{1}{\omega L} = \frac{1}{\omega L} \angle -\frac{\pi}{2} = Y \angle \theta_Y \qquad \text{〈式01-10〉}$$

▶交流コンデンサ回路の周波数特性

静電容量Cのみで構成される**交流コンデンサ回路**では、〈式01-14〉のようにωが分母にあるため、**インピーダンス$\dot{Z}$の大きさZはωに反比例**し、グラフは反比例の曲線を描く。インピーダンス角θ_Zは常に$-\frac{\pi}{2}$だ。**アドミタンス$\dot{Y}$**は、〈式01-15〉のように分子にωがあるため、その大きさYはωに比例し、グラフは直線を描く。**アドミタンス角**θ_Yは常に$\frac{\pi}{2}$だ。

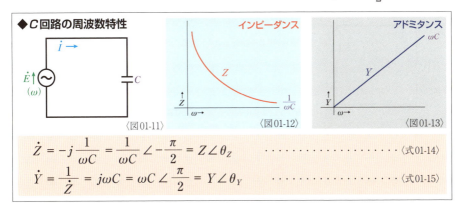

◆C回路の周波数特性 〈図01-11〉〈図01-12〉〈図01-13〉

$$\dot{Z} = -j\frac{1}{\omega C} = \frac{1}{\omega C} \angle -\frac{\pi}{2} = Z \angle \theta_Z \qquad \text{〈式01-14〉}$$

$$\dot{Y} = \frac{1}{\dot{Z}} = j\omega C = \omega C \angle \frac{\pi}{2} = Y \angle \theta_Y \qquad \text{〈式01-15〉}$$

▶ RL 直列回路の周波数特性

RL直列回路ではωが小さい時は**インピーダンス**$\dot{Z}$の大きさZはRに近く、ωが大きくなるとωLに近づく。ωの0→∞の変化に対して**インピーダンス角**θ_Zは$0 \to \frac{\pi}{2}$の変化をする。**アドミタンス**$\dot{Y}$の大きさYは、ωが小さい時は$\frac{1}{R}$に近く、ωが大きくなると$\frac{1}{\omega L}$に近づく。ωの0→∞の変化に対して**アドミタンス角**θ_Yは$0 \to -\frac{\pi}{2}$の変化をする。

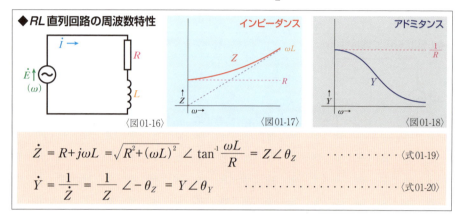

◆RL直列回路の周波数特性 〈図01-16〉〈図01-17〉〈図01-18〉

$$\dot{Z} = R + j\omega L = \sqrt{R^2 + (\omega L)^2} \angle \tan^{-1}\frac{\omega L}{R} = Z \angle \theta_Z \quad \text{〈式01-19〉}$$

$$\dot{Y} = \frac{1}{\dot{Z}} = \frac{1}{Z} \angle -\theta_Z = Y \angle \theta_Y \quad \text{〈式01-20〉}$$

▶ RC 直列回路の周波数特性

RC直列回路ではωが小さい時は**インピーダンス**$\dot{Z}$の大きさZは$\frac{1}{\omega C}$に近く、ωが大きくなるとRに近づく。ωの0→∞の変化に対して**インピーダンス角**θ_Zは$-\frac{\pi}{2} \to 0$の変化をする。**アドミタンス**$\dot{Y}$の大きさYは、ωが小さい時はωCに近く、ωが大きくなると$\frac{1}{R}$に近づく。ωの0→∞の変化に対して**アドミタンス角**θ_Yは$\frac{\pi}{2} \to 0$の変化をする。

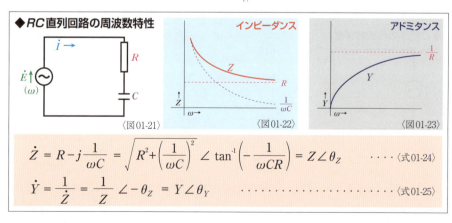

◆RC直列回路の周波数特性 〈図01-21〉〈図01-22〉〈図01-23〉

$$\dot{Z} = R - j\frac{1}{\omega C} = \sqrt{R^2 + \left(\frac{1}{\omega C}\right)^2} \angle \tan^{-1}\left(-\frac{1}{\omega CR}\right) = Z \angle \theta_Z \quad \text{〈式01-24〉}$$

$$\dot{Y} = \frac{1}{\dot{Z}} = \frac{1}{Z} \angle -\theta_Z = Y \angle \theta_Y \quad \text{〈式01-25〉}$$

▶ RL 並列回路の周波数特性

　RL 並列回路では ω が小さい時は**アドミタンス** $\dot{Y}$ の大きさ Y は $\dfrac{1}{\omega L}$ に近く、ω が大きくなると $\dfrac{1}{R}$ に近づく。ω の 0→∞ の変化に対して**アドミタンス角** θ_Y は $-\dfrac{\pi}{2} \to 0$ の変化をする。**インピーダンス** $\dot{Z}$ の大きさ Z は、ω が小さい時は ωL に近く、ω が大きくなると R に近づく。ω の 0→∞ の変化に対して**インピーダンス角** θ_Z は $\dfrac{\pi}{2} \to 0$ の変化をする。

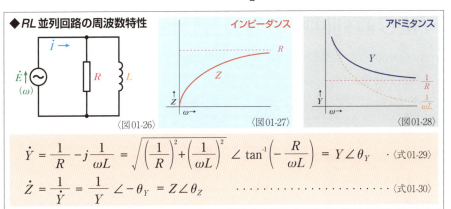

$$\dot{Y} = \dfrac{1}{R} - j\dfrac{1}{\omega L} = \sqrt{\left(\dfrac{1}{R}\right)^2 + \left(\dfrac{1}{\omega L}\right)^2} \angle \tan^{-1}\left(-\dfrac{R}{\omega L}\right) = Y\angle\theta_Y \quad \langle\text{式 01-29}\rangle$$

$$\dot{Z} = \dfrac{1}{\dot{Y}} = \dfrac{1}{Y} \angle -\theta_Y = Z\angle\theta_Z \qquad \langle\text{式 01-30}\rangle$$

▶ RC 並列回路の周波数特性

　RC 並列回路では ω が小さい時は**アドミタンス** $\dot{Y}$ の大きさ Y は $\dfrac{1}{R}$ に近く、ω が大きくなると ωC に近づく。ω の 0→∞ の変化に対して**アドミタンス角** θ_Y は $0 \to \dfrac{\pi}{2}$ の変化をする。**インピーダンス** $\dot{Z}$ の大きさ Z は、ω が小さい時は R に近く、ω が大きくなると $\dfrac{1}{\omega C}$ に近づく。ω の 0→∞ の変化に対して**インピーダンス角** θ_Z は $0 \to -\dfrac{\pi}{2}$ の変化をする。

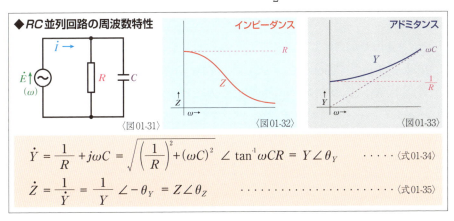

$$\dot{Y} = \dfrac{1}{R} + j\omega C = \sqrt{\left(\dfrac{1}{R}\right)^2 + (\omega C)^2} \angle \tan^{-1}\omega CR = Y\angle\theta_Y \quad \langle\text{式 01-34}\rangle$$

$$\dot{Z} = \dfrac{1}{\dot{Y}} = \dfrac{1}{Y} \angle -\theta_Y = Z\angle\theta_Z \qquad \langle\text{式 01-35}\rangle$$

[共振回路]
直列共振回路

Section 02

RLC直列回路は直列共振回路ともいう。直列共振回路には$X_L=X_C$となるような特定の周波数の電流だけを流す周波数選択性がある。高電圧の生成にも利用できる。

▶ RLC直列回路の周波数特性

前のSectionでの考察と同じようにRLC直列回路のインピーダンス$\dot{Z}$とアドミタンス$\dot{Y}$の周波数特性をグラフに表わすと、以下のようになる。インピーダンス$\dot{Z}$は大きさZ、インピーダンス角θ_Z、アドミタンス$\dot{Y}$は大きさY、アドミタンス角θ_Yとして、電源の角速度をωとしている。

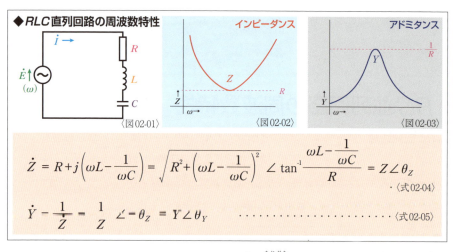

◆RLC直列回路の周波数特性 〈図02-01〉 〈図02-02〉 〈図02-03〉

$$\dot{Z} = R + j\left(\omega L - \frac{1}{\omega C}\right) = \sqrt{R^2 + \left(\omega L - \frac{1}{\omega C}\right)^2} \angle \tan^{-1}\frac{\omega L - \frac{1}{\omega C}}{R} = Z\angle \theta_Z$$

・〈式02-04〉

$$\dot{Y} = \frac{1}{\dot{Z}} = \frac{1}{Z} \angle -\theta_Z = Y \angle \theta_Y$$

〈式02-05〉

グラフを見れば明らかなように、インピーダンス$\dot{Z}$は谷形のカーブを描き、アドミタンス$\dot{Y}$は山形のカーブを描く。Chapter11の「RLC直列回路(P262参照)」でRLC直列回路を考察した際には、$X_L=X_C$の時は特殊な状態として取り上げなかったが、それぞれのグラフの頂点こそが、$X_L=X_C$の状態だ。〈式02-04〉からインピーダンス$\dot{Z}$の大きさZとインピーダンス角θ_Zは以下の式で表わすことができる。

$$Z = \sqrt{R^2 + \left(\omega L - \frac{1}{\omega C}\right)^2} \qquad \cdots \text{〈式02-06〉} \qquad \theta_Z = \tan^{-1}\frac{\omega L - \frac{1}{\omega C}}{R} \qquad \cdots \text{〈式02-07〉}$$

$X_L = X_C$とは$\omega L = \dfrac{1}{\omega C}$なので、〈式02-06〉の(括弧)でくくられた部分が0になり、ZがRのみになる。これはZが最小の状態なので、インピーダンスの周波数特性のグラフで、谷の頂点を表わしているといえる。また、〈式02-07〉では分子が0になるので、インピーダンス角θ_Zが0になり、アドミタンス角θ_Yも0になる。

次に、端子電圧から考えてみよう。Chapter12と同じように**抵抗**R、**インダクタンス**L、**静電容量**Cそれぞれの**端子電圧**を$\dot{V}_R$、$\dot{V}_L$、$\dot{V}_C$、直列接続全体の端子電圧を$\dot{V}$、流れる電流を$\dot{I}$とすると、以下のように表わすことができる。

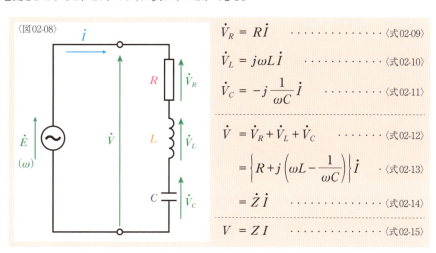

〈図02-08〉

$$\dot{V}_R = R\dot{I} \quad \text{〈式02-09〉}$$
$$\dot{V}_L = j\omega L \dot{I} \quad \text{〈式02-10〉}$$
$$\dot{V}_C = -j\dfrac{1}{\omega C}\dot{I} \quad \text{〈式02-11〉}$$
$$\dot{V} = \dot{V}_R + \dot{V}_L + \dot{V}_C \quad \text{〈式02-12〉}$$
$$= \left\{R + j\left(\omega L - \dfrac{1}{\omega C}\right)\right\}\dot{I} \quad \text{〈式02-13〉}$$
$$= \dot{Z}\dot{I} \quad \text{〈式02-14〉}$$
$$V = ZI \quad \text{〈式02-15〉}$$

$\omega L = \dfrac{1}{\omega C}$の時の$\dot{V}_L$と$\dot{V}_C$の関係を考えると、〈式02-10〉と〈式02-11〉から、それぞれの大きさV_LとV_Cが等しく、**位相差**がπの関係になることがわかる。結果、$\dot{V}_L$と$\dot{V}_C$が完全に打ち消し合うことになり、全体としての端子電圧$\dot{V}$は、抵抗Rの端子電圧$\dot{V}_R$と等しくなる。この関係を電流$\dot{I}$を基準にした**フェーザ図**で表わすと右のようになる。電流$\dot{I}$と電圧$\dot{V}$は同相で、**抵抗Rだけの回路のようにふるまう**ことになる。

また、電圧$\dot{V}$、電流$\dot{I}$、インピーダンス$\dot{Z}$それぞれの大きさには〈式02-15〉の関係がある。先に確認したように、$\omega L = \dfrac{1}{\omega C}$の時に$Z$が最小になるので、電圧$V$が一定とすれば電流$I$が最大になり、電流$I$を一定とすれば電圧$V$が最小になる。

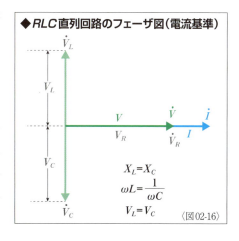

◆**RLC直列回路のフェーザ図(電流基準)**

$X_L = X_C$
$\omega L = \dfrac{1}{\omega C}$
$V_L = V_C$

〈図02-16〉

▶直列共振回路

前ページまでで考察した$X_L = X_C$、つまり$\omega L = \dfrac{1}{\omega C}$の時の$RLC$直列回路の状態をまとめると、以下のようになる。

- リアクタンスXが0になり、インピーダンスZは抵抗Rだけになる。
- インピーダンスZが最小になり、電流Iが最大になる。
- 電流Iと電圧Vが同相になる。
- 電圧Vと抵抗Rの端子電圧V_Rが等しくなる。

このような現象を**直列共振**や単に**共振**といい、その回路を**直列共振回路**という。注意したいのは、**インダクタンス**Lの端子電圧V_Lと**静電容量**Cの端子電圧V_Cだ。**抵抗**Rの端子電圧V_Rと全体の端子電圧Vが等しいため、V_LとV_Cが0のように思えてしまうが、相互に打ち消し合っているだけで端子電圧は存在する。この時、インダクタンスLと静電容量Cの間では振り子のように**電気エネルギー**が行き来している。このように2つの素子が共同して**振動的**にエネルギーのやり取りを行うため、共振という名称が与えられているわけだ。

共振状態の時に流れる電流を**共振電流**$\dot{I}_0$という。RLC直列回路の電流$\dot{I}$は〈式02-17〉で表わすことができる。電圧$\dot{V}$が〈式02-18〉で表わされるとすると、共振電流$\dot{I}_0$は以下のように表わすことができる。

$$\dot{I} = \dfrac{\dot{V}}{R + j\left(\omega L - \dfrac{1}{\omega C}\right)} \quad \cdots \langle 式02\text{-}17\rangle$$

$$\dot{V} = V\angle 0 = V + j0 \quad \cdots \langle 式02\text{-}18\rangle$$

$$\dot{I}_0 = \dfrac{V + j0}{R + j0} \quad \cdots \langle 式02\text{-}19\rangle$$

$$= \dfrac{V}{R} \angle 0 \quad \cdots \langle 式02\text{-}20\rangle$$

$$= I_0 \angle 0 \quad \cdots \langle 式02\text{-}21\rangle$$

RLC直列回路の電流Iの**周波数特性**をグラフにすると〈図02-22〉のようになる。このグラフを一般的に**共振曲線**という。このグラフの山の頂点が$\omega L = \dfrac{1}{\omega C}$になる時であり、その**角速度**を**共振角速度**ω_0といい、その周波数を**共振周波数**f_0という。ちなみに、このグラフはアドミタンスYの周波数特性のグラフと相似の関係にある。

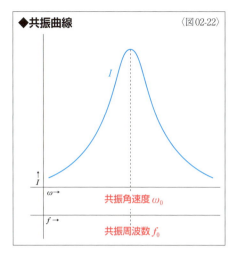

◆共振曲線 〈図02-22〉

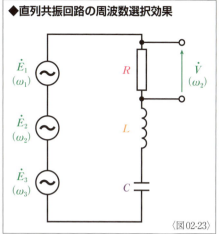

◆直列共振回路の周波数選択効果 〈図02-23〉

　共振曲線の形状から明らかなように、直列共振回路は共振周波数f_0付近の周波数の電流を通しやすい性質があるといえる。この性質を**周波数選択性**という。周波数選択性を利用すると、複数の周波数が混在する交流から特定の周波数の交流だけを取り出すことが可能になる。こうした特定の周波数成分に影響を及ぼす回路は**フィルタ**といわれることが多い。たとえば、〈図02-23〉のような回路で、角速度が異なる電源が直列接続されていても、LとCの値による共振角速度がω_2であれば、抵抗の端子電圧の角速度はω_2になるわけだ。通常、電気回路の解析で、複数の異なった周波数の交流電源を扱うことはないが、電子回路の分野では複数の周波数の信号を同時に扱い、フィルタによって周波数の選択を行う。

　共振状態にある時のインダクタンスLと静電容量Cの関係は〈式02-24〉のように表わすことができる。この式を変形することで〈式02-27〉のように共振角速度ω_0をLとCで表わすことができる。

　また、角速度ωと共振周波数fには〈式02-28〉の関係があるので、共振周波数f_0をインダクタンスLと静電容量Cで表わすと〈式02-30〉になる。

$$\omega_0 L = \frac{1}{\omega_0 C} \quad \cdots \text{〈式02-24〉}$$

$$\omega_0^2 LC = 1 \quad \cdots \text{〈式02-25〉}$$

$$\omega_0^2 = \frac{1}{LC} \quad \cdots \text{〈式02-26〉}$$

$$\omega_0 = \frac{1}{\sqrt{LC}} \quad \cdots \text{〈式02-27〉}$$

$$\omega = 2\pi f \quad \cdots \text{〈式02-28〉}$$

$$2\pi f_0 = \frac{1}{\sqrt{LC}} \quad \cdots \text{〈式02-29〉}$$

$$f_0 = \frac{1}{2\pi\sqrt{LC}} \quad \cdots \text{〈式02-30〉}$$

▶直列共振回路のQ値

　直列共振回路の周波数選択性は、周波数fによるインピーダンスZの違いによって発揮されているといえる。前ページの共振曲線を見れば明らかなように、共振周波数f_0(もしくは共振角速度ω_0)以外の周波数の交流も、インピーダンスZによって電流Iが小さくなるが流れないわけではない。共振周波数f_0付近の周波数であればかなり流れやすい。

　しかし、共振曲線の頂点付近の幅が狭ければ、流れやすい周波数の範囲が狭くなる。また、共振曲線の山が高ければ、頂点付近(共振周波数f_0付近)に対して裾野のインピーダンスZが相対的に大きくなるので、共振周波数f_0以外の周波数の電流が流れにくくなる。

　こうした共振曲線の山の鋭さの度合いは、尖鋭度Qで示される。尖鋭度Qは単にQやQ値ということも多い。Q値は共振状態の時のインダクタンスLの端子電圧の大きさV_{L0}と電源電圧の大きさEの比、もしくは静電容量Cの端子電圧の大きさV_{C0}と電源電圧の大きさEの比で〈式02-31〉もしくは〈式02-36〉のように表わされる。どちらを計算しても結果は同じだが、共振状態の時は電源電圧の大きさEと抵抗Rの端子電圧の大きさV_{R0}は等しいので〈式02-32〉のように表わせる。この式は共振電流I_0、共振角速度ω_0とLで表わすことができる。さらに前ページで説明したようにω_0はLとCで表わせるので〈式02-27〉を代入して整理すると、QをR、L、Cで表わすことができる。

$$Q = \frac{V_{L0}}{E} \quad \text{〈式02-31〉}$$

$$= \frac{V_{L0}}{V_{R0}} \quad \text{〈式02-32〉}$$

$$= \frac{I_0 \omega_0 L}{I_0 R} = \frac{\omega_0 L}{R} \quad \text{〈式02-33〉}$$

$$= \frac{\frac{L}{\sqrt{LC}}}{R} = \frac{L}{R\sqrt{LC}} \quad \text{〈式02-34〉}$$

$$= \frac{1}{R}\sqrt{\frac{L}{C}} \quad \text{〈式02-35〉}$$

$$Q = \frac{V_{C0}}{E} \quad \text{〈式02-36〉}$$

$$= \frac{V_{C0}}{V_{R0}} \quad \text{〈式02-37〉}$$

$$= \frac{I_0 \frac{1}{\omega_0 C}}{I_0 R} = \frac{1}{\omega_0 CR} \quad \text{〈式02-38〉}$$

$$= \frac{1}{\frac{CR}{\sqrt{LC}}} = \frac{\sqrt{LC}}{CR} \quad \text{〈式02-39〉}$$

$$= \frac{1}{R}\sqrt{\frac{L}{C}} \quad \text{〈式02-40〉}$$

　直列共振回路としては周波数選択性が高まるので、大きなQ値が望ましいとされる。共振周波数f_0が同じ値になるようにLとCの値を固定したうえで、Rの値を変化させて共振曲線を描くと〈図02-41〉のようになる。

左ページの数式から明らかなように、LとCが一定ならRが小さくなるほど、Qが大きくなる。Qが大きくなるほど共振曲線が鋭くなるので、共振周波数f_0付近の流れやすい周波数の範囲が狭くなり、共振周波数f_0以外の裾野の部分の電流が小さくなるので、周波数選択性が高まる。

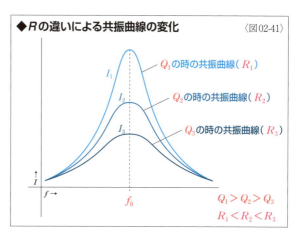

◆Rの違いによる共振曲線の変化　〈図02-41〉

Q_1の時の共振曲線(R_1)
Q_2の時の共振曲線(R_2)
Q_3の時の共振曲線(R_3)

$Q_1 > Q_2 > Q_3$
$R_1 < R_2 < R_3$

　直列共振回路は、高い電圧を得るために利用されることもある。先に説明したように、抵抗Rの端子電圧V_{R0}は電源電圧Eと等しくなるが、この時、インダクタンスLにも静電容量Cにも端子電圧がかかっている。直列共振回路では、Q値を大きくするのが一般的だが、Q値はインダクタンスLの端子電圧V_{L0}もしくは静電容量Cの端子電圧V_{C0}と電源電圧Eとの比で表わされているので、Q値を大きくするとV_{L0}もしくはV_{C0}はEに対して大きな値になる。これらの端子電圧を取り出せば、電源電圧より大きな電圧を得られることになる。こうした用途もあるため、Q値は**電圧拡大率**ともいう。また、直列共振を**電圧共振**ということもある。

　Q値以外にも直列共振回路の周波数選択性の指標には**半値幅B**があり、**帯域幅**ともいう。共振曲線上には、電流Iが共振電流I_0の$\frac{1}{\sqrt{2}}$の点が2カ所ある。その周波数をf_1、f_2($f_1 < f_2$)とした場合、その差の大きさが半値幅Bになる。半値幅Bの場合は、小さいほど周波数選択性が高くなる。電流の大きさから半値幅Bを求める式の説明は掲載しないが、Q値はf_1、f_2、f_0で表わせるので、半値幅BとQ値には〈式02-46〉の関係がある。

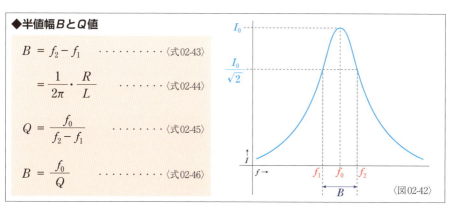

◆半値幅BとQ値

$B = f_2 - f_1$ ……〈式02-43〉

$\quad = \dfrac{1}{2\pi} \cdot \dfrac{R}{L}$ ……〈式02-44〉

$Q = \dfrac{f_0}{f_2 - f_1}$ ……〈式02-45〉

$B = \dfrac{f_0}{Q}$ ……〈式02-46〉

〈図02-42〉

[共振回路]
並列共振回路

Section 03

RLC並列回路は並列共振回路ともいう。並列共振回路には$X_L = X_C$となる特定の周波数でインピーダンスが大きくなる周波数選択性がある。

▶RLC並列回路の周波数特性

RLC並列回路の**アドミタンス**$\dot{Y}$と**インピーダンス**$\dot{Z}$の**周波数特性**をグラフに表わすと、以下のようになる。アドミタンス$\dot{Y}$は**大きさ**Y、**アドミタンス角**θ_Y、インピーダンス$\dot{Z}$は**大きさ**Z、**インピーダンス角**θ_Zとして、電源の**角速度**をωとしている。

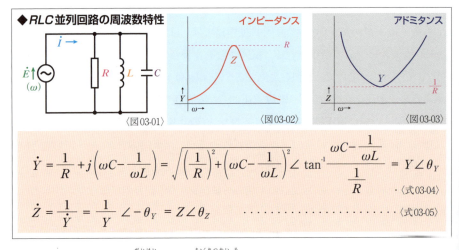

◆RLC並列回路の周波数特性　　　　〈図03-01〉〈図03-02〉〈図03-03〉

$$\dot{Y} = \frac{1}{R} + j\left(\omega C - \frac{1}{\omega L}\right) = \sqrt{\left(\frac{1}{R}\right)^2 + \left(\omega C - \frac{1}{\omega L}\right)^2} \angle \tan^{-1}\frac{\omega C - \frac{1}{\omega L}}{\frac{1}{R}} = Y\angle\theta_Y$$
〈式03-04〉

$$\dot{Z} = \frac{1}{\dot{Y}} = \frac{1}{Y}\angle-\theta_Y = Z\angle\theta_Z$$
〈式03-05〉

周波数特性のグラフの概形をRLC直列回路の場合と比べると、インピーダンスとアドミタンスが入れ替わっていて、インピーダンス$\dot{Z}$が山形のカーブで、アドミタンス$\dot{Y}$が谷形のカーブだ。〈式03-04〉からアドミタンス$\dot{Y}$の大きさYとインピーダンス角θ_Yは以下の式で表わせる。

$$Y = \sqrt{\left(\frac{1}{R}\right)^2 + \left(\omega C - \frac{1}{\omega L}\right)^2} \quad \cdots \text{〈式03-06〉} \qquad \theta_Y = \tan^{-1}\frac{\omega C - \frac{1}{\omega L}}{\frac{1}{R}} \quad \cdots \text{〈式03-07〉}$$

Chapter11の「RLC並列回路（P278参照）」では、$X_L = X_C$の時は特殊な状態として取り上げなかったが、$X_L = X_C$とは$\omega L = \frac{1}{\omega C}$なので、〈式03-06〉の右側の（括弧）でくくられた部

分が0になり、Yが$\frac{1}{R}$のみ、つまりコンダクタンスGのみになる。これはYが最小の状態なので、Zが最大の状態であり、電流がもっとも流れにくい状態だといえる。また、〈式03-07〉では分子が0になるので、アドミタンス角θ_Yもインピーダンス角θ_Zも0になる。

次に、各素子を流れる電流から考えてみよう。Chapter12と同じように**抵抗**R、**インダクタンス**L、**静電容量**Cそれぞれを流れる電流を$\dot{I}_R$、$\dot{I}_L$、$\dot{I}_C$、電源から流れる電流を$\dot{I}$、共通の端子電圧を$\dot{V}$とすると、以下のように表わすことができる。

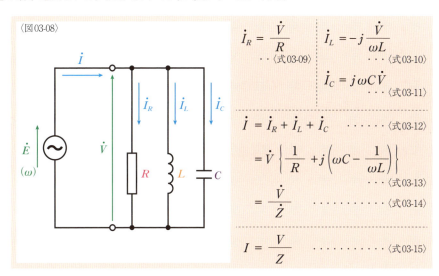

〈図03-08〉

$$\dot{I}_R = \frac{\dot{V}}{R} \quad \cdots \langle 式03\text{-}09 \rangle$$

$$\dot{I}_L = -j\frac{\dot{V}}{\omega L} \quad \cdots \langle 式03\text{-}10 \rangle$$

$$\dot{I}_C = j\omega C \dot{V} \quad \cdots \langle 式03\text{-}11 \rangle$$

$$\dot{I} = \dot{I}_R + \dot{I}_L + \dot{I}_C \quad \cdots \cdots \langle 式03\text{-}12 \rangle$$

$$= \dot{V}\left\{\frac{1}{R} + j\left(\omega C - \frac{1}{\omega L}\right)\right\} \quad \cdots \langle 式03\text{-}13 \rangle$$

$$= \frac{\dot{V}}{\dot{Z}} \quad \cdots \cdots \langle 式03\text{-}14 \rangle$$

$$I = \frac{V}{Z} \quad \cdots \cdots \langle 式03\text{-}15 \rangle$$

$\omega L = \frac{1}{\omega C}$の時の$\dot{I}_L$と$\dot{I}_C$の関係を考えると、〈式03-10〉と〈式03-11〉から、それぞれの大きさI_LとI_Cが等しく、**位相差**がπの関係になることがわかる。結果、$\dot{I}_L$と$\dot{I}_C$が完全に打ち消し合うことになり、回路全体の電流$\dot{I}$と抵抗Rを流れる電流$\dot{I}_R$は等しくなる。この関係を電圧$\dot{V}$を基準にしたフェーザ図で表わすと右のようになる。電圧$\dot{V}$と電流$\dot{I}$は同相で、*RLC*並列回路がまるで**抵抗Rだけの回路のようにふるまう**ことになる。

また、電流$\dot{I}$、電圧$\dot{V}$、インピーダンス$\dot{Z}$それぞれの大きさには〈式03-15〉の関係がある。先に確認したように、$\omega L = \frac{1}{\omega C}$の時に$Z$が最大になるので、電流$I$を一定とすれば電圧$V$が最大になり、電圧$V$が一定とすれば電流$I$が最小になる。

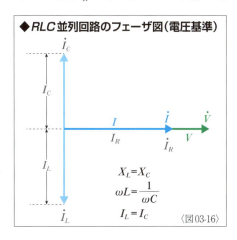

◆ *RLC* 並列回路のフェーザ図（電圧基準）

〈図03-16〉

▶並列共振回路

前ページまでで考察した$X_L = X_C$、つまり$\omega L = \dfrac{1}{\omega C}$の時の**RLC並列回路**の状態をまとめると、以下のようになる。

- リアクタンスXが0になり、アドミタンスYはコンダクタンスGだけになる。
- インピーダンスZが最大になり、電流Iが最小になる。
- 電圧Vと電流Iが同相になる。
- 全体の電流Iと抵抗Rを流れる電流I_Rが等しくなる。

このような現象を**並列共振**や**反共振**といい、その回路を**並列共振回路**や**反共振回路**という。ただし、単に**共振**ということも多いので、回路の状態から直列共振なのか並列共振なのかを判断しなければならないこともある。

共振状態の時に流れる電流を**共振電流**$\dot{I}_0$という。RLC並列回路の電流$\dot{I}$は〈式03-13〉で表わすことができる。電圧$\dot{V}$が〈式03-17〉で表わされるとすると、共振電流$\dot{I}_0$は以下のように表わすことができる。

$$\dot{I} = \dot{V}\left\{\dfrac{1}{R} + j\left(\omega C - \dfrac{1}{\omega L}\right)\right\} \quad \cdots\cdots \langle\text{式03-13}\rangle$$

$$\dot{V} = V\angle 0 = V + j0 \quad \cdots\cdots \langle\text{式03-17}\rangle$$

$$\dot{I}_0 = (V + j0)\left(\dfrac{1}{R} + j0\right) \quad \cdots\cdots \langle\text{式03-18}\rangle$$

$$= \dfrac{V}{R}\angle 0 \quad \cdots\cdots \langle\text{式03-19}\rangle$$

$$= I_0 \angle 0 \quad \cdots\cdots \langle\text{式03-20}\rangle$$

並列共振では、共振電流$\dot{I}$と抵抗Rを流れる電流$\dot{I}_R$が等しくなるが、インダクタンスLにも静電容量Cにも電流は流れている。定常状態においては、インダクタンスLと静電容量Cを電流が循環している。この電流を**循環電流**といい、電源と同じ**周波数**で周期的に流れる方向がかわる。直列共振の場合と同じようにインダクタンスLと静電容量Cの間では振り子のように電気エネルギーが行き来しているわけだ。

RLC並列回路の電流Iの**周波数特性**をグラフにすると〈図03-22〉のようになる。このグラフを一般的に**共振曲線**という。また、共振状態の時の**角速度**を**共振角速度**ω_0、周波数を**共振周波数**f_0という。ω_0とf_0の求め方は直列共振の場合とまったく同じだ。

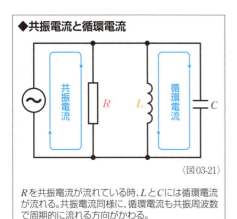

〈図03-21〉

Rを共振電流が流れている時、LとCには循環電流が流れる。共振電流同様に、循環電流も共振周波数で周期的に流れる方向がかわる。

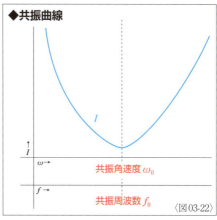

〈図03-22〉

$$\omega_0 = \frac{1}{\sqrt{LC}} \quad \cdots\cdots 〈式03\text{-}23〉 \qquad f_0 = \frac{1}{2\pi\sqrt{LC}} \quad \cdots\cdots 〈式03\text{-}24〉$$

　共振曲線の形状から、並列共振回路には共振周波数f_0付近の周波数の電流を通しにくい性質があるといえる。この性質を利用すれば、複数の周波数が混在する交流から特定の周波数の交流だけを選択することができるので、この性質もやはり**周波数選択性**という。つまり、**フィルタ**として機能させることが可能なわけだ。

▶並列共振回路のQ値

　並列共振回路の**周波数選択性**の度合いも、**尖鋭度Q**で示される。この場合も単にQやQ値ということが多い。ただし、直列共振とはQ値の定義が異なる。並列共振のQ値は、共振状態の時に**インダクタンス**Lを流れる電流の大きさI_{L0}と**共振電流**の大きさI_0の比、もしくは**静電容量**Cを流れる電流の大きさI_{C0}と共振電流の大きさI_0の比で示される。

$$Q = \frac{I_{L0}}{I_0} \quad \cdots\cdots 〈式03\text{-}25〉 \qquad Q = \frac{I_{C0}}{I_0} \quad \cdots\cdots 〈式03\text{-}28〉$$

$$= \frac{\frac{V}{\omega_0 L}}{\frac{V}{R}} = \frac{R}{\omega_0 L} \quad \cdot 〈式03\text{-}26〉 \qquad = \frac{\omega_0 CV}{\frac{V}{R}} = \omega_0 CR \quad \cdot 〈式03\text{-}29〉$$

$$= R\sqrt{\frac{C}{L}} \quad \cdots\cdots 〈式03\text{-}27〉 \qquad = R\sqrt{\frac{C}{L}} \quad \cdots\cdots 〈式03\text{-}30〉$$

並列共振回路でも周波数選択性が高まるので大きなQ値が望ましいとされる。前ページの数式から明らかなように、LとCが一定ならRが大きくなるほどQ値が大きくなる。Rの値を変化させて**共振曲線**を描くと〈図03-31〉のようになる。

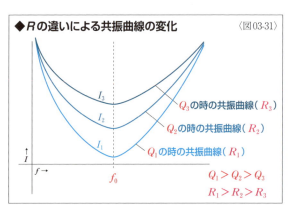

◆Rの違いによる共振曲線の変化 〈図03-31〉

Q_3の時の共振曲線(R_3)
Q_2の時の共振曲線(R_2)
Q_1の時の共振曲線(R_1)
$Q_1 > Q_2 > Q_3$
$R_1 > R_2 > R_3$

並列共振回路は、大きな電流を得るために利用されることもある。共振状態の時、インダクタンスLを流れるI_{L0}と静電容量Cを流れるI_{C0}は**循環電流**として流れている。並列共振回路では、Q値を大きくするのが一般的だが、Q値が大きいと、電源から流れる**共振電流**I_0に対してI_{L0}とI_{C0}は大きな値になる。この電流を取り出せば大きな電流が得られるわけだ。こうした用途もあるため、並列共振のQ値は**電流拡大率**ともいう。また、並列共振を**電流共振**ということもある。

並列共振でも周波数選択性の指標に**半値幅B**があり、**帯域幅**ともいう。並列共振の反値幅Bは電流で考えず、共振状態の時の回路の**合成インピーダンス$\dot{Z}_0$**の大きさZ_0から考える。インピーダンスZが$Z_0\frac{1}{\sqrt{2}}$になる周波数をf_1、f_2($f_1 < f_2$)とし、その周波数の差の大きさを半値幅Bとする。半値幅Bの場合は、小さいほど周波数選択性が高くなる。半値幅Bを求める式の説明は掲載しないが、Q値はf_1、f_2、f_0で表わせるので、半値幅BとQ値には〈式03-36〉の関係がある。なお、直列共振と並列共振で半値幅Bの定義が異なるように説明してきたが、実はどちらも電力を基準にしている。直列共振では電源を**定電圧源**、並列共振では電源を**定電流源**とし、電力が共振時の半分になる周波数がf_1とf_2だ。

◆半値幅BとQ値

$$B = f_2 - f_1 \quad \text{〈式03-33〉}$$

$$= \frac{1}{2\pi} \cdot \frac{R}{L} \quad \text{〈式03-34〉}$$

$$Q = \frac{f_0}{f_2 - f_1} \quad \text{〈式03-35〉}$$

$$B = \frac{f_0}{Q} \quad \text{〈式03-36〉}$$

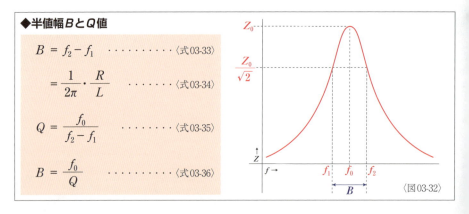

〈図03-32〉

[交流回路編]

Chapter 15
複雑な交流回路の解析

Sec.01：記号法の活用 ・・・・・・・ 344
Sec.02：交流回路の法則と定理 ・・・ 346
Sec.03：キルヒホッフの法則・・・・・ 348
Sec.04：重ねの定理 ・・・・・・・・ 350
Sec.05：テブナンの定理 ・・・・・・ 352
Sec.06：交流電圧源と交流電流源の変換・ 354
Sec.07：インピーダンスのΔ-Y変換 ・ 356
Sec.08：定電流回路と定電圧回路 ・・ 358
Sec.09：定抵抗回路 ・・・・・・・・ 360
Sec.10：交流ブリッジ回路 ・・・・・ 362

Chapter 15 [複雑な交流回路の解析]
記号法の活用

Section 01

乗算や除算でも記号法を活用できるようにするためには直交座標表示による計算ばかりでなく、指数関数表示による計算で極座標表示が求められるようにしたい。

▶極座標表示と指数関数表示

ここまででも**複素記号法**による解析は行ってきたが、いずれの回路も、抵抗、インダクタンス、静電容量いずれかの組み合わせだったので、それぞれの素子は**直交座標表示**にすると**実部**だけか**虚部**だけになる。また、電圧や電流についても、いずれかを基準にして検証したので、**極座標表示**で**偏角**0であり、直交座標表示にすると実部だけになる。そのため、乗算や除算を簡単に行うことができた。しかし、実際の回路の解析では、こうした都合のよい設定ばかりではない。直交座標表示で実部も虚部もある値が提示されることもあれば、偏角が0以外の極座標表示が提示されることもある。こうした値の乗算や除算を直交座標表示のまま行うのは難しい。確かに、関数電卓を使えば計算は簡単になるし、直交座標表示と極座標表示を相互に変換することもできる。しかし、極座標表示による数式で結果を示さなければならないこともある。**記号法**を使いこなすためには、極座標表示を**指数関数表示**に変換したうえでの乗算や除算に慣れておくべきだ。

▶計算例1

まずは、**大きさ**Zと**インピーダンス角**θ_Zで〈式01-02〉のように表わされる**インピーダンス**$\dot{Z}$に、**大きさ**Vと**初期位相**θ_Vで〈式01-03〉のように表わされる電圧$\dot{V}$をかけた際に、流れる電流$\dot{I}$の大きさIと初期位相θ_Iを求めてみよう。

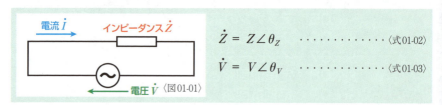

$\dot{Z} = Z\angle\theta_Z$ ・・・・・・・・・〈式01-02〉

$\dot{V} = V\angle\theta_V$ ・・・・・・・・・〈式01-03〉

〈図01-01〉

電流$\dot{I}$はオームの法則によって電圧$\dot{V}$をインピーダンス$\dot{Z}$で割ることで求められる。どちらも極座標表示なので、指数関数表示に置換することは簡単だ。指数関数表示の除算は、大きさ同士の除算で大きさが、偏角の減算で偏角が求められるので以下のように計算できる。

$$\dot{I} = \frac{\dot{V}}{\dot{Z}} = \frac{V\angle\theta_V}{Z\angle\theta_Z} \quad \cdots\cdots\cdots\cdots\cdots\cdots\cdots\cdots\cdots\cdots\cdots\cdots\cdots \langle 式01\text{-}04\rangle$$

$$= \frac{Ve^{j\theta_V}}{Ze^{j\theta_Z}} \quad \cdots\cdots\cdots\cdots\cdots\cdots\cdots\cdots\cdots\cdots\cdots\cdots\cdots\cdots\cdots \langle 式01\text{-}05\rangle$$

$$= \frac{V}{Z}e^{j(\theta_V-\theta_Z)} \quad \cdots\cdots\cdots\cdots\cdots\cdots\cdots\cdots\cdots\cdots\cdots\cdots \langle 式01\text{-}06\rangle$$

$$= \frac{V}{Z}\angle(\theta_V-\theta_Z) \quad \cdots\cdots\cdots\cdots\cdots\cdots\cdots\cdots\cdots\cdots \langle 式01\text{-}07\rangle$$

非常に簡単な計算だ。実際の数値の場合、VやZの値によっては暗算できることもあるだろう。いっぽう、与えられた極座標表示を直交座標表示に変換したうえで計算するのであれば、以下のように式を立てることになる。

$$\dot{I} = \frac{\dot{V}}{\dot{Z}} = \frac{V\cos\theta_V + jV\sin\theta_V}{Z\cos\theta_Z + jZ\sin\theta_Z} \quad \cdots\cdots\cdots\cdots\cdots\cdots \langle 式01\text{-}08\rangle$$

この式を解くためには分母の**有理化**が必要になるし、**三角関数**の各種公式（P196参照）を熟知している必要がある。類似の計算式は複素数の除算を説明した213ページの〈式04-90～93〉にあるが、かなり面倒な計算だ。自分で計算して確かめてみてほしい。

▶計算例2

今度は、同じ回路で電流$\dot{I}$とインピーダンス$\dot{Z}$から、電圧$\dot{V}$を求める場合を考えてみよう。この場合は複素数の乗算になる。指数関数表示の乗算は、大きさ同士の乗算で大きさが、偏角の加算で偏角が求められるので以下のように計算できる。これも、非常に簡単な計算だといえる。

$$\dot{V} = \dot{I}\dot{Z} = (I\angle\theta_I)(Z\angle\theta_Z) \quad \cdots\cdots\cdots\cdots\cdots\cdots\cdots\cdots \langle 式01\text{-}09\rangle$$

$$= Ie^{j\theta_I} \times Ze^{j\theta_Z} \quad \cdots\cdots\cdots\cdots\cdots\cdots\cdots\cdots\cdots\cdots \langle 式01\text{-}10\rangle$$

$$= IZe^{j(\theta_I+\theta_Z)} \quad \cdots\cdots\cdots\cdots\cdots\cdots\cdots\cdots\cdots\cdots\cdots \langle 式01\text{-}11\rangle$$

$$= IZ\angle(\theta_I+\theta_Z) \quad \cdots\cdots\cdots\cdots\cdots\cdots\cdots\cdots\cdots\cdots \langle 式01\text{-}12\rangle$$

いっぽう、極座標表示を直交座標表示に変換したうえで計算するのであれば、以下のように式を立てることになる。乗算なので有理化という手間はないが、**三角関数**の**加法定理**を使わないと、きれいに解けない。これも自分で計算して確かめてみてほしい。

$$\dot{V} = \dot{I}\dot{Z} = (I\cos\theta_I + jI\sin\theta_I)(Z\cos\theta_Z + jZ\sin\theta_Z) \quad \cdots\cdots\cdots \langle 式01\text{-}13\rangle$$

Chapter 15 [複雑な交流回路の解析]
Section 02 交流回路の法則と定理

記号法を使えば、直流回路の法則や定理、等価変換などを交流回路に適用して解析することができ、簡単に計算を進めることが可能になる。

▶法則、定理、等価変換など

複素記号法では、**交流回路**で**オームの法則**が成立する。同じように、**記号法**であればChapter04「複雑な直流回路の解析(P87～参照)」で取り上げた各種の法則や定理、等価変換なども交流回路で成立する。つまり、いったん法則や定理の使い方を覚えれば、直流でも交流でも使うことができる。記号法で扱う電圧$\dot{V}$、電流$\dot{I}$、インピーダンス$\dot{Z}$などはいずれも**複素ベクトル**だが、それぞれ直流の電圧V、電流I、抵抗Rなどと同じように扱える。直流回路解析と交流回路解析で扱う要素の関係は以下の表のようになる。

実際の法則や定理を利用した解析や、等価変換の方法についてはChapter04で説明しているので、このChapterでは概略のみを説明する。また、ここまでは各素子にかかる電圧を**端子電圧**と表現してきたが、直流回路との統一を図るために負荷であるインピーダンスに生じる**電圧降下**という表現も使用する。

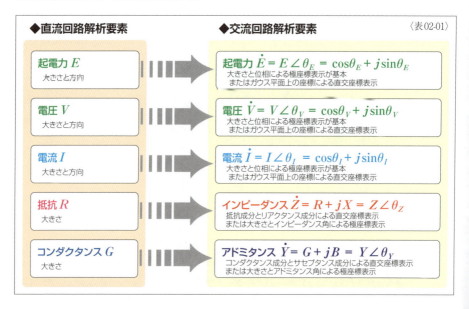

〈表02-01〉

◆直流回路解析要素	◆交流回路解析要素
起電力 E 大きさと方向	起電力 $\dot{E} = E\angle\theta_E = \cos\theta_E + j\sin\theta_E$ 大きさと位相による極座標表示が基本 またはガウス平面上の座標による直交座標表示
電圧 V 大きさと方向	電圧 $\dot{V} = V\angle\theta_V = \cos\theta_V + j\sin\theta_V$ 大きさと位相による極座標表示が基本 またはガウス平面上の座標による直交座標表示
電流 I 大きさと方向	電流 $\dot{I} = I\angle\theta_I = \cos\theta_I + j\sin\theta_I$ 大きさと位相による極座標表示が基本 またはガウス平面上の座標による直交座標表示
抵抗 R 大きさ	インピーダンス $\dot{Z} = R + jX = Z\angle\theta_Z$ 抵抗成分とリアクタンス成分による直交座標表示 または大きさとインピーダンス角による極座標表示
コンダクタンス G 大きさ	アドミタンス $\dot{Y} = G + jB = Y\angle\theta_Y$ コンダクタンス成分とサセプタンス成分による直交座標表示 または大きさとアドミタンス角による極座標表示

▶交流回路の回路方程式

実際の活用例は次ページで説明するが、代表的な法則である**キルヒホッフの法則**を使って、直流回路と交流回路の**回路方程式**の違いを見ておこう。

キルヒホッフの法則は、第1法則である**キルヒホッフの電流則**と第2法則である**キルヒホッフの電圧則**で構成される。

直流の場合、**電流則**は「回路中の任意の節点に流入する電流の総和と流出する電流の総和は等しい」と説明されるが、**記号法**の場合はこれを「**回路中の任意の節点に流入する電流のフェーザの総和と流出する電流のフェーザの総和は等しい**」と考えればいい。

〈図02-02〉の節点aについて**電流方程式**は〈式02-03〉になる。直流の場合と同じように電流の**大きさ**で〈式02-04〉のように電流方程式を立ててはいけない。

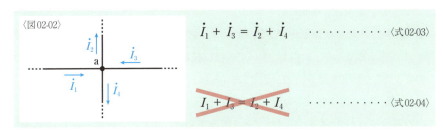

〈図02-02〉

$$\dot{I}_1 + \dot{I}_3 = \dot{I}_2 + \dot{I}_4 \quad \cdots \langle 式02\text{-}03 \rangle$$

$$I_1 + I_3 = I_2 + I_4 \quad \cdots \langle 式02\text{-}04 \rangle$$

電圧則についても同様だ。交流の場合は、「**回路中の任意の閉回路を一定の方向にたどった時、その起電力のフェーザの総和と電圧降下のフェーザの総和は等しい**」となる。

電源に**極性**のある直流の場合と違い、交流回路で起電力の方向が示されていなければ仮定することになる。〈図02-05〉の閉回路について、起電力と電圧降下で**電圧方程式**を表わせば〈式02-06〉になり、電圧降下を電流とインピーダンスで表わせば〈式02-07〉になる。

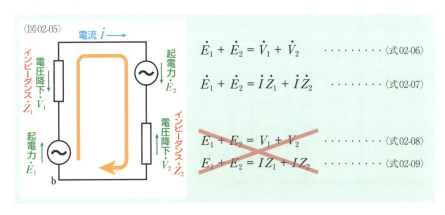

〈図02-05〉

$$\dot{E}_1 + \dot{E}_2 = \dot{V}_1 + \dot{V}_2 \quad \cdots \langle 式02\text{-}06 \rangle$$

$$\dot{E}_1 + \dot{E}_2 = \dot{I}\dot{Z}_1 + \dot{I}\dot{Z}_2 \quad \cdots \langle 式02\text{-}07 \rangle$$

$$E_1 + E_2 = V_1 + V_2 \quad \cdots \langle 式02\text{-}08 \rangle$$

$$E_1 + E_2 = IZ_1 + IZ_2 \quad \cdots \langle 式02\text{-}09 \rangle$$

Chapter 15 [複雑な交流回路の解析]
Section 03 キルヒホッフの法則

オームの法則だけでは解けないような複雑な回路であっても、キルヒホッフの法則を活用すれば、交流回路でも記号法によって解くことができる。

▶交流回路のキルヒホッフの法則

交流回路における**キルヒホッフの法則**の活用例を見てみよう。キルヒホッフの法則による解析手法には、**網目電流法**や**節点電圧法**もあるが、ここでは**電流方程式**と**電圧方程式**の双方を立てるもっともオーソドックスな解法を使ってみる。もちろん、**記号法**でも網目電流法や節点電圧法を使うことも可能だ。

起電力 $\dot{E}_1$、$\dot{E}_2$ と**インピーダンス** $\dot{Z}_1$、$\dot{Z}_2$、$\dot{Z}_3$ で構成された〈図03-01〉の回路で、各部の電流を求めてみる。まずは、すべての**枝**に**枝電流**を割り当てる。この回路の枝は3本なので、ここでは枝電流 $\dot{I}_1$、$\dot{I}_2$、$\dot{I}_3$ としている。

次に、**節点**に電流方程式を立てる。立てるべき電流方程式の数は¦(節点の数)−1¦になる。この回路は節点が2つなので、立てるべき電流方程式は1本だ。節点aについて電流方程式を立てると、〈式03-02〉になる。

続いて、**独立の閉回路**に対して電圧方程式を立てる。独立の閉回路の数は¦(枝の数)−(節点の数)+1¦で確認できる。この回路の独立の閉回路は2つなので、2本の電圧方程式が必要だ。ここでは図に示した方向にたどって、閉回路Iの電圧方程式〈式03-03〉と閉回路IIの電圧方程式〈式03-04〉を立てている。

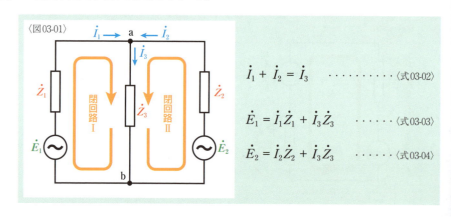

この3本の連立方程式を解いて未知数である枝電流 $\dot{I}_1$、$\dot{I}_2$、$\dot{I}_3$ を求めることになる。連立方程式にはさまざまな解き方があるので、自分の使いやすい方法で解けばいい。ここでは、まず電流方程式を2本の電圧方程式に代入して〈式03-05〉と〈式03-06〉にし、未知数 $\dot{I}_3$ をなくしている。さらに、それぞれの式を $\dot{I}_2$ についてまとめて、〈式03-07〉と〈式03-08〉にしている。この2式はどちらも $\dot{I}_2$ を表わす式なので、〈式03-09〉のように表わすことができる。これで未知数が $\dot{I}_1$ だけの式になるので、両辺を整理し $\dot{I}_1$ についてまとめれば、枝電流 $\dot{I}_1$ を求められる。

$$\dot{E}_1 = \dot{I}_1 \dot{Z}_1 + (\dot{I}_1 + \dot{I}_2)\dot{Z}_3 \quad \cdots \langle 式03\text{-}05 \rangle \qquad \dot{E}_2 = \dot{I}_2 \dot{Z}_2 + (\dot{I}_1 + \dot{I}_2)\dot{Z}_3 \quad \cdots \langle 式03\text{-}06 \rangle$$

$$\dot{I}_2 = \frac{\dot{E}_1 - \dot{I}_1(\dot{Z}_1 + \dot{Z}_3)}{\dot{Z}_3} \quad \cdots \langle 式03\text{-}07 \rangle \qquad \dot{I}_2 = \frac{\dot{E}_2 - \dot{I}_1 \dot{Z}_3}{(\dot{Z}_2 + \dot{Z}_3)} \quad \cdots \langle 式03\text{-}08 \rangle$$

$$\frac{\dot{E}_1 - \dot{I}_1(\dot{Z}_1 + \dot{Z}_3)}{\dot{Z}_3} = \frac{\dot{E}_2 - \dot{I}_1 \dot{Z}_3}{(\dot{Z}_2 + \dot{Z}_3)} \quad \cdots\cdots\cdots \langle 式03\text{-}09 \rangle$$

$$\dot{E}_1(\dot{Z}_2 + \dot{Z}_3) - \dot{I}_1(\dot{Z}_1\dot{Z}_2 + \dot{Z}_1\dot{Z}_3 + \dot{Z}_2\dot{Z}_3 + \dot{Z}_3^{\ 2}) = \dot{E}_2\dot{Z}_3 - \dot{I}_1\dot{Z}_3^{\ 2} \quad \cdots\cdots \langle 式03\text{-}10 \rangle$$

$$\dot{I}_1 = \frac{\dot{E}_1(\dot{Z}_2 + \dot{Z}_3) - \dot{E}_2 \dot{Z}_3}{\dot{Z}_1\dot{Z}_2 + \dot{Z}_1\dot{Z}_3 + \dot{Z}_2\dot{Z}_3} \quad \cdots\cdots \langle 式03\text{-}11 \rangle$$

$\dot{I}_1$ が求められれば、〈式03-07〉もしくは〈式03-08〉に代入すれば、$\dot{I}_2$ が求められる。さらに、$\dot{I}_1$ と $\dot{I}_2$ から〈式03-02〉によって $\dot{I}_3$ を求めることができる。途中の式は省略するが、$\dot{I}_2$ と $\dot{I}_3$ は以下のようになる。

$$\dot{I}_2 = \frac{\dot{E}_2(\dot{Z}_1 + \dot{Z}_3) - \dot{E}_1\dot{Z}_3}{\dot{Z}_1\dot{Z}_2 + \dot{Z}_1\dot{Z}_3 + \dot{Z}_2\dot{Z}_3} \quad \cdots\cdots \langle 式03\text{-}12 \rangle$$

$$\dot{I}_3 = \frac{\dot{E}_1\dot{Z}_2 + \dot{E}_2\dot{Z}_1}{\dot{Z}_1\dot{Z}_2 + \dot{Z}_1\dot{Z}_3 + \dot{Z}_2\dot{Z}_3} \quad \cdots\cdots \langle 式03\text{-}13 \rangle$$

以上のように、記号法でもキルヒホッフの法則を活用することができる。実際の数値で解析する場合、既知の情報は**直交座標表示**であったり**極座標表示**であったりする。こうした場合、途中の段階で実際の数値に置き換えたほうがスムーズに計算が進むこともあれば、式を解いてから実際の数値を代入したほうが簡単に計算できることもある。どちらを選ぶかの感覚は、数多くの回路を解いた経験によって身につくものだ。

なお、網目電流法を使う場合には、**網目電流**は電流のフェーザとして設定する必要があるし、節点電圧法を使う場合には、**節点電圧**は電圧のフェーザとして設定する必要がある。

重ねの定理

[複雑な交流回路の解析]

Chapter 15 Section 04

複数の電源がある回路の解析で重宝する重ねの定理も記号法ならば交流回路に適用することができる。電源ごとに回路を解析し、その結果を合成すればいい。

▶交流回路の重ねの定理

交流回路の**重ねの定理**は、「回路に複数の電源がある時、回路の任意の点の電流及び電圧のフェーザは、それぞれの電源が単独で存在した場合のフェーザの和に等しい」と考えられる。つまり、1つだけ電源を残した**分離回路**ごとに解析を行い、その結果を合成すればいい。守らなければいけないルールは、**取り除く電源が電圧源の場合は短絡、電流源の場合は開放に**

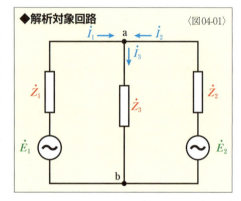

◆解析対象回路 〈図04-01〉

するということだ。ここでは前のSectionと同じ回路を解析してみよう。既知の情報が**起電力**と**インピーダンス**であり、求めるのが各枝の枝電流 $\dot{I}_1$、$\dot{I}_2$、$\dot{I}_3$ だ。

まずは、電源 $\dot{E}_1$ を残し電圧源である $\dot{E}_2$ を短絡した分離回路Ⅰを解析する。枝電流は $\dot{I}_1'$、$\dot{I}_2'$、$\dot{I}_3'$ とする。並列接続の $\dot{Z}_2$ と $\dot{Z}_3$ を**和分の積の式**で求め、そこに直列接続の $\dot{Z}_1$ を加えた合成インピーダンスから $\dot{I}_1'$ が求められる。$\dot{I}_2'$ と $\dot{I}_3'$ は $\dot{I}_1'$ から**分流式**で求められる。

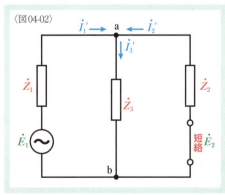

〈図04-02〉

$$\dot{I}_1' = \frac{\dot{E}_1}{\dot{Z}_1 + \left(\dfrac{\dot{Z}_2 \dot{Z}_3}{\dot{Z}_2 + \dot{Z}_3}\right)} \quad \cdots \langle 式04\text{-}03\rangle$$

$$= \frac{\dot{E}_1(\dot{Z}_2 + \dot{Z}_3)}{\dot{Z}_1\dot{Z}_2 + \dot{Z}_1\dot{Z}_3 + \dot{Z}_2\dot{Z}_3} \quad \langle 式04\text{-}04\rangle$$

$$\dot{I}_2' = -\dot{I}_1' \frac{\dot{Z}_3}{\dot{Z}_2 + \dot{Z}_3} \qquad \cdots \cdots \langle 式04\text{-}05\rangle$$

$$= -\frac{\dot{E}_1 \dot{Z}_3}{\dot{Z}_1 \dot{Z}_2 + \dot{Z}_1 \dot{Z}_3 + \dot{Z}_2 \dot{Z}_3} \qquad \langle 式04\text{-}06\rangle$$

$$\dot{I}_3' = \dot{I}_1' \frac{\dot{Z}_2}{\dot{Z}_2 + \dot{Z}_3} \qquad \cdots \cdots \langle 式04\text{-}07\rangle$$

$$= \frac{\dot{E}_1 \dot{Z}_2}{\dot{Z}_1 \dot{Z}_2 + \dot{Z}_1 \dot{Z}_3 + \dot{Z}_2 \dot{Z}_3} \qquad \cdot \langle 式04\text{-}08\rangle$$

電源$\dot{E}_2$を残した分離回路IIの枝電流$\dot{I}_1''$、$\dot{I}_2''$、$\dot{I}_3''$も、まったく同じ手法で求められる。

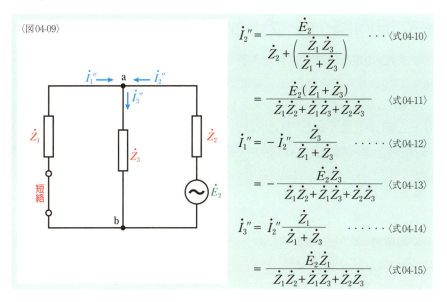

〈図04-09〉

$$\dot{I}_2'' = \frac{\dot{E}_2}{\dot{Z}_2 + \left(\dfrac{\dot{Z}_1 \dot{Z}_3}{\dot{Z}_1 + \dot{Z}_3}\right)} \qquad \cdots \langle 式04\text{-}10\rangle$$

$$= \frac{\dot{E}_2(\dot{Z}_1 + \dot{Z}_3)}{\dot{Z}_1 \dot{Z}_2 + \dot{Z}_1 \dot{Z}_3 + \dot{Z}_2 \dot{Z}_3} \qquad \langle 式04\text{-}11\rangle$$

$$\dot{I}_1'' = -\dot{I}_2'' \frac{\dot{Z}_3}{\dot{Z}_1 + \dot{Z}_3} \qquad \cdots \cdots \langle 式04\text{-}12\rangle$$

$$= -\frac{\dot{E}_2 \dot{Z}_3}{\dot{Z}_1 \dot{Z}_2 + \dot{Z}_1 \dot{Z}_3 + \dot{Z}_2 \dot{Z}_3} \qquad \langle 式04\text{-}13\rangle$$

$$\dot{I}_3'' = \dot{I}_2'' \frac{\dot{Z}_1}{\dot{Z}_1 + \dot{Z}_3} \qquad \cdots \cdots \langle 式04\text{-}14\rangle$$

$$= \frac{\dot{E}_2 \dot{Z}_1}{\dot{Z}_1 \dot{Z}_2 + \dot{Z}_1 \dot{Z}_3 + \dot{Z}_2 \dot{Z}_3} \qquad \langle 式04\text{-}15\rangle$$

それぞれの分離回路の枝電流が求められたら、合成して回路本来の枝電流を求めることができる。分離回路の枝電流を加算するだけでよい。当然、前のSectionでキルヒホッフの法則を適用して解析したのと同じ結果が得られる。

$$\dot{I}_1 = \dot{I}_1' + \dot{I}_1'' = \frac{\dot{E}_1(\dot{Z}_2 + \dot{Z}_3)}{\dot{Z}_1 \dot{Z}_2 + \dot{Z}_1 \dot{Z}_3 + \dot{Z}_2 \dot{Z}_3} - \frac{\dot{E}_2 \dot{Z}_3}{\dot{Z}_1 \dot{Z}_2 + \dot{Z}_1 \dot{Z}_3 + \dot{Z}_2 \dot{Z}_3} \qquad \cdots \langle 式04\text{-}16\rangle$$

$$= \frac{\dot{E}_1(\dot{Z}_2 + \dot{Z}_3) - \dot{E}_2 \dot{Z}_3}{\dot{Z}_1 \dot{Z}_2 + \dot{Z}_1 \dot{Z}_3 + \dot{Z}_2 \dot{Z}_3} \qquad \cdots \cdots \langle 式04\text{-}17\rangle$$

$$\dot{I}_2 = \dot{I}_2' + \dot{I}_2'' = \frac{\dot{E}_2(\dot{Z}_1 + \dot{Z}_3) - \dot{E}_1 \dot{Z}_3}{\dot{Z}_1 \dot{Z}_2 + \dot{Z}_1 \dot{Z}_3 + \dot{Z}_2 \dot{Z}_3} \qquad \cdots \cdots \langle 式04\text{-}18\rangle$$

$$\dot{I}_3 = \dot{I}_3' + \dot{I}_3'' = \frac{\dot{E}_1 \dot{Z}_2 + \dot{E}_2 \dot{Z}_1}{\dot{Z}_1 \dot{Z}_2 + \dot{Z}_1 \dot{Z}_3 + \dot{Z}_2 \dot{Z}_3} \qquad \cdots \cdots \langle 式04\text{-}19\rangle$$

テブナンの定理

[複雑な交流回路の解析]

Chapter 15 Section 05

回路内の特定のインピーダンスを流れる電流を求める際に重宝するテブナンの定理も記号法で交流回路に適用できる。負荷を外して電圧とインピーダンスを求めればいい。

▶交流回路のテブナンの定理

　テブナンの定理も記号法を使えば交流回路に成立し、回路内の特定のインピーダンスを流れる電流を求めることができる。「電源を含む回路の任意の端子a−b間のインピーダンス$\dot{Z}$を流れる電流$\dot{I}$は、インピーダンス$\dot{Z}$を取り除いてa−b間を開放した時に生じる開放電圧$\dot{V_0}$と等しい起電力$\dot{E_0}$と、回路内のすべての電源を取り除いてa−b間から回路を見た時のインピーダンスを$\dot{Z_0}$によって、$\dot{I} = \dfrac{\dot{E_0}}{\dot{Z_0}+\dot{Z}}$と表わすことができる」と説明することができるが、テブナンの定理は、言葉で説明するのが難しい定理だ。実際に何度も定理を利用して回路を解析することで、定理の考え方や解析手順を身につけるようにすべきだ。

　ここでも、キルヒホッフの法則や重ねの定理で解析した回路を解析してみよう。既知の情報が**起電力**と**インピーダンス**であり、求めるのはインピーダンス$\dot{Z_3}$を流れる電流$\dot{I_3}$だ。Chapter04の「テブナンの定理」での解析（P124参照）では、テブナンの定理をイメージしやすいように変形した回路図を提示したが、ここでは変形を行っていない。

　まず求めるのが、インピーダンス$\dot{Z_3}$を取り外した端子a−b間の**開放電圧**$\dot{V_0}$だ。$\dot{Z_1}$と$\dot{Z_2}$の電圧降下をそれぞれ$\dot{V_1}$、$\dot{V_2}$とし、端子bを電圧の基準にして時計回りに回路をたどってみると、〈式05-03〉のように**電圧方程式**を立てることができる。また、直列接続の$\dot{V_1}$と$\dot{V_2}$は起電力$\dot{E_1}-\dot{E_2}$を**分圧**しているので、**分圧式**によって〈式05-04〉のように$\dot{V_1}$を求めることができる。端子bから時計回りに回路をたどってみると、起電力$\dot{E_1}$の分だけ電圧が上昇し、$\dot{V_1}$の分だけ電圧降下した電圧が端子aの**基準からの電圧**になる。いっぽう端子bは電圧の基準なので、〈式05-07〉のように端子a−b間の開放電圧$\dot{V_0}$を求めることができる。

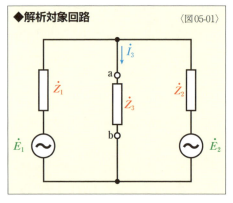

◆解析対象回路　〈図05-01〉

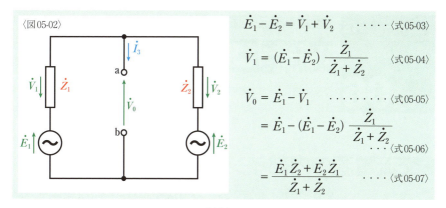

〈図05-02〉

$$\dot{E}_1 - \dot{E}_2 = \dot{V}_1 + \dot{V}_2 \quad \cdots \cdot \langle 式05\text{-}03 \rangle$$

$$\dot{V}_1 = (\dot{E}_1 - \dot{E}_2) \frac{\dot{Z}_1}{\dot{Z}_1 + \dot{Z}_2} \quad \langle 式05\text{-}04 \rangle$$

$$\dot{V}_0 = \dot{E}_1 - \dot{V}_1 \quad \cdots \cdots \cdot \langle 式05\text{-}05 \rangle$$

$$= \dot{E}_1 - (\dot{E}_1 - \dot{E}_2) \frac{\dot{Z}_1}{\dot{Z}_1 + \dot{Z}_2}$$
$$\cdots \langle 式05\text{-}06 \rangle$$

$$= \frac{\dot{E}_1 \dot{Z}_2 + \dot{E}_2 \dot{Z}_1}{\dot{Z}_1 + \dot{Z}_2} \quad \cdots \cdot \langle 式05\text{-}07 \rangle$$

$\dot{Z}_0$を求めるのは簡単だ。電源$\dot{E}_1$と$\dot{E}_2$を短絡すると、端子a−b間はインピーダンス$\dot{Z}_1$と$\dot{Z}_2$の**並列接続**になるので、**和分の積の式**で$\dot{Z}_0$が求められる。

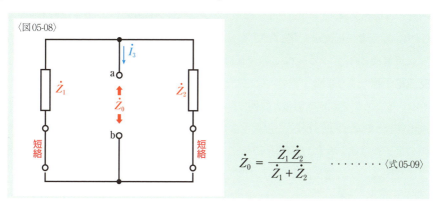

〈図05-08〉

$$\dot{Z}_0 = \frac{\dot{Z}_1 \dot{Z}_2}{\dot{Z}_1 + \dot{Z}_2} \quad \cdots \cdots \cdot \langle 式05\text{-}09 \rangle$$

最後にテブナンの定理の式である〈式05-11〉に$\dot{V}_0$と$\dot{Z}_0$を代入すれば$\dot{I}_3$が求められる。得られた結果は、当然のごとくキルヒホッフの法則や重ねの定理で解析した場合と同じだ。

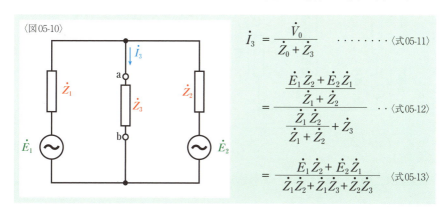

〈図05-10〉

$$\dot{I}_3 = \frac{\dot{V}_0}{\dot{Z}_0 + \dot{Z}_3} \quad \cdots \cdots \cdot \langle 式05\text{-}11 \rangle$$

$$= \frac{\dfrac{\dot{E}_1 \dot{Z}_2 + \dot{E}_2 \dot{Z}_1}{\dot{Z}_1 + \dot{Z}_2}}{\dfrac{\dot{Z}_1 \dot{Z}_2}{\dot{Z}_1 + \dot{Z}_2} + \dot{Z}_3} \quad \cdot \cdot \langle 式05\text{-}12 \rangle$$

$$= \frac{\dot{E}_1 \dot{Z}_2 + \dot{E}_2 \dot{Z}_1}{\dot{Z}_1 \dot{Z}_2 + \dot{Z}_1 \dot{Z}_3 + \dot{Z}_2 \dot{Z}_3} \quad \langle 式05\text{-}13 \rangle$$

［複雑な交流回路の解析］
交流電圧源と交流電流源の変換

Chapter 15 Section 06

交流定電圧源と交流定電流源は一定の条件が整うと相互に等価変換できる。この変換を利用すると回路を簡素化でき、解析が容易に行えることがある。

▶交流電源の内部インピーダンス

　本書で扱っている電源は**理想の電源**であり、**交流電源**の場合は**交流定電圧源**と**交流定電流源**だ。これらは負荷が変化しても一定の電圧、もしくは一定の電流を保つことができる。しかし、**現実の電源**では異なる。現実の交流電源には、**直流電源**の**内部抵抗**に相当する**内部インピーダンス**というものがあると考えることができ、負荷によって電圧源の電圧が変化したり、電流源の電流が変化したりする。

　交流電源と内部インピーダンスの関係は、直流電源と内部抵抗の関係とまったく同じだ。**交流電圧源**では内部インピーダンスが交流定電圧源と**直列**に存在し、**交流電流源**では内部インピーダンスが交流定電流源と**並列**に存在すると考えることができる。直流電源の内部抵抗の場合とまったく同じように式を展開することで、内部インピーダンスの影響を受けた交流電源の電圧や電流を示すことができる。ここでは式による説明を省略するが（P76～77参照）、交流電圧源、交流電流源それぞれの電圧と電流は以下のようになる。

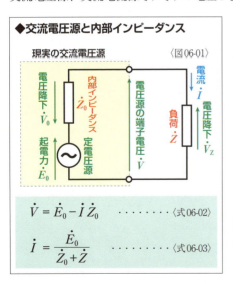

◆交流電圧源と内部インピーダンス

現実の交流電圧源　〈図06-01〉

$$\dot{V} = \dot{E}_0 - \dot{I}\dot{Z}_0 \quad \cdots \cdots \langle 式06\text{-}02\rangle$$

$$\dot{I} = \frac{\dot{E}_0}{\dot{Z}_0 + \dot{Z}} \quad \cdots \cdots \langle 式06\text{-}03\rangle$$

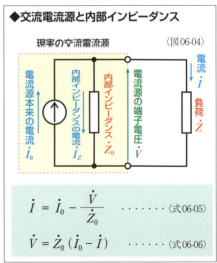

◆交流電流源と内部インピーダンス

現実の交流電流源　〈図06-04〉

$$\dot{I} = \dot{I}_0 - \frac{\dot{V}}{\dot{Z}_0} \quad \cdots \cdots \langle 式06\text{-}05\rangle$$

$$\dot{V} = \dot{Z}_0(\dot{I}_0 - \dot{I}) \quad \cdots \cdots \langle 式06\text{-}06\rangle$$

▶交流定電圧源と交流定電流源の等価変換

　直流回路では**内部抵抗**と見なすことができる抵抗を利用して**理想の電源**である**定電圧源**と**定電流源**を**等価変換**することができる（P128参照）。この変換を利用すると、複雑な構造の回路をシンプルに表わすことができ、解析が容易になることがある。交流回路でも同じように**内部インピーダンス**と見なすことができる**インピーダンス**が回路に存在すれば、**交流定電圧源**と**交流定電流源**を等価変換することができる。

　左ページの内部インピーダンスの説明と同じように、直流の場合とまったく同じように式を展開することで等価変換が可能なことを説明できるのでここでは省略するが、〈図06-07〉のように定電圧源 $\dot{E}_0$ と直列にインピーダンス $\dot{Z}_V$ が存在する場合、$\dot{Z}_V$ を内部インピーダンスと見なすことができ、内部インピーダンスが並列に存在する定電流源に等価変換することができる。変換後の定電流源 $\dot{I}_0$ は〈式06-11〉のように求めることができ、その定電流源と並列にする内部インピーダンス $\dot{Z}_C$ は〈式06-12〉で示すように $\dot{Z}_V$ と同じにすればよい。これにより、負荷 $\dot{Z}$ の端子電圧 $\dot{V}$ と電流 $\dot{I}$ を同じ状態に保つことができる。

　いっぽう、定電流源から定電圧源への等価変換の条件は〈式06-08〉と〈式06-09〉で示すことができる。〈式06-08〉によって変換後の定電圧源 $\dot{E}_0$ を求めることができる。この場合もやはり変換後の内部インピーダンス $\dot{Z}_V$ は変換前の $\dot{Z}_C$ と同じだ。

　要するに、変換前後で内部インピーダンスは同じであり、定電圧源の電圧と定電流源の電流、内部インピーダンスの間にはオームの法則が成立するということになる。

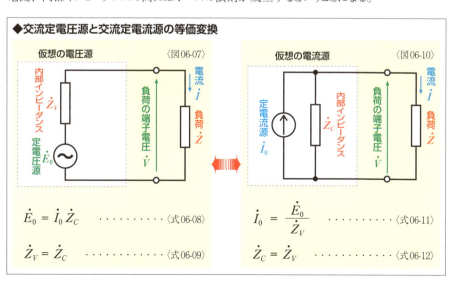

◆交流定電圧源と交流定電流源の等価変換

$\dot{E}_0 = \dot{I}_0 \dot{Z}_C$ ……〈式06-08〉

$\dot{Z}_V = \dot{Z}_C$ ……〈式06-09〉

$\dot{I}_0 = \dfrac{\dot{E}_0}{\dot{Z}_V}$ ……〈式06-11〉

$\dot{Z}_C = \dot{Z}_V$ ……〈式06-12〉

Chapter 15 ［複雑な交流回路の解析］
Section 07

インピーダンスのΔ－Y変換

Δ結線とY結線は三相交流回路では欠かせない知識だが、等価変換を利用するとインピーダンスの複雑な直並列接続を簡単に解析できることがある。

▶ Δ結線とY結線の相互変換

直流では抵抗のΔ結線（デルタ結線、三角結線、△結線）とY結線（スター結線、星形結線、Λ結線）のΔ-Y等価変換が可能だが、交流でもインピーダンスのΔ結線とY結線を等価変換できる。この変換を利用することでオームの法則だけでは解析できないようなインピーダンスの**直並列接続**を簡単に解析できる回路に変換できることがある。また、インピーダンスのΔ結線とY結線はChapter16以降で説明する**三相交流回路**では欠かせない知識だ。

直流の抵抗の場合と同じように式を展開すれば等価変換が可能なことを説明できるのでここでは省略するが、**不平衡負荷Δ結線**と**不平衡負荷Y結線**、また**平衡負荷Δ結線**と**平衡負荷Y結線**それぞれの**Δ→Y変換**と**Y→Δ変換**は、以下のように示すことができる。解き方さえ知っていればいつでも式を求められるが、**Δ-Y変換**の公式として暗記しておけば、スムーズに活用できる。なお、Y→Δ等価変換について〈式07-11～13〉と〈式07-14～16〉の2組の式を掲載してあるが、変形してあるだけなので、覚えやすいほうを覚えればいい。

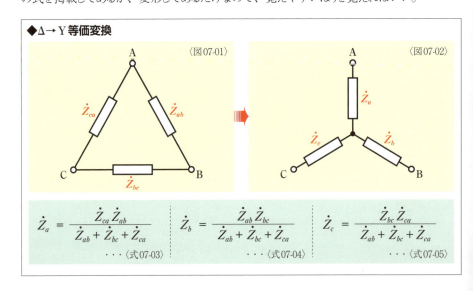

◆Δ→Y等価変換

〈図07-01〉　〈図07-02〉

$$\dot{Z}_a = \frac{\dot{Z}_{ca}\dot{Z}_{ab}}{\dot{Z}_{ab}+\dot{Z}_{bc}+\dot{Z}_{ca}} \quad \dot{Z}_b = \frac{\dot{Z}_{ab}\dot{Z}_{bc}}{\dot{Z}_{ab}+\dot{Z}_{bc}+\dot{Z}_{ca}} \quad \dot{Z}_c = \frac{\dot{Z}_{bc}\dot{Z}_{ca}}{\dot{Z}_{ab}+\dot{Z}_{bc}+\dot{Z}_{ca}}$$

・・・〈式07-03〉　・・・〈式07-04〉　・・・〈式07-05〉

◆ 平衡 Δ → Y 等価変換

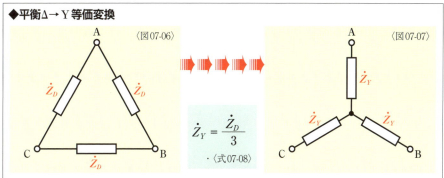

◆ Y → Δ 等価変換

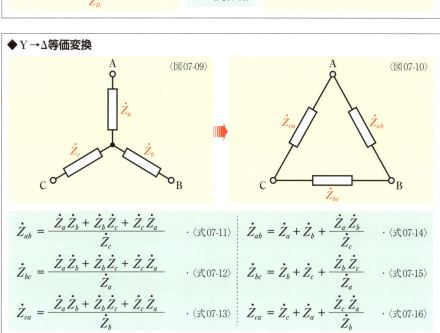

◆ 平衡 Y → Δ 等価変換

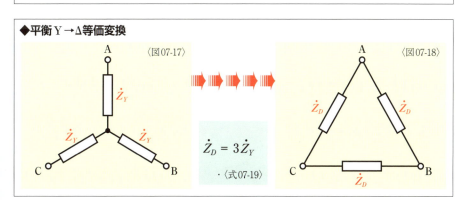

［複雑な交流回路の解析］
定電流回路と定電圧回路

交流ならではの特殊な回路が定電流回路と定電圧回路だ。負荷の大きさが変化しても、電流もしくは電圧を一定に保つ回路を構成することができる。

▶定電流回路

　Chapter15で取り上げてきたのは、複雑な交流回路の解析に役立つ法則や定理、等価変換だが、このSectionで取り上げるのは交流ならではの特殊な回路だ。

　交流定電圧源に**負荷**として**インピーダンス**を接続した場合、その大きさによって流れる**電流**の大きさがかわる。しかし、〈図08-01〉のような回路を構成し、$\dot{Z}_1 + \dot{Z}_2 = 0$ になるようにインピーダンス $\dot{Z}_1$、$\dot{Z}_2$ を設定すると、インピーダンス $\dot{Z}$ を流れる電流 $\dot{I}$ は、$\dot{Z}$ の大きさをかえても常に一定になる。こうした回路を**定電流回路**という。

　交流定電圧源 $\dot{E}$ からの電流 $\dot{I}_0$ は、3つのインピーダンスの合成インピーダンス $\dot{Z}_0$ によって決まる。$\dot{Z}_0$ は、$\dot{Z}_2$ と $\dot{Z}$ の並列接続に $\dot{Z}_1$ を直列接続したものなので、〈式08-04〉のように表わせ、ここから $\dot{I}_0$ が〈式08-06〉のように表わせる。さらに、電流 $\dot{I}$ は**分流式**から〈式08-08〉のように表わすことができる。

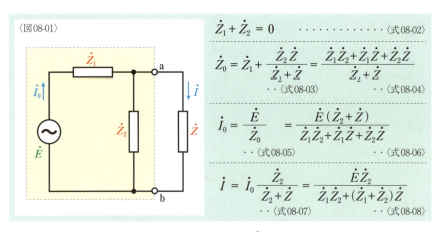

〈図08-01〉

$$\dot{Z}_1 + \dot{Z}_2 = 0 \qquad \cdots \text{〈式08-02〉}$$

$$\dot{Z}_0 = \dot{Z}_1 + \frac{\dot{Z}_2 \dot{Z}}{\dot{Z}_2 + \dot{Z}} = \frac{\dot{Z}_1 \dot{Z}_2 + \dot{Z}_1 \dot{Z} + \dot{Z}_2 \dot{Z}}{\dot{Z}_2 + \dot{Z}}$$
$$\cdots \text{〈式08-03〉} \qquad \cdots \text{〈式08-04〉}$$

$$\dot{I}_0 = \frac{\dot{E}}{\dot{Z}_0} = \frac{\dot{E}(\dot{Z}_2 + \dot{Z})}{\dot{Z}_1 \dot{Z}_2 + \dot{Z}_1 \dot{Z} + \dot{Z}_2 \dot{Z}}$$
$$\cdots \text{〈式08-05〉} \qquad \cdots \text{〈式08-06〉}$$

$$\dot{I} = \dot{I}_0 \frac{\dot{Z}_2}{\dot{Z}_2 + \dot{Z}} = \frac{\dot{E} \dot{Z}_2}{\dot{Z}_1 \dot{Z}_2 + (\dot{Z}_1 + \dot{Z}_2) \dot{Z}}$$
$$\cdots \text{〈式08-07〉} \qquad \cdots \text{〈式08-08〉}$$

　〈式08-08〉において回路の条件である〈式08-02〉が満たされると、電流 $\dot{I}$ を求める式から $\dot{Z}$ が消える。つまり、$\dot{Z}$ の値にかかわらず電流 $\dot{I}$ が一定であることがわかる。実際に条件を満たす定電流回路には〈図08-09〉のような回路が考えられる。インダクタンスを L、静電容

量をC、電源の角速度をωとすると、$\dot{Z}_1$と$\dot{Z}_2$は〈式08-10〉と〈式08-11〉で表わすことができる。ここから、定電流回路の条件を満たす関係を〈式08-15〉のように表わせる。

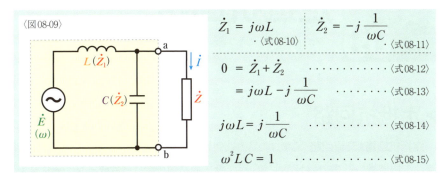

〈図08-09〉

$$\dot{Z}_1 = j\omega L \quad \cdots \text{〈式08-10〉}$$
$$\dot{Z}_2 = -j\frac{1}{\omega C} \quad \cdots \text{〈式08-11〉}$$
$$0 = \dot{Z}_1 + \dot{Z}_2 \quad \cdots \text{〈式08-12〉}$$
$$= j\omega L - j\frac{1}{\omega C} \quad \cdots \text{〈式08-13〉}$$
$$j\omega L = j\frac{1}{\omega C} \quad \cdots \text{〈式08-14〉}$$
$$\omega^2 LC = 1 \quad \cdots \text{〈式08-15〉}$$

〈式08-15〉から、定電流回路は電源の角速度に依存する回路であることがわかる。なお、この回路はLとCの位置を入れ替えても定電流回路として成立する。

▶定電圧回路

定電流回路とは逆に、**交流定電流源**を利用して**負荷**にかかる**電圧**が**インピーダンス**の大きさにかかわらず常に一定になる**定電圧回路**を構成できる。定電圧回路は〈図08-16〉のような回路であり、条件は定電流回路と同じく$\dot{Z}_1 + \dot{Z}_2 = 0$だ。この回路では、全体の合成インピーダンス$\dot{Z}_0$から全体の端子電圧$\dot{V}_0$を求め、**分圧式**によって電圧$\dot{V}$を求めることになる。

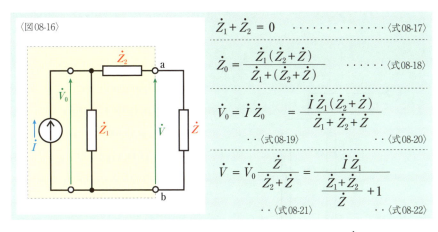

〈図08-16〉

$$\dot{Z}_1 + \dot{Z}_2 = 0 \quad \cdots \text{〈式08-17〉}$$
$$\dot{Z}_0 = \frac{\dot{Z}_1(\dot{Z}_2 + \dot{Z})}{\dot{Z}_1 + (\dot{Z}_2 + \dot{Z})} \quad \cdots \text{〈式08-18〉}$$
$$\dot{V}_0 = \dot{I}\dot{Z}_0 = \frac{\dot{I}\dot{Z}_1(\dot{Z}_2 + \dot{Z})}{\dot{Z}_1 + \dot{Z}_2 + \dot{Z}} \quad \cdots \text{〈式08-19〉}\,\text{〈式08-20〉}$$
$$\dot{V} = \dot{V}_0 \frac{\dot{Z}}{\dot{Z}_2 + \dot{Z}} = \frac{\dot{I}\dot{Z}_1}{\frac{\dot{Z}_1 + \dot{Z}_2}{\dot{Z}} + 1} \quad \cdots \text{〈式08-21〉}\,\text{〈式08-22〉}$$

〈式08-22〉において回路の条件である〈式08-17〉が満たされると、電圧$\dot{V}$を求める式から$\dot{Z}$が消える。つまり、$\dot{Z}$の値にかかわらず電圧$\dot{V}$が一定であることがわかる。条件が同じであるため、〈式08-15〉の関係があるLとCによって定電圧回路も成立させることが可能だ。

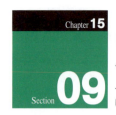

定抵抗回路

[複雑な交流回路の解析]

Chapter 15 Section 09

インピーダンスは交流の周波数の影響を受けるが、定抵抗回路は周波数が変化しても合成インピーダンスが一定の抵抗になる交流ならではの特殊な回路だ。

▶定抵抗回路

定抵抗回路も**交流回路**ならではの特殊な回路だ。交流回路の**インピーダンス**は通常は交流の**周波数**の影響を受ける。しかし、定抵抗回路の場合は、**合成インピーダンス**が周波数によらず常に一定の**抵抗**になる。

定抵抗回路にはさまざまな構造のものがあるが、たとえば〈図09-01〉のような回路で、インピーダンス$\dot{Z}_1$、$\dot{Z}_2$と抵抗Rの間に、$\dot{Z}_1\dot{Z}_2 = R^2$の関係があると、端子a−b間は周波数によらず常にRになる。実際に合成インピーダンス$\dot{Z}_{ab}$を求めてみよう。

合成インピーダンス$\dot{Z}_{ab}$は、$\dot{Z}_1$とRの直列接続と、$\dot{Z}_2$とRの直列接続が、並列接続されているものなので、$\dot{Z}_1$とRの加算結果と、$\dot{Z}_2$とRの加算結果から、**和分の積の式**で〈式09-03〉のように求めることができ、〈式09-04〉のように展開できる。この式の$\dot{Z}_1\dot{Z}_2$の部分にのみ、条件である〈式09-02〉を代入して整理していくと、〈式09-07〉のようにRだけになってしまう。この式には**リアクタンス**で表わされる部分がまったくないので、周波数の影響を受けないことになる。

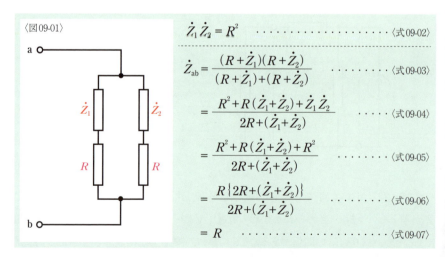

〈図09-01〉

$\dot{Z}_1\dot{Z}_2 = R^2$ ……〈式09-02〉

$\dot{Z}_{ab} = \dfrac{(R+\dot{Z}_1)(R+\dot{Z}_2)}{(R+\dot{Z}_1)+(R+\dot{Z}_2)}$ ……〈式09-03〉

$= \dfrac{R^2 + R(\dot{Z}_1+\dot{Z}_2) + \dot{Z}_1\dot{Z}_2}{2R+(\dot{Z}_1+\dot{Z}_2)}$ ……〈式09-04〉

$= \dfrac{R^2 + R(\dot{Z}_1+\dot{Z}_2) + R^2}{2R+(\dot{Z}_1+\dot{Z}_2)}$ ……〈式09-05〉

$= \dfrac{R\{2R+(\dot{Z}_1+\dot{Z}_2)\}}{2R+(\dot{Z}_1+\dot{Z}_2)}$ ……〈式09-06〉

$= R$ ……〈式09-07〉

〈図09-08〉も同じく$\dot{Z}_1\dot{Z}_2 = R^2$の関係で成立する定抵抗回路だ。Chaper03の「回路図の変形（P68参照）」で説明したように、この回路は、$\dot{Z}_1$とRの並列接続と、$\dot{Z}_2$とRの並列接続が、直列接続されているので、合成インピーダンス$\dot{Z}_{ab}$は〈式09-10〉のように求めることができる。この式を展開した〈式09-12〉の$\dot{Z}_1\dot{Z}_2$の部分に条件である〈式09-09〉を代入して整理していくと、〈式09-15〉のようにRだけになり、定抵抗回路であることが確認できる。

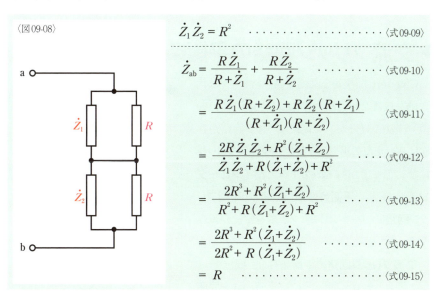

〈図09-08〉

$$\dot{Z}_1\dot{Z}_2 = R^2 \qquad \cdots \cdots \langle 式09\text{-}09\rangle$$

$$\dot{Z}_{ab} = \frac{R\dot{Z}_1}{R+\dot{Z}_1} + \frac{R\dot{Z}_2}{R+\dot{Z}_2} \qquad \cdots \langle 式09\text{-}10\rangle$$

$$= \frac{R\dot{Z}_1(R+\dot{Z}_2) + R\dot{Z}_2(R+\dot{Z}_1)}{(R+\dot{Z}_1)(R+\dot{Z}_2)} \qquad \langle 式09\text{-}11\rangle$$

$$= \frac{2R\dot{Z}_1\dot{Z}_2 + R^2(\dot{Z}_1+\dot{Z}_2)}{\dot{Z}_1\dot{Z}_2 + R(\dot{Z}_1+\dot{Z}_2) + R^2} \qquad \cdots \langle 式09\text{-}12\rangle$$

$$= \frac{2R^3 + R^2(\dot{Z}_1+\dot{Z}_2)}{R^2 + R(\dot{Z}_1+\dot{Z}_2) + R^2} \qquad \langle 式09\text{-}13\rangle$$

$$= \frac{2R^3 + R^2(\dot{Z}_1+\dot{Z}_2)}{2R^2 + R(\dot{Z}_1+\dot{Z}_2)} \qquad \cdots \langle 式09\text{-}14\rangle$$

$$= R \qquad \cdots \cdots \langle 式09\text{-}15\rangle$$

〈図09-16〉の回路も$\dot{Z}_1\dot{Z}_2 = R^2$の関係で成立する定抵抗回路だ。そのままではオームの法則だけでは解けない回路だが、キルヒホッフの法則などでは解ける。しかし、Chaper04の「抵抗のΔ-Y変換」の活用例（P138参照）で説明したように、左側の$\dot{Z}_1$、$\dot{Z}_2$とRを**Δ結線**と見なし、これを**Y結線**に変換すればオームの法則だけで解くことができる。かなり地道な式の展開が必要だが、合成インピーダンス$\dot{Z}_{ab}$は〈式09-17〉のようになる。ここに条件の式を代入すれば、やはりRだけになる。実際に計算して確かめてみてほしい。インピーダンスのΔ-Y変換はこのChapterのSection07で説明している（P356参照）。

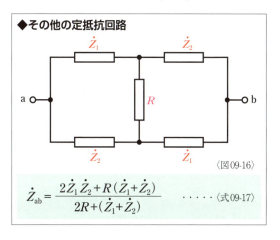

◆その他の定抵抗回路

〈図09-16〉

$$\dot{Z}_{ab} = \frac{2\dot{Z}_1\dot{Z}_2 + R(\dot{Z}_1+\dot{Z}_2)}{2R+(\dot{Z}_1+\dot{Z}_2)} \qquad \cdots \langle 式09\text{-}17\rangle$$

[複雑な交流回路の解析]
交流ブリッジ回路

Chapter 15 Section 10

交流ブリッジ回路も周囲のインピーダンスに特定の関係が成立すると、中央のインピーダンスを電流が流れなくなる特殊な回路だ。各種素子の測定に活用される。

▶交流ブリッジ回路の平衡条件

Chapter04「複雑な直流回路の解析」では代表的な複雑な回路として**ブリッジ回路**（P140参照）を取り上げたが、交流にもブリッジ回路が存在する。交流の場合は**インピーダンスブリッジ**になる。〈図10-01〉のような回路で、**インピーダンス** $\dot{Z}_1 \sim \dot{Z}_4$ に**平衡条件**が成立すると**平衡ブリッジ回路**になり、インピーダンス $\dot{Z}_5$ を電流が流れない。

交流ブリッジ回路の平衡条件も、抵抗ブリッジの場合とまったく同じように**記号法**の式を展開すれば導くことができる。抵抗ブリッジではテブナンの定理やキルヒホッフの法則で平衡条件を解析したが、同じように実際に計算して確かめてみてほしい。結果、交流ブリッジ回路の平衡条件は〈式10-02〉のように導けるはずだ。ただし、この式が**複素ベクトル**の式であることを忘れてはいけない。2つの等式を含んでいるといえる。つまり、右辺と左辺の**実部**同士が等しく、同時に**虚部**同士が等しいことが平衡条件になる。これらを式に表わせば、〈式10-03〉と〈式10-04〉になる。

直流の抵抗ブリッジは**ホイートストンブリッジ**として抵抗器の測定に活用されるが、交流ブリッジはコイルやコンデンサなどさまざまなインピーダンスの測定に応用することができる。もちろん、抵抗器の測定も可能だ。ホイートストンブリッジは電源を交流電源にしても成立する。なお、交流ブリッジによる測定では**交流用検流計**のほか、通電がなくなると音がしなくなる**レシーバ**（**受話器**）というものが使われることもある。

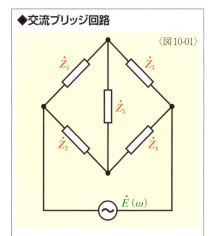

◆交流ブリッジ回路 〈図10-01〉

$$\dot{Z}_1 \dot{Z}_4 = \dot{Z}_2 \dot{Z}_3 \quad \cdots \text{〈式10-02〉}$$

$$\mathrm{Re}(\dot{Z}_1 \dot{Z}_4) = \mathrm{Re}(\dot{Z}_2 \dot{Z}_3) \quad \cdot \text{〈式10-03〉}$$

$$\mathrm{Im}(\dot{Z}_1 \dot{Z}_4) = \mathrm{Im}(\dot{Z}_2 \dot{Z}_3) \quad \cdot \text{〈式10-04〉}$$

▶交流ブリッジによる現実のコイルの測定

　理想のコイルは**インダクタンス**のみとして扱うが、現実のコイルには巻線の**抵抗**がある。**等価回路**で考える場合、通常はインダクタンスと**直列**に抵抗があるとする。こうしたコイルを測定する**交流ブリッジ**にはさまざまな構成が考えられるが、ここでは〈図10-05〉のような回路を使用する。ブリッジの3辺に可変抵抗R_A、R_B、R_Sを配し、R_Sには**並列**に**静電容量**C_Sを接続する。この並列部分の**インピーダンス**$\dot{Z}_S$は、電源の**角速度**をωとすると、**和分の積の式**から〈式10-07〉のように導ける。残る1辺に配置する測定対象のコイルのインダクタンスをL_X、抵抗をR_Xとすると、インピーダンス$\dot{Z}_X$として〈式10-08〉のように表わせる。

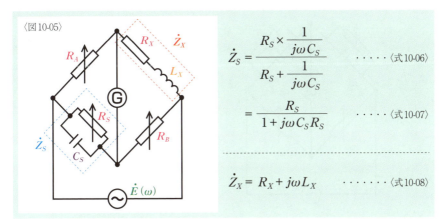

〈図10-05〉

$$\dot{Z}_S = \frac{R_S \times \frac{1}{j\omega C_S}}{R_S + \frac{1}{j\omega C_S}} \quad \cdots\cdots 〈式10\text{-}06〉$$

$$= \frac{R_S}{1 + j\omega C_S R_S} \quad \cdots\cdots 〈式10\text{-}07〉$$

$$\dot{Z}_X = R_X + j\omega L_X \quad \cdots\cdots 〈式10\text{-}08〉$$

　このブリッジの**平衡条件**を式に表わすと〈式10-09〉になる。ここに、〈式10-07〉と〈式10-08〉を代入して整理すると、〈式10-11〉が導かれる。この式は左辺と右辺で**実部**同士と**虚部**同士が等しいので、〈式10-12〉と〈式10-13〉のように表わせる。これらの式を変形すると〈式10-14〉と〈式10-15〉のようにR_A、R_B、R_S、C_SからR_XとL_Xを求める式が導かれる。

$$\dot{Z}_S \dot{Z}_X = R_A R_B \quad \cdots\cdots 〈式10\text{-}09〉$$

$$\frac{R_S(R_X + j\omega L_X)}{1 + j\omega C_S R_S} = R_A R_B \quad \cdots\cdots 〈式10\text{-}10〉$$

$$R_S R_X + j\omega L_X R_S = R_A R_B + j\omega C_S R_A R_B R_S \quad \cdots\cdots 〈式10\text{-}11〉$$

$$R_S R_X = R_A R_B \quad \cdots 〈式10\text{-}12〉 \quad R_X = \frac{R_A R_B}{R_S} \quad \cdots 〈式10\text{-}14〉$$

$$L_X R_S = C_S R_A R_B R_S \quad \cdots 〈式10\text{-}13〉 \quad L_X = C_S R_A R_B \quad \cdots 〈式10\text{-}15〉$$

▶交流ブリッジによる現実のコンデンサの測定

現実の**コンデンサ**には**誘電体**の**抵抗**が存在する。**等価回路**で考える場合、通常は**静電容量**と**並列**に抵抗があると考える。コンデンサを測定する**交流ブリッジ**にもさまざまな構成が考えられるが、ここでは〈図10-16〉のような回路を使用する。ブリッジの3辺に**可変抵抗** R_A、R_B、R_S を配し、R_S には並列に静電容量 C_S を接続する。この並列部分のインピーダンス $\dot{Z}_S$ は、電源の**角速度**を ω とすると、〈式10-18〉のように導ける。測定対象のコンデンサの静電容量を C_X、抵抗を R_X とすると、インピーダンス $\dot{Z}_X$ として〈式10-20〉のように表わせる。

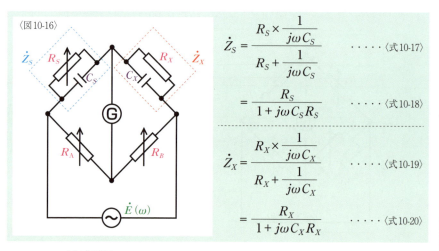

〈図10-16〉

$$\dot{Z}_S = \frac{R_S \times \frac{1}{j\omega C_S}}{R_S + \frac{1}{j\omega C_S}} \quad \cdots \langle 式10\text{-}17\rangle$$

$$= \frac{R_S}{1 + j\omega C_S R_S} \quad \cdots \langle 式10\text{-}18\rangle$$

$$\dot{Z}_X = \frac{R_X \times \frac{1}{j\omega C_X}}{R_X + \frac{1}{j\omega C_X}} \quad \cdots \langle 式10\text{-}19\rangle$$

$$= \frac{R_X}{1 + j\omega C_X R_X} \quad \cdots \langle 式10\text{-}20\rangle$$

このブリッジの**平衡条件**を式に表わすと〈式10-21〉になる。ここに、〈式10-18〉と〈式10-20〉を**代入**して整理すると、〈式10-23〉が導かれる。この式は左辺と右辺で**実部**同士と**虚部**同士が等しいので、〈式10-24〉と〈式10-25〉のように表わせる。これらの式を変形すると〈式10-26〉と〈式10-27〉のように R_A、R_B、R_S、C_S から R_X と C_X を求める式が導かれる。

$$\dot{Z}_X R_A = \dot{Z}_S R_B \quad \cdots \langle 式10\text{-}21\rangle$$

$$\frac{R_A R_X}{1 + j\omega C_X R_X} = \frac{R_B R_S}{1 + j\omega C_S R_S} \quad \cdots \langle 式10\text{-}22\rangle$$

$$R_A R_X + j\omega C_S R_A R_S R_X = R_B R_S + j\omega C_X R_B R_S R_X \quad \cdots \langle 式10\text{-}23\rangle$$

$$R_A R_X = R_B R_S \quad \cdots \langle 式10\text{-}24\rangle \qquad R_X = \frac{R_B}{R_A} R_S \quad \cdots \langle 式10\text{-}26\rangle$$

$$C_S R_A R_S R_X = C_X R_B R_S R_X \quad \cdots \langle 式10\text{-}25\rangle \qquad C_X = C_S \frac{R_A}{R_B} \quad \cdots \langle 式10\text{-}27\rangle$$

[三相交流回路編]

Chapter 16
三相交流の基礎知識

Sec.01：対称三相交流 ・・・・・ 366
Sec.02：三相交流の大きさ ・・・ 368
Sec.03：三相交流の結線 ・・・・ 370

［三相交流の基礎知識］
対称三相交流

複数の交流をまとめて扱う多相交流のなかでも、対称三相交流はもっとも多用されている。この対称三相交流は三相交流発電機によってまとめて発電される。

▶多相交流

Chapter01の「直流と交流（P27参照）」で簡単に説明したが、**交流**には**周波数**は同じだが**位相**が互いに異なった複数の電源電圧・電流をまとめて扱う方式もある。これを**多相交流**という。電源電圧・電流がn組であるものは**n相交流**という。

n相交流で、すべての電源電圧および電流の大きさがそれぞれ等しく、その位相が順次$\frac{2\pi}{n}$ [rad]ずつずれているものを**対称n相交流**という。そうでないものは、**非対称n相交流**という。多相交流のうち、現実に広く使われているのは**対称三相交流**だ。もっとも多用されているため、単に**三相交流**といった場合、対称三相交流をさしていると考えてよい。三相交流の各相の**位相差**は$\frac{2}{3}\pi$ [rad]になる。

三相交流が広く使われている理由にはさまざまなものがあるが、大きな理由が経済的なメリットだ。理由の詳細については、順次説明していくが、同一の電線を使用する場合、1線あたりの**送電電力**を**単相交流**より大きくすることができる。また、同一の電力を同一量の電線で送る場合、単相交流より**ジュール熱**による**電力損失**を小さくすることができる。つまり、送電線や鉄塔など送電に必要な設備に要する費用を抑えることができ、損失も小さくすることができるわけだ。電力会社にとっての経済的メリットは大きい。

さらに、工場などの動力源としては、効率が高く安価で丈夫なモーターが求められるが、三相交流であれば、これらの要求を満たす**三相交流モーター**を利用できる。**単相交流モーター**というものもあるが、単相交流では回転する磁界が作れないため、内部で単相交流を**二相交流**に変換するなどの方法でモーターを動作させている。そのため、構造が複雑になりやすく効率が悪いうえ、回転を**反転**させることも難しい。三相交流であれば、回転する磁界が容易に作れるのでモーターの構造がシンプルになり、三相の順番を入れ替えることで反転も簡単に行える。

三相交流で送電しておけば、単相交流が必要な場合でも簡単に三相交流から取り出すことができるのもメリットといえる。

▶三相交流発電機

三相交流は、**単相交流**を組み合わせて作るのではなく、最初から三相交流として**三相交流発電機**で発電される。Chapter09の「正弦波交流起電力(P218参照)」で説明した**交流発電機**は**単相交流発電機**だ。三相交流発電機にもさまざまな構造のものがあるが、もっとも構造が単純で発電の仕組みがわかりやすいものは〈図01-01〉のように、永久磁石の磁界のなかで3個の同じコイルを回転させるものだ。3個のコイルは回転軸に対して$\frac{2}{3}\pi$[rad](120°)間隔で備えられている。図ではコイルが$\frac{1}{3}\pi$[rad](60°)間隔のように見えるかもしれないが、これはそれぞれの**方形コイル**に2本の辺があるためだ。

回転軸が外部の力によって一定の**角速度**ω[rad/s]で回されると、それぞれのコイルは正弦波交流を発電する。回転軸が回転しても、各コイルの間隔は$\frac{2}{3}\pi$に保たれているので、発電されたそれぞれの正弦波交流起電力の**位相差**も常に$\frac{2}{3}\pi$になる。3つのコイルをa、b、cとし、それぞれの起電力の**瞬時値**e_a、e_b、e_c[V]を式とグラフに表わすと以下のようになる。3つのコイルは同条件で発電しているので、起電力の**最大値**E_m[V]は共通だ。ここではe_aを基準として**初期位相**0にしている。また、e_cの初期位相は$\frac{4}{3}\pi$[rad](240°)だといえるが、初期位相は、$-\pi \leq \theta < \pi$の範囲で表現するのが一般的なので$-\frac{2}{3}\pi$にしている。

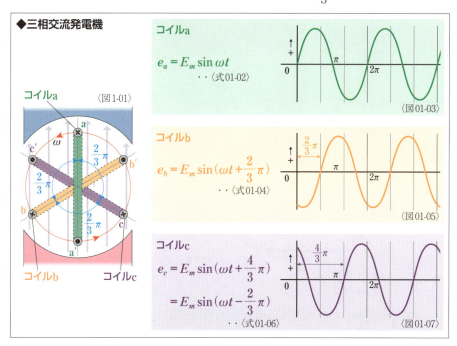

◆三相交流発電機

〈図1-01〉

コイルa
$e_a = E_m \sin \omega t$
・・〈式01-02〉
〈図01-03〉

コイルb
$e_b = E_m \sin(\omega t + \frac{2}{3}\pi)$
・・〈式01-04〉
〈図01-05〉

コイルc
$e_c = E_m \sin(\omega t + \frac{4}{3}\pi)$
$= E_m \sin(\omega t - \frac{2}{3}\pi)$
・・〈式01-06〉
〈図01-07〉

Sec. 01 対称三相交流

三相交流の大きさ

[三相交流の基礎知識]

Chapter 16 Section 02

対称三相交流の特徴は、起電力の瞬時値の和がどの瞬間でも0になることだ。この特徴によって送電の際の経済的メリットが生じている。

▶三相交流の起電力

前ページで説明したように**三相交流発電機**によって、**周波数**、**大きさ**が等しく、**位相**が $\frac{2}{3}\pi$ [rad]ずつずれている**対称三相交流**の**起電力**が生じる。これが**三相電源**だ。各相の起電力の**瞬時値**のグラフを重ねると〈図02-01〉のようになる。また、**最大値**を E_m [V]、**角速度**を ω [rad/s]とし、各相の起電力の瞬時値 e_a、e_b、e_c [V]を式に表わすと以下のようになる。

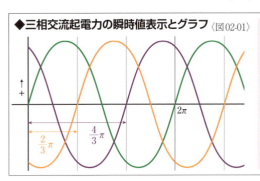

◆三相交流起電力の瞬時値表示とグラフ 〈図02-01〉

$$e_a = E_m \sin \omega t \quad \cdots \text{〈式02-02〉}$$

$$e_b = E_m \sin(\omega t - \frac{2}{3}\pi) \quad \text{〈式02-03〉}$$

$$e_c = E_m \sin(\omega t - \frac{4}{3}\pi) \quad \text{〈式02-04〉}$$

$$= E_m \sin(\omega t + \frac{2}{3}\pi) \quad \text{〈式02-05〉}$$

起電力の瞬時値から、各相の起電力のフェーザ $\dot{E}_a$、$\dot{E}_b$、$\dot{E}_c$ を**フェーザ図**にすると〈図02-06〉になる。また、**実効値**を E [V]として**極座標表示**で表わすと以下のようになる。

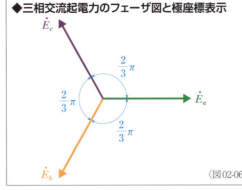

◆三相交流起電力のフェーザ図と極座標表示

$$\dot{E}_a = E \angle 0 \quad \cdots \text{〈式02-07〉}$$

$$\dot{E}_b = E \angle -\frac{2}{3}\pi \quad \cdots \text{〈式02-08〉}$$

$$\dot{E}_c = E \angle -\frac{4}{3}\pi \quad \cdots \text{〈式02-09〉}$$

$$= E \angle \frac{2}{3}\pi \quad \cdots \text{〈式02-10〉}$$

〈図02-06〉

左ページの極座標表示を**直交座標表示**に変換すると以下のようになる。$\dot{E}_c$については〈式02-09〉のように$\frac{4}{3}\pi$の遅れとも、〈式02-10〉のように$\frac{2}{3}\pi$の進みとも考えられるわけだが、直交座標表示にすると同じ値になり、どちらも同じことを意味していることがよくわかる。

$$\dot{E}_a = E\cos 0 + j\sin 0 \quad \cdots \text{〈式02-11〉}$$
$$= E \quad \cdots \text{〈式02-12〉}$$

$$\dot{E}_b = E\left\{\cos\left(-\frac{2}{3}\pi\right) + j\sin\left(-\frac{2}{3}\pi\right)\right\} \quad \cdots \text{〈式02-13〉}$$
$$= E\left(-\frac{1}{2} - j\frac{\sqrt{3}}{2}\right) \quad \cdots \text{〈式02-14〉}$$

$$\dot{E}_c = E\left\{\cos\left(-\frac{4}{3}\pi\right) + j\sin\left(-\frac{4}{3}\pi\right)\right\} \quad \cdots \text{〈式02-15〉}$$
$$= E\left(-\frac{1}{2} + j\frac{\sqrt{3}}{2}\right) \quad \cdots \text{〈式02-16〉}$$

$$\dot{E}_c = E\left(\cos\frac{2}{3}\pi + j\sin\frac{2}{3}\pi\right) \quad \cdots \text{〈式02-17〉}$$
$$= E\left(-\frac{1}{2} + j\frac{\sqrt{3}}{2}\right) \quad \cdots \text{〈式02-18〉}$$

このように、対称三相交流の起電力はさまざまな方法で表わすことができるが、その特徴は「**三相交流の各相の起電力の瞬時値の和は常に0になる**」ことだ。**三角関数の和積公式**（P197参照）を利用すれば、各相の起電力の瞬時値の式を加算することで確認できるが、各相の起電力のフェーザを加算することでも確認できる。直交座標表示を使えば簡単に加算でき、以下のように0であることが確認できる。

$$\dot{E}_a + \dot{E}_b + \dot{E}_c = E + E\left(-\frac{1}{2} - j\frac{\sqrt{3}}{2}\right) + E\left(-\frac{1}{2} + j\frac{\sqrt{3}}{2}\right) \quad \cdots \text{〈式02-19〉}$$
$$= 0 \quad \cdots \text{〈式02-20〉}$$

合計が0になることはフェーザ図でも確認できる。〈図02-21〉のように$\dot{E}_b$と$\dot{E}_c$は実軸で線対称で、どちらも実軸の座標は$-\frac{1}{2}E$だ。この2つのフェーザを合成すると大きさがEで$\dot{E}_a$と逆方向のベクトル、つまり$-\dot{E}_a$ができる。これを$\dot{E}_a$と合成すれば**0ベクトル**になる。図は掲載していないが、各フェーザの終点と始点を順次つなぐと正三角形を描き、合成ベクトルの始点と終点が重なることでも、0ベクトルであることが確認できる。

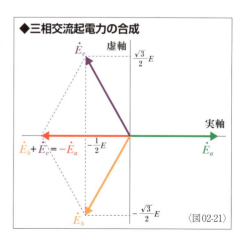

◆**三相交流起電力の合成**

〈図02-21〉

Chapter 16 Section 03 ［三相交流の基礎知識］
三相交流回路の結線

三相交流は3本の電線で負荷に電力を送ることができる。電源と負荷の結線はY結線とΔ結線が一般的で、Y－Y回路、Δ－Δ回路、Y－Δ回路、Δ－Y回路がある。

▶三相3線式

三相交流発電機に生じた**三相交流起電力**を、それぞれ同じ**インピーダンス**$\dot{Z}$の**負荷**に送る場合、〈図03-01〉のような回路図を描くことができる。独立した3組の**単相交流回路**だ。これを三相交流らしく描くと〈図03-02〉のようになる。三相起電力を$\dot{E}_a$、$\dot{E}_b$、$\dot{E}_c$、各相の電流を$\dot{I}_a$、$\dot{I}_b$、$\dot{I}_c$で表わしている。こうした三相交流回路を**三相6線式**というが、電線が6本必要になり、三相交流のメリットを活かせないので使われることはほとんどない。

こうした回路の場合、〈図03-02〉の中央に並んだ3本の電線は1本の電線で共用すること

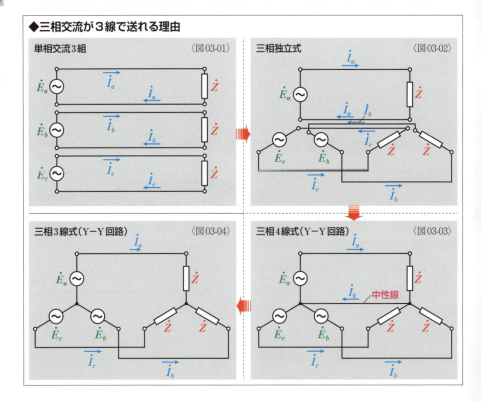

◆三相交流が3線で送れる理由

ができる。交流だとイメージしにくいかもしれないが、直流であればイメージできるだろう。独立した線で送られ、共通の線で戻ってくるわけだ。これを図に描くと〈図03-03〉のようになる。こうした三相交流回路を**三相4線式**といい、共通の電線を**中性線**という。

ここで、中性線を流れる電流$\dot{I}_0$を求めてみよう。電流$\dot{I}_0$は$\dot{I}_a$、$\dot{I}_b$、$\dot{I}_c$がまとめて流れているので、それぞれを加算することで求められ、〈式03-06〉のように表わすことができるが、対称三相交流の特徴として説明したように各相の起電力の和は0だ。結果、$\dot{I}_0$は0になる。

$$\dot{I}_0 = \dot{I}_a + \dot{I}_b + \dot{I}_c \quad \langle 式03\text{-}05\rangle$$

$$= \frac{\dot{E}_a}{\dot{Z}} + \frac{\dot{E}_b}{\dot{Z}} + \frac{\dot{E}_c}{\dot{Z}} = \frac{\dot{E}_a + \dot{E}_b + \dot{E}_c}{\dot{Z}} \quad \langle 式03\text{-}06\rangle$$

$$= 0 \quad \langle 式03\text{-}07\rangle$$

電流が0ということは中性線を電流が流れないことになるので、これを取り除いて〈図03-04〉のようにしても回路が成立する。これを**三相3線式**という。独立した3組の単相交流では電線が6本必要なものが、三相3線式なら3本、つまり半分の電線で済む。ただし、それにともなって流れる電流の大きさがかわるため、半分の電線で同じ**電力**を送れるわけではない。

▶Y結線とΔ結線

左ページの**三相3線式**における**三相電源**の**結線**を、**Y結線**（**スター結線**、**星形結線**、**λ結線**）という。三相電源の代表的な結線には**Δ結線**（**デルタ結線**、**三角結線**、**△結線**）もあり、Δ結線でも三相3線式の回路が成立する。また、少し特殊な三相電源の結線には**V結線**がある。

三相交流の**負荷**の結線にもΔ結線とY結線などがあり、3つの負荷の**インピーダンス**が等しいものを**平衡三相負荷**や単に**平衡負荷**、等しくないものを**不平衡三相負荷**や**不平衡負荷**という。電源が**対称三相交流**で負荷が平衡な回路を**平衡三相交流回路**や**平衡三相回路**という。本書では平衡負荷のみを扱う。

三相交流回路は、電源と負荷の双方がY結線の**Y-Y結線回路**と、電源と負荷の双方がΔ結線の**Δ-Δ結線回路**を基本形と考えることができるが、電源と負荷で結線の方式が異なる**Y-Δ結線回路**と**Δ-Y結線回路**も活用されている。

◆三相3線式（Δ-Δ回路）

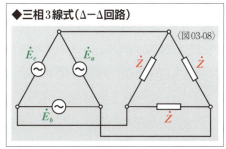

〈図03-08〉

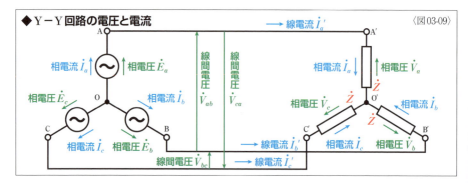

三相交流回路では、2種類ずつの**電圧**と**電流**が考えられる。これらの呼称は**Y結線**でも**Δ結線**でも共通だが、**結線**によって**大きさ**や**位相**が異なる。各電源の電源電圧または各負荷の端子電圧を**相電圧**といい、電源と負荷を接続する3本の電線間の電圧を**線間電圧**という。通常、三相電源の電圧といった場合は線間電圧をさす。電源の相電圧は**相起電力**ともいう。各電源または各負荷を流れる電流を**相電流**といい、電源と負荷を接続する電線を流れる電流を**線電流**という。なお、Y結線の共通接続点であるOやO'は、**中性点**という。

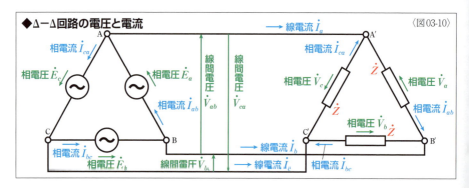

▶相順

本書では三相交流の3つの相を**a相**、**b相**、**c相**と表現しているが、分野によっては**U相**、**V相**、**W相**という呼称が使われたり、**R相**、**S相**、**T相**という呼称が使われたりする。こうした**三相交流起電力**の各相の順番を**相順**または**相回転**という。等間隔で連続しているので、どこを基準にしてもよいが、**abc相**と表現した場合は、a相を基準に考え、それより**位相**が $\frac{3}{2}\pi$ 遅れているものをb相、a相より位相が $\frac{4}{3}\pi$ 遅れているものをc相として扱う。つまり、a相→b相→c相→a相→……という順で起電力のプラスの最大値が訪れる。**UVW相**や**RST相**の場合も、abc相と同じくアルファベットの順番が相順を示すのが一般的だ。

[三相交流回路編]

Chapter 17

三相交流回路の解析

Sec.01：Y−Y結線回路　・・・・　374
Sec.02：Δ−Δ結線回路・・・・・・　380
Sec.03：Y−Δ結線とΔ−Y結線　・　384
Sec.04：特殊な三相交流回路　・・　392
Sec.05：三相交流電力　・・・・・・　394

Chapter 17 [三相交流回路の解析]
Section 01　Y－Y結線回路

Y－Y結線の三相交流回路は、電源の相電流がそのまま線電流として流れ、線間電圧は相起電力の$\sqrt{3}$倍になり、位相が$\frac{\pi}{6}$進む。

▶Y結線三相電源の電流と電圧

まずは、**Y結線**の**三相電源**について解析してみよう。各相の**相電圧**（**相起電力**）を$\dot{E}_a$、$\dot{E}_b$、$\dot{E}_c$、その**大きさ**をE_pとすると、〈式01-02～04〉で示される。

Y結線の場合、**相電流**と**線電流**の関係は簡単だ。たとえば、a相の相電流$\dot{I}_a$は途中に**分岐**がないので、そのまま線電流になる。他の相についても同様だ。相電流の大きさをI_p、線電流の大きさをI_lとすれば、〈式01-05〉のように表わすことができる。各相の相電流=線電流を$\dot{I}_a$、$\dot{I}_b$、$\dot{I}_c$とすれば、Chapter16の「三相交流回路の結線（P370参照）」で確認したように、**キルヒホッフの電流則**による節点O（**中性点**）の**電流方程式**は〈式01-06〉のようになる。

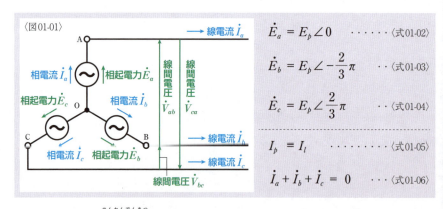

〈図01-01〉

$\dot{E}_a = E_p \angle 0$ ・・・・・〈式01-02〉

$\dot{E}_b = E_p \angle -\frac{2}{3}\pi$ ・・〈式01-03〉

$\dot{E}_c = E_p \angle \frac{2}{3}\pi$ ・・・〈式01-04〉

$I_p = I_l$ ・・・・・・・・〈式01-05〉

$\dot{I}_a + \dot{I}_b + \dot{I}_c = 0$ ・・・〈式01-06〉

いっぽう、**相電圧**と**線間電圧**の関係はどうなっているだろうか。ここでは線間電圧の大きさをV_lとする。たとえば、端子A－B間の線間電圧$\dot{V}_{ab}$は、端子Bを基準とした時の端子Aの電圧だ。**キルヒホッフの電圧則**によって、〈図01-07〉のように端子Bから時計回りに回路をたどると、〈式01-08〉のように**電圧方程式**を立てられ、〈式01-09〉のように整理できる。この回路は閉回路ではないが、端子間の電圧（ここでは線間電圧）は、その端子間に負荷を接続した時の端子電圧だと考えれば、電圧則を適用することができるわけだ。同じように、端子B－C間の線間電圧$\dot{V}_{bc}$、端子C－A間の線間電圧$\dot{V}_{ca}$も式に表わすことができる。

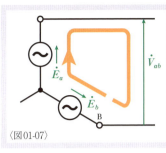

〈図01-07〉

$$(-\dot{E}_b) + \dot{E}_a = \dot{V}_{ab} \quad \cdots \cdots \langle 式01\text{-}08 \rangle$$

$$\dot{V}_{ab} = \dot{E}_a - \dot{E}_b \quad \cdots \cdots \langle 式01\text{-}09 \rangle$$

$$\dot{V}_{bc} = \dot{E}_b - \dot{E}_c \quad \cdots \cdots \langle 式01\text{-}10 \rangle$$

$$\dot{V}_{ca} = \dot{E}_c - \dot{E}_a \quad \cdots \cdots \langle 式01\text{-}11 \rangle$$

　線間電圧 $\dot{V}_{ab}$ を**フェーザ図**で考えみると、〈式01-09〉から $\dot{V}_{ab}$ は相電圧 $\dot{E}_a$ と $-\dot{E}_b$ を合成したものだ。$\dot{E}_a$ と $\dot{E}_b$ の**位相差**は $\frac{2}{3}\pi$ であり、$\dot{E}_b$ と $-\dot{E}_b$ の位相差は π なので、$\dot{E}_a$ と $-\dot{E}_b$ の位相差は $\frac{\pi}{3}$ になる。$\dot{E}_a$ と $-\dot{E}_b$ は同じ大きさなので、$\dot{V}_{ab}$ は位相差を2分割する。結果、$\dot{V}_{ab}$ の**初期位相**は $\frac{\pi}{6}$ になるので、$\dot{V}_{ab}$ を〈式01-13〉のように表わせる。

　また、$\dot{E}_a$ と $\dot{V}_{ab}$ と補助線は〈図01-14〉のように二等辺三角形だ。$\dot{E}_a$ の終点から $\dot{V}_{ab}$ に垂線を引くと、垂線で線対称の2つの直角三角形になる。この直角三角形に**余弦関数**(cos)を使えば、〈式01-15〉のように $\dot{E}_a$ の大きさ E_p から $\dot{V}_{ab}$ の大きさ V_l の半分を求められるので、2倍したものが V_l になる。

　結果、$\dot{V}_{ab}$ は〈式01-18〉になる。$\dot{E}_a$ に対して考えると大きさが $\sqrt{3}$ 倍になり、位相が $\frac{\pi}{6}$ 進んでいる。$\dot{V}_{bc}$、$\dot{V}_{ca}$ も同様にして求められ、それぞれ $\dot{E}_b$、$\dot{E}_c$ に対して位相が $\frac{\pi}{6}$ 進んでいて、大きさが $\sqrt{3}$ 倍だ。つまり、**線間電圧は相電圧に対して大きさが $\sqrt{3}$ 倍になり位相が $\frac{\pi}{6}$ 進む**といえる。

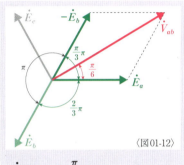

〈図01-12〉

$$\dot{V}_{ab} = V_l \angle \frac{\pi}{6} \quad \cdots \cdots \langle 式01\text{-}13 \rangle$$

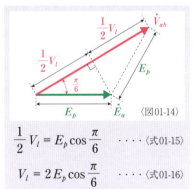

〈図01-14〉

$$\frac{1}{2} V_l = E_p \cos \frac{\pi}{6} \quad \cdots \langle 式01\text{-}15 \rangle$$

$$V_l = 2 E_p \cos \frac{\pi}{6} \quad \cdots \langle 式01\text{-}16 \rangle$$

$$= \sqrt{3} E_p \quad \cdots \cdots \langle 式01\text{-}17 \rangle$$

$$\dot{V}_{ab} = \sqrt{3} E_p \angle \frac{\pi}{6}$$
$\cdots \langle 式01\text{-}18 \rangle$

$$\dot{V}_{bc} = \sqrt{3} E_p \angle -\frac{\pi}{2}$$
$\cdots \langle 式01\text{-}19 \rangle$

$$= \sqrt{3} E_p \angle \left(-\frac{2}{3}\pi + \frac{\pi}{6}\right)$$
$\cdots \langle 式01\text{-}20 \rangle$

$$\dot{V}_{ca} = \sqrt{3} E_p \angle \frac{5}{6}\pi$$
$\cdots \langle 式01\text{-}21 \rangle$

$$= \sqrt{3} E_p \angle \left(\frac{2}{3}\pi + \frac{\pi}{6}\right)$$
$\cdots \langle 式01\text{-}22 \rangle$

▶記号法で解くY結線の電圧

前ページでは、**フェーザ図**からY結線の**三相電源**の**線間電圧**を求めたが、今度は**記号法**で解いてみよう。〈式01-02〜04〉にで示された各相の**相電圧**を$\dot{E}_a$, $\dot{E}_b$, $\dot{E}_c$をそれぞれ**直交座標表示**にすると、〈式01-23〜25〉になる。

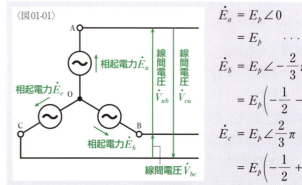

〈図01-01〉

$$\dot{E}_a = E_p \angle 0 \quad \cdots \text{〈式01-02〉}$$
$$= E_p \quad \cdots \text{〈式01-23〉}$$
$$\dot{E}_b = E_p \angle -\frac{2}{3}\pi \quad \cdots \text{〈式01-03〉}$$
$$= E_p\left(-\frac{1}{2} - j\frac{\sqrt{3}}{2}\right) \quad \cdots \text{〈式01-24〉}$$
$$\dot{E}_c = E_p \angle \frac{2}{3}\pi \quad \cdots \text{〈式01-04〉}$$
$$= E_p\left(-\frac{1}{2} + j\frac{\sqrt{3}}{2}\right) \quad \cdots \text{〈式01-25〉}$$

前ページの線間電圧$\dot{V}_{ab}$の**電圧方程式**〈式01-09〉に、直交座標表示の式を代入して整理すると〈式01-27〉になる。これを**極座標表示**にするためには、**大きさ**V_lを**三平方の定理**によって〈式01-29〉のように求め、**初期位相**θ_{ab}を**逆三角関数**によって〈式01-31〉のように求める必要がある。結果、線間電圧$\dot{V}_{ab}$を極座標表示すると〈式01-32〉になる。

$$\dot{V}_{ab} = \dot{E}_a - \dot{E}_b \quad \cdots \text{〈式01-09〉}$$
$$= E_p - E_p\left(-\frac{1}{2} - j\frac{\sqrt{3}}{2}\right) \quad \cdots \text{〈式01-26〉}$$
$$= E_p\left(\frac{3}{2} + j\frac{\sqrt{3}}{2}\right) \quad \cdots \text{〈式01-27〉}$$

$$V_l = E_p\sqrt{\left(\frac{3}{2}\right)^2 + \left(\frac{\sqrt{3}}{2}\right)^2} = \sqrt{3}\,E_p$$
$$\cdots \text{〈式01-28〉} \quad \cdots \text{〈式01-29〉}$$

$$\theta_{ab} = \tan^{-1}\frac{\frac{\sqrt{3}}{2}}{\frac{3}{2}} = \frac{\pi}{6}$$
$$\cdots \text{〈式01-30〉} \quad \cdots \text{〈式01-31〉}$$

$$\dot{V}_{ab} = \sqrt{3}\,E_p \angle \frac{\pi}{6} \quad \cdots \text{〈式01-32〉}$$

線間電圧$\dot{V}_{bc}$も同じようにして電圧方程式〈式01-10〉から計算すると、〈式01-34〉が求められる。〈式01-34〉は**虚部**だけの式なので、大きさV_lが$\sqrt{3}\,E_p$であることがわかり、jにマイナスの記号がついているため初期位相が$-\frac{\pi}{2}$であることがわかる。結果、極座標表示では〈式01-35〉のようになるが、〈式01-36〉のように示せば$\dot{E}_b$との関係がわかりやすくなる。

$$\dot{V}_{bc} = \dot{E}_b - \dot{E}_c = E_p\left(-\frac{1}{2} - j\frac{\sqrt{3}}{2}\right) - E_p\left(-\frac{1}{2} + j\frac{\sqrt{3}}{2}\right)$$
・〈式01-10〉 　　　　　　　　　　　　　　　　・・〈式01-33〉

$$= -j\sqrt{3}\,E_p \quad \cdots\cdots\cdots\cdots\cdots\cdots\cdots\cdots\cdots 〈式01\text{-}34〉$$

$$= \sqrt{3}\,E_p \angle -\frac{\pi}{2} \quad \cdots\cdots\cdots\cdots\cdots\cdots\cdots 〈式01\text{-}35〉$$

$$= \sqrt{3}\,E_p \angle \left(-\frac{2}{3}\pi + \frac{\pi}{6}\right) \quad \cdots\cdots\cdots\cdots 〈式01\text{-}36〉$$

線間電圧 $\dot{V}_{ca}$ は $\dot{V}_{bc}$ と同じように計算できる。注意したいのは**アークタンジェント**だ。分母がマイナスの値で分子がプラスの値なので第2象限にあることを忘れてはいけない。分母がプラスの値で分子がマイナスの値として扱うと、第4象限になり $-\frac{\pi}{6}$ と計算されてしまう。

$$\dot{V}_{ca} = \dot{E}_c - \dot{E}_a \cdots 〈式01\text{-}11〉 \qquad V_l = E_p\sqrt{\left(-\frac{3}{2}\right)^2 + \left(\frac{\sqrt{3}}{2}\right)^2} = \sqrt{3}\,E_p$$
　　　　　　　　　　　　　　　　　　　　　　　・〈式01-39〉　・〈式01-40〉

$$= E_p\left(-\frac{1}{2} + j\frac{\sqrt{3}}{2}\right) - E_p$$
・〈式01-37〉

$$= E_p\left(-\frac{3}{2} + j\frac{\sqrt{3}}{2}\right) \quad \cdot 〈式01\text{-}38〉 \qquad \theta_{ca} = \tan^{-1}\frac{\frac{\sqrt{3}}{2}}{-\frac{3}{2}} = \frac{5}{6}\pi$$
　　　　　　　　　　　　　　　　　　　　　　　　・〈式01-41〉　・〈式01-42〉

$$\dot{V}_{ca} = \sqrt{3}\,E_p \angle \frac{5}{6}\pi \quad \cdots\cdots\cdots\cdots\cdots\cdots\cdots\cdots 〈式01\text{-}43〉$$

$$= \sqrt{3}\,E_p \angle \left(\frac{2}{3}\pi + \frac{\pi}{6}\right) \quad \cdots\cdots\cdots\cdots 〈式01\text{-}44〉$$

以上の結果から、線間電圧 $\dot{V}_{ab}$ は相電圧 $\dot{E}_a$ より位相が $\frac{\pi}{6}$ 進み、$\dot{V}_{bc}$ は $\dot{E}_b$ より $\frac{\pi}{6}$ 進み、$\dot{V}_{ca}$ は $\dot{E}_c$ より $\frac{\pi}{6}$ 進み、大きさはいずれも相電圧の大きさの $\sqrt{3}$ 倍になることがわかる。つまり、線間電圧も**対称三相交流**になっているわけだ。これらの関係をフェーザ図に表わすと〈図01-45〉になる。関係をわかりやすくするために、図には相電圧のマイナスのフェーザも表示している。

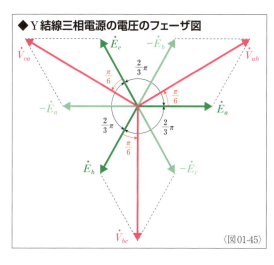

◆Y結線三相電源の電圧のフェーザ図

〈図01-45〉

▶Y－Y結線の電圧と電流

Y－Y結線回路の解析は面倒そうに思えるかもしれないが、**平衡三相回路**ならば簡単だ。**三相3線式**のY－Y結線は節点O－O'間の**中性線**を省略しているので、ここに中性線があるものとして解析すればいい。電圧については、各相の**相起電力**(**相電圧**)が、対応する位置にある各相の負荷の**相電圧**(**端子電圧**)になる。電源の相起電力を$\dot{E}_a$、$\dot{E}_b$、$\dot{E}_c$、負荷の相電圧を$\dot{V}_a$、$\dot{V}_b$、$\dot{V}_c$とすれば、〈式01-47～49〉の関係が成立する。

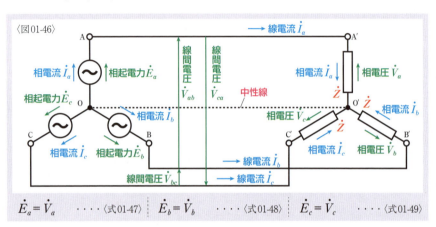

〈図01-46〉

$\dot{E}_a = \dot{V}_a$ ・・・〈式01-47〉　　$\dot{E}_b = \dot{V}_b$ ・・・〈式01-48〉　　$\dot{E}_c = \dot{V}_c$ ・・・〈式01-49〉

電流を解析する場合も、**1相分を取り出して単相交流回路として解析できる**。ここでは各相の**相電流＝線電流**は$\dot{I}_a$、$\dot{I}_b$、$\dot{I}_c$とし、共通の負荷は〈式01-50〉で示されるインピーダンス$\dot{Z}$とする。たとえば、〈式01-51〉で示される$\dot{E}_a$が相起電力であるa相なら、〈図01-52〉の回路を解析する。相起電力と端子電圧は等しいので、電流$\dot{I}_a$は〈式01-53〉で表わせる。除算なので**指数関数表示**に変換して計算を進め、**極座標表示**に変換すると〈式01-55〉になる。

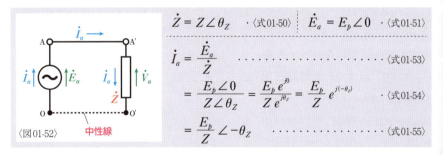

〈図01-52〉

$\dot{Z} = Z\angle\theta_Z$ ・〈式01-50〉　　$\dot{E}_a = E_p\angle 0$ ・〈式01-51〉

$\dot{I}_a = \dfrac{\dot{E}_a}{\dot{Z}}$ ・・・・・・・・・・〈式01-53〉

$= \dfrac{E_p\angle 0}{Z\angle\theta_Z} = \dfrac{E_p e^{j0}}{Z e^{j\theta_z}} = \dfrac{E_p}{Z} e^{j(-\theta_z)}$ ・〈式01-54〉

$= \dfrac{E_p}{Z}\angle -\theta_Z$ ・・・・・・・・・〈式01-55〉

b相、c相についても、相起電力$\dot{E}_b$と$\dot{E}_c$が〈式01-57〉と〈式01-61〉で表わされるとすれば、以下のように電流$\dot{I}_b$、$\dot{I}_c$を求めることができる。

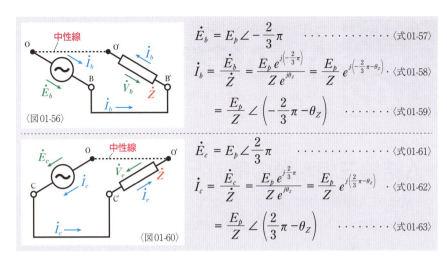

$$\dot{E}_b = E_p \angle -\frac{2}{3}\pi \quad \cdots\cdots\cdots\cdots \langle 式01\text{-}57\rangle$$

$$\dot{I}_b = \frac{\dot{E}_b}{\dot{Z}} = \frac{E_p e^{j\left(-\frac{2}{3}\pi\right)}}{Z e^{j\theta_Z}} = \frac{E_p}{Z} e^{j\left(-\frac{2}{3}\pi - \theta_Z\right)} \cdot \langle 式01\text{-}58\rangle$$

$$= \frac{E_p}{Z} \angle \left(-\frac{2}{3}\pi - \theta_Z\right) \cdots\cdots \langle 式01\text{-}59\rangle$$

$$\dot{E}_c = E_p \angle \frac{2}{3}\pi \quad \cdots\cdots\cdots\cdots\cdots \langle 式01\text{-}61\rangle$$

$$\dot{I}_c = \frac{\dot{E}_c}{\dot{Z}} = \frac{E_p e^{j\frac{2}{3}\pi}}{Z e^{j\theta_Z}} = \frac{E_p}{Z} e^{j\left(\frac{2}{3}\pi - \theta_Z\right)} \cdot \langle 式01\text{-}62\rangle$$

$$= \frac{E_p}{Z} \angle \left(\frac{2}{3}\pi - \theta_Z\right) \cdots\cdots\cdots \langle 式01\text{-}63\rangle$$

これらをまとめると、相電流=線電流の**大きさ**Iは、相起電力の大きさE_pとインピーダンスの大きさZで〈式01-64〉のように表わせ、$\dot{I}_a$、$\dot{I}_b$、$\dot{I}_c$は、〈式01-65～67〉のように表わせる。

$$I = \frac{E_p}{Z} \quad \cdots\cdots\cdots\cdots\cdots\cdots\cdots\cdots\cdots \langle 式01\text{-}64\rangle$$

$$\dot{I}_a = I \angle -\theta_Z \quad \dot{I}_b = I \angle \left(-\frac{2}{3}\pi - \theta_Z\right) \quad \dot{I}_c = I \angle \left(\frac{2}{3}\pi - \theta_Z\right)$$

$$\cdots \langle 式01\text{-}65\rangle \qquad\qquad \cdots \langle 式01\text{-}66\rangle \qquad\qquad \cdots \langle 式01\text{-}67\rangle$$

以上の結果から、相電流=線電流$\dot{I}_a$、$\dot{I}_b$、$\dot{I}_c$は大きさが等しく、**位相差**が$\frac{2}{3}\pi$の**対称三相交流**であることがわかる。負荷$\dot{Z}$が**誘導性インピーダンス**なら相電流=線電流は各相で等しくインピーダンス角だけ位相が遅れ、**容量性インピーダンス**なら相電流=線電流は各相で等しく位相が進む。Y－Y結線の電圧と電流の関係を**フェーザ図**に表わすと、〈図01-68〉になる(誘導性の場合)。

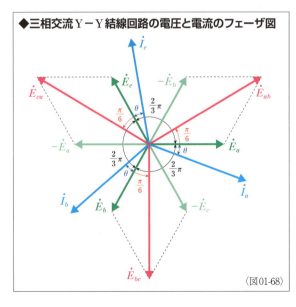

◆三相交流Y－Y結線回路の電圧と電流のフェーザ図

〈図01-68〉

Δ−Δ結線回路

Chapter 17 ［三相交流回路の解析］
Section 02

Δ−Δ結線の三相交流回路は、電源の相起電力がそのまま線間電圧になる。線電流は相電流の$\sqrt{3}$倍になり、位相が$\dfrac{\pi}{6}$遅れる。

▶ Δ結線三相電源の電流と電圧

　Δ結線の三相電源は負荷に接続されていなくても端子A−C−Bが閉じた回路になっているので循環電流が流れそうだ。この閉回路をキルヒホッフの電圧則によって反時計回りにたどって電圧方程式を立てると〈式02-02〉になるが、すでに確認しているように三相交流起電力の和は0だ。つまり、この閉回路には電位差がないので循環電流が流れることはない。

　Δ結線の場合、相起電力（相電圧）と線間電圧の関係は簡単だ。回路図からも明らかなように、相起電力がそのまま線間電圧になる。各相の相起電力を$\dot{E}_{ab}$、$\dot{E}_{bc}$、$\dot{E}_{ca}$、その大きさをE_p、線間電圧を$\dot{V}_a$、$\dot{V}_b$、$\dot{V}_c$、その大きさをV_lとすると、以下のように示すことができる。

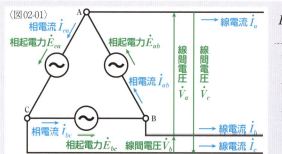

〈図02-01〉

$$\dot{E}_{ab} + \dot{E}_{bc} + \dot{E}_{ca} = 0 \quad \text{〈式02-02〉}$$

$$\dot{V}_a = \dot{E}_{ab} \quad \text{〈式02-03〉}$$

$$\dot{V}_b = \dot{E}_{bc} \quad \text{〈式02-04〉}$$

$$\dot{V}_c = \dot{E}_{ca} \quad \text{〈式02-05〉}$$

$$V_l = E_p \quad \text{〈式02-06〉}$$

　いっぽう、相電流と線電流の関係はどうなっているだろうか。ここでは各相の相電流を$\dot{I}_{ab}$、$\dot{I}_{bc}$、$\dot{I}_{ca}$、その大きさをI_p、線電流を$\dot{I}_a$、$\dot{I}_b$、$\dot{I}_c$、その大きさをI_lとする。たとえば、端子Aについて電流方程式を立てると〈式02-08〉になり、整理すると〈式02-09〉になる。

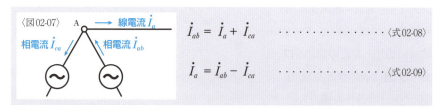

〈図02-07〉

$$\dot{I}_{ab} = \dot{I}_a + \dot{I}_{ca} \quad \text{〈式02-08〉}$$

$$\dot{I}_a = \dot{I}_{ab} - \dot{I}_{ca} \quad \text{〈式02-09〉}$$

同じようにして、端子Bと端子Cについても電流方程式を立てると、〈式02-10〉と〈式02-11〉になる。

$$\dot{I}_b = \dot{I}_{bc} - \dot{I}_{ab} \quad \cdots\cdots\cdots\text{〈式02-10〉} \quad \dot{I}_c = \dot{I}_{ca} - \dot{I}_{bc} \quad \cdots\cdots\cdots\text{〈式02-11〉}$$

相電流$\dot{I}_{ab}$を基準として**フェーザ図**〈図02-12〉を描いて線電流$\dot{I}_a$を考えてみると、**初期位相**が$-\dfrac{\pi}{6}$であることがわかる。この求め方はY結線の三相電源における相起電力と線間電圧の関係（P375参照）に類似している。同じように、$\dot{I}_{ab}$と$\dot{I}_a$と補助線が構成する二等辺三角形に着目すれば、$\dot{I}_a$の大きさI_lを相電流の大きさI_pで〈式02-15〉のように表わすことができる。

線電流$\dot{I}_b$、$\dot{I}_c$も同じようにしてフェーザ図を描いて考えることができ、これらをまとめると〈式02-17〜20〉になる。

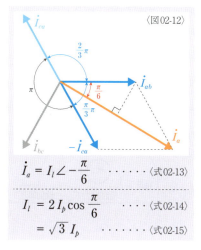

〈図02-12〉

$$\dot{I}_a = I_l \angle -\frac{\pi}{6} \quad \cdots\cdots \text{〈式02-13〉}$$

$$I_l = 2 I_p \cos \frac{\pi}{6} \quad \cdots \text{〈式02-14〉}$$

$$= \sqrt{3}\, I_p \quad \cdots\cdots \text{〈式02-15〉}$$

$$\dot{I}_a = \sqrt{3}\, I_p \angle -\frac{\pi}{6}$$
$\cdots$〈式02-16〉

$$\dot{I}_b = \sqrt{3}\, I_p \angle -\frac{5}{6}\pi$$
$\cdots$〈式02-17〉
$$= \sqrt{3}\, I_p \angle \left(-\frac{2}{3}\pi - \frac{\pi}{6}\right)$$
$\cdots$〈式02-18〉

$$\dot{I}_c = \sqrt{3}\, I_p \angle \frac{\pi}{2}$$
$\cdots$〈式02-19〉
$$= \sqrt{3}\, I_p \angle \left(\frac{2}{3}\pi - \frac{\pi}{6}\right)$$
$\cdots$〈式02-20〉

つまり、$\dot{I}_a$、$\dot{I}_b$、$\dot{I}_c$をそれぞれ$\dot{I}_{ab}$、$\dot{I}_{bc}$、$\dot{I}_{ca}$に対応させて考えると、**線電流は相電流に対して大きさが$\sqrt{3}$倍になり、位相が$\dfrac{\pi}{6}$遅れる**となる。こうしたΔ結線の三相電源の電流をまとめたフェーザ図が〈図02-21〉だ。これらの関係は**記号法**でも確認できるが、Y結線の相起電力と線間電圧の関係を求めた手順に類似しているので本書では省略する。自分で確かめてみてほしい。

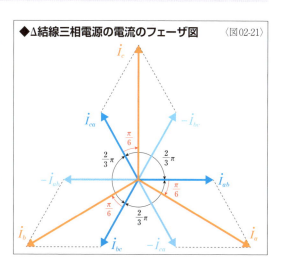

◆Δ結線三相電源の電流のフェーザ図　〈図02-21〉

▶Δ−Δ結線の電圧と電流

Δ結線の三相電源では相起電力(相電圧)がそのまま線間電圧になる。Δ−Δ結線回路の場合、それぞれの相起電力=線間電圧が、対応する位置にある各相の負荷にかかるので、負荷の相電圧(端子電圧)も相起電力に等しくなる。電源の相起電力を$\dot{E}_{ab}$、$\dot{E}_{bc}$、$\dot{E}_{ca}$、線間電圧を$\dot{V}_a$、$\dot{V}_b$、$\dot{V}_c$、負荷の相電圧を$\dot{V}_{ab}$、$\dot{V}_{bc}$、$\dot{V}_{ca}$とすると以下の関係が成立する

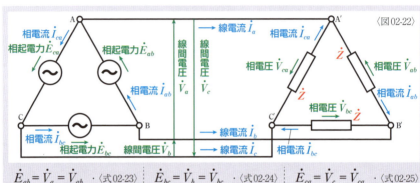

〈図02-22〉

$\dot{E}_{ab} = \dot{V}_a = \dot{V}_{ab}$ ・〈式02-23〉 $\dot{E}_{bc} = \dot{V}_b = \dot{V}_{bc}$ ・〈式02-24〉 $\dot{E}_{ca} = \dot{V}_c = \dot{V}_{ca}$ ・〈式02-25〉

こうした電圧の対応関係があるため、電流を解析する際には**1相分を取り出して単相交流回路として解析できる**。ここでは各相の相電流を$\dot{I}_{ab}$、$\dot{I}_{bc}$、$\dot{I}_{ca}$、その**大きさ**をI_pとし、共通の負荷は〈式02-27〉で示されるインピーダンス$\dot{Z}$とする。たとえば、〈式02-28〉で示される$\dot{E}_{ab}$が相起電力であるa相なら、〈図02-26〉の回路を解析する。相起電力と端子電圧は等しいので、電流$\dot{I}_{ab}$は〈式02-29〉で表わせ、以下のように求められる。

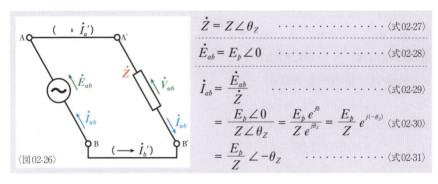

〈図02-26〉

$\dot{Z} = Z \angle \theta_Z$ ・・・・・・・・・・・・・・〈式02-27〉

$\dot{E}_{ab} = E_p \angle 0$ ・・・・・・・・・・・・・・〈式02-28〉

$\dot{I}_{ab} = \dfrac{\dot{E}_{ab}}{\dot{Z}}$ ・・・・・・・・・・・・・・・・〈式02-29〉

$= \dfrac{E_p \angle 0}{Z \angle \theta_Z} = \dfrac{E_p e^{j0}}{Z e^{j\theta_Z}} = \dfrac{E_p}{Z} e^{j(-\theta_Z)}$ 〈式02-30〉

$= \dfrac{E_p}{Z} \angle -\theta_Z$ ・・・・・・・・・・・〈式02-31〉

この解析の際に注意したいのは線電流だ。1相分を取り出した状態では端子A−A'間を流れているのは$\dot{I}_a$ではないし、端子B−B'間を流れているのも$\dot{I}_b$ではない。どちらも$\dot{I}_{ab}$だ。同じようにして、相起電力$\dot{E}_{bc}$、$\dot{E}_{ca}$から相電流$\dot{I}_{bc}$、$\dot{I}_{ca}$が求められる。

$$\dot{E}_{bc} = E_p \angle -\frac{2}{3}\pi \qquad \cdots \text{〈式02-32〉}$$

$$\dot{I}_{bc} = \frac{\dot{E}_{bc}}{\dot{Z}} \qquad \cdots \text{〈式02-33〉}$$

$$= \frac{E_p\, e^{j\left(-\frac{2}{3}\pi\right)}}{Z\, e^{j\theta_Z}} = \frac{E_p}{Z} e^{j\left(-\frac{2}{3}\pi - \theta_Z\right)} \qquad \cdots \text{〈式02-34〉}$$

$$= \frac{E_p}{Z} \angle \left(-\frac{2}{3}\pi - \theta_Z\right) \cdot \text{〈式02-35〉}$$

$$\dot{E}_{ca} = E_p \angle \frac{2}{3}\pi \qquad \cdots \text{〈式02-36〉}$$

$$\dot{I}_{ca} = \frac{\dot{E}_{ca}}{\dot{Z}} \qquad \cdots \text{〈式02-37〉}$$

$$= \frac{E_p\, e^{j\frac{2}{3}\pi}}{Z\, e^{j\theta_Z}} = \frac{E_p}{Z} e^{j\left(\frac{2}{3}\pi - \theta_Z\right)} \qquad \cdots \text{〈式02-38〉}$$

$$= \frac{E_p}{Z} \angle \left(\frac{2}{3}\pi - \theta_Z\right) \qquad \cdots \text{〈式02-39〉}$$

これらをまとめると、相電流の大きさI_pは、相起電力の大きさE_pとインピーダンスの大きさZで〈式02-40〉のように表わせ、相電流$\dot{I}_{ab}$、$\dot{I}_{bc}$、$\dot{I}_{ca}$は〈式02-41〜43〉のように表わせる。また、**線電流は大きさが相電流の$\sqrt{3}$倍になり、位相が$\frac{\pi}{6}$遅れる**ことから〈式02-44〜46〉になる。

$$I_p = \frac{E_p}{Z} \qquad \cdots \text{〈式02-40〉}$$

$$\dot{I}_{ab} = I_p \angle -\theta_Z \qquad \cdots \text{〈式02-41〉}$$

$$\dot{I}_{bc} = I_p \angle \left(-\frac{2}{3}\pi - \theta_Z\right) \cdot \text{〈式02-42〉}$$

$$\dot{I}_{ca} = I_p \angle \left(\frac{2}{3}\pi - \theta_Z\right) \qquad \text{〈式02-43〉}$$

$$\dot{I}_a = \sqrt{3}\, I_p \angle \left(-\frac{\pi}{6} - \theta_Z\right) \qquad \text{〈式02-44〉}$$

$$\dot{I}_b = \sqrt{3}\, I_p \angle \left(-\frac{2}{3}\pi - \frac{\pi}{6} - \theta_Z\right) \cdot \text{〈式02-45〉}$$

$$\dot{I}_c = \sqrt{3}\, I_p \angle \left(\frac{2}{3}\pi - \frac{\pi}{6} - \theta_Z\right) \qquad \text{〈式02-46〉}$$

以上の結果から、Δ−Δ結線では相起電力、線間電圧、負荷の相電圧が等しく、負荷が**誘導性インピーダンス**($\theta_Z > 0$)なら、相電流はインピーダンス角に応じて位相が遅れ、線電流はさらに$\frac{\pi}{6}$遅れる。**容量性インピーダンス**なら、相電流はインピーダンス角に応じて位相が進み、線電流はそこから$\frac{\pi}{6}$遅れる。相起電力$\dot{E}_{ab}$を基準とした**フェーザ図**が〈図02-47〉だ（誘導性の場合）。

◆三相交流Δ−Δ結線回路の電圧と電流のフェーザ図

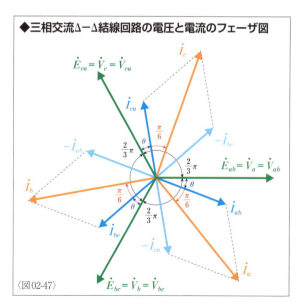

〈図02-47〉

Chapter 17 [三相交流回路の解析]
Section 03

Y－Δ結線とΔ－Y結線

三相交流回路にはY－Δ結線回路やΔ－Y結線回路もある。こうした回路は、電源もしくは負荷をΔ－Y等価変換を行うことで、解析しやすくなる。

▶Δ－Y変換を利用した三相交流回路の解析

三相交流回路には、三相電源と負荷の結線方法が同じY－Y結線やΔ－Δ結線ばかりでなく、Y－Δ結線回路やΔ－Y結線回路もある。こうした電源と負荷で結線方法が異なる回路の場合、電源の線間電圧や、電源からの線電流を求めたうえで、負荷の相電流や相電圧（端子電圧）を解析することも可能だが、一般的にはΔ－Y等価変換が利用される。

三相交流回路解析のためのΔ－Y変換には、負荷の等価変換と、電源の等価変換がある。つまり、Y－Δ結線回路では、負荷のΔ→Y変換を利用してY－Y結線回路にする方法と、電源のY→Δ変換を利用してΔ－Δ結線回路にする方法があり、Δ－Y結線回路では、負荷を変換してΔ－Δ結線回路にする方法と、電源を変換してY－Y結線回路にする方法がある。

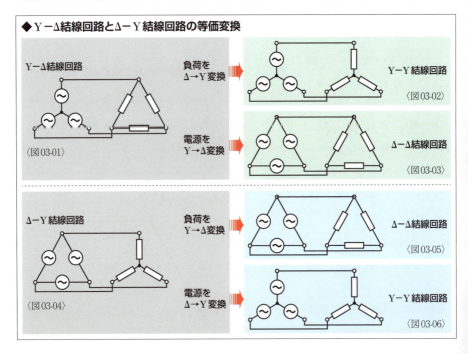

◆Y－Δ結線回路とΔ－Y結線回路の等価変換

Y－Δ結線回路　〈図03-01〉
負荷をΔ→Y変換　⇒　Y－Y結線回路　〈図03-02〉
電源をY→Δ変換　⇒　Δ－Δ結線回路　〈図03-03〉

Δ－Y結線回路　〈図03-04〉
負荷をY→Δ変換　⇒　Δ－Δ結線回路　〈図03-05〉
電源をΔ→Y変換　⇒　Y－Y結線回路　〈図03-06〉

▶三相負荷のΔ−Y変換

すでに、**Δ−Y等価変換**は**抵抗**と**インピーダンス**について詳しく説明している（P132、P356参照）が、本書で取り上げている三相交流回路は**平衡負荷**のみなので、変換式は簡単なものだ。注意したいのは、**インピーダンス角**だ。〈式03-11〉と〈式03-14〉のように、変換によって**大きさ**は変化するが、インピーダンス角は変化しないことを覚えておこう。

また、ここまでのSectionでは**三相電源**についての相起電力と線間電圧の関係、相電流と線電流の関係を考察してきたが、Δ−Y変換を利用した回路の解析では、線間電圧と負荷の相電圧の関係、線電流と負荷の相電流の関係が重要になる。**Δ結線では線間電圧と相電圧は等しく、相電流は大きさが線電流の$\frac{1}{\sqrt{3}}$になり位相が$\frac{\pi}{6}$進む。Y結線では線電流と相電流は等しく、相電圧は大きさが線間電圧の$\frac{1}{\sqrt{3}}$になり位相が$\frac{\pi}{6}$遅れる**ことになる。どちらも、a相についてのみ数式で示してある。

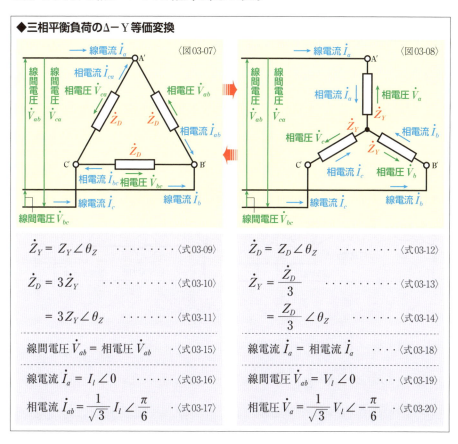

▶三相電源のY→Δ変換

　今度は**三相電源**のΔ−Y**等価変換**を考えてみよう。電源のΔ−Y変換では、双方の**線間電圧**が等しくなるようにすれば、負荷の各素子にかかる電圧は同じになるため、負荷に対して電源が同じようにふるまうことになり、等価変換が成立する。負荷のΔ−Y変換ではインピーダンスの**大きさ**だけの変換で**インピーダンス角**に変化はないが、電圧や電流の場合は**位相**にも変換の影響が現れる。

　まずは、電源のY→Δ変換だ。すでに確認したように、**Y結線**の線間電圧$\dot{V}_{ab}$、$\dot{V}_{bc}$、$\dot{V}_{ca}$は、**相起電力**$\dot{E}_a$、$\dot{E}_b$、$\dot{E}_c$に対して大きさが$\sqrt{3}$倍になり位相が$\frac{\pi}{6}$進むので、$\dot{E}_a$を基準として、その大きさをE_Yとすると、〈式03-23〜25〉で表わすことができる。いっぽう、**Δ結線**では相起電力と線間電圧が等しいので、相起電力を$\dot{E}_{ab}$、$\dot{E}_{bc}$、$\dot{E}_{ca}$とすれば、〈式03-26〜28〉で表わすことができる。この3式に先の3式を代入すれば、電源のY→Δ変換の関係式になる(すでに対応した相の式が並列に記載してあるので代入した式は掲載していない)。変換後のΔ結線の相起電力の大きさをE_Dとすれば、〈式03-29〉で表わすことができる。結果、**三相電源をY→Δ変換すると、相起電力の大きさが$\sqrt{3}$倍になり位相が$\frac{\pi}{6}$進む**ことがわかる。これは、Y結線の相起電力と線間電圧との関係とまったく同じだ。

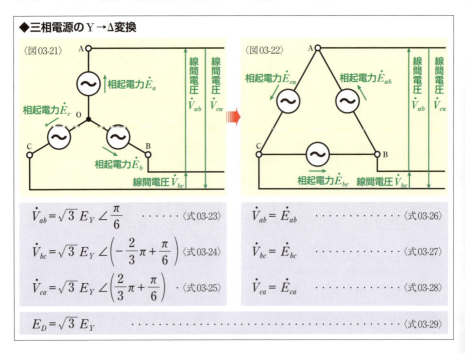

◆三相電源のY→Δ変換

〈図03-21〉　〈図03-22〉

$$\dot{V}_{ab} = \sqrt{3}\, E_Y \angle \frac{\pi}{6} \quad \cdots\cdots \langle 式03\text{-}23\rangle$$

$$\dot{V}_{bc} = \sqrt{3}\, E_Y \angle \left(-\frac{2}{3}\pi + \frac{\pi}{6}\right) \langle 式03\text{-}24\rangle$$

$$\dot{V}_{ca} = \sqrt{3}\, E_Y \angle \left(\frac{2}{3}\pi + \frac{\pi}{6}\right) \cdot \langle 式03\text{-}25\rangle$$

$$\dot{V}_{ab} = \dot{E}_{ab} \quad \cdots\cdots \langle 式03\text{-}26\rangle$$

$$\dot{V}_{bc} = \dot{E}_{bc} \quad \cdots\cdots \langle 式03\text{-}27\rangle$$

$$\dot{V}_{ca} = \dot{E}_{ca} \quad \cdots\cdots \langle 式03\text{-}28\rangle$$

$$E_D = \sqrt{3}\, E_Y \quad \cdots\cdots \langle 式03\text{-}29\rangle$$

◆三相電源のΔ→Y変換

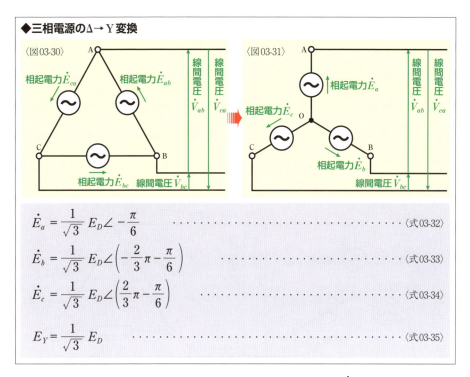

$$\dot{E}_a = \frac{1}{\sqrt{3}} E_D \angle -\frac{\pi}{6} \quad \cdots\cdots\cdots\cdots\cdots\cdots\cdots\cdots\cdots\cdots\cdots\cdots \langle 式03\text{-}32 \rangle$$

$$\dot{E}_b = \frac{1}{\sqrt{3}} E_D \angle \left(-\frac{2}{3}\pi - \frac{\pi}{6}\right) \quad \cdots\cdots\cdots\cdots\cdots\cdots\cdots \langle 式03\text{-}33 \rangle$$

$$\dot{E}_c = \frac{1}{\sqrt{3}} E_D \angle \left(\frac{2}{3}\pi - \frac{\pi}{6}\right) \quad \cdots\cdots\cdots\cdots\cdots\cdots\cdots\cdots \langle 式03\text{-}34 \rangle$$

$$E_Y = \frac{1}{\sqrt{3}} E_D \quad \cdots\cdots\cdots\cdots\cdots\cdots\cdots\cdots\cdots\cdots\cdots\cdots\cdots\cdots\cdots\cdots \langle 式03\text{-}35 \rangle$$

電源のΔ→Y変換の場合は、Y→Δ変換の逆と考えればいい。$\dot{E}_{ab}$を基準として、その大きさをE_Dとすると、〈式03-32〜35〉で変換の関係式を表わすことができる。つまり、**三相電源をΔ→Y変換すると、相起電力の大きさが$\frac{1}{\sqrt{3}}$になり位相が$\frac{\pi}{6}$遅れる**わけだ。

こうした電源のΔ−Y変換の関係は、〈図03-36〉のような相起電力のフェーザ図にするとわかりやすい。Y結線の三相電源の電圧の**フェーザ図**（P377参照）では、すべてのフェーザの始点を原点にしているが、ここではΔ結線の相起電力を三角形法で描いている。

なお、ここでは三相電源のΔ−Y変換を線間電圧の関係で示しているが、解析の内容によっては電源の線電流を変換したほうが都合のよいこ

◆Δ−Y変換の相起電力のフェーザ図

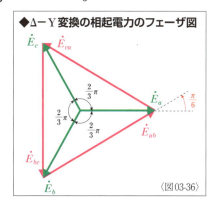

〈図03-36〉

ともある。説明や関係式は掲載していないが、**三相電源をY→Δ変換すると、線電流の大きさが$\frac{1}{\sqrt{3}}$になり位相が$\frac{\pi}{6}$遅れる**。逆に、**三相電源をΔ→Y変換すると、線電流の大きさが$\sqrt{3}$倍になり位相が$\frac{\pi}{6}$進む**。自分で計算して確かめてみてほしい。

▶Y−Δ結線回路の解析

まずは、すでに使い慣れているであろう**インピーダンス**の**Δ−Y等価変換**を利用して、**Y−Δ結線回路**を解析してみよう。**相起電力** $\dot{E}_a$（**対称三相交流**なので $\dot{E}_b$ と $\dot{E}_c$ は省略）とインピーダンス $\dot{Z}_D$ が〈式03-37〉と〈式03-38〉で表わされる〈図03-39〉のようなY−Δ結線回路の負荷を流れる**相電流** $\dot{I}_{ab}$ を求める場合、負荷を**Δ→Y変換**すると〈図03-40〉のような**Y−Y結線回路**になり、変換後の負荷 $\dot{Z}_Y$ は〈式03-41〉と〈式03-42〉のように表わすことができる。

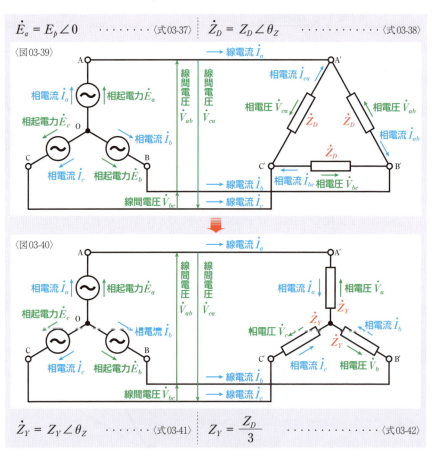

これで1相分を取り出して計算することができ、**線電流** $\dot{I}_a$ は、〈式03-44〉で表わせる。この式に〈式03-42〉を代入すると、〈式03-45〉のように $\dot{I}_a$ を既知の情報で示すことができる。ここでY−Δ結線回路に戻ると、Δ結線では線電流 $\dot{I}_a$ の**大きさ**が $\frac{1}{\sqrt{3}}$ になり**位相**が $\frac{\pi}{6}$ 進んだものが相電流 $\dot{I}_{ab}$ になるので〈式03-46〉で表わすことができ、〈式03-47〉のようにまとめられる。

$$\dot{I}_a = \frac{\dot{E}_a}{\dot{Z}_Y} \quad \cdots\cdots \langle\text{式03-43}\rangle$$

$$= \frac{E_p}{Z_Y} \angle -\theta_Z \quad \cdots \langle\text{式03-44}\rangle$$

$$= \frac{3E_p}{Z_D} \angle -\theta_Z \quad \cdots \langle\text{式03-45}\rangle$$

$$\dot{I}_{ab} = \frac{1}{\sqrt{3}} \frac{3E_p}{Z_D} \angle \left(-\theta_Z + \frac{\pi}{6}\right) \quad \cdots \langle\text{式03-46}\rangle$$

$$= \sqrt{3} \frac{E_p}{Z_D} \angle \left(\frac{\pi}{6} - \theta_Z\right) \quad \cdots\cdots \langle\text{式03-47}\rangle$$

ここでは$\dot{I}_{ab}$のみを求めたが、対称三相交流なので、$\dot{I}_{bc}$は$\dot{I}_{ab}$より位相が$\frac{2}{3}\pi$遅れたもの、$\dot{I}_{ca}$は位相がさらに$\frac{2}{3}\pi$遅れたものになる。

次に、電源の**Y→Δ変換**で解析してみよう。〈図03-48〉のように**Δ－Δ結線回路**に変換すると、変換後の相起電力$\dot{E}_{ab}$は〈式03-49〉で示される。負荷の相電流$\dot{I}_{ab}$は〈式03-50〉で表わすことができ、当然のごとく、負荷のΔ→Y変換の場合と同じ結果が得られる。

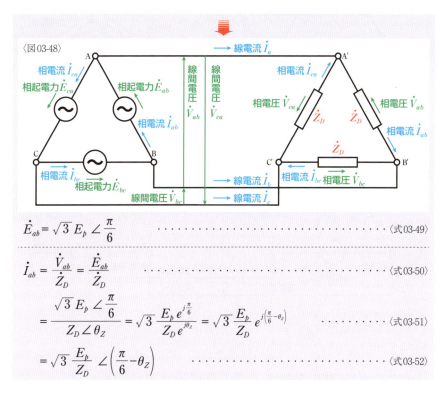

$$\dot{E}_{ab} = \sqrt{3} E_p \angle \frac{\pi}{6} \quad \langle\text{式03-49}\rangle$$

$$\dot{I}_{ab} = \frac{\dot{V}_{ab}}{\dot{Z}_D} = \frac{\dot{E}_{ab}}{\dot{Z}_D} \quad \langle\text{式03-50}\rangle$$

$$= \frac{\sqrt{3} E_p \angle \frac{\pi}{6}}{Z_D \angle \theta_Z} = \sqrt{3} \frac{E_p e^{j\frac{\pi}{6}}}{Z_D e^{j\theta_Z}} = \sqrt{3} \frac{E_p}{Z_D} e^{j\left(\frac{\pi}{6} - \theta_Z\right)} \quad \cdots \langle\text{式03-51}\rangle$$

$$= \sqrt{3} \frac{E_p}{Z_D} \angle \left(\frac{\pi}{6} - \theta_Z\right) \quad \cdots \langle\text{式03-52}\rangle$$

この解析では、線電流を求めてから負荷の相電流を求めることになる負荷のΔ→Y変換より、直接、相電流を求めることができる電源のY→Δ変換のほうが計算が簡単に進められる。しかし、求められているのが線電流ならば、負荷のΔ→Y変換のほうが簡単だ。

▶Δ−Y結線回路の解析

今度は**Δ−Y結線回路**を、負荷の**Y→Δ変換**で解析してみよう。**相起電力**$\dot{E}_{ab}$とインピーダンス$\dot{Z}_Y$が〈式03-53〉と〈式03-54〉で表わされる〈図03-55〉のようなΔ−Y結線回路の負荷を流れる**相電流**$\dot{I}_a$を求める場合、負荷をY→Δ変換すると〈図03-56〉のような**Δ−Δ結線回路**になり、変換後の負荷$\dot{Z}_D$は〈式03-57〉と〈式03-58〉のように表わすことができる。

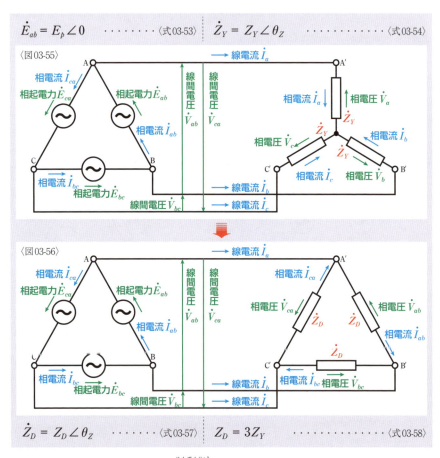

$\dot{E}_{ab} = E_p \angle 0$ 〈式03-53〉 $\dot{Z}_Y = Z_Y \angle \theta_Z$ 〈式03-54〉

$\dot{Z}_D = Z_D \angle \theta_Z$ 〈式03-57〉 $Z_D = 3Z_Y$ 〈式03-58〉

最終的に求めるY結線の相電流は**線電流**と等しいので、変換後のΔ−Δ結線の線電流を求めたいが、直接は計算できないので、まずはΔ結線の相電流を求める。相電流$\dot{I}_{ab}$は、〈式03-60〉で表わせる。この式に〈式03-58〉を代入すると、〈式03-61〉のように$\dot{I}_{ab}$が求められる。線電流＝相電流$\dot{I}_a$は、相電流$\dot{I}_{ab}$の**大きさ**が$\sqrt{3}$倍になり**位相**が$\frac{\pi}{6}$遅れたものなので〈式03-63〉のように求めることができる。b相、c相についても同様の計算が可能だ。

$$\dot{I}_{ab} = \frac{\dot{E}_{ab}}{\dot{Z}_D} \quad \cdots\cdots \langle 式03\text{-}59\rangle$$

$$= \frac{E_p}{Z_D} \angle -\theta_Z \quad \cdots \langle 式03\text{-}60\rangle$$

$$= \frac{E_p}{3Z_Y} \angle -\theta_Z \quad \cdots \langle 式03\text{-}61\rangle$$

$$\dot{I}_a = \sqrt{3}\,\frac{E_p}{3Z_Y} \angle \left(-\theta_Z - \frac{\pi}{6}\right) \quad \cdots \langle 式03\text{-}62\rangle$$

$$= \frac{E_p}{\sqrt{3}\,Z_Y} \angle \left(-\frac{\pi}{6} - \theta_Z\right) \quad \cdots\cdots \langle 式03\text{-}63\rangle$$

次に、電源の**Δ→Y変換**で解析してみよう。〈図03-64〉のように**Y－Y結線回路**に変換すると、変換後の相起電力 $\dot{E}_a$ は〈式03-65〉で示される。1相分を取り出して解析すれば、$\dot{I}_a$ を求めることができる。結果は、負荷のY→Δ変換の場合と同じだ。

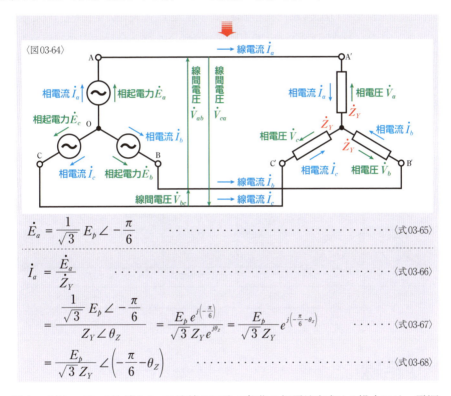

〈図03-64〉

$$\dot{E}_a = \frac{1}{\sqrt{3}}\,E_p \angle -\frac{\pi}{6} \quad \cdots\cdots\cdots \langle 式03\text{-}65\rangle$$

$$\dot{I}_a = \frac{\dot{E}_a}{\dot{Z}_Y} \quad \cdots\cdots\cdots \langle 式03\text{-}66\rangle$$

$$= \frac{\frac{1}{\sqrt{3}}\,E_p \angle -\frac{\pi}{6}}{Z_Y \angle \theta_Z} = \frac{E_p\,e^{j\left(-\frac{\pi}{6}\right)}}{\sqrt{3}\,Z_Y\,e^{j\theta_Z}} = \frac{E_p}{\sqrt{3}\,Z_Y}\,e^{j\left(-\frac{\pi}{6}-\theta_Z\right)} \quad \cdots\cdots \langle 式03\text{-}67\rangle$$

$$= \frac{E_p}{\sqrt{3}\,Z_Y} \angle \left(-\frac{\pi}{6} - \theta_Z\right) \quad \cdots\cdots \langle 式03\text{-}68\rangle$$

以上のように、Y－Δ結線やΔ－Y結線の回路で負荷の相電流を求める場合には、電源側をΔ－Y変換したほうが簡単に計算できることが多いが、負荷側の電流や電圧から電源側を解析する場合には、負荷側を変換したほうが有利になることが多い。線間電圧や線電流の場合は回路の構成によって異なってくる。数多くの解析を行うことで、求められている情報と既知の情報から、どちらを変換したほうが有利かを臨機応変に判断できるようにしたい。

特殊な三相交流回路

[三相交流回路の解析]

Chapter 17 Section 04

三相4線式は2種類の電圧を得ることができる配電方法だ。V結線の三相電源は電源が2つしかないのに対称三相交流が得られる不思議な電源だ。

▶三相4線式

3つの相の交流を3本の電線で送れることが**三相交流**のメリットの1つだが、**三相4線式**による配電も一部で行われている。三相4線式にすることで、2種類の電圧を用いることが可能になる。日本では大規模ビルや工場などで〈図04-01〉のような415/240Vの三相4線式が使われている。3本の**外線**から得られる415V三相交流は動力用に使われ、**中性線**といずれかの外線から得られる240V **単相交流**は照明用に使われることが多い。また、この240V単相交流から**変圧器**によって一般的な100/200V単相交流を取り出すことも可能だ。

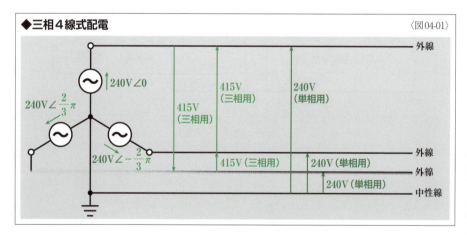

◆三相4線式配電　〈図04-01〉

▶V結線

V結線は、電源が2つなのに**三相交流**を得ることができる不思議な**結線**だ。三相交流の**変圧**には**変圧器**が3台必要だが、V結線ならば2台で済ますことができる。そのため、以前は電力をあまり必要としない状況での変圧に採用されることがあった。現在でも、変圧器が故障したような際に、緊急的な対応としてV結線が用いられることがある。

〈図04-02〉のようなV結線の電源で、〈式04-03〉で表わされる**相起電力**E_aは、そのまま**線**

間電圧$\dot{V}_{ab}$になる。$\dot{E}_a$より位相が$\frac{2}{3}\pi$遅れた相起電力$\dot{E}_b$も線間電圧$\dot{V}_{bc}$になる。$\dot{V}_{ca}$について電圧方程式を立てると〈式04-07〉になり、2つの相起電力を代入して計算すると〈式04-10〉が求められる。結果、線間電圧$\dot{V}_{ab}$、$\dot{V}_{bc}$、$\dot{V}_{ca}$が対称三相交流になっているのがわかる。

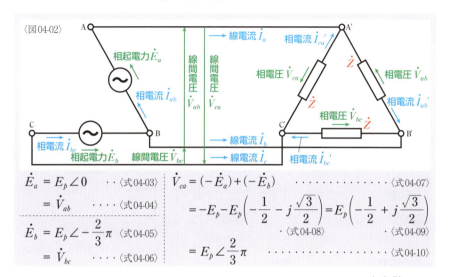

〈図04-02〉

$$\dot{E}_a = E_p \angle 0 \quad \cdots \langle 式04\text{-}03 \rangle$$
$$= \dot{V}_{ab} \quad \cdots \langle 式04\text{-}04 \rangle$$
$$\dot{E}_b = E_p \angle -\frac{2}{3}\pi \quad \cdots \langle 式04\text{-}05 \rangle$$
$$= \dot{V}_{bc} \quad \cdots \langle 式04\text{-}06 \rangle$$

$$\dot{V}_{ca} = (-\dot{E}_a) + (-\dot{E}_b) \quad \cdots \langle 式04\text{-}07 \rangle$$
$$= -E_p - E_p\left(-\frac{1}{2} - j\frac{\sqrt{3}}{2}\right) = E_p\left(-\frac{1}{2} + j\frac{\sqrt{3}}{2}\right)$$
$$\cdots \langle 式04\text{-}08 \rangle \quad \cdots \langle 式04\text{-}09 \rangle$$
$$= E_p \angle \frac{2}{3}\pi \quad \cdots \langle 式04\text{-}10 \rangle$$

つまり、相起電力が2つでも線間電圧が対称三相交流になっているので、負荷側から見ればV結線の電源は対称三相交流の電源であるといえる。少し複雑なのが、電源の相電流と線電流の関係だ。電源の相電流$\dot{I}_{ab}$はそのまま線電流$\dot{I}_a$になり、電源の相電流$\dot{I}_{bc}$は線電流$-\dot{I}_c$になる。線電流$\dot{I}_b$は、節点Bの電流方程式から$\dot{I}_b = \dot{I}_{bc} - \dot{I}_{ab}$で求められる。

負荷の相電流の解析は省略するが、右のフェーザ図は〈図04-02〉の電圧と電流の関係をまとめたものだ。負荷は誘導性でインピーダンス角はθとしている。ここではV−Δ結線回路だけを取り上げたが、線間電圧と線電流は導かれているのでV−Y結線回路は自分で回路を解析してみてほしい。

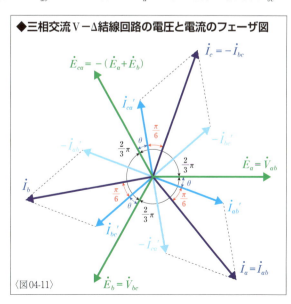

◆三相交流V−Δ結線回路の電圧と電流のフェーザ図

〈図04-11〉

三相交流電力

[三相交流回路の解析]

Chapter 17 Section 05

三相交流回路の電力は、相電圧と相電流から、もしくは線間電圧と線電流から、Y結線であってもΔ結線であっても同じ式で求めることができる。

▶三相電力

三相交流回路の電力を三相交流電力や単に三相電力という。Chapter13の「交流回路の電力（P315参照）」で説明したように、交流の電力には3種類ある。実際に負荷で消費される電力を有効電力P、負荷から送り返される電力を無効電力Q、電源からいったんは送り出される見かけの電力を皮相電力Sという。負荷の電圧をV、電流をI、負荷のインピーダンス角をθとすると、それぞれ右のような式で表わすことができる。インピーダンス角は電力の計算では力率角として扱われ、ここから力率と無効率が導かれる。

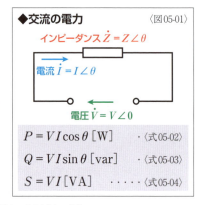

◆交流の電力 〈図05-01〉

インピーダンス $\dot{Z} = Z\angle\theta$
電流 $\dot{I} = I\angle\theta$
電圧 $\dot{V} = V\angle 0$

$P = VI\cos\theta$ [W] ・〈式05-02〉
$Q = VI\sin\theta$ [var] ・〈式05-03〉
$S = VI$ [VA] ・・・・〈式05-04〉

三相電力は、負荷そのものの相電圧と相電流から算出することができるが、現実問題としては、負荷それぞれの電圧や電流を測定するのは面倒だ。そのため、線間電圧と線間電流から算出する方法が実用的であり、現実に用いられることが多い。本書では平衡三相回路の電力を取り上げるが、負荷が平衡の場合、1相分の電力を求めたうえで3倍すれば三相電力が求められる。ちなみに、不平衡負荷の場合は、各相の電力を求めたうえで3相分を加算すればいい。三相の位相差を考慮する必要はない。

▶相電圧と相電流から求める三相電力

まずは、相電圧と相電流から三相電力を求めてみよう。Y結線の平衡負荷で相電圧の大きさをV_{Yp}、相電流の大きさをI_{Yp}、負荷のインピーダンス角をθ_Y、a相の相電圧を基準とすると、a相の相電圧$\dot{V}_a$は〈式05-07〉、相電流$\dot{I}_a$は〈式05-08〉で表わすことができ、a相の有効電力P_{Ya}は〈式05-09〉で求められる。これを3倍することで三相の有効電力P_Yは〈式05-10〉のようになる。同じようにして、無効電力Q_Yと皮相電力S_Yも求めることができる。

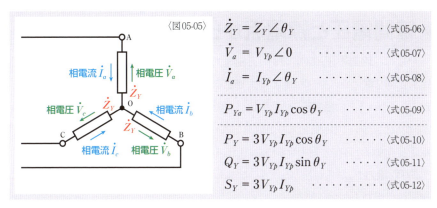

〈図05-05〉

$$\dot{Z}_Y = Z_Y \angle \theta_Y \quad \cdots \cdots \langle 式05\text{-}06\rangle$$
$$\dot{V}_a = V_{Yp} \angle 0 \quad \cdots \cdots \langle 式05\text{-}07\rangle$$
$$\dot{I}_a = I_{Yp} \angle \theta_Y \quad \cdots \cdots \langle 式05\text{-}08\rangle$$
$$P_{Ya} = V_{Yp} I_{Yp} \cos\theta_Y \quad \cdots \cdots \langle 式05\text{-}09\rangle$$
$$P_Y = 3 V_{Yp} I_{Yp} \cos\theta_Y \quad \cdots \cdots \langle 式05\text{-}10\rangle$$
$$Q_Y = 3 V_{Yp} I_{Yp} \sin\theta_Y \quad \cdots \cdots \langle 式05\text{-}11\rangle$$
$$S_Y = 3 V_{Yp} I_{Yp} \quad \cdots \cdots \langle 式05\text{-}12\rangle$$

 Δ結線の平衡負荷についても、相電圧の大きさをV_{Dp}、相電流の大きさをI_{Dp}、負荷のインピーダンス角をθ_Dとすると、a相の相電圧を基準としてa相の有効電力P_{Da}を求めることができる。これを、3倍することで三相の有効電力P_Dが判明する。同様にして、無効電力Q_D、皮相電力S_Dも以下のように求めることができる。

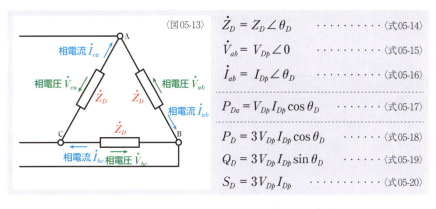

〈図05-13〉

$$\dot{Z}_D = Z_D \angle \theta_D \quad \cdots \cdots \langle 式05\text{-}14\rangle$$
$$\dot{V}_{ab} = V_{Dp} \angle 0 \quad \cdots \cdots \langle 式05\text{-}15\rangle$$
$$\dot{I}_{ab} = I_{Dp} \angle \theta_D \quad \cdots \cdots \langle 式05\text{-}16\rangle$$
$$P_{Da} = V_{Dp} I_{Dp} \cos\theta_D \quad \cdots \cdots \langle 式05\text{-}17\rangle$$
$$P_D = 3 V_{Dp} I_{Dp} \cos\theta_D \quad \cdots \cdots \langle 式05\text{-}18\rangle$$
$$Q_D = 3 V_{Dp} I_{Dp} \sin\theta_D \quad \cdots \cdots \langle 式05\text{-}19\rangle$$
$$S_D = 3 V_{Dp} I_{Dp} \quad \cdots \cdots \langle 式05\text{-}20\rangle$$

 以上の結果から、平衡負荷であれば、Y結線でもΔ結線でも、負荷の相電圧と相電流の大きさ、インピーダンス角によって同じ式で各種の電力が求められることがわかる。インピーダンス角ではなく、負荷の**力率**が既知の情報であってもいい。力率が既知の情報の場合、**無効率**は力率から求めることになる。

◆三相電力(相電圧、相電流、インピーダンス角)

有効電力P = 3×(相電圧)×(相電流)×(力率$\cos\theta$)[W] ・・〈式05-21〉

無効電力Q = 3×(相電圧)×(相電流)×(無効率$\sin\theta$)[var] 〈式05-22〉

皮相電力S = 3×(相電圧)×(相電流)[VA] ・・・・・・・・・〈式05-23〉

▶線間電圧と線電流から求める三相電力

今度は、**線間電圧**と**線電流**から**三相電力**を求めてみよう。**Y結線**の場合、**相電流**と線電流は同じ電流なので、相電流の**大きさ**をI_{Yp}、線電流の大きさをI_{Yl}とすれば〈式05-25〉が成り立つ。また、**相電圧**の大きさV_{Yp}は線間電圧の大きさV_{Yl}の$\frac{1}{\sqrt{3}}$になるので、〈式05-26〉が成り立つ（位相も変化するが電力を求めるうえでは考える必要がない）。前ページで相電圧と相電流から有効電力を求めた〈式05-10〉に、これらの式を代入すると、〈式05-28〉のように**有効電力**P_Yが表わされる。同じようにして、**無効電力**Q_Yと**皮相電力**S_Yも線間電圧と線電流で表わすことができる。

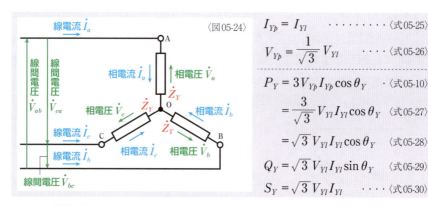

〈図05-24〉

$I_{Yp} = I_{Yl}$ 〈式05-25〉

$V_{Yp} = \frac{1}{\sqrt{3}} V_{Yl}$ 〈式05-26〉

$P_Y = 3V_{Yp} I_{Yp} \cos\theta_Y$ 〈式05-10〉

$= \frac{3}{\sqrt{3}} V_{Yl} I_{Yl} \cos\theta_Y$ 〈式05-27〉

$= \sqrt{3} V_{Yl} I_{Yl} \cos\theta_Y$ 〈式05-28〉

$Q_Y = \sqrt{3} V_{Yl} I_{Yl} \sin\theta_Y$ 〈式05-29〉

$S_Y = \sqrt{3} V_{Yl} I_{Yl}$ 〈式05-30〉

いっぽう、**Δ結線**の場合は、線間電圧の大きさV_{Dl}と相電圧の大きさV_{Dp}は等しく、相電流の大きさI_{Dp}は線電流の大きさI_{Dl}の$\frac{1}{\sqrt{3}}$になる。これらの関係を前ページで相電圧と相電流から有効電力を求めた〈式05-18〉に入すると、〈式05-35〉のように**有効電力**P_Dが表わされる。同様にして、**無効電力**Q_DとS_Dも線間電圧と線電流で表わすことができる。

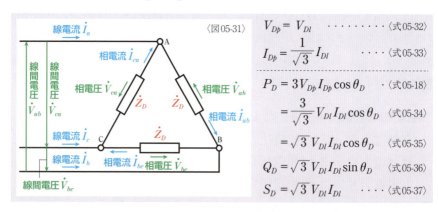

〈図05-31〉

$V_{Dp} = V_{Dl}$ 〈式05-32〉

$I_{Dp} = \frac{1}{\sqrt{3}} I_{Dl}$ 〈式05-33〉

$P_D = 3V_{Dp} I_{Dp} \cos\theta_D$ 〈式05-18〉

$= \frac{3}{\sqrt{3}} V_{Dl} I_{Dl} \cos\theta_D$ 〈式05-34〉

$= \sqrt{3} V_{Dl} I_{Dl} \cos\theta_D$ 〈式05-35〉

$Q_D = \sqrt{3} V_{Dl} I_{Dl} \sin\theta_D$ 〈式05-36〉

$S_D = \sqrt{3} V_{Dl} I_{Dl}$ 〈式05-37〉

以上の結果から、線間電圧と線電流の大きさ、負荷の**インピーダンス角**によって、Y結線でもΔ結線でも同じ式で各種の電力が求められることがわかる。関係式をまとめると以下のようになる。この場合も、インピーダンス角ではなく、**力率**が既知の情報であっても、線間電圧と線電流の大きさから三相電力を求めることができる。

◆三相電力（線間電圧、線電流、インピーダンス角）

有効電力 $P = \sqrt{3} \times (線間電圧) \times (線電流) \times (力率 \cos\theta)$ [W] ‥〈式05-38〉

無効電力 $Q = \sqrt{3} \times (線間電圧) \times (線電流) \times (無効率 \sin\theta)$ [var] 〈式05-39〉

皮相電力 $S = \sqrt{3} \times (線間電圧) \times (線電流)$ [VA]‥‥‥‥‥〈式05-40〉

▶単相交流との比較

最後に、**三相交流**と**単相交流**の**電力**を比較してみよう。以下、三相交流の電圧は**線間電圧**、電流は**線電流**を示し、**力率**は1として考察している。

同じ電圧 V で同じ電流 I とすると、単相交流が電線2本で送ることができる電力 P_1 は〈式05-41〉で表わされ、三相交流が電線3本で送ることができる電力 P_3 が〈式05-42〉で表わさる。電線1本あたりで送ることができる電力の比率は〈式05-43〉で示されるので、三相交流は単相交流より電線1本あたり $\frac{2}{\sqrt{3}}$ 倍＝約1.15倍の電力を送ることができるのがわかる。

$$P_1 = VI \quad \cdots\cdots\cdots \langle 式05\text{-}41\rangle \quad P_3 = \sqrt{3}\,VI \quad \cdots\cdots\cdots \langle 式05\text{-}42\rangle$$

$$\frac{1}{2}P_1 : \frac{1}{3}P_3 = \frac{1}{2}VI : \frac{1}{3}\sqrt{3}\,VI = 1 : \frac{2}{\sqrt{3}} \quad\cdots\cdots\cdots \langle 式05\text{-}43\rangle$$

では、1本あたりの抵抗が R である同じ電線を使って、同じ電圧 V で同じ電力 P を送った場合の**電力損失**はどうなるだろうか。単相交流の場合、電力と電圧から求めた電流の大きさの2乗と電線2本分の抵抗から損失が求められるので、損失 P_{L1} は〈式05-44〉になる。三相交流の場合、電線3本分の損失 P_{L3} は〈式05-45〉で表わされる。両者の比率は〈式05-46〉で示されるので、三相交流のほうが損失を半分に抑えられる。いずれの考察からも、単相交流より三相交流のほうが送電や配電には有利であるのがわかる。

$$P_{L1} = 2\left(\frac{P}{V}\right)^2 R \quad \cdots\langle 式05\text{-}44\rangle \quad P_{L3} = 3\left(\frac{P}{\sqrt{3}\,V}\right)^2 R = \left(\frac{P}{V}\right)^2 R \quad \cdot\langle 式05\text{-}45\rangle$$

$$P_{L1} : P_{L3} = 2\left(\frac{P}{V}\right)^2 R : \left(\frac{P}{V}\right)^2 R = 1 : \frac{1}{2} \quad\cdots\cdots\cdots \langle 式05\text{-}46\rangle$$

索引

表示のページ数はおもに本文を対象とし、頻出する用語については、重要なページのみを抽出。
並び順は、〈数字〉→〈英字アルファベット〉→〈記号〉→〈かな〉の順を採用。ギリシャ文字は記号扱い。

物理量

B	157, 272
B_C	272
B_L	272
C	179
E	23
G	72
H	156
I	21
L	165
m	156
M	167
P	28, 86, 316, 394
P_f	324
Q	16, 146, 322, 394
R	24
rf	324
S	323, 394
V	23
W	23, 30, 86
X	242
X_C	248
X_L	242
Y	272
Z	256
ε(イプシロン)	177
μ(ミュー)	157
ρ(ロー)	148
σ(シグマ)	149
Φ(ファイ)	157
ω(オメガ)	191, 221

単位

A	21
Ah	78
A/m	156
C	16
F	179
F/m	177
H	165, 167
H/m	157
J	23, 30, 146
J/s	29
kcal/h	29
kgf·m/s	29
km/kWh	86
km/ℓ	86
mH	171
N	23
N/Wb	156
pF	187
PS	29
rad	190
rad/s	191, 221
r/m	191
rpm	191
rps	191
r/s	191
S	72, 272
S/m	149
T	157
V	23
VA	172, 323
var	322
W	28, 316
Wb	156, 157
Wb/m^2	157
Wh	30, 86
Ws	30, 86
W時	30, 86
W秒	30, 86
μF	187
μH	171
Ω	24, 242, 248, 256
Ω^{-1}/m	149
Ωm	148
°(度)	190
度	190

数字

0ベクトル	202
1ターンコイル	158, 162
2連可変抵抗器	151

A・B・C

abc相	372
AC	27
a相	372
b相	372
c相	372

D・E

DC	26
e(自然対数の底)	206
E3系列	154, 187
E6系列	154, 171, 187
E12系列	154, 171, 187

E24系列 ‥‥‥‥‥ 154, 171, 187
E96系列 ‥‥‥‥‥‥‥‥‥ 154
E192系列 ‥‥‥‥‥‥‥‥ 154
E系列 ‥‥‥‥‥‥ 154, 171, 187

I・J・K

Im ‥‥‥‥‥‥‥‥‥‥‥ 205
j(虚数単位) ‥‥‥‥‥ 204, 214
K殻 ‥‥‥‥‥‥‥‥‥‥‥ 19

L・M・N

L殻 ‥‥‥‥‥‥‥‥‥‥‥ 19
M殻 ‥‥‥‥‥‥‥‥‥‥‥ 19
N殻 ‥‥‥‥‥‥‥‥‥‥‥ 19
N極 ‥‥‥‥‥‥‥‥‥‥ 156
n相交流 ‥‥‥‥‥‥‥‥ 366

Q・R・S

Q値 ‥‥‥‥‥‥‥ 336, 341, 342
RC直列回路 ‥‥‥ 258, 298, 330
RC並列回路 ‥‥‥ 274, 306, 331
Re ‥‥‥‥‥‥‥‥‥‥‥ 205
RLC直列回路 ‥‥‥ 262, 300, 332
RLC並列回路 ‥‥‥ 278, 308, 338
RL直列回路 ‥‥ 252, 256, 296, 330
RL並列回路 ‥‥ 268, 272, 302, 331
RST相 ‥‥‥‥‥‥‥‥‥ 372
R相 ‥‥‥‥‥‥‥‥‥‥ 372
S極 ‥‥‥‥‥‥‥‥‥‥ 156
S相 ‥‥‥‥‥‥‥‥‥‥ 372

T・U・V

T相 ‥‥‥‥‥‥‥‥‥‥ 372
UVW相 ‥‥‥‥‥‥‥‥ 372
U相 ‥‥‥‥‥‥‥‥‥‥ 372
V-Y結線回路 ‥‥‥‥‥‥ 393
V-Δ結線回路 ‥‥‥‥‥‥ 393
V結線 ‥‥‥‥‥‥‥ 371, 392
V相 ‥‥‥‥‥‥‥‥‥‥ 372

W・X・Y

W相 ‥‥‥‥‥‥‥‥‥‥ 372
xy平面 ‥‥‥ 193, 198, 203, 228
X軸成分 ‥‥‥‥‥‥‥‥ 203
Y-Y結線回路
　‥‥‥‥‥‥ 371, 378, 388, 391
Y-Δ結線回路 ‥‥ 371, 384, 388
Y-Δ等価変換 ‥‥‥‥‥ 132
Y-Δ変換 ‥‥‥‥‥‥‥ 132
Y→Δ変換
　‥‥ 132, 135, 136, 137, 356, 386
Y結線 ‥‥‥‥‥‥ 132, 356, 371
Y軸成分 ‥‥‥‥‥‥‥‥ 203
Y接続 ‥‥‥‥‥‥‥‥‥ 132

記号

Δ-Y結線回路 ‥‥ 371, 384, 390
Δ-Y等価変換 ‥‥‥‥‥ 132
Δ-Y変換 ‥‥‥‥‥‥‥ 132
Δ→Y変換
　‥‥ 132, 134, 137, 356, 387
Δ-Δ結線回路
　‥‥‥‥‥‥ 371, 382, 389, 390
Δ結線 ‥‥‥‥‥‥ 132, 356, 371
Δ接続 ‥‥‥‥‥‥‥‥‥ 132
π ‥‥‥‥‥‥‥‥‥‥‥ 190
△結線 ‥‥‥‥‥‥ 132, 356, 371
％導電率 ‥‥‥‥‥‥‥‥ 149

あ

アークコサイン ‥‥‥‥‥ 192
アークサイン ‥‥‥‥‥‥ 192
アークタンジェント ‥‥‥ 192
アース ‥‥‥‥‥‥‥‥‥ 23
アドミタンス ‥‥ 272, 273, 294, 295
アドミタンス角 ‥‥‥‥ 273, 294
アドミタンス三角形 ‥ 273, 277, 284
網目電流 ‥‥‥‥‥ 102, 103, 349

網目電流法 ‥‥‥ 94, 102, 113, 348
アンペア[A] ‥‥‥‥‥‥ 21
アンペアアワー[Ah] ‥‥‥ 78
アンペアパーメートル[A/m] ‥ 156
アンペールの法則 ‥‥‥‥ 158

い

位相 ‥‥‥‥‥‥‥ 27, 195, 226
位相角 ‥‥‥‥‥‥‥‥‥ 227
位相差 ‥‥‥‥‥‥‥ 227, 366
位相の遅れ ‥‥‥‥‥‥‥ 227
位相の進み ‥‥‥‥‥‥‥ 227
イタリック体 ‥‥‥‥‥‥ 10
位置エネルギー ‥‥‥‥‥ 14
一回転型可変抵抗器 ‥‥‥‥ 151
一次コイル ‥‥‥‥‥ 167, 168
一次定格電流 ‥‥‥‥‥‥ 172
一次電池 ‥‥‥‥ 14, 77, 78, 80, 84
一般角の三角関数 ‥‥‥‥ 193
インダクタ ‥‥‥‥‥‥‥ 170
インダクタンス ‥‥ 170, 171, 234, 238
インダクタンス許容差 ‥‥‥ 171
インピーダンス
　‥‥‥‥ 256, 257, 286, 292, 293
インピーダンス角 ‥‥ 256, 286, 323
インピーダンス三角形
　‥‥‥‥ 256, 257, 261, 265, 267
インピーダンス整合 ‥‥‥‥ 172
インピーダンス比 ‥‥‥‥ 172
インピーダンスブリッジ ‥‥ 362

う

ウェーバー[Wb] ‥‥‥ 156, 157
ウェーバーパー平方メートル
　[Wb/m²] ‥‥‥‥‥‥‥ 157
運動エネルギー ‥‥‥‥‥ 14

え

永久磁石 ‥‥‥‥‥‥‥‥ 156

| 枝 ･････････････ 88, 89, 348
| 枝電流 ･･････････ 95, 348
| 枝電流法 ･････････････ 94
| エネルギー ････････ 14, 23
| エネルギー保存の法則 ････ 14
| 円周率 ･･･････････････ 190

お

| オイラーの公式 ･･･････ 206
| オーディオトランス ････ 172
| オーム[Ω] ･･ 24, 242, 248, 256
| オームの法則 ･･ 25, 47, 48, 72, 236, 256, 286, 288, 295
| オームメートル[Ωm] ･･･ 148
| 遅れ ････････････････ 227
| 遅れ力率 ･･･････ 324, 325
| 温度係数 ････････････ 149

か

| カーボン抵抗 ･･･････ 151
| 外線 ････････････････ 392
| 回転数 ･･･････････ 191
| 回転ベクトル ･････････ 228
| 開放 ･･･････････････ 39
| 開放電圧 ･･ 122, 124, 125, 126, 352
| 回路 ･･････････････ 32
| 回路図 ･･･････ 34, 36, 40, 68
| 回路図記号 ････････････ 34
| 回路素子 ････ 32, 33, 39, 150, 170, 172, 178, 186, 234
| 回路方程式 ･････････ 88
| 回路要素 ･･･････････ 32
| ガウス平面 ････ 205, 206, 230, 287
| 化学エネルギー ････････ 14
| 角形チップ抵抗 ････････ 151
| 角周波数 ････････････ 191
| 角速度 ･･････････ 191, 221
| 角度 ･･･････････････ 190
| 重ね合わせの定理 ･･･････ 114

| 重ね合わせの理 ･･････ 114
| 重ねの定理 ･･････ 114, 350
| 重ねの理 ･･･････････ 114
| 価電子 ･･･････････ 19
| 過渡現象 ･････ 42, 44, 178
| 過渡状態 ････････････ 42
| 過渡領域 ････････････ 42
| 可変インダクタ ････････ 170
| 可変コイル ･･･････････ 170
| 可変コンデンサ ････････ 186
| 可変抵抗 ･･････ 144, 150, 364
| 可変抵抗器 ･･････ 150, 151, 154
| 加法定理 ････････････ 196
| カラーコード ･･････ 152, 171
| ガルバノメータ ････････ 144
| 関数電卓 ････････････ 232

き

| 記号法 ･･････ 230, 286, 344
| 基準電位 ････････ 23, 40, 41
| 起電力 ･･････････ 22, 40
| 基本単位 ･････････････ 12
| 逆起電力 ･･････ 161, 162, 164, 238
| 逆三角関数 ･･･････････ 192
| 逆数 ･･････････････ 52
| 逆数キー ･･･････････ 232
| 逆正弦関数 ･･･････････ 192
| 逆正接関数 ･･･････････ 192
| 逆余弦関数 ･･･････････ 192
| キャパシタ ･･･････････ 186
| キャパシタンス ････････ 179
| キャリア ･･･････ 17, 21
| 狭義の交流 ････････････ 27
| 狭義の直流 ･･･････ 26, 46
| 強磁性体 ････････････ 156
| 共振 ･･････････ 334, 340
| 共振角速度 ･････ 334, 336, 340
| 共振曲線 ････ 334, 336, 340, 342
| 共振周波数 ･････ 334, 336, 340

| 共振電流 ･･ 334, 336, 340, 341, 342
| 強電 ･･････････････ 33
| 共役複素数 ･･･････････ 216
| 極座標表示 ･････ 198, 206, 229, 230, 287, 294
| 極性 ･････ 16, 156, 174, 177, 178, 180, 186, 347
| 虚軸 ･･････ 205, 206, 230, 294
| 鋸歯状波 ････････････ 27
| 虚数 ･･････････ 204, 205
| 虚数軸 ････････････ 205
| 虚数成分 ････････････ 205
| 虚数単位 ･･･････ 204, 214
| 虚数部 ････････････ 205
| 虚部 ････ 205, 206, 287, 294, 326
| 許容差 ･･････ 152, 154, 171, 187
| 許容電流 ･･････ 77, 79, 80, 81, 82
| キルヒホッフの第1法則 ･･････ 90
| キルヒホッフの第2法則 ･･････ 91
| キルヒホッフの電圧則 ･･ 91, 92, 347
| キルヒホッフの電流則 ････ 90, 347
| キルヒホッフの法則
| ･･ 88, 94, 102, 108, 113, 347, 348
| キロカロリーパーアワー
| [kcal/h] ････････････ 29
| キログラムエフメートルパーセコンド
| [kgf・m/s] ･････････ 29
| キロメートルパーキロワットアワー
| [km/kWh] ･････････ 86
| キロメートルパーリットル
| [km/ℓ] ･･････････ 86
| 金属被膜抵抗 ････････ 151

く

| 空心コイル ･･･････････ 170
| クーロン[C] ･････････ 16
| クーロン力 ･･･････････ 16
| 矩形波 ･･････････････ 27
| クロスマーク ･････････ 219

け

結合係数	169
結線	132
原子	16, 17, 24, 147, 149, 174, 176
原子核	16, 18
現実の交流電源	235
現実の電源	38, 74, 76, 78, 354
元素	16
検流計	144

こ

コイル	33, 39, 46, 158, 165, 170, 171, 218, 234
広義の交流	27
広義の直流	26
格子運動	24
高周波同調コイル	171
公称電圧	78
合成アドミタンス	273, 295
合成インピーダンス	256, 288, 292, 293
合成コンダクタンス	73
合成静電容量	182, 184
合成抵抗	50, 52, 54, 58, 62
合成抵抗回路	50
合成ベクトル	200, 202
交流	27, 219, 366
交流インダクタンス回路	238
交流回路	38, 234
交流が重畳した直流	26, 46
交流キャパシタンス回路	244
交流コイル回路	234, 238, 290, 318, 329
交流コンデンサ回路	234, 244, 291, 319, 329
交流静電容量回路	244
交流抵抗回路	
	234, 236, 289, 316, 328
交流定電圧源	235, 354, 355
交流定電流源	235, 354, 355, 359
交流電圧源	38, 354
交流電源	38, 235
交流電流源	38, 354
交流電力	316
交流発電機	218, 367
交流ブリッジ回路	362
交流用検流計	362
国際標準軟銅	149
誤差	152, 171, 187
コサイン	192
コサインカーブ	195
コサイン波	195
固体電解コンデンサ	187
固定インダクタ	170
固定コイル	170
固定コンデンサ	186
固定抵抗	150
固定抵抗器	150, 151
弧度法	190
固有抵抗	148
固有電力	85
コンダクタンス	72, 73, 294
コンデンサ	33, 39, 46, 178, 179, 180, 181, 186, 187, 188, 234

さ

最外殻	19
サイクル	27, 221, 226
最小の定理	84, 85
最大値	220
最大電力供給の定理	85
最大電力の法則	85
最大利用電力	85
サイン	192
サインカーブ	27, 195, 219
サイン波	27, 195
サセプタンス	272, 294
酸化金属被膜抵抗	151
三角関数	192, 193
三角関数の累乗	196
三角関数表示	199, 206, 230, 287
三角形法	200
三角結線	132, 356, 371
三角波	27
三相3線式	371
三相4線式	371, 392
三相6線式	370
三相交流	27, 366, 367
三相交流回路	371, 372, 394
三相交流起電力	370, 372
三相交流電力	394
三相交流発電機	367
三相交流モーター	366
三相電源	368, 371, 374, 380, 384, 386
三相電力	394, 396
三平方の定理	197

し

ジーメンス[S]	72
ジーメンスパーメートル[S/m]	149
磁荷	156
磁界	156
磁界の強さ	156, 157, 158
磁気	156, 160
磁気エネルギー	39, 156, 316
磁気誘導	156
磁極	157, 160
磁極の強さ	156
磁気量	156
磁気力	156
自己インダクタンス	165, 170, 238
仕事	23, 28, 30, 82

401

仕事率	28, 30
自己誘導起電力	164
自己誘導作用	164, 165, 166, 168, 170
磁石	156
磁心コイル	170
指数関数表示	206, 230, 287, 294
磁性体	156, 157, 158
自然数	204
自然対数の底	206
磁束	157
磁束密度	157
実効値	224
実軸	205, 206, 230
実数	204, 205
実数軸	205
実数成分	205
実数部	205
実体配線図	34
実部	205, 206, 287, 294, 326
始点	198, 200, 202, 203
始動電流	44
磁場	156
弱電	33
斜辺	192, 197
周期	27, 191, 221
終止電圧	78
終点	198, 200, 202
充電	178, 186, 244, 246
自由電子	17, 18, 19, 20, 21, 22, 24, 147, 149, 175, 176
充電池	14
周波数	27, 191, 221
周波数選択性	335, 341
周波数特性	328, 332, 334, 338, 340
ジュール[J]	23, 30, 146
ジュール熱	24, 146, 147, 150, 152, 172, 224, 366

ジュールの法則	146
ジュールパーセコンド[J/s]	29
出力	29
受動回路	33
受動素子	33, 39, 46
受動要素	33
受話器	362
循環小数	204
循環電流	75, 81, 340, 342
純虚数	205, 216
瞬時値	220, 316
瞬時値表示	230
瞬時電力	224, 316
初位相	226
条件付等価回路	37
小数	204
消費電力	29, 82, 316
商用電源	27, 224
ショート	39
初期位相	226, 230
初期電圧	78
磁力	156
磁力線	156, 157
枝路	89
枝路電流	95
真空の誘電率	177
信号用トランス	172
進相用コンデンサ	325
真電荷	177
振幅	220

す

スイッチ付可変抵抗器	151
数	204
数直線	204, 205
スカラー	198
図記号	34, 35, 288
進み	227
進み力率	324

スター結線	132, 356, 371
スライド可変抵抗器	151
スリップリング	218

せ

正	16, 174
正弦関数	192, 219
正弦曲線	27, 195, 219, 222
正弦波	27, 195
正弦波交流	27, 219, 222, 224, 226, 228, 230
正弦波交流起電力	219, 220, 222, 226
正弦波交流電源	235
静止ベクトル	229, 230
整数	204
正接関数	192
正電荷	16, 174
静電気	174
静電気力	16, 17, 174, 176, 177, 178, 181
静電誘導	174, 176
静電容量	179, 180, 181, 182, 186, 187, 188, 234
静電容量許容差	187, 188
静電力	16
正の最大値	220
整流	26
積層セラミックコンデンサ	187
積分	223
積和公式	197
絶縁体	18, 176, 181, 187
接続線	34, 39, 68
接地	23
節点	88, 108, 348
節点電圧	108, 109, 349
節点電圧法	94, 108, 113, 348
節点方程式	90
接頭辞	12

セメント抵抗･･････････ 151
セラミックコンデンサ･･････ 187
尖鋭度･････････････ 336, 341
線間電圧･････ 172, 374, 376, 380,
　　　　　　　　382, 386, 392
線形回路･････････････････ 33
線形素子･････････････････ 33
線形要素･････････････････ 33
線電流･･････ 372, 374, 378, 380,
　　　　　　　　388, 390, 393

そ

相回転････････････････ 372
相起電力････ 372, 374, 380, 386,
　　　　　　　　388, 390, 392
相互インダクタンス ･･ 167, 169, 172
相互誘導起電力･･･････ 166, 168
相互誘導作用･･ 166, 167, 168, 172
相順････････････････････ 372
相電圧
　･･ 372, 374, 376, 378, 380, 382
相電流･････ 372, 374, 378, 380,
　　　　　　　　388, 390, 393
束縛電子･････････････････ 18
素子････････････････ 32, 33, 39
ソリッド抵抗･･･････････ 151
素粒子･･･････････････････ 16

た

第1象限･････････････････ 193
第2象限･････････････････ 193
第3象限･････････････････ 193
第4象限･････････････････ 193
耐圧･･･････････････ 187, 188
帯域幅･･･････････････ 337, 342
ダイオード･･････････････ 33
対称 n 相交流･･･････････ 366
対称三相交流･････ 366, 368, 371
帯電･･････ 17, 20, 22, 174, 178

帯電体･････････････ 174, 176, 177
代入法･･････････････････ 98, 105
対辺･･････････････････ 192, 197
太陽電池･･･････････････････ 77
多回転型可変抵抗器･････････ 151
多相交流･･････････････ 27, 366
多ターンコイル･･････････････ 162
タップ･････････････････････ 172
単位･･････････････････ 10, 12
単位円････････････ 190, 194, 207
タンジェント････････････････ 192
端子電圧･･･････････ 41, 48, 346
単相交流････････････････････ 27
単相交流発電機･･･････････ 367
単相交流モーター･･････････ 366
タンタルコンデンサ･･･････････ 187
短絡･････････････････････ 39
短絡電流･･････････････ 76, 79, 81

ち

蓄電器････････････････････ 186
蓄電池･･････････････････････ 14
チップインダクタ･･････････ 170
チップコイル････････････････ 170
チップコンデンサ･･････････ 186
チップ抵抗･････････ 150, 151, 153
チップ抵抗器･･･････････････ 150
チップ部品････････ 150, 170, 186
中性･･･････ 16, 17, 18, 20, 174,
　　　　　　　　176, 178, 180
中性子･･･････････････････ 16
中性線････････････ 371, 378, 392
中性点･･････････････ 372, 374
チョークコイル･･････････････ 171
直並列回路･････････････････ 50
直並列接続･･･････････ 50, 62
直並列抵抗回路･･････････ 50, 64
直流･･･････････････ 26, 46
直流回路･･･････････････ 38, 46

直流抵抗回路･････ 46, 47, 82, 86
直流抵抗値･････････････ 171, 172
直流電圧源･･････････････ 38, 74
直流電源･･････････････ 38, 46, 74
直流電流源･････････････ 38, 74
直流等価回路･････････････ 37, 46
直列回路･････････････････ 50
直列共振･･･････････････ 334
直列共振回路･････････ 334, 336
直列接続･････ 50, 52, 54, 74, 182,
　　　　　　184, 234, 235, 292, 295
直列抵抗回路･･････････ 50, 54, 56
直交座標･･･････ 193, 198, 203, 205
直交座標表示
　･･････ 198, 206, 230, 287, 294

て

定格････････ 39, 152, 171, 172, 187
定格一次インピーダンス ････ 172
定格一次電圧･････････････ 172
定格温度･････････････････ 187
定格周波数･････････････ 172
定格タップインピーダンス････ 172
定格タップ電圧･････････ 172
定格電圧････････････ 187, 188
定格電流･････････････ 171, 172
定格電力･････ 82, 152, 154, 172
定格二次インピーダンス ････ 172
定格二次電圧･････････････ 172
定格容量･････････････････ 172
抵抗･･････････ 24, 25, 39, 46, 47,
　　　　　　146, 148, 149, 150, 234
抵抗温度係数･････････ 149, 152
抵抗回路･････････････････ 46
抵抗器････････････ 33, 39, 150, 152
抵抗体･････････････････ 151
抵抗値許容差･･････････ 152, 154
抵抗ブリッジ･････････････ 140
抵抗ブリッジ回路･････ 141, 144

抵抗率・・・・・・・・・・・・・・・・・・・・ 148	電気エネルギー ・・・・ 14, 24, 28, 30,	電力量・・・・・・・・・・・・・ 30, 86, 146
定常状態・・・・・・・・・・・ 42, 44, 178	39, 44, 146, 147, 224, 316, 334	
定常値・・・・・・・・・・・・・・・・・・・・ 42	電気回路・・・・・・・・・・・・・・・ 32, 33	**と**
定常領域・・・・・・・・・・・・・・・・・・ 42	電気回路図・・・・・・・・・・・・・・・・ 34	度・・・・・・・・・・・・・・・・・・・・・・・ 190
定抵抗回路・・・・・・・・・・・・・・・ 360	電気抵抗・・・・・・・・・・・・ 24, 39, 150	等価回路・・・・・・・・・・・・・・・・・・ 37
定電圧回路・・・・・・・・・・・・・・・ 359	電気抵抗率・・・・・・・・・・・・・・・ 148	等価変換・・・・・・・・・・・・・・・・・・ 37
定電圧源・・・・・・・ 38, 74, 128, 355	電気二重層キャパシタ ・・・・・ 188	透磁率・・・・・・・・・・・・・・・・・・・ 157
定電流回路・・・・・・・・・・・・・・・ 358	電気二重層コンデンサ ・・・・・ 188	同相・・・・・・・・・・・・・・・・・・・・・ 227
定電流源・・・・・・・ 38, 74, 128, 355	電気の正体・・・・・・・・・・・・・・・ 17	導体・・ 17, 18, 19, 24, 147, 148, 149
底辺・・・・・・・・・・・・・・・ 192, 197	電気用図記号・・・・・・・・・・ 34, 35	動電気・・・・・・・・・・・・・・・・・・・ 174
デジタルマルチメータ ・・・・・・ 144	電極・・・・・・・ 178, 180, 187, 246	導電率・・・・・・・・・・・・・・・・・・・ 149
テスタ ・・・・・・・・・・・・・・・・・・ 144	電気力・・・・・・・・・・・・・・・・・・・ 16	等比級数・・・・・・・・・・・・・・・・・ 154
テスラ[T] ・・・・・・・・・・・・・・・ 157	電源・・・・・・・ 36, 38, 74, 76, 235	独立した閉回路・・・・・・・・・・・・ 89
鉄心・・ 157, 158, 165, 168, 170, 172	電源電圧・・・・・・・・・・・・・・・・・ 38	独立の閉回路・・・・・・・・・・・・・ 89
テブナンの定理 ・・・・ 122, 126, 352	電源電流・・・・・・・・・・・・・・・・・ 38	度数法・・・・・・・・・・・・・・・・・・・ 190
デルタ結線 ・・・・・・・ 132, 356, 371	電源トランス・・・・・・・・・・・・・ 172	ドット・・・・・・・・・・ 198, 205, 229
電圧・・・・・ 22, 23, 25, 26, 27, 40, 47	電源用チョークコイル ・・・・・・ 171	ドットマーク ・・・・・・・・・・・・・ 219
電圧拡大率・・・・・・・・・・・・・・・ 337	電源用トランス・・・・・・・・・・・ 172	突入電流 ・・・・・・・・・・・・・・・・ 44
電圧共振・・・・・・・・・・・・・・・・ 337	電子・・・・・・・・・・・・・・ 16, 17, 18	トランジスタ ・・・・・・・・・・・・・・ 33
電圧計・・・・・・・・・・・・・・・・・・ 144	電子回路・・・・・・・・・・・・・・・・・ 33	トランス・・・・・・・ 167, 168, 172, 325
電圧源・・・・・・・・・・・ 38, 76, 84, 128	電子殻・・・・・・・・・・・・・・・・・・・ 19	トリマコンデンサ ・・・・・・・・・ 186
電圧降下・・・・・・・・ 41, 48, 346	電磁石・・・・・・・・・・・・・・ 156, 158	
電圧三角形	電磁誘導作用	**な**
・・・・・ 254, 256, 260, 264, 266	・・ 160, 162, 164, 166, 168, 218	内部インピーダンス ・・・・・ 354, 355
電圧則・・・・・・・・・・・・ 91, 102, 347	電場・・・・・・・・・・・・・・・・・・・・ 174	内部抵抗・・・・・・・・・ 76, 78, 80, 84,
電圧の基準・・・・・・・・・・・・・・・ 23	電波・・・・・・・・・・・・・・・・・・・・・ 15	123, 128, 144
電圧比・・・・・・・・・・・・・・・・・・ 172	電費・・・・・・・・・・・・・・・・・・・・・ 86	
電圧分配式・・・・・・・・・・・・・・・ 57	電流・・・・・ 17, 20, 21, 25, 26, 27, 47	**に**
電圧方程式	電流拡大率・・・・・・・・・・・・・・ 342	二次コイル ・・・・・・・・・・・ 167, 168
・・・・・ 91, 92, 94, 102, 347, 348	電流共振・・・・・・・・・・・・・・・・ 342	二次定格電流・・・・・・・・・・・・・ 172
電位・・・・・・・・・・・・・・・・・・・・・ 22	電流計・・・・・・・・・・・・・・・・・・ 144	二次電池・・・・ 14, 77, 78, 80, 84, 188
電位差・・・・・・・・・・・・・ 22, 23, 40	電流源・・・・・・・・・・・・ 38, 76, 128	二相交流・・・・・・・・・・・・・・・・・ 366
電荷・・・・・・・ 16, 17, 21, 23, 40,	電流三角形	ニュートン[N] ・・・・・・・・・・・・・ 23
174, 176, 177, 178,	・・・・・ 270, 273, 276, 280, 282	ニュートンパーウェーバー
179, 180, 182, 184, 346	電流則・・・・・・・・・・・ 90, 108, 347	[N/Wb] ・・・・・・・・・・・・・・ 156
電界・・・・・・・・・・・・・・・・・・・・ 174	電流分配式・・・・・・・・・・・・・・・ 61	
電解コンデンサ ・・・・・・・・・・・ 187	電流方程式・・ 90, 94, 108, 347, 348	**ね**
電荷キャリア ・・・・・・・・・・・・・ 17	電力・・ 28, 30, 82, 86, 146, 316, 394	熱エネルギー ・・・・・ 14, 24, 39, 44,
電荷担体・・・・・・・・・・・・・・・・・ 17	電力損失・・・・・・・・・ 325, 366, 397	146, 224, 316, 325

熱振動・・・・・・・・・・・・・・・ 24, 147, 149
熱の正体・・・・・・・・・・・・・・・・・ 24, 147
熱量・・・・・・・・・・・・・・・・・・・・・・・ 146
燃料電池・・・・・・・・・・・・・・・・ 14, 77

の

能動回路・・・・・・・・・・・・・・・・・・・・ 33
能動素子・・・・・・・・・・・・・・・・・・・・ 33
能動要素・・・・・・・・・・・・・・・・・・・・ 33
のこぎり波・・・・・・・・・・・・・・・・・・ 27

は

パーオームパーメートル
　[Ω^{-1}/m]・・・・・・・・・・・ 149
パーセント導電率・・・・・・・・・ 149
バール[var]・・・・・・・・・・・・・・ 322
倍角公式・・・・・・・・・・・・・・・・・ 197
倍量単位・・・・・・・・・・・・・・・・・・ 12
波形・・・・・・・・・・・・・・・ 26, 27, 195
波高値・・・・・・・・・・・・・・・・・・・ 220
発熱量・・・・・・・・・・・・・・・・・・・ 146
馬力・・・・・・・・・・・・・・・・・・・・・・ 29
バリコン・・・・・・・・・・・・・・・・・ 186
パワーインダクタ・・・・・・・・・ 171
パワートランス・・・・・・・・・・・ 172
半角公式・・・・・・・・・・・・・・・・・ 197
反角公式・・・・・・・・・・・・・・・・・ 196
反共振・・・・・・・・・・・・・・・・・・・ 340
反共振回路・・・・・・・・・・・・・・・ 340
半固定コンデンサ・・・・・・・・・ 186
半固定抵抗・・・・・・・・・・・・・・・ 150
半固定抵抗器・・・・・・・・・・・・・ 150
半値幅・・・・・・・・・・・・・・・ 337, 342
半導体素子・・・・・・・・・・・・・・・・ 33

ひ

ピーク値・・・・・・・・・・・・・・・・・ 220
ピークトゥピーク値・・・・・・・ 220
ピークピーク値・・・・・・・・・・・ 220

光エネルギー・・・・・・・・ 14, 39, 44
ピコファラッド[pF]・・・・・・・ 187
非正弦波交流・・・・・・・・・・・・・・ 27
非線形回路・・・・・・・・・・・・・・・・ 33
非線形素子・・・・・・・・・・・・・・・・ 33
非線形要素・・・・・・・・・・・・・・・・ 33
皮相電力・・ 323, 324, 325, 326, 394
非対称 n 相交流・・・・・・・・・・・ 366
ピタゴラスの定理・・・・・・・・・ 197
微分・・・・・・・・・・・・ 85, 241, 245
比誘電率・・・・・・・・・・・・・・・・・ 177
標準数・・・・・・・・・・・・・・・・・・・ 154
比例係数・・・・・・・・・・・・・・・・・・ 72
比例定数・・・・・・・・・・・・・・・・・・ 72

ふ

負・・・・・・・・・・・・・・・・・・・ 16, 174
ファラッド[F]・・・・・・・・・・・・ 179
ファラッドパーメートル[F/m]・・・ 177
ファラデーの法則・・ 162, 163, 218
フィルムコンデンサ・・・・・・・ 187
フェーザ・・・・・・・・・・・・・ 229, 230
フェーザ図・・・・・・・・・・・・・・・ 229
フェーザ表示・・・・・・・・・ 229, 230
負荷・・・・・・・・・ 32, 39, 44, 47, 288
複素アドミタンス・・・・・・・・・ 294
複素インピーダンス・・ 287, 292, 294
複素記号法・・・・・・・・ 230, 286, 344
複素数・・・・・・・ 204, 205, 206, 230
複素数の加算・・・・・・・・・・・・・ 208
複素数の極座標表示・・・・・・・ 206
複素数の減算・・・・・・・・・・・・・ 208
複素数の三角関数表示・・・・・ 206
複素数の指数関数表示・・・・・ 206
複素数の乗算・・・・・・・・・・・・・ 210
複素数の除算・・・・・・・・・・・・・ 212
複素数の直交座標表示・・・・・ 206
複素数表示
　・・・・・ 206, 230, 287, 294, 326

複素電力・・・・・・・・・・・・・・・・・ 326
複素平面・・・・・・・・・・・・・・・・・ 205
複素ベクトル・・・・・・ 205, 206, 230,
　　　　　　　　　　287, 294, 326
物理量・・・・・・・・・・・・ 10, 36, 198
負電荷・・・・・・・・・・・・・・・・ 16, 174
不導体・・・・・・・・・・・・・・・・・・・・ 18
負の最大値・・・・・・・・・・・・・・・ 220
負のベクトル・・・・・・・・・・・・・ 200
不平衡三相負荷・・・・・・・・・・・ 371
不平衡負荷・・・・・・・・ 132, 356, 371
不平衡負荷Y結線・・・・・ 132, 356
不平衡負荷Δ結線・・・・・ 132, 356
ブラシ・・・・・・・・・・・・・・・・・・・ 218
プラス・・・・・・・・・・・・・・・・ 16, 174
プラスの電荷
　・・・・ 16, 17, 174, 176, 178, 180
ブリッジ・・・・・・・・・・・・・・・・・ 140
ブリッジ回路・・・・・・・・・ 140, 362
ブリッジ接続・・・・・・・・・・・・・ 140
フレミングの右手の法則
　・・・・・・・・・・・・・ 160, 163, 218
分圧・・・・・・・・・・・・ 55, 56, 292, 295
分圧式・・・・・・・・・・・・・・・・ 57, 292
分極電荷・・・・・・・・・・・・・・・・・ 177
分子・・・・・・・・・・・・・・・・・・・・・ 16
分数・・・・・・・・・・・・・・・・・・・・ 204
分母の有理化・・・・・・・・・ 212, 216
分離回路・・ 114, 115, 118, 120, 350
分流・・・・・・・・・・・・ 59, 60, 293, 295
分流式・・・・・・・・・・・・・・・・ 61, 293
分量単位・・・・・・・・・・・・・・・・・・ 12

へ

閉回路・・・・・・・・・・・・・ 88, 89, 102
平均電力・・・・・・・・・・・・・・・・・ 316
平衡・・・・・・・・・・・・・・・・ 141, 144
平衡三相回路・・・・・・・・・・・・・ 371
平衡三相交流回路・・・・・・・・・ 371

平衡三相負荷 ・・・・・・・・・・・・・ 371	放電容量 ・・・・・・・・・・・・・・・ 78, 80	漏れ電流 ・・・・・・・・・・・・・・・・ 187
平行四辺形法 ・・・・・・・・・・・・・ 200	ホーロー抵抗 ・・・・・・・・・・・・・ 151	**ゆ**
平衡条件 ・・・・・・・・・・・ 141, 362	補角公式 ・・・・・・・・・・・・・・・・ 196	有限小数 ・・・・・・・・・・・・・・・・ 204
平行なベクトル ・・・・・・・・・・ 200	星形結線 ・・・・・・・・・ 132, 356, 371	有効電流 ・・・・・・・・・・・・・・・・ 322
平衡負荷 ・・・・・ 132, 137, 356, 371	補助単位 ・・・・・・・・・・・・・・・・ 12	有効電力 ・・ 316, 322, 324, 326, 394
平衡負荷Y結線 ・・・・・・・・ 132, 356	ボリューム ・・・・・・・・・・・・・・ 150	有効導体長 ・・・・ 163, 218, 220, 223
平衡負荷Δ結線 ・・・・・・・・ 132, 356	ボルト[V] ・・・・・・・・・・・・・・ 23	誘電体 ・・・・・・・ 177, 178, 181, 187
平衡ブリッジ回路 ・・・・ 141, 142, 362	ボルトアンペア[VA] ・・・・ 172, 323	誘電分極 ・・・・・・・・ 176, 177, 178
並列回路 ・・・・・・・・・・・・・・・・ 50	**ま**	誘電率 ・・・・・・・・・・ 177, 181, 183
並列共振 ・・・・・・・・・・・・・・・ 340	マイクロインダクタ ・・・・・・・・ 171	誘導起電力 ・・・・・・・・ 160, 161, 162, 163, 164, 218, 238
並列共振回路 ・・・・・・ 340, 341, 342	マイクロファラド[μF] ・・・・・・ 187	誘導サセプタンス ・・ 272, 273, 294
並列接続 ・・・・・ 50, 51, 52, 58, 74, 182, 234, 235, 295	マイクロヘンリー[μH] ・・・・・・ 171	誘導性インピーダンス ・・・・・・・・ 265
並列抵抗回路 ・・・・・・・・ 50, 58, 60	マイナス ・・・・・・・・・・・・・ 16, 174	誘導性回路 ・・・・・・ 264, 282, 283, 301, 321, 324, 326
閉路電流法 ・・・・・・・・・・・・・・ 102	マイナスの電圧 ・・・・・・・・・・・・ 23	誘導性サセプタンス ・・・・・・・・ 272
閉路方程式 ・・・・・・・・・・・・・・ 91	マイナスの電荷 ・・ 16, 17, 20, 174, 176, 178, 180	誘導性リアクタンス ・・・・・・・・ 242
ベクトル ・・ 198, 200, 205, 206, 228	マイナスのベクトル ・・・・・・・・ 200	誘導電流 ・・ 160, 161, 164, 166, 218
ベクトルの加算 ・・・・・・・・・・ 201	巻数 ・・・・・ 158, 162, 165, 167, 168	誘導リアクタンス
ベクトルの極座標表示 ・・・・・ 198	巻数比 ・・・・・・・・・・・・・・・・ 172	・・・・・・・ 242, 257, 287, 290
ベクトルの減算 ・・・・・・・ 201, 202	巻線抵抗 ・・・・・・・・・・・・・・・・ 151	有能電力 ・・・・・・・・・・・・・・・・ 85
ベクトルの合成 ・・・・・・・ 200, 202	**み**	有理化 ・・・・・・・・・・・・・ 212, 216
ベクトルの三角関数表示 ・・・・ 199	右ネジの法則 ・・・・・・・・・・・・ 158	有理数 ・・・・・・・・・・・・・・・・・・ 204
ベクトルのスカラー倍 ・・・・・ 200	脈流 ・・・・・・・・・・・・・・・・・・ 26	**よ**
ベクトルの直交座標表示 ・・・・ 198	ミリヘンリー[mH] ・・・・・・・ 171	陽子 ・・・・・・・・・・・・・・・・・・ 16
ベクトルの分解 ・・・・・・・・・・ 203	**む**	容量 ・・・・・・・・ 78, 179, 186, 187
ベクトル法 ・・・・・・・・・・・・・・ 286	無極性電解コンデンサ ・・・・・・ 187	容量サセプタンス
変圧 ・・・・・・ 167, 169, 172, 325, 392	無効電流 ・・・・・・・・・・・ 322, 325	・・・・・・・ 272, 273, 277, 294
変圧器 ・・・・・・・・・・ 172, 325, 392	無効電力 ・・ 322, 324, 325, 326, 394	容量性インピーダンス ・・・・・・・・ 267
偏角 ・・ 199, 206, 228, 229, 230, 294	無効率 ・・・・・・・・・・・・・ 324, 394	容量性回路 ・・・・・・ 266, 280, 283, 301, 321, 324, 326
変成器 ・・・・・・・・・・・・・・・・ 172	無理数 ・・・・・・・・・・・・・ 204, 206	容量性サセプタンス ・・・・・・・・ 272
ヘンリー[H] ・・・・・・・・・ 165, 167	**め**	容量性リアクタンス ・・・・・・・・ 248
ヘンリーパーメートル[H/m] ・・ 157	メタルクラッド抵抗 ・・・・・・・・ 151	容量リアクタンス
ほ	**も**	・・・・・・・ 248, 257, 287, 291
ホイートストンブリッジ ・・・・ 144	漏れ磁束 ・・・・・・・・・・・・・・・・ 169	余角公式 ・・・・・・・・・・・・・・・・ 196
方形コイル ・・・・・・・・・・・・・・ 218		余弦関数 ・・・・・・・・・・・・・・・・ 192
方形波 ・・・・・・・・・・・・・・・・ 27		
鳳-テブナンの定理 ・・・・・・・・ 122		
放電 ・・・・・・・ 178, 186, 244, 246		

余弦曲線・・・・・・・・・・・・・・・・・ 195	理想交流電流源・・・・・・・・・・・ 235	**れ**
余弦波・・・・・・・・・・・・・・・・・・・ 195	理想電圧源・・・・・・・・・ 38, 74, 77	
	理想電流源・・・・・・・・・ 38, 74, 77	零ベクトル・・・・・・・・・・・・・・ 202
ら	理想のコイル・・・・・・・・・ 39, 363	レシーバ・・・・・・・・・・・・・・・・ 362
	理想のコンデンサ・・・・・・・・・ 39	レジスタンス・・・・・・・・・・・・・ 24
ラジアン[rad]・・・・・・・・・・・・ 190	理想の素子・・・・・・・・・ 39, 234	レンツの法則・・・・・・・ 161, 162
ラジアンパーセコンド	理想の抵抗・・・・・・・・・・・・・・ 39	
[rad/s]・・・・・・・・・ 191, 221	理想の電源	**ろ**
	・・・・ 38, 74, 128, 235, 354, 355	ロータリー可変抵抗器・・・・・・ 151
り	理想のトランス・・・・・・・・・・・ 168	
	理想の配線・・・・・・・・・・・・・・ 39	**わ**
リアクタンス	量記号・・・・・・・・・・・・・・・・・・ 10	
・・・・・・ 242, 248, 257, 272, 287	両極性電解コンデンサ・・・・・・ 187	和積公式・・・・・・・・・・・・・・・・ 197
リアクトル・・・・・・・・・・・・・・・ 170		ワット[W]・・・・・・・・・・・ 28, 316
力率・・・・・・・・・・・・・・・ 324, 394	**る**	ワットアワー[Wh]・・・・・・ 30, 86
力率改善用コンデンサ・・・・・・ 325		ワット時[W時]・・・・・・・・ 30, 86
力率角・・・・・・・・・・・ 324, 326, 394	ループ・・・・・・・・・・・・・・・・・・ 89	ワットセコンド[Ws]・・・・・ 30, 86
力率の改善・・・・・・・・・・・・・ 325	ループ電流・・・・・・・・・・・・・ 103	ワット秒[W秒]・・・・・・・・ 30, 86
理想回路・・・・・・・・・・・・・・・・ 39	ループ電流法・・・・・・・・・・・・ 102	和分の積の式・・・・・・ 53, 185, 293
理想交流電圧源・・・・・・・・・・・ 235		

索引〈よ〜わ〉

■**参考文献**（順不同、敬称略）

- 6日でマスター! 電気回路の基本66〔松原洋平 著〕オーム社
- 絵ときでわかる 電気回路〔岩澤孝治、中村征壽、白川真 共著〕オーム社
- 絵とき 電気磁気〔福田務 著〕オーム社
- すっきりわかる 電気回路〔大伴洋祐 著〕オーム社
- 電気回路教本〔橋本洋志 著〕オーム社
- 図解 はじめての電気回路〔松田勲 著〕科学図書出版
- 絵で見てなっとく! 電気回路がよくわかる〔藤瀧和弘 著〕技術評論社
- 図解でわかる はじめての電気回路〔大熊康弘 著〕技術評論社
- 電磁気学ノート(改訂版)〔藤田広一 著〕コロナ社
- 新テキスト 電気回路I −直流回路・交流回路−〔専門教育研究会 編〕東京電機大学出版局
- これならわかる電気回路〔上坂功一 著〕日刊工業新聞社
- 読むだけで力がつく 電気回路再入門〔臼田昭司 著〕日刊工業新聞社
- 一番やさしい・一番くわしい 完全図解 電気回路〔大浜庄司 著〕日本実業出版社
- エッセンシャル電気回路〔安居院猛、吉村和昭、倉持内武 共著〕森北出版
- 電気回路の基礎(第2版)〔西巻正郎、森武昭、荒井俊彦 共著〕森北出版
- 最新図解 電気の基本としくみがよくわかる本〔福田務 監修〕ナツメ社
- 史上最強図解 これならわかる! 電気回路〔和泉勲 著〕ナツメ社
- 図解 はじめて学ぶ電気回路〔谷本正幸 著〕ナツメ社

監修者略歴

高崎和之（たかさき かずゆき）

1984年東京生まれ。2009年電気通信大学大学院前期博士課程修了。2014年電気通信大学大学院博士後期課程修了。博士（工学）。2011年より都立産業技術高等専門学校教員。准教授として電子回路などの授業を担当。テスターやオシロスコープをテーマとした公開講座を複数開講。

編集制作 ： 青山元男、オフィス・ゴゥ、大森隆
編集担当 ： 原 智宏（ナツメ出版企画）

本書に関するお問い合わせは、書名・発行日・該当ページを明記の上、下記のいずれかの方法にてお送りください。電話でのお問い合わせはお受けしておりません。

・ナツメ社 webサイトの問い合わせフォーム
https://www.natsume.co.jp/contact
・FAX（03-3291-1305）
・郵送（下記、ナツメ出版企画株式会社宛て）

なお、回答までに日にちをいただく場合があります。正誤のお問い合わせ以外の書籍内容に関する解説・個別の相談は行っておりません。あらかじめご了承ください。

ナツメ社 Webサイト
https://www.natsume.co.jp
書籍の最新情報（正誤情報を含む）はナツメ社Webサイトをご覧ください。

カラー徹底図解 基本からわかる電気回路

2015年11月25日初版発行
2025年 7月 1日第16刷発行

監修者　高崎和之　Takasaki Kazuyuki, 2015
発行者　田村正隆

発行所　株式会社ナツメ社
東京都千代田区神田神保町 1-52 ナツメ社ビル 1F（〒101-0051）
電話　03（3291）1257（代表）　FAX　03（3291）5761
振替　00130-1-58661

制　作　ナツメ出版企画株式会社
東京都千代田区神田神保町 1-52 ナツメ社ビル 3F（〒101-0051）
電話　03（3295）3921（代表）

印刷所　ラン印刷社

ISBN978-4-8163-5928-6　Printed in Japan
＜定価はカバーに表示しています＞
＜落丁・乱丁はお取り替えします＞

本書の一部または全部を著作権法で定められている範囲を超え、ナツメ出版企画株式会社に無断で複写、複製、転載、データファイル化することを禁じます